應用電子學(第三版)

楊善國　編著

全華圖書股份有限公司

推薦序

電子學是在早期的電磁學和電工學的基礎上發展起來的，迄今只有 100 年左右的歷史，但對人類的發展影響是巨大的，它已深入到工業生產、人們生活的各個方面。電子學歷史上所取得的成就是多方面的，每一分支專業或學科都有自己的應用基礎科學的成就。理論與實踐，循環往復，相輔相成，不斷提高。

電子學涉及很多的科學門類，包括物理、化學、數學、材料科學等。電子技術則是應用電子學的原理設計和製造電路、電子器件來解決實際問題的科學。本課程涉及電子學的理論與實際應用，理論性和實踐性都很強，但又是本專業學生畢業工作中不可或缺、必須掌握的，一本好的教材能使學習者更快、更易掌握電子學相關理論及其實踐應用。

楊善國教授在勤益科技大學機械系教授電子學凡三十年，本書是其數十年教學經驗的總結，在此編撰成冊供教學及學習者使用。其在內容編排上每一章節涉及相關理論及其在工程實踐上的具體應用，使學習者易於掌握理論及應用於實際，對初學者及工程技術人員大有裨益。

欣聞楊善國教授《應用電子學》一書即將出版，謹奉此文，以示祝賀。

祝賀楊教授桃李滿天下，朋友遍天下。

桑 楠 博士 教授

常州工學院

推薦序

電子學是發展速度很快的學科之一。電子器件從電子管的發明到晶體管的發明經歷了 44 年，而從晶體管發展到集成電路只用了 10 年。集成電路問世後，20 多年間，已從小規模集成發展到中規模集成和大規模集成，進而發展到超大規模集成，並出現了從單位 4 位一直到 32 位的微處理器。

人類社會正進入一個新的發展階段，它是以信息的急劇膨脹爲主要特徵的階段，一場以信息技術爲主流的新的技術革命正在興起。推動這一轉變的正是電子學的最新成就，主角是微電子技術。各種信息作業，無一不借助於電子科學技術來完成。隨著現代產業轉型升級改造，特別是節能環保和智能化裝備改造升級，電子學已經成爲一門舉世矚目的應用科學和技術。

楊善國教授從事電學相關的課程教學已有三十余年，具有豐富的教學經驗和實踐知識。此書是在第一版的基礎上，根據科技大學應用電子學課程的教學要求修訂編寫，主要介紹電子技術的基礎知識、基本理論和實踐應用，並包含學習電子技術所需的一些電路基礎知識。此書作爲楊教授數十年教學經驗的結晶，其編著風格嚴謹，內容深入淺出，注重理論聯繫實際，非常適合作爲教材供大學相關學科學生使用，也是業界工程技術人員的一本好參考書。

欣聞楊善國教授《應用電子學》一書第二版即將出版，謹奉此文，以示祝賀。

蘇 純 博士 教授

常州工學院

推薦序

電子學是一門研究電子技術和電子元件的學科，主要探討電子元件（如二極體、電晶體..等）的性能和應用，以及如何透過電路設計控制電壓和電流來實現特定的功能。目前許多科技的創新與應用都與電子學的發展有關，例如:無線通信、物聯網技術、智能手機、嵌入式系統..等新型電子設備和技術。因此，想要深入了解現代科技的技術原理，電子學可視爲入門的基石。

近年的大學教育中強調跨領域學習與技術整合，對於非電子電機科系的學生，電子學的學習尤顯重要。現代工程和科學領域通常需要不同學科的專業知識相互整合，以解決複雜的問題，電子學是一個通用的技術平台，可以作爲橋樑，將不同領域的知識和技能相結合，實現多學科的協同工作，且利於系統設備的整合與實現。但因電子學的學習涉及電路原理、電子元件特性、應用電路設計..等議題，對於非本科系的學生頗有難度。因此，授課教材的選擇是協助學生學習電子學的重要因素。

善國教授在本校機械系教授電子學已超過三十年，對於引導非電子電機科系的學生學習電子學具有豐富的經驗，感謝其不吝將教學經驗編撰成冊，經過特別的章節順序安排與深入淺出的觀念說明，提供後輩教學與學習者最優質的教材。

善國教授博學多聞、幽默風趣、樂於分享，深受師生的景仰與愛戴，欣聞「應用電子學」正逢第三版出版　，謹奉此文，以示祝賀。

國立勤益科技大學機械系 系主任 黃智勇 敬賀

2023 年 9月

自序

「電子學(Electronics)」在科技大學機械系的課程名稱爲「應用電子學(Applied Electronics)」，又分爲「一(通常爲必修)」及「二(通常爲選修)」。本書篇幅從 Ch0 至 Ch14 共有 15 章，此內容可供作爲兩個學期六學分的教材使用。章節順序係經過特別安排：

1. Ch0 是電路的基本知識複習。因修課學生可能來自不同專業背景，電學能力不盡一致，教師可分配點時間帶過此章，以將學生之電學基礎拉至相同基本水平；或視需要及考量授課總時數決定是否講授。
2. Ch1 ~ Ch7 爲基本元件介紹：從半導體材料到 PN 接合、到兩層的整流及其他二極體、到三層的雙極及場效電晶體、再到運算放大器的構成及其基本負回授放大電路，是爲「應用電子學(一)」的範圍。
3. Ch8 ~ Ch13 則爲應用電路的介紹，包括：運算放大器應用電路、主動濾波器、功率放大器、電壓調整器、閘流體及單接面晶體、場效電晶體放大器及開關電路，是爲「應用電子學(二)」的範圍。
4. Ch14 光電元件，教師可視情況於「應用電子學(一)」或「應用電子學(二)」中講授。

本人於勤益機械系教授電學相關課程已三十年，現值新冠肺炎疫情期間，謹不揣淺陋，將累積材料編輯成冊，希望對教學及學習者有所助益。

願上帝祝福您！

國立勤益科技大學機械系教授

楊善國 謹致

2020 年 3 月

編輯部序

「系統編輯」是我們的編輯方針，我們所提供給您的，絕不只是一本書，而是關這門學問的所有知識，它們由淺入深，循序漸進。

作者依教學經驗及專業知識，並爲兼顧學習內容及學習效果，本書由最基礎的半導體材料及 PN 接面開始講起，到雙層元件(二極體)、三層元件(電晶體)、四層元件(閘流體)、線性積體電路-OP，到常用的應用電路包括：運算放大器構成之應用電路、電壓調整器、主動濾波器、功率放大器等，使學生可習得電子元件及其構成電路的基礎知識。另修習本科目的學生可能來自不同的專業背景，對電學的觀念及基礎或有所不同，爲顧及對電學較生疏學生的需要，特別增加「電學基本概念複習」一章(第零章)，使學生具有起碼的電路基礎，以協助學生進入電子電路之領域，並助益往後的教學。

同時，爲了使您能有系統且循序漸進研習相關方面的叢書，我們以流程圖方式，列出各有關圖昐閱讀順序，以減少您研習此門學問的摸索時間，並能對這門學問有完整的知識。若您在這方面有任何問題，歡迎來函連繫，我們將竭誠爲您服務。

相關叢書介紹

書號：03190
書名：基本電學
編著：賴柏洲

書號：05420/ 05421
書名：電子學實驗(上) /(下)
編著：陳瓊興

書號：03318
書名：電子學
編著：洪啓強

書號：00706
書名：電子學實驗
編著：蔡朝洋

書號：06296
書名：專題製作－電子電路及 Arduino 應用
編著：張榮洲、張宥凱

書號：02974/ 02975
書名：電子實習(上)/(下)
編著：吳鴻源

流程圖

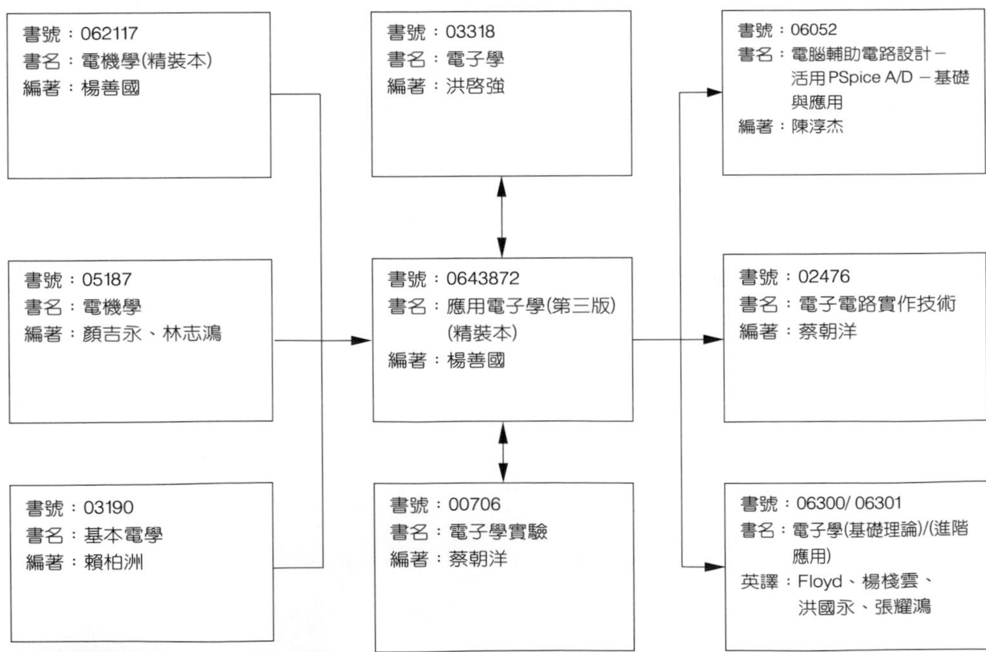

目錄
Contents

第 0 章　概論與複習

第 1 章　半導體材料及 pn 接合

第 2 章　整流二極體及其應用

第 3 章　特殊二極體

第 4 章　雙極接面電晶體 (BJT：Bipolar Junction Transistor)

第 5 章　雙極接面電晶體偏壓

第 6 章　場效電晶體(FET：Field-Effect Transistor)

第 7 章　運算放大器 (Operational Amplifier，OP-Amp，OP)

第 8 章　運算放大器構成之應用電路

第 9 章　主動濾波器

第 10 章　功率放大器

第 11 章　電壓調整器

第 12 章　閘流體與單接面電晶體

第 13 章　FET 放大器及開關電路

第 14 章　光電元件

Electronics

0

概論與複習

0.1 克希荷夫電流定律(Kirchhoff's Current Law，KCL)

0.2 克希荷夫電壓定律(Kirchhoff's Voltage Law，KVL)

0.3 串並聯電路

0.4 電阻之串並聯計算

0.5 歐姆定律(Ohm's Law)

0.6 分流電路(Current divider)

0.7 分壓電路(Voltage divider)

0.8 RLC 電路

0.9 直流電壓源與交流電壓源的重疊

0.10 旁路電容(Bypass capacitor)

0.11 戴維寧定理(Thevenin's Law)

0.12 品質因數(Quality factor)

例 0-1

電路如圖，求 V_A、V_B、V_{AB}、I、I_1、I_2。

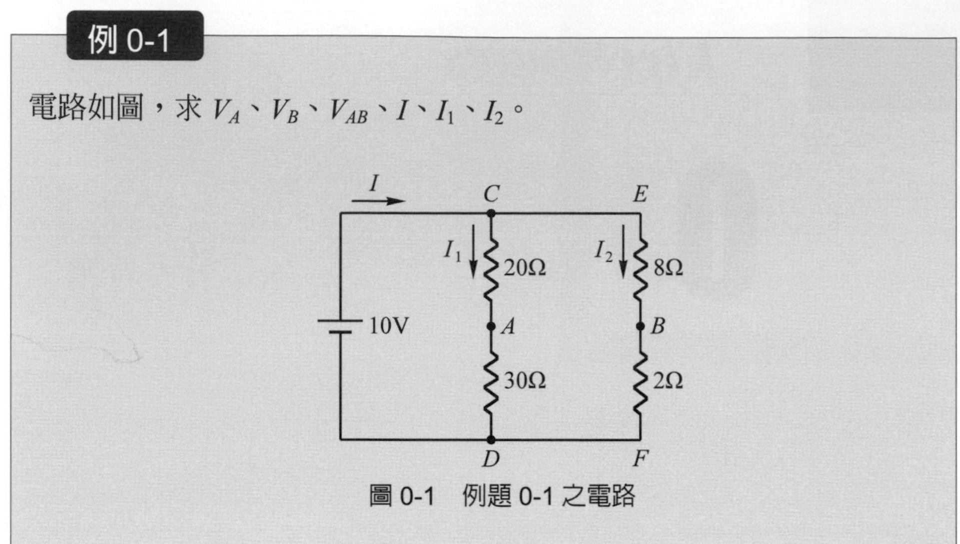

圖 0-1　例題 0-1 之電路

<Sol>

請參閱以下 0.1～0.7 節之計算及說明。

0.1 克希荷夫電流定律(Kirchhoff's Current Law，KCL)

1. 流入網路中任一節點的電流和，必等於流出該點的電流和。
2. $\sum \vec{i} = 0$
3. 乃根據物質不滅定律，又稱克希荷夫第一定律。

[**Note**：何謂「物質」？又何謂「電流」？其單位爲何？是如何定義的？]

0.2 克希荷夫電壓定律(Kirchhoff's Voltage Law，KVL)

1. 在封閉迴路中，所有電壓升之和，等於電壓降之和。
2. $\sum \vec{v} = 0$
3. 乃根據能量不滅定律，又稱克希荷夫第二定律。

[**Note：** 何謂「電壓」？其單位為何？是如何定義的？
所謂「封閉迴路」是指路徑中沒有任何部分是重複的迴路。]

0.3 串並聯電路

1. 串聯電路
   (1) 所有元件頭、尾串接而成之電路。
   (2) 串聯電路中每一元件流過的電流相等(圖 0-1 中 $I_{20\Omega} = I_{30\Omega} = I_1$)。
2. 並聯電路
   (1) 所有元件頭與頭、尾與尾連接而成之電路。
   (2) 每一支並聯電路之電壓相等(圖 0-1 中 $V_{CD} = V_{EF} = 10\text{ V}$)。

0.4 電阻之串並聯計算

圖 0-1 中：

1. CD 間為串聯：$R_{CD} = 20\Omega + 30\Omega = 50\Omega$
2. EF 間為串聯：$R_{EF} = 8\Omega + 2\Omega = 10\Omega$
3. CD 與 EF 間為並聯：總電阻 $R_T = R_{CD} // R_{EF} = \dfrac{1}{\dfrac{1}{50} + \dfrac{1}{10}} = \dfrac{25}{3}(\Omega)$

0.5 歐姆定律(Ohm's Law)

德國科學家歐姆於 1827 年提出的實驗報告。該報告有兩個重點：

1. 一電路兩端電壓(V)的大小與該電路之電流(I)成正比：$V = k \times I$，此比例常數 k 即爲該電路的阻抗(Z)；i.e. $V = Z \times I$。學界爲紀念歐姆的貢獻，遂將阻抗的單位命名爲「歐姆(Ohm)」。
   由$V = Z \times I$可推導出：$Z = \dfrac{V}{I}$ 以及 $I = \dfrac{V}{Z}$。
2. 此定律適用於總電路亦適用於局部電路。
   所以，例題 0-1 之電路的電流

$$I = \frac{V}{R} = \frac{10}{\frac{25}{3}} = 1.2\,(\text{A})$$

[**Note**：發明 invent、發現 discover、提出 propose、創造 create。]

0.6 分流電路(Current divider)

1. 就是並聯電路，稱爲分流電路係強調其功用爲分流。
2. 每支分流電路之電流與該支電路之總阻抗成反比。

<Proof>：

$$V = I \times R_e = I \times \frac{1}{\frac{1}{R_1} + \frac{1}{R_2} + \cdots + \frac{1}{R_n}}$$

$$\Rightarrow\ I_n=\frac{1}{R_n}\times V=\frac{1}{R_n}\times\left(I\times\frac{1}{\frac{1}{R_1}+\frac{1}{R_2}+\cdots+\frac{1}{R_n}}\right)$$

$$=\left(\frac{\frac{1}{R_n}}{\frac{1}{R_1}+\frac{1}{R_2}+\cdots+\frac{1}{R_n}}\right)\times I$$

若僅兩支電路分流，即上式中之$n=2$，則

$$I_1=\left(\frac{\frac{1}{R_1}}{\frac{1}{R_1}+\frac{1}{R_2}}\right)\times I=\left(\frac{1}{R_1}\times\frac{R_1\times R_2}{R_1+R_2}\right)\times I=\left(\frac{R_2}{R_1+R_2}\right)\times I$$

$$I_2=\left(\frac{\frac{1}{R_2}}{\frac{1}{R_1}+\frac{1}{R_2}}\right)\times I=\left(\frac{1}{R_2}\times\frac{R_1\times R_2}{R_1+R_2}\right)\times I=\left(\frac{R_1}{R_1+R_2}\right)\times I$$

故於例 0-1 中

$$I_1=\frac{R_{EF}}{R_{CD}+R_{EF}}\times I=\frac{10}{50+10}\times 1.2=0.2\,(\text{A})$$

$$I_2=\frac{R_{CD}}{R_{CD}+R_{EF}}\times I=\frac{50}{50+10}\times 1.2=1.0\,(\text{A})$$

(歐姆定律 Ohm’s Law： $I_1=\frac{V}{R_{CD}}=\frac{10}{50}=0.2\,(\text{A})$

$I_2=\frac{V}{R_{EF}}=\frac{10}{10}=1.0\,(\text{A})$)

KCL：$I=I_1+I_2=0.2+1.0=1.2\,(\text{A})$

0.7 分壓電路(Voltage divider)

1. 就是串聯電路，稱為分壓電路係強調其功用為分壓。
2. 分壓電路中每一元件之電壓值與該元件之阻抗成正比。

<Proof>：

$$V = I \times R_1 + I \times R_2 + \ldots + I \times R_n = I \times \left(R_1 + R_2 + \ldots + R_n\right)$$

$$\Rightarrow \ I = \frac{V}{\left(R_1 + R_2 + \ldots + R_n\right)}$$

$$\Rightarrow \ V_n = I \times R_n = \frac{V}{\left(R_1 + R_2 + \ldots + R_n\right)} \times R_n = \frac{R_n}{\left(R_1 + R_2 + \ldots + R_n\right)} \times V$$

故於例 0-1 中

$$V_{CD} = 10\text{V} = V_{CA} + V_{AD}$$

$\therefore V_{AD} = \dfrac{30}{20+30} \times 10 = 6\,(\text{V})$ （A 點對 D 點之電壓)

$V_{CA} = \dfrac{20}{20+30} \times 10 = 4\,(\text{V})$ （C 點對 A 點之電壓)

(歐姆定律 Ohm's Law：$V_A = I \times R = 0.2 \times 30 = 6\,(\text{V})$)

同理可求得 $V_B = 2\text{V}$

$$V_{AB} = V_A - V_B = 6 - 2 = 4\,(\text{V})$$

0.8 RLC 電路

1. 主動元件(Active element)：提供能量之元件(Power supplier)，亦即電源。

電源(Power Source)
- a. 電壓源 (Voltage Source)：供應固定電壓之電源。
  又可分為：(a)直流電壓源
  (b)交流電壓源
- b. 電流源 (Current Source)：供應固定電流之電源。

2. 被動元件(Passive element)：消耗能量之元件(Power consumer)，亦即阻抗。

阻抗 (Impedance, Z)
- a. 電阻(Resistance, R)：位於阻抗平面之正實軸，單位：歐姆(Ω)。
- b. 電抗(Reactance, X)：位於阻抗平面之虛軸，單位：歐姆(Ω)。
  - (a) 感抗(X_L)：$X_L = 2\pi fL$，由電感產生，位於阻抗平面之正虛軸。其中 L 為電感值，單位：亨利(H)；f 為通過電感之信號頻率。
  - (b) 容抗(X_C)：$X_C = \dfrac{1}{2\pi fC}$，由電容產生，位於阻抗平面之負虛軸。其中 C 為電容值，單位：法拉(F)；f 為通過電容之信號頻率。

3. 對 DC 信號而言，頻率 $f = 0$

(1) $X_C = \dfrac{1}{2\pi \cdot 0 \cdot C} = \infty$ (Ω)(i.e. 開路)，故對 DC 信號而言電容為一斷路。

故電容有阻絕 DC(DC Blocking)之功能。

[Note :「i.e.」是拉丁字，常用於科學敘述中，其意思爲「亦即」或「也就是說」。**]**

(2) $X_L = 2\pi f\mathrm{L} = 2\pi \cdot 0 \cdot \mathrm{L} = 0\,(\Omega)$(i.e. 短路)，故對 DC 信號而言電感可視爲導線。

4. 對 AC 信號而言，若 f 夠高、C 夠大，則 $X_C = 0$，電容可視爲短路。
5. 等效電路

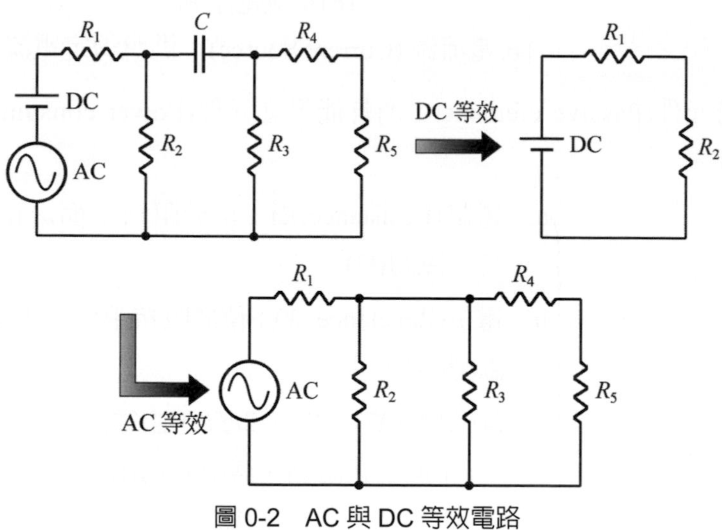

圖 0-2　AC 與 DC 等效電路

[Note : 何謂「直流」？何謂「交流」？是如何定義的？**]**

6. 電容充放電時間常數 $\tau = RC$。

[Note : 何謂「時間常數」？**]**

0.9 直流電壓源與交流電壓源的重疊

1. 重疊定理(Law of superposition)

$$f(I_1)+f(I_2)+\cdots+f(I_n)=f(I_1+I_2+\cdots I_n)$$

其中

f：對物理模型而言爲一系統，對數學模型而言爲一函數。

I：對物理模型而言爲系統之輸入信號，對數學模型而言爲函數之自變數。

$f(I)$：對物理模型而言爲系統之輸出信號，對數學模型而言爲函數之應變數。

重疊定理可以文字敘述爲：「分別對一系統(函數)給予多次輸入(自變數)所得到多個輸出(應變數)的和，若會等於將此多次輸入(自變數)的和一次給予該系統(函數)所得到的輸出(應變數)，則稱該系統(函數)符合重疊定理。」符合重疊定理的系統(函數)若且爲若(⇔)是線性系統(函數)。

例 0-2

電路如圖，求 A、B、C 點的電壓波形。

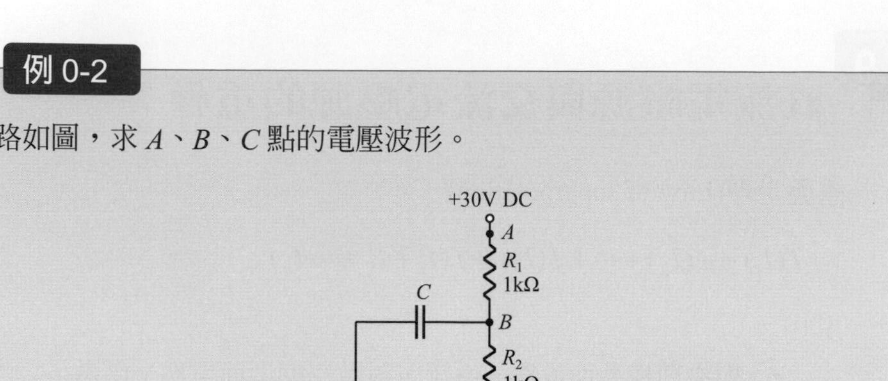

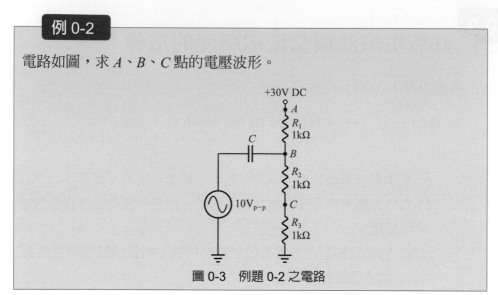

圖 0-3 例題 0-2 之電路

<Sol>

① 直流：

(a) 等效電路與波形：

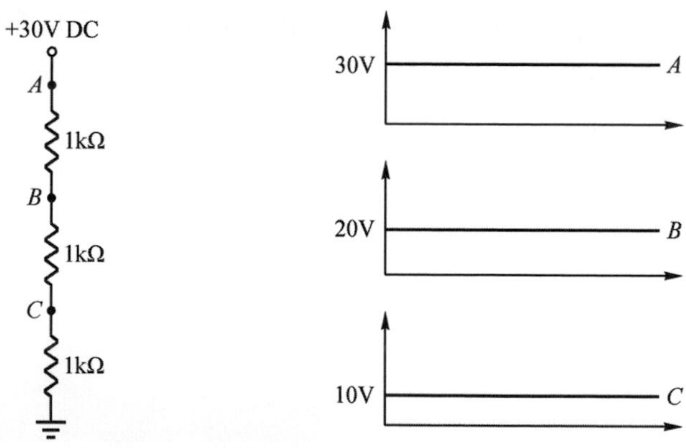

圖 0-4 例題 0-2 之 DC 等效電路與波形

② 交流：

(a) 交流接地：直流電壓源對 AC 信號爲短路(無阻抗)至接地點(Ground)。

(b) 等效電路與波形：

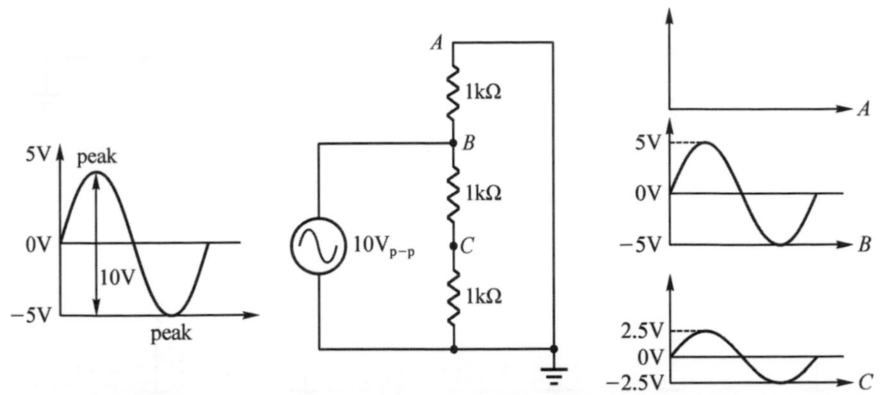

圖 0-5　例題 0-2 之 *AC* 等效電路與波形

③　交直流重疊(直流 + 交流)：

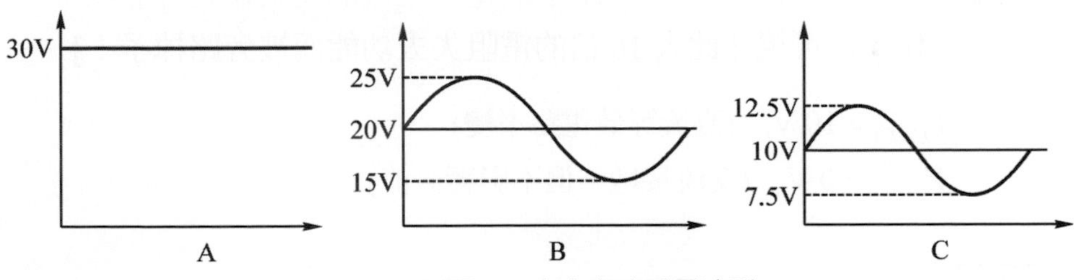

圖 0-6　例題 0-2 之交直流重疊波形

0.10 旁路電容(Bypass capacitor)

1. 功能：使交流接地，但不影響直流。

2. 條件：電容阻抗需小於旁路電阻的 $\frac{1}{10}$。

$$X_C = \frac{1}{\omega C} = \frac{1}{2\pi f C} < \frac{1}{10} R$$

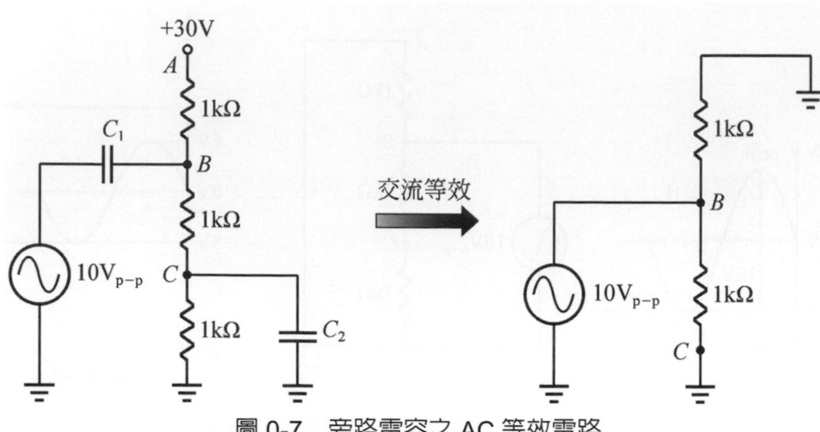

圖 0-7　旁路電容之 AC 等效電路

[**Note**： 一電阻並聯比自己大 10 倍的電阻之後的總阻值約等於原來的阻值，故可視作此大 10 倍的電阻失去功能而被旁路掉了！]

$V_{C(dc)} = 10\ \mathrm{V}_{DC}$ (直流等效電路不變)

$V_{C(ac)} = 0\ \mathrm{V}_{AC}$ (交流接地，但不影響直流)

0.11 戴維寧定理(Thevenin's Law)

由一複雜電路中任兩端看入網路內，均可化成一電壓源(V_{Th})串聯一電阻(R_{Th})之等效電路(如圖 0-8)，如此可方便電路分析。

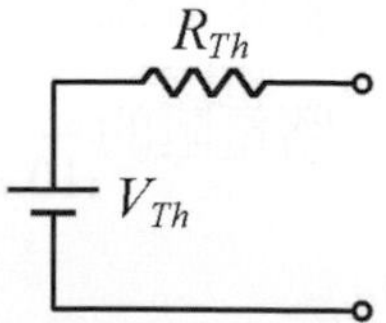

圖 0-8　戴維寧電路

步驟如下：

1. 將待求支路 open 並移去。
2. 在剩餘電路中分別求各電源對此 open 支路兩端點所產生電壓的向量和，此電壓的向量和即為「戴維寧等效電壓 V_{Th}」。
3. 將剩餘電路中之電壓源短路(short)，電流源開路(open)後，求等效電阻，此等效電阻即為「戴維寧等效電阻 R_{Th}」。(由移去支路兩端看入)
4. 畫出戴維寧電路，並將 open 支路接回。

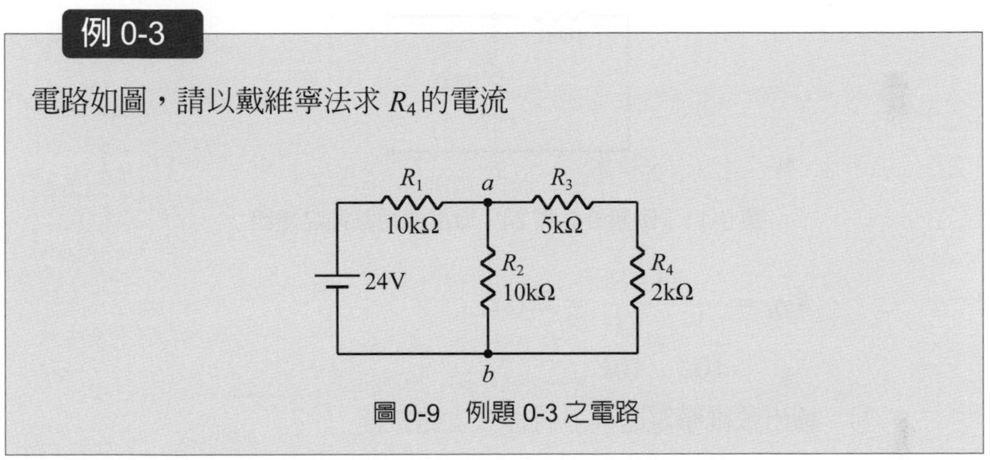

例 0-3

電路如圖，請以戴維寧法求 R_4 的電流

圖 0-9　例題 0-3 之電路

<Sol>

① 將 R_4 open 並移去(此時 R_3 亦一併被 open 了！)

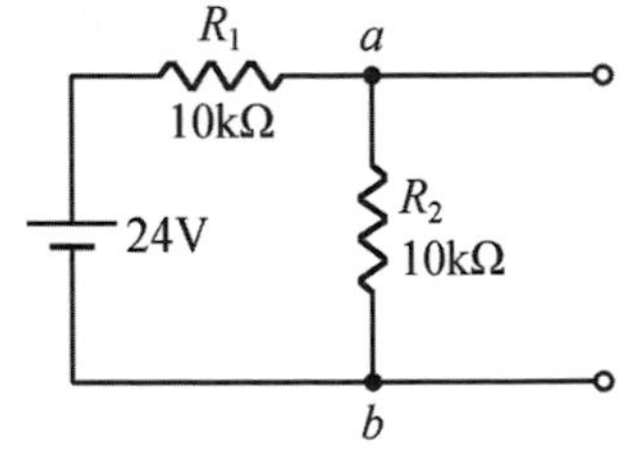

圖 0-10　例題 0-3 將 R_4 open 並移去之等效電路

② 求剩餘電路中 24V 電源對 a、b 兩端的電壓，即爲「戴維寧等效電壓 V_{Th}」

$$V_{ab} = \frac{10k}{10k+10k} \times 24 = 12(V) = V_{Th}$$

[**Note**：計算式中，何時單位該括弧？]

③ 將剩餘電路中之 24V 電壓源短路後，求等效電阻(由 a、b 看入)，此等效電阻即爲「戴維寧等效電阻 R_{Th}」

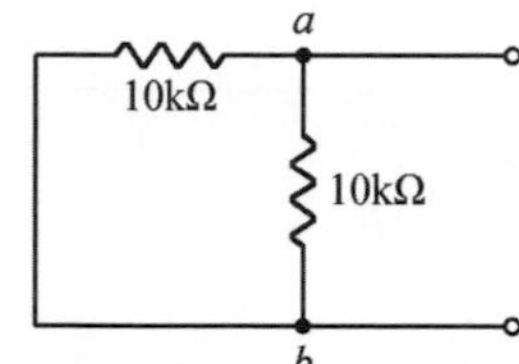

圖 0-11　例題 0-3 將 24V 電壓源短路後之電路

$$R_{Th} = \frac{1}{\frac{1}{10k}+\frac{1}{10k}} = 5k(\Omega)$$

④ 繪出戴維寧電路，並將移去支路接回

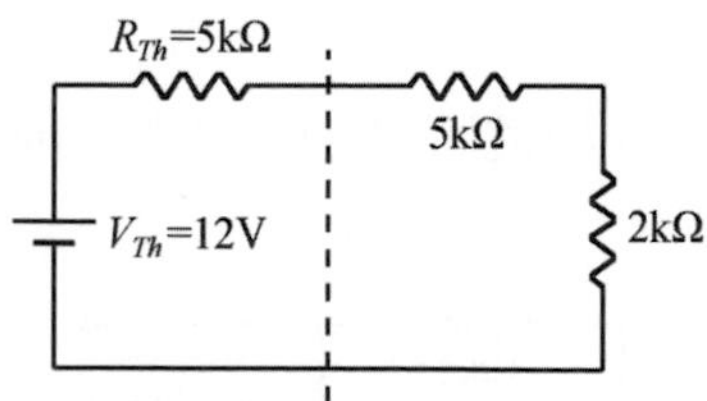

圖 0-12　例題 0-3 之戴維寧等效電路

⑤ 求 I_{R_4}

$$I_{R_4} = \frac{12\text{V}}{5\text{k}\Omega + 5\text{k}\Omega + 2\text{k}\Omega} = 1\,\text{mA}$$

0.12 品質因數(Quality factor)

1. 阻抗(Impedance, Z)

(1) 電阻(Resistance)：$R(\Omega)$，位於描述阻抗之複數平面的正實軸。

(2) 電抗(Reactance)：$X(\Omega)$，位於描述阻抗之複數平面的虛軸。

① 容抗：$X_C = \dfrac{1}{2\pi fC}$ (負虛軸)

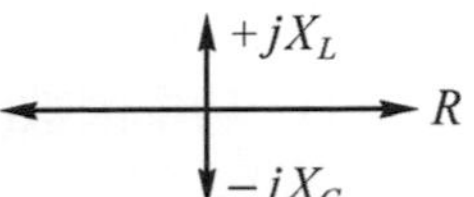

② 感抗：$X_L = 2\pi fL$ (正虛軸)

(3) $Z = R + jX = |Z|\angle Z$ ，其中 $|Z| = \sqrt{R^2 + X^2}$ 稱阻抗值，

$\angle Z = \tan^{-1}\dfrac{X}{R} = \theta$ 稱阻抗角。

2. 功率

(1) 實功率(Effective power)

① 電阻所消耗的功率，又稱有效功率或稱總功率。

② 符號：P，單位：瓦特(Watt)。

③ $\mathrm{P} = i_R \times v_R = i_m \sin\omega t \times v_m \sin\omega t = i_m v_m \sin^2\omega t$

$$= i_m v_m (\frac{1-\cos 2\omega t}{2}) = \frac{1}{2} i_m v_m (1-\cos 2\omega t) \geq 0$$

[Note：如何計算一裝置之功率 P？]

(2) 虛功率(Reactive power)

① 電抗所消耗的功率，又稱無效功率。

② 符號：Q，單位：乏爾(VAR)。

③ $\mathrm{Q}_C = i_C \times v_C = i_m \sin\omega t \times v_m \sin(\omega t - 90^\circ) = -\frac{1}{2} i_m v_m \sin 2\omega t$

$\mathrm{Q}_L = i_L \times v_L = i_m \sin\omega t \times v_m \sin(\omega t + 90^\circ) = \frac{1}{2} i_m v_m \sin 2\omega t$

④ $\sin 2\omega t$ 於半週期內為正(由電源取出功率)，半週期內為負(將功率送回電源)，一週期內之平均值為零，故不真正消耗功率。

(3) 視在功率(Apparent power)

① 實功率與虛功率之向量和，亦稱伏安功率或發電機容量。

② 符號 P_a 或 S，單位 VA(伏特乘安培)。

③ $\vec{S}=\vec{P}+\vec{Q}$

3. RLC 電路

(1) 功率因數(Power factor，PF)

$PF=\cos\theta=\dfrac{P}{S}$。(S：視在功率，P：實功率，Q：虛功率，$\theta$: 功率因數角)

(2) 純電阻電路

$X_L=X_C=0$，$R\neq 0$ (i.e. $Q_L=Q_C=0$，$P\neq 0$)

(3) 有抗電路(Reactive circuit)

R≠0，$X_L\neq 0$ 或 $X_C\neq 0$

① 電容性電路：電流領先電壓，$\angle Z<0$，PF 領先(lead)，串聯時 $X_C>X_L$，並聯時 $X_C<X_L$。

② 電感性電路：電壓領先電流，$\angle Z>0$，PF 落後(lag)，串聯時 $X_L>X_C$，並聯時 $X_L<X_C$。

③ 諧振電路：電路中之一個電抗元件所釋放的能量剛好等於另一個電抗元件所吸收的能量。$\angle Z=0$，$PF=1$，

$$X_C=X_L\Rightarrow\frac{1}{2\pi fC}=2\pi fL\Rightarrow \text{諧振頻率 } f_r=\frac{1}{2\pi\sqrt{LC}}$$

[**Note：** 有抗電路一詞是指該電路中有電抗，而有抗電路會將能量在電路與電源間推來推去，故稱 Reactive circuit。]

4. 頻寬(Bandwidth，BW)及截止頻率(Cut-off frequency，f_c)

(1) f_c：一信號之大小(M)衰減至最大值的 $\frac{1}{\sqrt{2}}$ (亦即 0.707)時之頻率，亦稱「半功率頻率」。

(2) f_{cd}：下截止頻率；f_{cu}：上截止頻率；f_r：諧振頻率。

(3) 或以 dB(decibel 分貝，Bel 的十分之一，在本書第七章中有詳述)表示時，指較最大值衰減 3dB 時之頻率。

① $\mathrm{dB} = 20\log \mathrm{M}$

② 若 $\mathrm{M} = \frac{1}{\sqrt{2}} \Rightarrow 20\log(\frac{1}{\sqrt{2}}) = -3\ \mathrm{dB}$

(4) BW：f_{cd}～f_{cu} 間之頻率範圍(i.e.有效輸出範圍)。

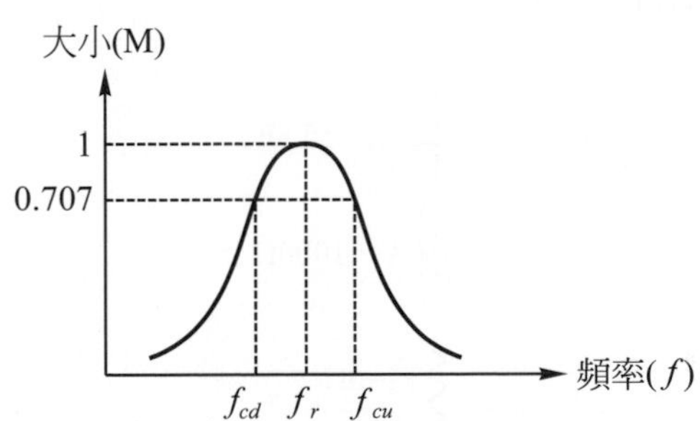

圖 0-13 頻寬及截止頻率

5. 品質因數(Quality factor，簡稱 Q-factor)

(1) 定義：某裝置內儲功(Q_L 或 Q_C)與消耗功(P)的比值。

(2) 電感(線圈)：$Q_L = \frac{X_L}{R_w}$

X_L：感抗，R_w：繞組電阻

電容：$Q_C = \frac{X_C}{R_C}$

$\because R_C$ 甚小故通常 $Q_C > Q_L$

(3) 諧振電路之 Q 值通常取決於 Q_L，i.e. $[Q = \min(Q_L，Q_C)]$。故於諧振狀態下電感虛功(Q_L)與實功(P)之比值，即稱該裝置之 Q-factor。

$$Q\text{-factor} = \frac{Q_L}{P} = \frac{i^2 X_L}{i^2 R} = \frac{X_L}{R}$$

又：$Q\text{-factor} = \frac{X_L}{R} = \frac{2\pi f_r L}{R} = \frac{2\pi L}{R} \times f_r = \frac{2\pi L}{R} \times \frac{1}{2\pi\sqrt{LC}} = \frac{1}{R} \times \sqrt{\frac{L}{C}}$

故：R 及 $\frac{L}{C}$ 影響 Q-factor。

(4) Q-factor 無因次。

例 0-4

電路如圖，求該電路的 Q 值。

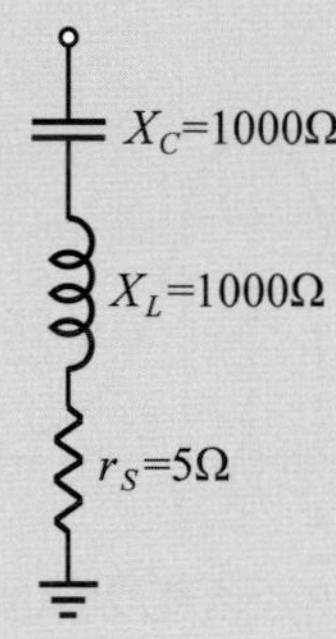

圖 0-14 例題 0-4 之電路

<Sol>

$$Q_{\text{電路}} = \frac{X_L}{r_S} = \frac{1000}{5} = 200$$

6. 諧振電路之 $BW = \dfrac{f_r}{Q}$

將 $f_r = \dfrac{1}{2\pi\sqrt{LC}}$ 以及 $Q = \dfrac{1}{R} \times \sqrt{\dfrac{L}{C}}$ 代入上式，

$$BW = \frac{f_r}{Q} = \frac{\dfrac{1}{2\pi\sqrt{LC}}}{\dfrac{1}{R} \times \sqrt{\dfrac{L}{C}}} = \frac{R}{2\pi L}$$

例 0-5

一電路之 $f_r = 1\,\text{MHz}$，$Q = 50$，求該電路的頻寬。

<Sol>

$$BW = \frac{1\text{M}}{50} = 20\,\text{k(Hz)}$$

7. 相同諧振頻率(f_r)下，高 Q 之電路較低 Q 者具較佳之選擇性(Selectivity)，因其 BW 較窄，增益(Gain)值較大。BW 較窄的系統較不易受雜訊干擾。

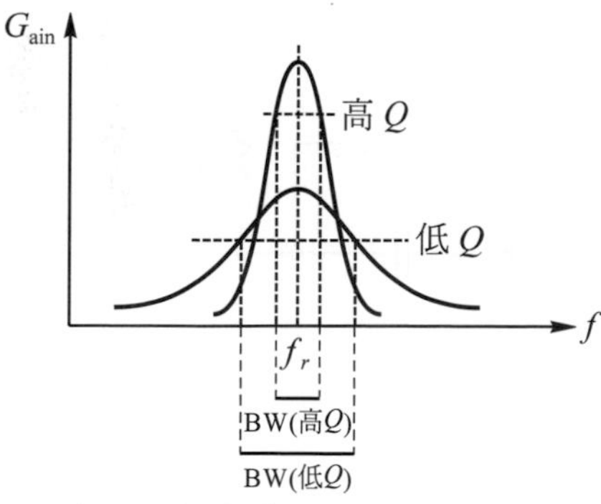

圖 0-15　相同諧振頻率下高、低 Q 電路之選擇性

習　題　EXERCISE

1. 電路如圖，設所有容抗在交流電源頻率下爲零。求：(1)直流等效電路，(2)交流等效電路，(3)*A* 點之直流電壓，(4)*A* 點之交流電壓。

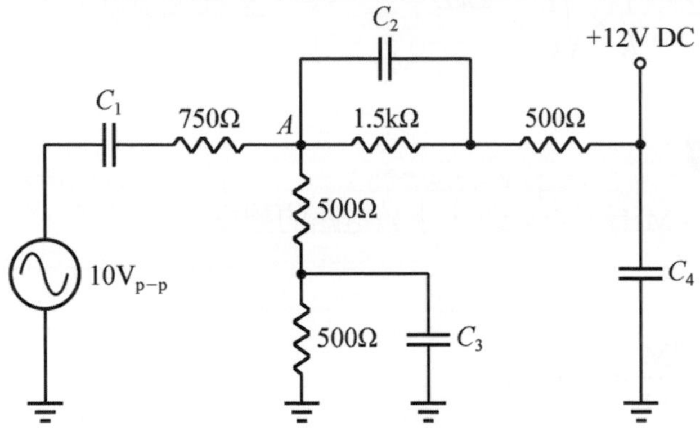

2. 電路如圖，設所有容抗在交流電源頻率下爲零。求：(1)直流等效電路，(2)交流等效電路，(3)*A*、*B*、*C* 各點之波形。

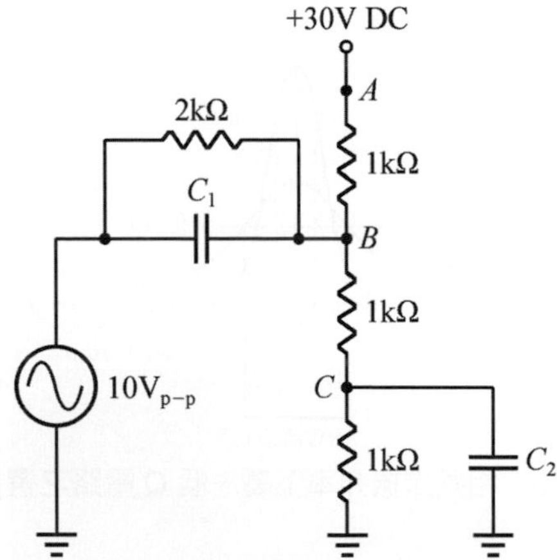

3. 電路如圖，設所有容抗在交流電源頻率下爲零。求：(1)A、B、C 各點之波形，(2)繪出使 R_3 之交流電壓爲零之電路。

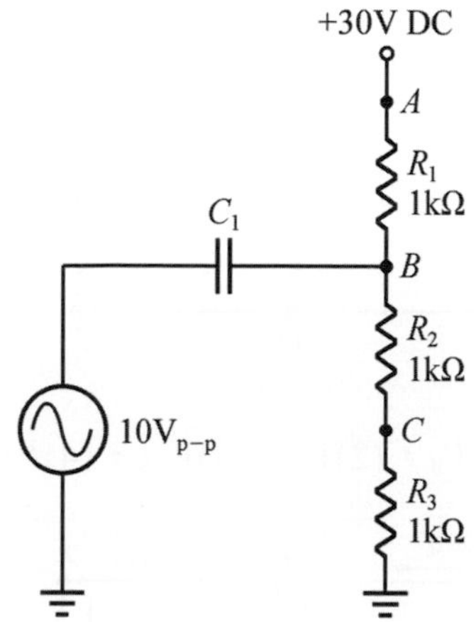

4. 電路如圖，請以戴維寧法求 2.5Ω 的電流，並繪出戴維寧等效電路。

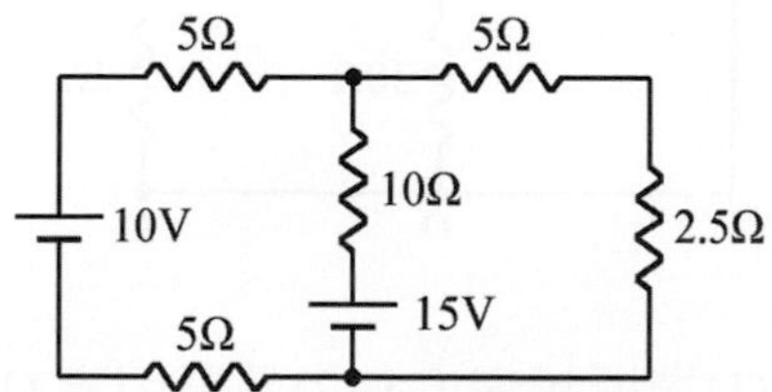

5. 電路如圖，請以戴維寧法求 6.25Ω 的(1)電流，需註明其方向爲 $a \rightarrow b$ 或 $b \rightarrow a$，(2)消耗的功率，(3)繪出戴維寧等效電路。

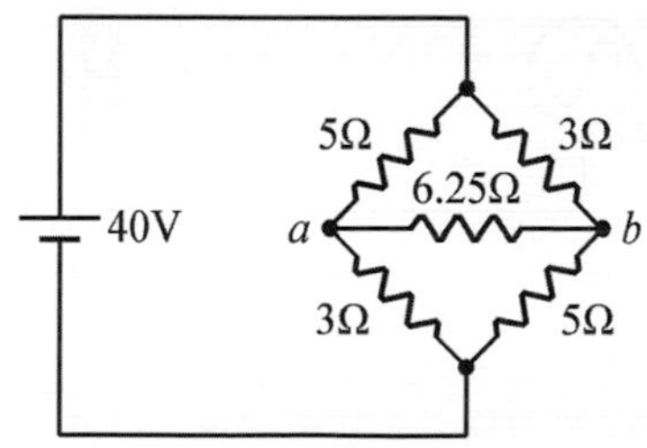

6. 電路如圖，求：(1) V_A，(2) V_B，(3) V_{AB}，(4) I，(5) I_1，(6) I_2。

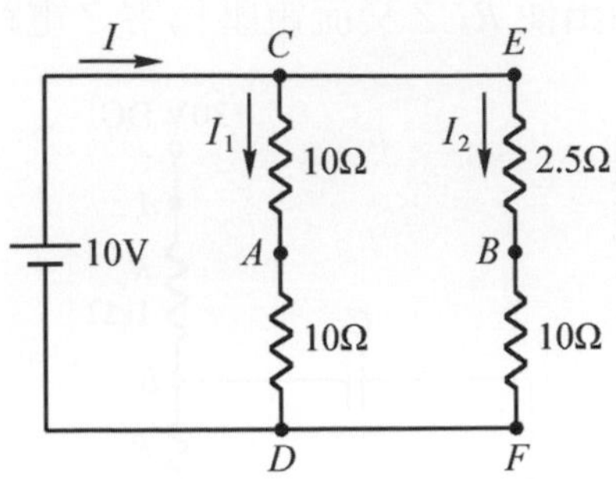

7. 電路如圖，求：(1)V_A，(2)V_B，(3)V_{AB}，(4)I，(5)I_1，(6)I_2。

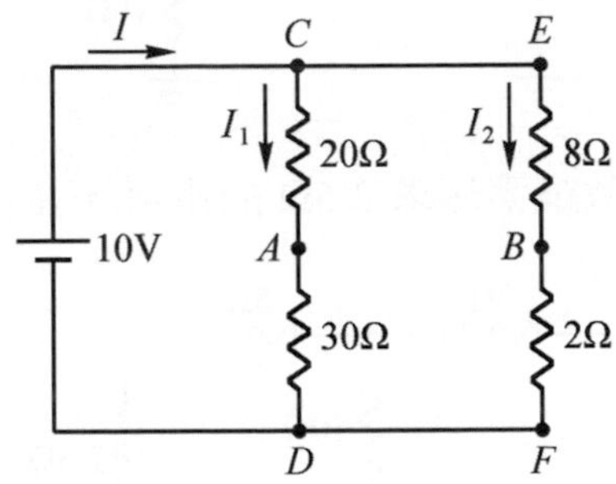

8. 電路如圖，求：(1)諧振頻率 f_r，(2)品質因素 Q，(3)頻寬 BW。

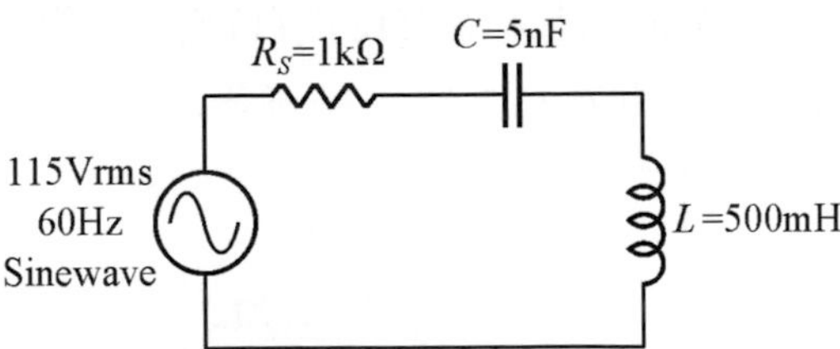

Electronics

1

半導體材料及 pn 接合

1.1 原子的結構

1. 原子
   - 原子核
     - 質子(Proton，正電)
     - 中子(Neutron，中性)
   - 電子(Electron，負電)

[Note：何謂「同位素」？]

2. 軌域與能階

   (1) 週期表上之原子序代表了各原子所擁有的電子數目(H, He, Li, Be, B, C, N, O, F, Ne, Na, Mg, Al, Si,…)。

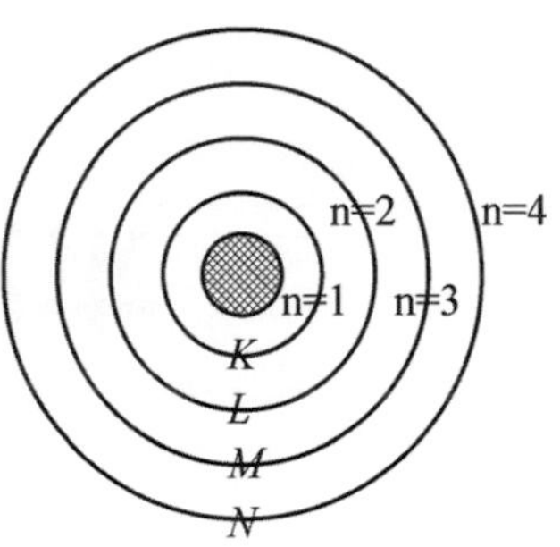

   (2) 每一原子依其所有電子數目的多寡，由原子核爲中心，分層向外排列，每一層最多可容納的電子數目爲 $2n^2$ 個，離原子核愈遠的電子能量愈高(不受束縛)。n 爲層數。

   (3) 每一層電子中又可細分爲 *s*、*p*、*d*、*f* 四個軌域，各可容納的電子數目分別爲 2、6、10、14 個。

   (4) 最外層的電子稱價電子，若價電子受外力(熱能或光能)而跳脫原子核的束縛，此原子即稱爲離子，此過程稱爲離子化，跳脫之電子稱自由電子。

   (5) 失去電子之原子因呈正電，故稱陽離子或正離子，得到電子之原子則稱陰離子或負離子。

1.2 矽(Si)與鍺(Ge)

1. 矽原子序爲 14，故其價電子有四個(K=2、L=8、M=4)。
   鍺電子序爲 32，故其價電子亦有四個(K=2、L=8、M=18、N=4)。
2. 矽原子能階

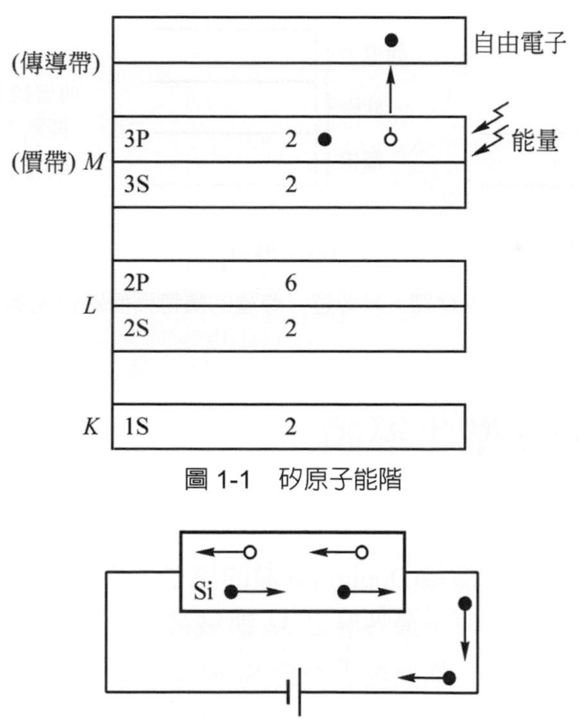

圖 1-1　矽原子能階

圖 1-2　電子與電洞

矽原子在電池作用下，電子被吸向電池正端(電子流)，電洞則被吸向電池負端(電流)，故可導電。

3. 絕緣體、半導體、導體
   (1) 絕緣體(Insulator)：價帶與傳導帶間能階較寬，電子不易跳脫(電子密度 10e/cm^3 以下)。

(2) 半導體(Semiconductor)：靠價電子跳脫來導電(電子密度 10e/cm^3 ～10^{22}e/cm^3)。

(3) 導體(Conductor)：價帶與傳導帶能階重疊，由自由電子導電(電子密度 10^{22}e/cm^3 以上)。

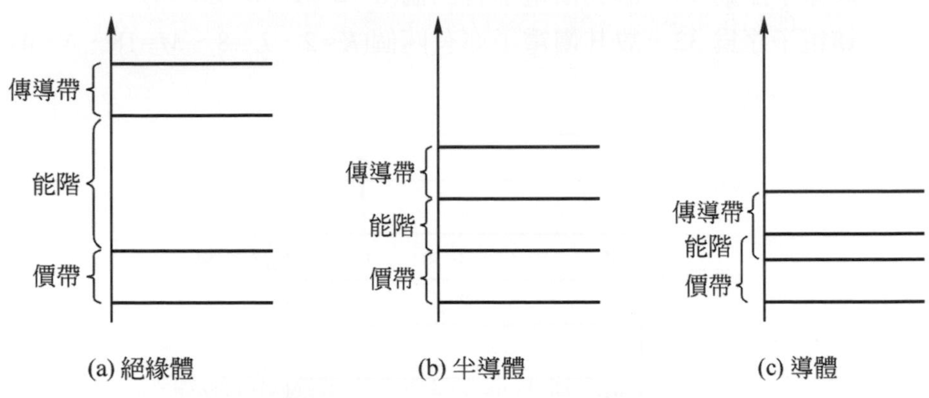

圖 1-3　絕緣體、半導體、導體的價帶與傳導帶能階

1.3 n 型與 p 型半導體

1. n 型半導體(施體 Donor)

   (1) 在矽元素中摻雜(Doping)五價的原子，如砷、磷、銻等，其五個價電子使矽原子最外層之 3*p* 軌域被填滿而形成共價鍵後，仍多出一個電子，而此電子不受 Si 原子亦不受雜質原子之束縛，故可視爲傳導電子，此型半導體即稱 n 型(n-type)。

   (2) n 型半導體導電主要是靠傳導電子，然而材料內仍有些許電洞，故電子稱爲 n 型半導體之電流多數載子(Majority carrier)；電洞稱爲 n 型(n-type)半導體之電流少數載子(Minority carrier)。

2. p 型半導體(受體 Accepter)

   (1) 在 Si 原子中摻雜三價的原子，如硼、鋁、鎵等，使其 3*p* 軌域僅有 5 個電子，出現一個電洞，此型半導體即稱 p 型(p-type)。

(2) p 型半導體中多數載子是電洞，少數載子是電子。

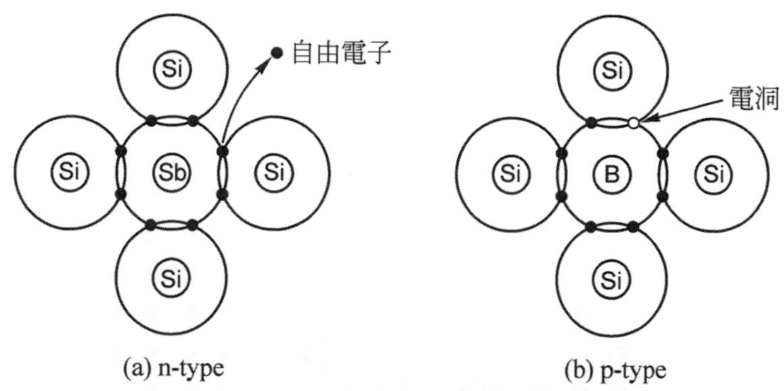

圖 1-4 n-type 及 p-type 半導體

3. pn 接面(pn-Junction)

(1) 將 p 型及 n 型半導體接合在一起，此接合面即稱為 pn 接面。

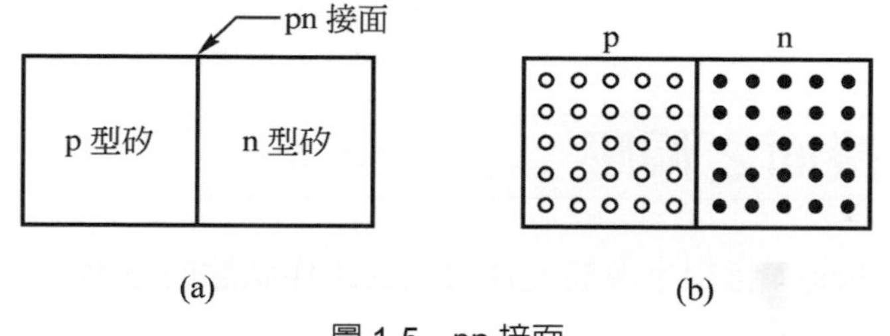

圖 1-5 pn 接面

(2) 在 pn 接合的瞬間，n 型區的電子會擴散(Diffusion)至 p 型區與電洞再結合(Recombination)。

(3) 因 n 區中五價之原子失去了電子，故變成正離子，而 p 區中之三價原子因得到電子而變成負離子，此正負離子即堆積在 pn 接面附近。

(4) 此再結合的動作會因 n 區中之電子無法克服接面上正離子之吸力及負離子之斥力而停止擴散行為，此時接面變成離子層，此無電子亦無電洞的離子層區域稱為「空乏區(Depletion layer)」。

(5) 此離子層所形成之電壓即稱「障壁電壓(Barrier voltage)」(V_B)，Si 為 0.7V，Ge 為 0.3V(@室溫之下)。

(6) pn 接面平衡時，即無電流流動。

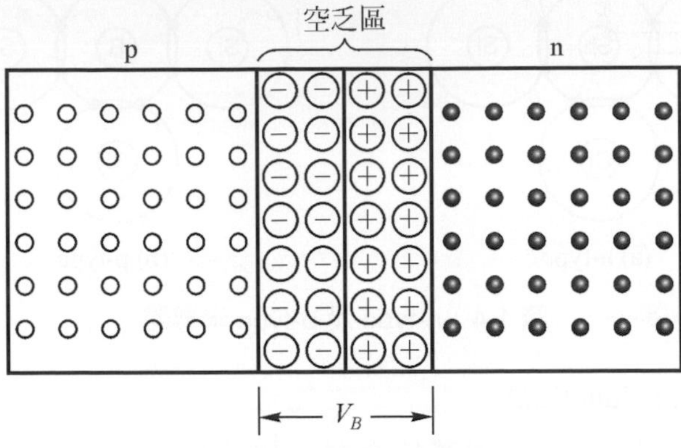

圖 1-6　pn 接面之空乏區

1.4 pn 接面之偏壓

1. 偏壓(Bias)：指對半導體元件設定其工作狀態的電壓。
2. 順向偏壓(Forward bias)
   (1) 指促使電流通過 pn 接面的電壓(將 pn 接面設定成導通狀態)。
   (2) 偏壓正端接 p、負端接 n。

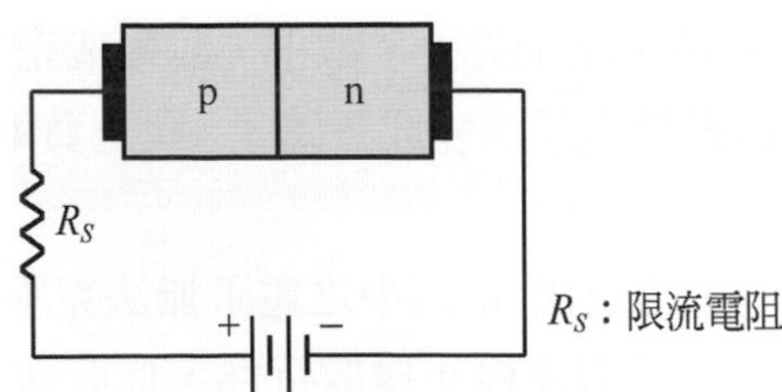

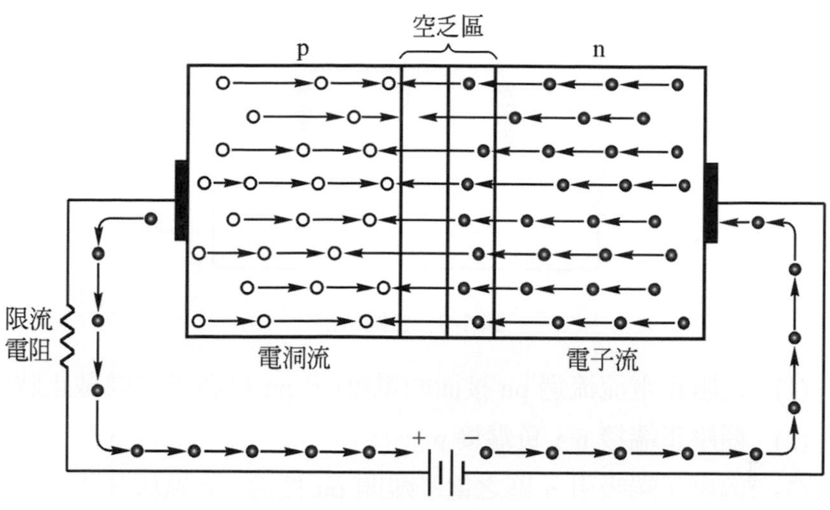

圖 1-7　順向偏壓

(3) 偏壓負端送出電子至 n 區，並推動 n 區之傳導電子越過空乏區(0.7V)進入 p 區，而正端可吸引電子，如此造成了電子流動。

(4) 順向偏壓僅需大於障壁電壓(V_B)即可使 pn 接面導通。

(5) 順向偏壓不影響空乏區寬度(i.e.障壁電壓的大小不變)。

(6) 等效電路：

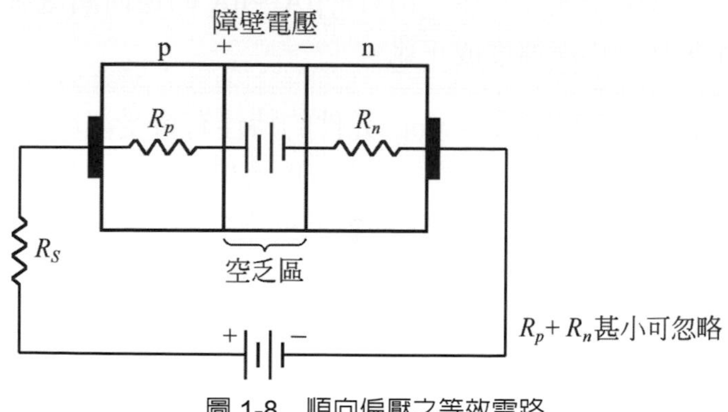

圖 1-8　順向偏壓之等效電路

3. 逆向偏壓(Reverse bias)

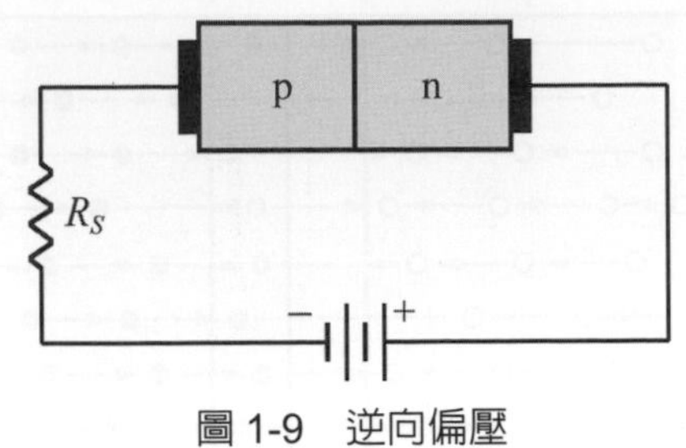

圖 1-9 逆向偏壓

(1) 指阻止電流流過 pn 接面的電壓(將 pn 接面設定成截止狀態)。
(2) 偏壓正端接 n、負端接 p。
(3) 偏壓正端吸引 n 區之電子離開 pn 接面，n 區因失去電子故正離子增加，而電池負端送出電子至 p 區，p 區因得到電子，而負離子亦增加，如此使得空乏區變寬。
(4) 空乏區持續擴寬至其所形成之障壁電壓與逆向偏壓相同時為止。
(5) 在障壁電壓達到外加偏壓而平衡前，因電子的流動會產生一暫態電流(多數載子流)，但持續時間極為短暫。
(6) 在多數載子流停止後，仍有約μA～nA 的逆向漏電流流過 pn 接面，其大小與溫度成正比。

[Note： 在固態半導體電路中，pn 元件的特性有會受溫度影響的先天缺陷。逆向偏壓時，其逆向漏電流與溫度成正比；順向偏壓時，其障壁電壓與溫度成反比，因為溫度上升時，n 區的電子因熱動能增加，故障壁電壓相對降低。**]**

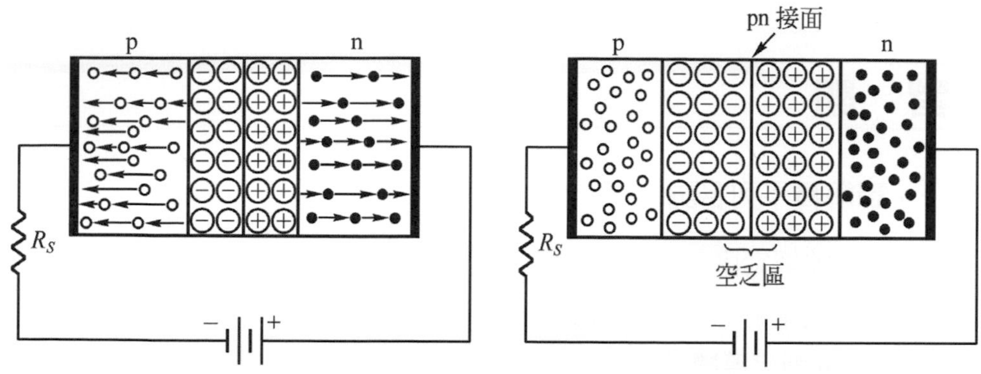

圖 1-10　逆向偏壓之空乏區

(7) 等效電路：

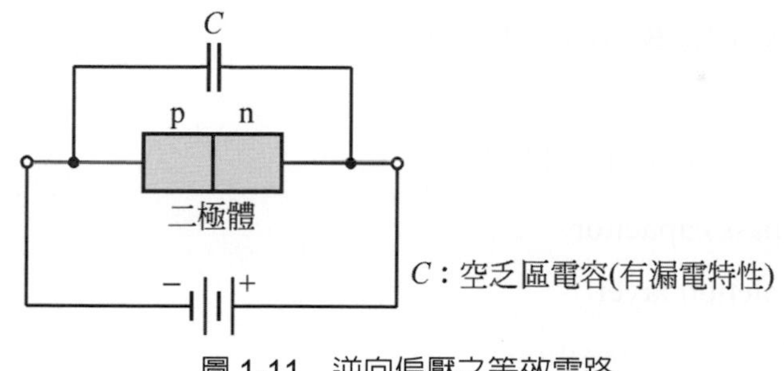

圖 1-11　逆向偏壓之等效電路

(8) 逆向崩潰(Breakdown)

若外加偏壓大到提供足夠能量，使暫態電流流動時，可將價電子撞擊至傳導帶，被撞出的自由電子再撞擊其他價電子，如此使自由電子持續增多，逆向電流因而持續增大，直至接面損壞，稱爲崩潰效應(半導體已全部擴寬爲空乏區，所形成之空乏區電壓仍不足以和外加偏壓相抗衡)。

習　題 EXERCISE

一、請解釋下列名詞

1. 歐姆定律
2. 價電子
3. p 型半導體
4. 順向偏壓(Forward bias)
5. 旁路電容
6. 障壁電壓(Barrier voltage)
7. 突波電流
8. DC Blocking(DC 阻絕)
9. Bypass capacitor
10. Depletion layer
11. Law of superposition
12. 交流接地
13. Breakdown

二、繪圖題

1. 請繪出 pn 接面在(1)順向偏壓，(2)逆向偏壓下的等效電路，並略加說明。

Electronics

2

整流二極體及其應用

2.1 整流二極體(Rectifier diode)

2.2 半波整流器(Half-wave rectifier)

2.3 全波整流器(Full-wave rectifier)

2.4 整流濾波器(Rectifier filter)

2.5 截波器與定位器(Clipper and Clamper)

2.6 倍壓器(Voltage multiplier)

2.1 整流二極體(Rectifier diode)

1. 符號：

圖 2-1 整流二極體的符號

2. 特性曲線：

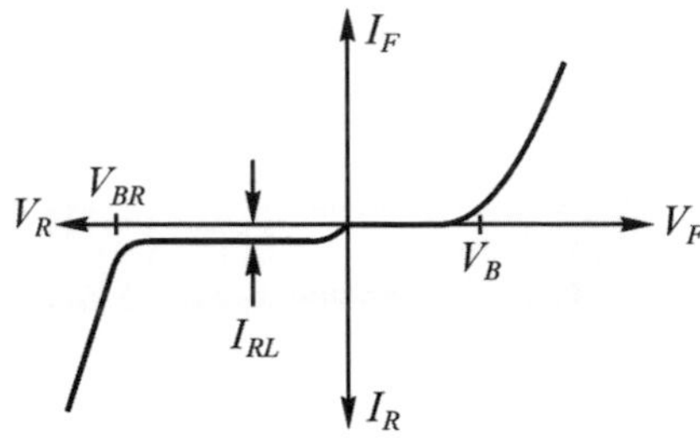

圖 2-2 整流二極體的特性曲線

(1) 順向偏壓(V_F)大於障壁電壓(V_B)後即導通。

(2) 逆向偏壓(V_R)小於崩潰電壓(V_{BR})前會截止電流(但仍有一逆向漏電流 Reverse leakage current, I_{RL})。

2.2 半波整流器(Half-wave rectifier)

1. 整流(Rectifying)：將交流信號整理成直流信號的作用。

2. 原理：如圖 2-3 所示。

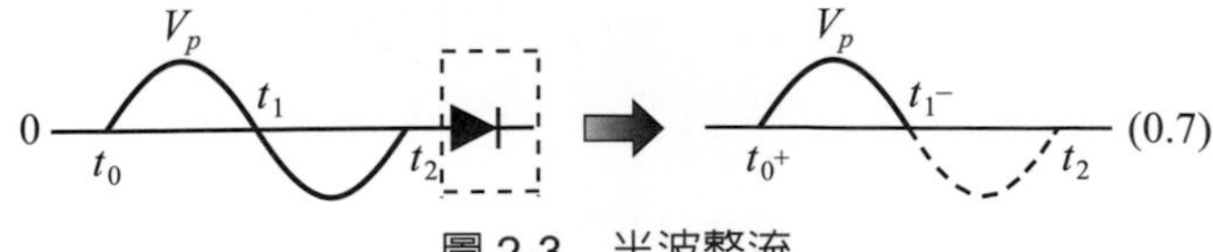

圖 2-3 半波整流

(1) 輸入信號 $t_0 \sim t_1$ 為大於 0 之正電壓，此正電壓接於二極體之 p 端，對該二極體而言為順向偏壓，因而該二極體被設定成導通狀態，故 $t_0 \sim t_1$ 的信號可通過該二極體。(仔細地說，應該是比 t_0 晚一點點(t_{0^+})到比 t_1 早一點點(t_{1^-})之大於 0.7V 的部分可通過該二極體。)

(2) 輸入信號 $t_1 \sim t_2$ 為小於 0 之負電壓，此負電壓接於二極體之 p 端，對該二極體而言為逆向偏壓，因而該二極體被設定成截止狀態，故 $t_1 \sim t_2$ 的信號無法通過該二極體。

(3) 圖 2-3 中之虛線框內即為半波整流器(僅整流二極體一個元件)。

3. 平均值(Average value)

定義：平均值 $= \dfrac{\text{波形面積}}{\text{週期}}$

半波整流後之平均電壓 $V_{AVG} = \dfrac{\int_0^{\pi} V_P \sin\theta \, d\theta}{2\pi} = \dfrac{V_P}{\pi} = 0.318V_P$

(指整流器之輸出)

例 2-1

一正弦信號經半波整流後之 V_P=100V，求其 V_{AVG}=？

<Sol>

$$V_{AVG} = \frac{V_P}{\pi} = \frac{100}{\pi} = 31.83\ (\text{V})$$

4. $f_{\text{out}} = f_{\text{in}}$ (輸出信號頻率與輸入信號頻率相等)

5. 反向峰值電壓(Peak Inverse Voltage，PIV)

PIV：通過 Diode 逆向偏壓的最大值。

[**Note**：Diode 規格中之 V_{BR} 須大於 PIV 才能正常工作。]

6. 變壓器耦合輸入

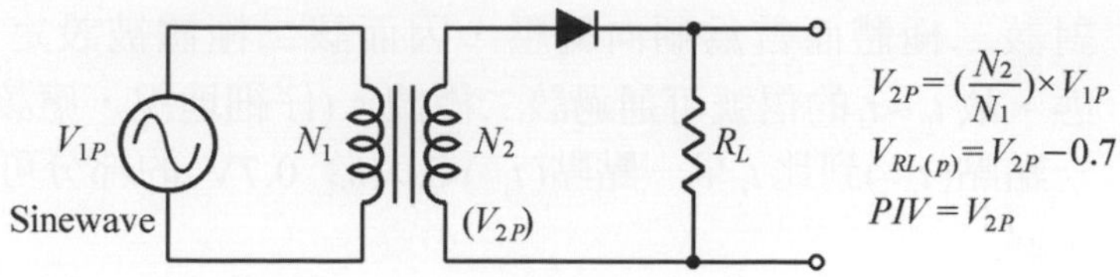

圖 2-4　整流二極體的變壓器耦合輸入

[Note：此處之變壓器係假設為理想變壓器。]

7. 負載的平均功率

全波時：

$$P_{R_L(AVG)\text{，全波}}=\frac{\int_0^T P_{R_L}(t)dt}{T}=\frac{\int_0^T\left[\frac{I_mV_m}{2}(1-\cos 2\omega t)\right]dt}{T}$$

$$=\frac{I_mV_m}{2}\int_0^T\frac{(1-\cos 2\omega t)}{T}=\frac{I_mV_m}{2}$$

現作用於負載之電源僅有半波，故

$$P_{R_L(AVG)\text{，半波}}=\frac{\int_0^{\frac{T}{2}} P_{R_L}(t)dt}{T}=\frac{\int_0^{\frac{T}{2}}\left[\frac{I_mV_m}{2}(1-\cos 2\omega t)\right]dt}{T}$$

$$=\frac{I_mV_m}{2}\int_0^{\frac{T}{2}}\frac{(1-\cos 2\omega t)}{T}=\frac{I_mV_m}{4}$$

例 2-2

如圖 2-4，$V_1=110\text{V}_{rms}$、$(\frac{N_1}{N_2})=2$、$f_{\text{in}}=60\text{ Hz}$，$R_L=1\text{k}\Omega$。求(1)$V_{RL(P)}$，(2)$V_{RL(AVG)}$，(3)PIV，(4) f_{out}，(5)負載的平均功率 $P_{R_L(AVG)}$。

<Sol>

$$V_{1P}=110\sqrt{2}=155.6\text{(V)}$$

(1) $V_{RL(P)}=(\frac{1}{2}\times 155.6)-0.7=77\,(\text{V})$

(2) $V_{RL(AVG)}=\frac{V_P}{\pi}=\frac{77}{\pi}=24.5\,(\text{V})$(整流器輸出電壓，即爲負載電壓)

(3) $\text{PIV}=V_{2P}=155.6\times\frac{1}{2}=77.7\,(\text{V})$

(4) $f_{\text{out}}=f_{\text{in}}=60\text{ Hz}$

(5) $P_{R_L(AVG)\text{，半波}}=\frac{I_m V_m}{4}=\frac{\frac{V_m}{R_L}V_m}{4}=\frac{{V_m}^2}{4R_L}=\frac{(77)^2}{4\times 1\text{k}}=1.48(\text{W})$

2.3 全波整流器(Full-wave rectifier)

1. 全波整流：將信號之正、負半波均轉換成直流脈衝的作用。

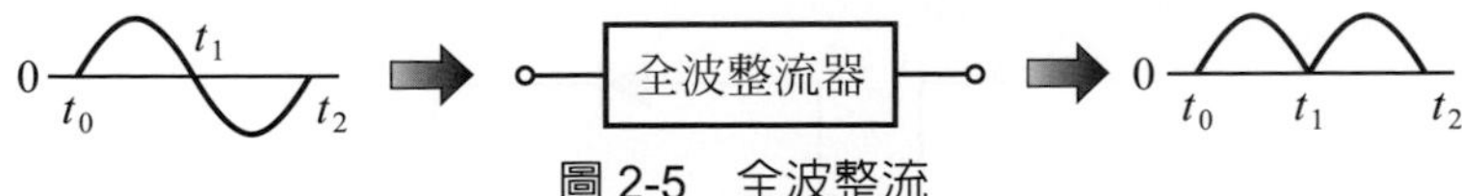

圖 2-5　全波整流

2. $f_{\text{out}}=2f_{\text{in}}$ (輸出信號頻率爲輸入信號頻率的兩倍)

3. $V_{AVG}=\frac{\int_0^{\pi}V_P\sin\theta d\theta}{\pi}=\frac{2V_P}{\pi}=0.636V_P$

例 2-3

一正弦信號經全波整流後其 V_P=100V，求其 V_{AVG}=？

<Sol>

$$V_{AVG}=\frac{2\text{V}_\text{P}}{\pi}=\frac{2\times 100}{\pi}=63.66\,(\text{V})$$

4. 中間抽頭式(Center-tapped)全波整流器

(1) 電路及原理：

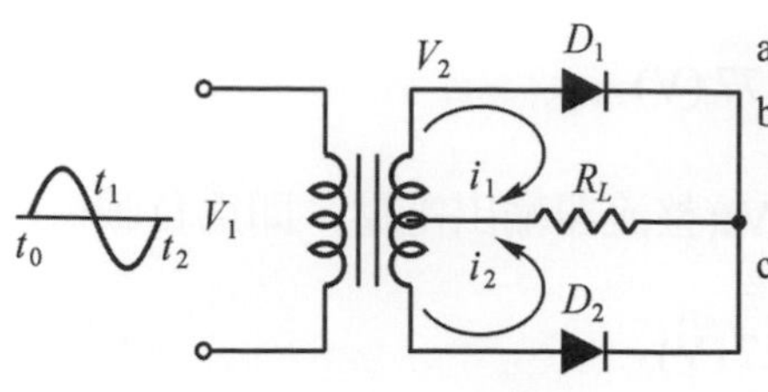

V_2
D_1
t_1
V_1
t_0
t_2
i_1
R_L
i_2
D_2
a. 正半波(t_0～t_1)：D_1爲順偏，D_2逆偏產生 i_1。
b. 負半波(t_1～t_2)：D_2爲順偏，D_1逆偏產生 i_2。
c. 輸出波形：
V_{RL}
t_0
t_1
t_2

圖 2-6　中間抽頭式全波整流器

(2) $V_{RL(P)} = \frac{1}{2}V_{2(P)} - 0.7 = \frac{1}{2}[(\frac{N_2}{N_1})V_{1(P)}] - 0.7$ (可由導通迴路中克希荷夫電壓定律得知)

(3) $\text{PIV}_{D1} = V_{2(P)} - 0.7 = \text{PIV}_{D2} \approx 2V_{RL(P)}$

(4) 必須由變壓器耦合輸入。

例 2-4

一電路如圖，求其 $V_{RL(P)}$，PIV，$V_{RL(AVG)}$，f_{out}，負載的平均功率 $P_{R_L(AVG)}$ 。

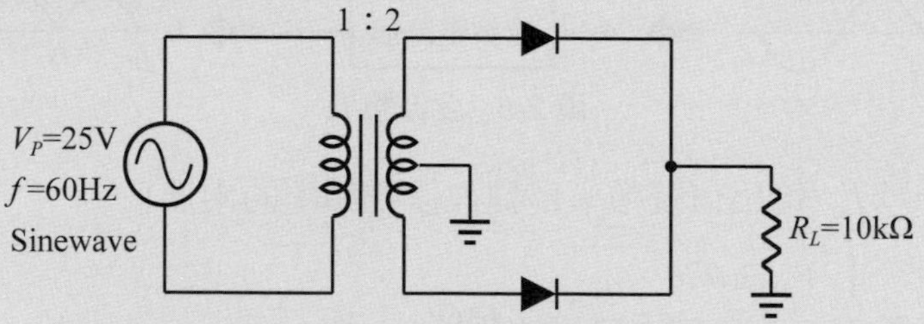

1 : 2
V_P=25V
f=60Hz
Sinewave
R_L=10kΩ

圖 2-7　例 2-4 的電路

<Sol>

$$V_{RL(P)} = \frac{1}{2}V_{2(P)} - 0.7 = \frac{1}{2}[(\frac{2}{1}\times 25)] - 0.7 = 24.3\ (\text{V})$$

$$V_{RL(AVG)} = \frac{2V_{RL(P)}}{\pi} = \frac{2\times 24.3}{\pi} = 15.47\ (\text{V})$$

$$\text{PIV} = V_{2(P)} - 0.7 = 50 - 0.7 = 49.3(\text{V})$$

$$f_{\text{out}} = 2f_{\text{in}} = 2\times 60 = 120\ (\text{Hz})$$

$$P_{R_L(AVG)，全波} = \frac{I_m V_m}{2} = \frac{\frac{V_m}{R_L}V_m}{2} = \frac{V_m^{\ 2}}{2R_L} = \frac{(24.3)^2}{2\times 10\text{k}} = 29.5\text{m}(\text{W})$$

5. 橋式(Bridge type)全波整流器

(1) 電路及原理：

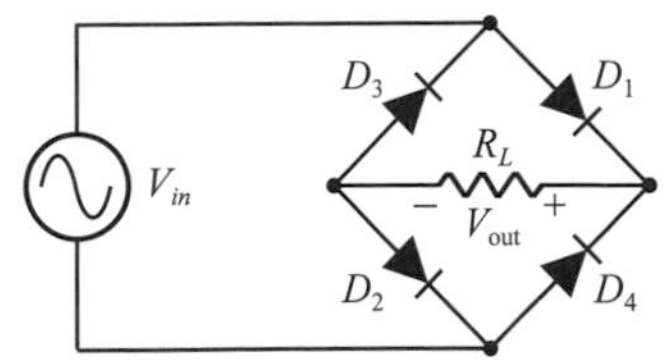

圖 2-8 橋式全波整流器

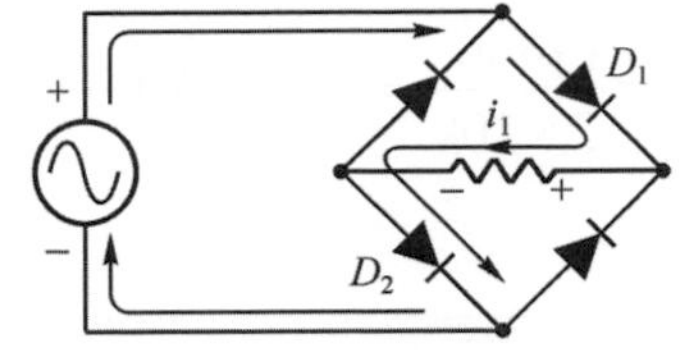

(a)正半波：D_1、D_2順偏，產生 i_1

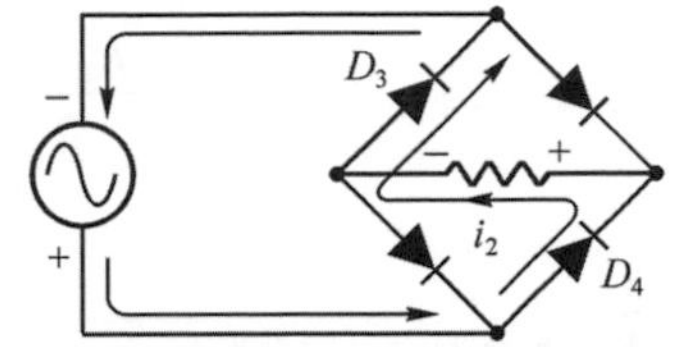

(b)負半波：D_3、D_4順偏，產生 i_2

圖 2-9 橋式正、負半波整流

(2) $V_{RL(P)} = V_{2P} - (2\times 0.7) = [(\dfrac{N_2}{N_1})\times V_{1P}] - (2\times 0.7)$

(3) $\text{PIV}_{D3} = V_{2P} = \text{PIV}_{D2} \approx V_{RL(P)}$

[Note：可見橋式全波整流器較中間抽頭式全波整流器有下列優點：

1. 若輸出電壓相同，則橋式之 PIV 為中央抽頭式之 PIV 的一半。
2. 可直接由交流電源輸入，不一定非由變壓器耦合輸入。
3. 若輸入電壓相同，則負載電壓為中間抽頭式的 2 倍、功率為 4 倍。**]**

例 2-5

一電路如圖，$R_L = 10\text{k}\Omega$，求其 $V_{RL(P)}$，PIV，$V_{RL(AVG)}$，f_{out}，負載的平均功率 $P_{R_L(AVG)}$。

圖 2-10 例 2-5 的電路

<Sol>

$$V_{RL(P)}=[(2\times25)-(2\times0.7)]=48.6\,(\text{V})$$

$$\text{PIV}=2\times25=50\,(\text{V})$$

$$V_{RL(AVG)}=\frac{2V_{RL(P)}}{\pi}=\frac{2\times48.6}{\pi}=30.94(\text{V})$$

$$f_{\text{out}}=2f_{\text{in}}=2\times60=120\,(\text{Hz})$$

$$P_{R_L(AVG)},\text{全波}=\frac{I_mV_m}{2}=\frac{\frac{V_m}{R_L}V_m}{2}=\frac{{V_m}^2}{2R_L}=\frac{(48.6)^2}{2\times10\text{k}}=118\text{m}(\text{W})$$

2.4 整流濾波器(Rectifier filter)

1. 整流濾波(Filtering)：使經整流後之直流脈衝的電壓變化幅度減小的作用。

[Note： 狹義的「濾」是指由混合物中將所要的部分與所不要的部分分離。**]**

圖 2-11　濾波器的輸入與輸出波形

2. 電容輸入式整流濾波器(C-filter)

   (1) 電路：如圖 2-12，其中之虛線框內即爲電容輸入式整流濾波器(僅電容器一個元件)。

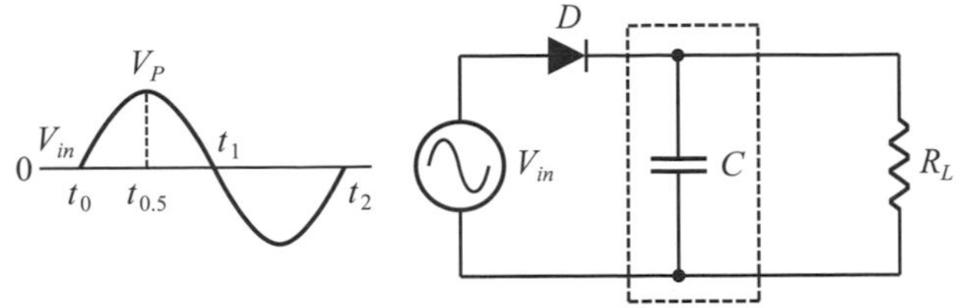

圖 2-12　半波整流與電容輸入式整流濾波器

(2) 原理：

① $(t_0 \sim t_{0.5})$：D 爲順偏，C 充電至$(V_P-0.7)$，$V_{RL}=V_C$。

② $(t_{0.5} \sim t_1)$：因 V_C 高於 V_{in} 故 D 成逆偏，V_{in} 無法輸入，此時 V_{RL} 由 V_C 提供，而 V_C 按放電時間常數 $\tau=R_LC$ 放電，直到下一正半波出現。

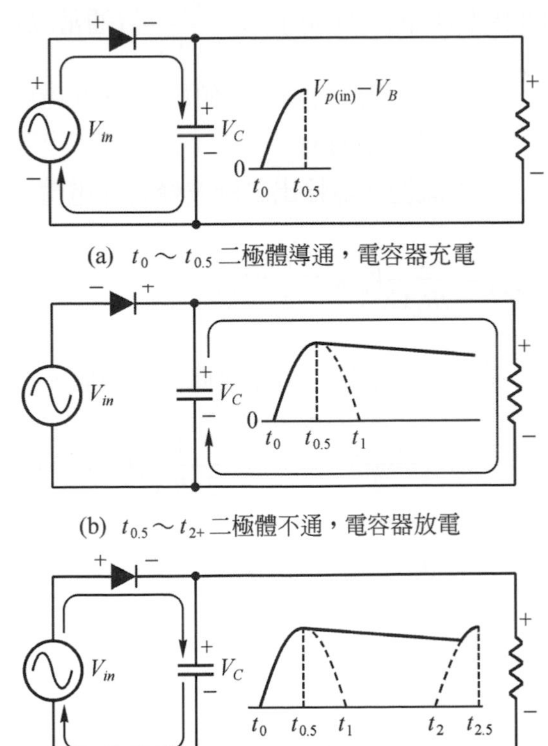

(a) $t_0 \sim t_{0.5}$ 二極體導通，電容器充電

(b) $t_{0.5} \sim t_{2+}$ 二極體不通，電容器放電

(c) $t_{2+} \sim t_{2.5}$ 二極體導通，電容器充電

圖 2-13　半波整流與電容輸入式整流濾波原理

(3) 效率：

① 漣波(Ripple)：電容器因充放電而引起的電壓變化。

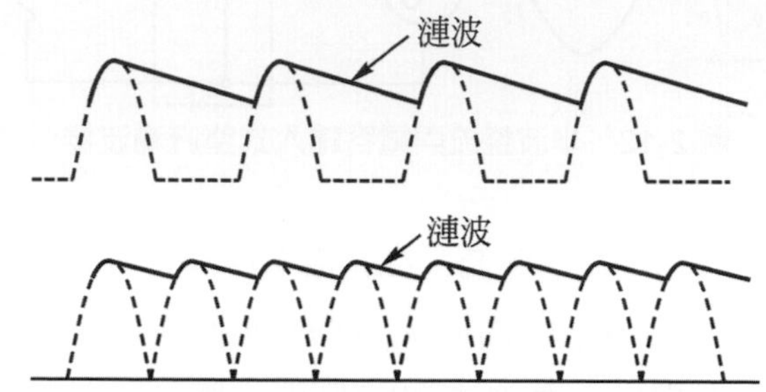

圖 2-14　半波整流與全波整流經濾波後之漣波的比較

② 漣波因數(Ripple factor)：$r=\frac{V_{r(rms)}}{V_{dc}}$(通常以百分比%表示)

$V_{in(P)}$：整流濾波器的輸入峰值電壓(在此處就等於整流器之輸出峰值電壓)。

$V_{r(P\text{-}P)}$：整流濾波器輸出之漣波峰對峰電壓。

$$V_{r(P-P)}=\frac{1}{fR_LC}V_{\text{in}(P)}=\frac{T}{\tau}\times V_{\text{in}(P)}$$

V_{dc}：整流濾波器輸出電壓之直流平均值。

$$V_{dc}=V_{\text{in}(P)}-\frac{V_{r(P-P)}}{2}=V_{\text{in}(P)}-\frac{1}{2fR_LC}V_{\text{in}(P)}=(1-\frac{1}{2fR_LC})\times V_{\text{in}(P)}$$

$$V_{dc}=(1-\frac{0.00417}{R_LC})\times V_{\text{in}(P)}\quad (f=120\text{Hz})$$

$V_{r(rms)}$：漣波電壓之有效值。

$$V_{r(rms)}=\frac{1}{\sqrt{3}}V_{r(P)}=\frac{1}{\sqrt{3}}\times\frac{1}{2fR_LC}V_{\text{in}(P)}$$

$$V_{r(rms)}=\frac{0.0024}{R_LC}V_{\text{in}(P)}\quad (f=120\text{Hz})$$

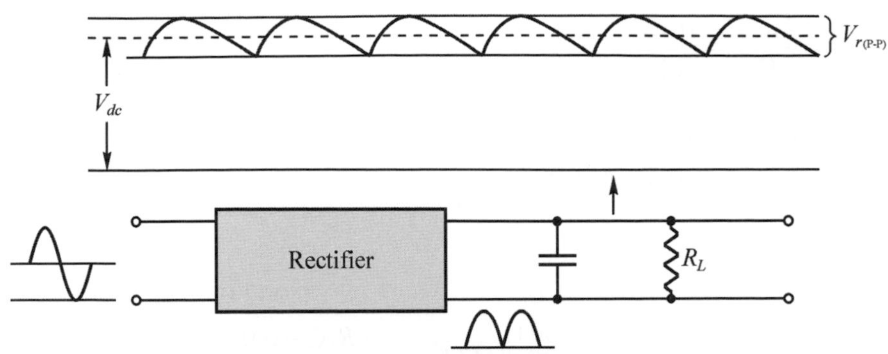

圖 2-15　經整流濾波後之波形

例 2-6

一電路如圖，求電容輸入式整流濾波器之 V_{dc}、$V_{r(rms)}$，以及漣波因數(Ripple factor)。

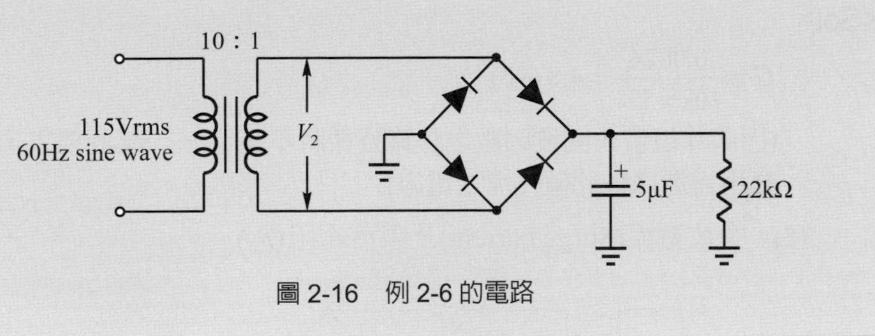

圖 2-16　例 2-6 的電路

<Sol>

$$V_{1P} = 115 \times \sqrt{2} = 162.6\,(\text{V})$$

$$V_{2P} = (\frac{1}{10}) \times 162.6 = 16.26\,(\text{V})$$

$$V_{\text{in}(P)} = 16.26 - 1.4 = 14.86\,(\text{V})$$

$$V_{dc} = (1 - \frac{0.00417}{R_L C})V_{\text{in}(P)} = (1 - \frac{0.00417}{22\text{k} \times 5\mu}) \times 14.86 = 14.3\,(\text{V})$$

$$V_{r(rms)} = \frac{0.0024}{R_L C} \times V_{\text{in}(P)} = \frac{0.0024}{22\text{k} \times 5\mu} \times 14.86 = 0.324\,(\text{V})$$

$$r=\frac{V_{r(rms)}}{V_{dc}}=\frac{0.324}{14.3}=0.0227=2.27\%$$

(4) 濾波電容的估算

電容輸入式整流濾波器之電容值係根據「要求之漣波因數」依下式估算：

$$\because r=\frac{V_{r(rms)}}{V_{dc}}=\frac{\frac{0.0024}{R_LC}\times V_{in(\mathrm{P})}}{(1-\frac{0.00417}{R_LC})\times V_{in(\mathrm{P})}}=\frac{0.0024}{R_LC-0.00417}\cong\frac{0.0024}{R_L\times C}$$

$$\therefore C\cong\frac{0.0024}{R_L\times r}$$ (為近似值，實際應用時需再 check！)

例 2-7

一橋式全波整流器之 R_L=10KΩ，求使 r<5%的最小電容值。

<Sol>

$$C\cong\frac{0.0024}{10\mathrm{k}\times 5\%}=4.8\,\mu(\mathrm{F})$$

(因將此值帶入漣波因數之計算公式將不滿足 r < 5%的要求，故實際應用需選擇較此值為大之電容)

(5) 突波電流(Surge current)及限流電阻(R_S)

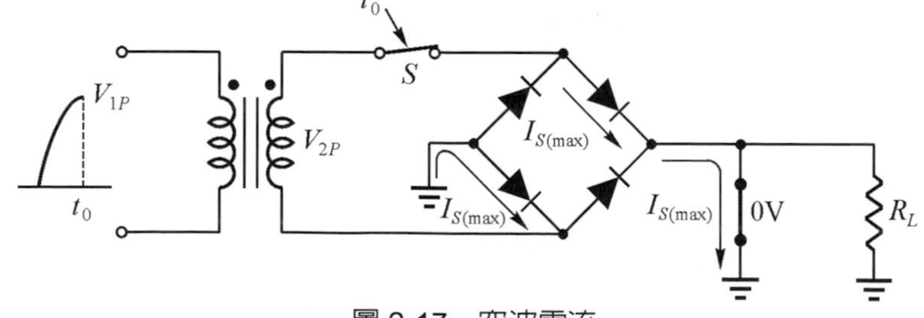

圖 2-17 突波電流

① 在 S 閉合的瞬間 C 開始充電，故在此瞬間 C 可視為短路。

② 因 C 呈短路，電路中沒有阻抗，因而造成一非常大之電流，稱之為「突波電流(Surge current)，I_S」。

③ 若 S 於最大電壓時(t_0)閉合，則會產生最大突波電流 $I_{S(max)}$。

④ 爲防止 I_S 損壞元件，故通常於整流(Rectifier)輸出端串接一限流電阻 R_S，以降低 I_S。但 R_S 有二副作用：(a)會使 $V_{in}(p)$ 降低(與 X_C 分壓)、(b)會使充電時間常數變長，故 R_S 必須要有，但不能太大。

⑤ 選擇二極體(Diode)時需考慮其額定電流是否大於 $I_{S(max)}$。

⑥ 突波電流過後(C 已按時間常數 $\tau = RC$ 開始充放電)則 C 與 R_S 呈串聯，故

$$V_C = V_{RL} = \frac{X_C}{\sqrt{{R_S}^2 + {X_C}^2}} \times V_{整流器輸出(p)}$$

$V_{in(p)}$ 大小的降低可由調整前端變壓器的圈數比來補償。

⑦ 限流電阻值的決定：$R_S \geq \dfrac{V_{2p} - 2V_B}{\min\left[I_{Rated,components}\right]}$，

其中：$\min\left[I_{Rated,components}\right]$ 係指充電迴路之各元件的額定電流中之最小値。

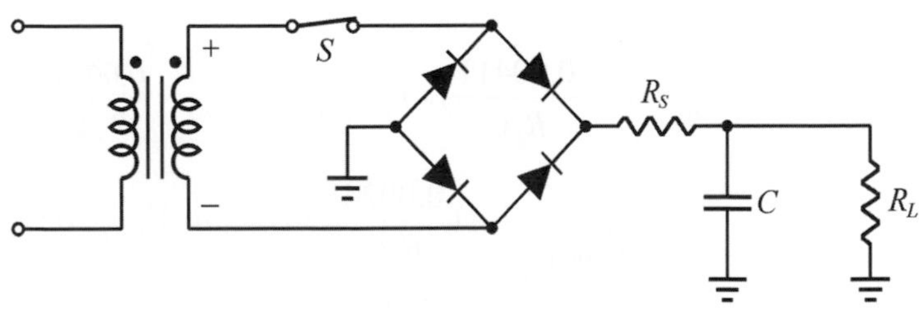

圖 2-18　限制突波電流的限流電阻

[Note： 經全波整流後之信號($V_{in(P)}$)爲直流信號，爲何 C 沒有 DC-Blocking 的作用(i.e.將 C 視爲 open)？**]**

(6) 討論：R_S 對漣波因素(Ripple factor)的影響

① 無限流電阻時

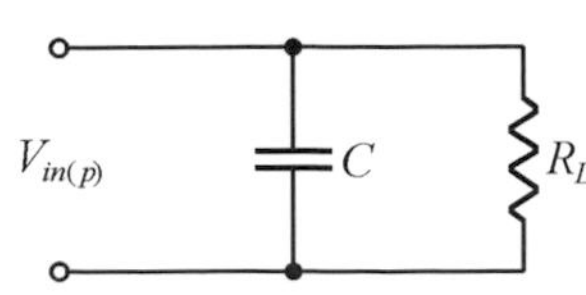

$$V_{dc} = (1 - \frac{0.00417}{R_L C}) \times V_{in(P)}$$

$$V_{r(rms)}=\frac{0.0024}{R_L C}\times V_{\text{in}(P)}$$

② 有限流電阻時

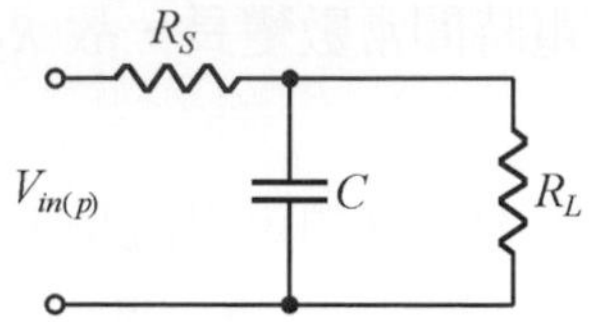

(a) 若 $X_C << R_L$ (i.e. R_L 被旁路)

則$V_{dc}=(1-\frac{0.00417}{R_L C})\times V_{\text{in}}'_{(P)}$

$V_{r(rms)}=\frac{0.0024}{R_L C}\times V_{in}'_{(\text{P})}$，其中$V_{\text{in}}'_{(P)}=\frac{Xc}{\sqrt{X_C{}^2+R_S{}^2}}V_{\text{in}(P)}$

(b) 若 $X_C \not\ll R_L$ (i.e. R_L 需考慮)

則$Z=X_C // R_L$

$V_{\text{in}}''_{(P)}=(Z$ 與 R_S 分壓$)V_{\text{in}(P)}$

$\therefore V_{dc}=(1-\frac{0.00417}{R_L C})\times V_{\text{in}}''_{(P)}$，$V_{r(rms)}=\frac{0.0024}{R_L C}\times V_{\text{in}}''_{(P)}$

③ 但若僅求 $r=\frac{V_{r(rms)}}{V_{dc}}=\frac{(\frac{0.0024}{R_L C})\times V_{\text{in}(P)}\ or\ V_{\text{in}}'_{(P)}\ or\ V_{\text{in}}''_{(P)}}{\left(1-\frac{0.00417}{R_L C}\right)\times V_{\text{in}(P)}\ or\ V_{\text{in}}'_{(P)}\ or\ V_{\text{in}}''_{(P)}}$

則 $V_{\text{in}(P)}$ or $V_{\text{in}}'_{(P)}$ or $V_{\text{in}}''_{(P)}$均可消去，故 r 不受 R_S的影響。

(7) 漣波電壓的圖示：

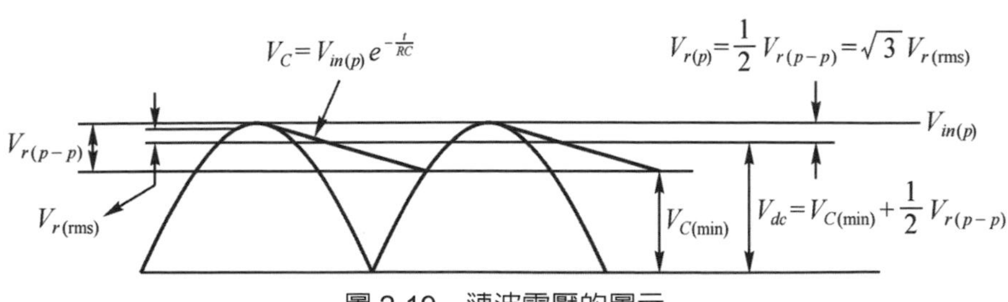

圖 2-19　漣波電壓的圖示

例 2-8

一電路如圖 2-18，變壓器輸入電壓爲 $116V_{r(ms)}$、Sinewave、60Hz，變壓器圈數比爲 10：1，R_L=10kΩ，C=5μF。若線圈、二極體、電容器的額定電流分別爲 0.3A、0.2A、0.1A。求：(1)濾波器輸入電壓之峰值 $V_{in(p)}$，(2) $V_{r(rms)}$，(3) V_{dc}，(4) ripple factor。

<Sol>

先決定限流電阻值 $R_S = \dfrac{116\sqrt{2}\times\dfrac{1}{10}-(2\times0.7)}{\min[0.3, 0.2, 0.1]} = \dfrac{15}{0.1} = 150(\Omega)$

通過電容的信號頻率$=2\times60=120(\text{Hz})$，

$$X_C = \frac{1}{2\pi\times120\times5\mu} = 265.26(\Omega)$$

$$(1)\ V_{\text{in}(P)} = 15\times\frac{265.26}{\sqrt{150^2+265.26^2}} = 13.06\ (\text{V})$$

$$(2)\ V_{r(rms)} = \frac{0.0024}{10\text{k}\times5\mu}\times13.06 = 0.627\ (\text{V})$$

$$(3)\ V_{dc} = (1-\frac{0.00417}{10\text{k}\times5\mu})\times13.06 = 11.97\ (\text{V})$$

$$(4)\ r = \frac{0.627}{11.97}\times100\% = 5.24\%$$

3. 電感輸入式整流濾波器(LC-filter)

(1) 構造：在電容整流濾波器的輸入端再加一電感(線圈)，如圖 2-20，其中之虛線框內即爲電感輸入式整流濾波器。

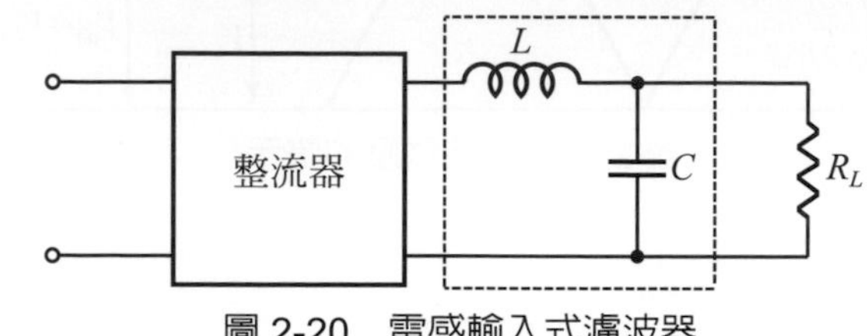

圖 2-20　電感輸入式濾波器

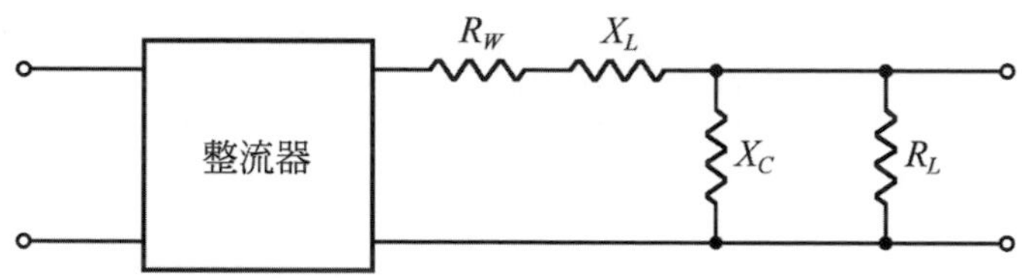

圖 2-21　電感輸入式濾波器之阻抗

(2) 優點：因漣波電壓大都降在 L 上，故其輸出電壓甚爲平坦。

(3) 漣波因數(Ripple factor)：$r=\dfrac{V_{r(\text{out})rms}}{V_{dc}}$

① V_{dc} 部分：

如圖 2-22，V_{dc} 爲整流器輸出電壓之 AVG 值再經 R_W(電感的繞線電阻)及 R_L 分壓後之結果。

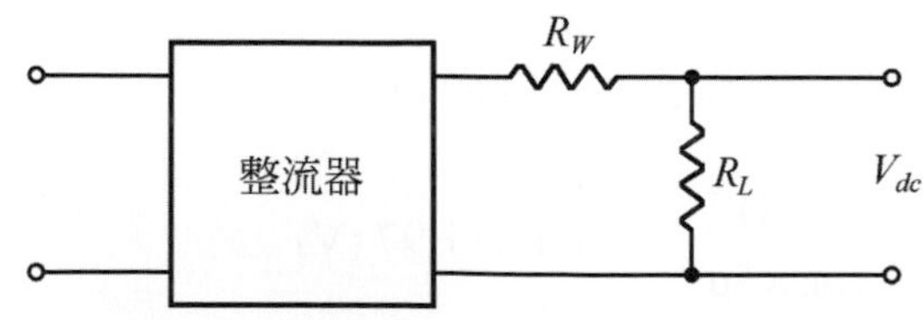

圖 2-22　電感輸入式濾波器之直流阻抗

對直流而言，C 爲 open，∴容抗 $X_C=\infty$；L 爲 short，∴感抗 $X_L=0$。

$$\Rightarrow V_{dc} = V_{AVG} \times (\frac{R_L}{R_L + R_W}) = \frac{2}{\pi} V_{in(P)} \times (\frac{R_L}{R_L + R_W})$$

② $V_{r(out)rms}$ 部分：

$V_{r(out)rms}$ 爲整流濾波器輸入漣波電壓($V_{r(in)}$)之 rms 值再經 X_L 與 X_C 分壓後之結果。

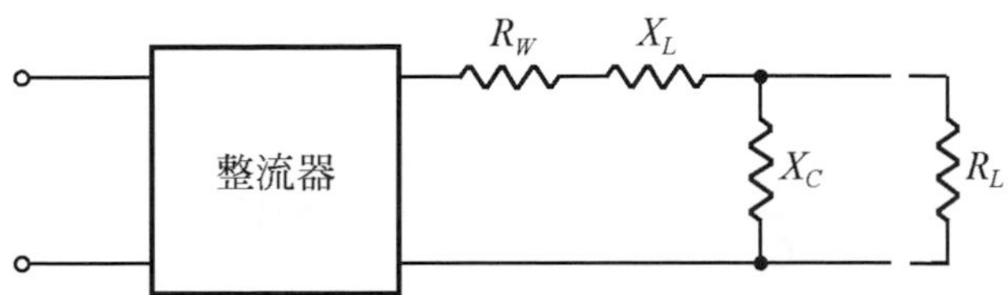

圖 2-23　電感輸入式濾波器之交流阻抗

因 $R_L >> X_C$，所以 R_L 被旁路(bypass)，如圖 2-23 所示。

$$V_{r(out)rms} = \frac{X_C}{\sqrt{(X_L - X_C)^2 + R_W^{\ 2}}} \times V_{r(in)rms}$$

而 $V_{r(in)rms} = 0.308 V_{in(P)}$ (係一近似値，證明在其他書中可查)

$$\therefore V_{r(out)rms} = \frac{X_C}{\sqrt{(X_L - X_C)^2 + R_W^{\ 2}}} \times 0.308 V_{in(P)}$$

例 2-9

一電路如圖，V=116V$_{rms}$、Sinewave、60Hz，L=1000mH，R_W=100Ω，R_L=1kΩ，C=50μF。求該濾波器(filter)之漣波因數 r。

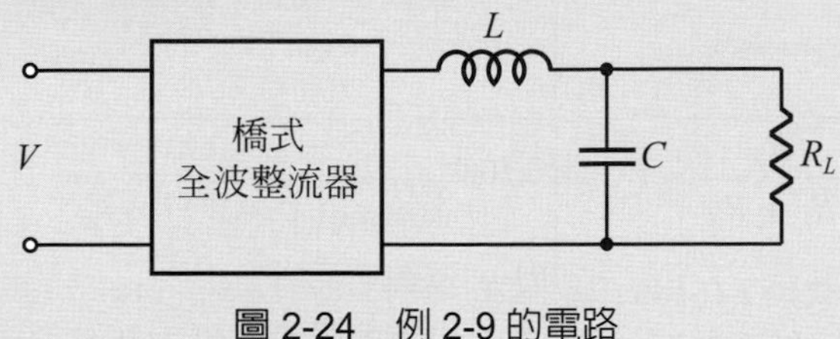

圖 2-24　例 2-9 的電路

<Sol>

$$\text{Rectifier(out)} = V_P - 2V_B = 116\sqrt{2} - 1.4 = 162.6\text{(V)} = V_{\text{in}(P)}$$

① $V_{dc} = \dfrac{2}{\pi}V_{\text{in}(P)}(\dfrac{R_L}{R_L + R_W}) = \dfrac{2}{\pi}\times 162.6\times(\dfrac{1\text{k}}{1\text{k}+100}) = 94.1\,\text{(V)}$

② $V_{r(\text{out})rms} = 0.308V_{\text{in}(P)}\times\dfrac{X_C}{\sqrt{(X_L - X_C)^2 + {R_W}^2}}$

$f = 60\times 2 = 120\,\text{(Hz)}$

$X_C = \dfrac{1}{2\pi f C} = \dfrac{1}{2\pi\times 120\times 50\,\mu} = 26.5\,(\Omega)$

$X_L = 2\pi fL = 2\pi\times 120\times 1000\text{m} = 754\,(\Omega)$

$V_{r(\text{out})rms} = 0.308\times 162.6\times\dfrac{26.5}{\sqrt{(754-26.5)^2 + 100^2}} = 1.807\,\text{(V)}$

[**Note**：由此例分壓的三個阻抗值(R_W、X_L、X_C)可知，大部分漣波電壓都分給了電感。因為電感是低通元件，高頻的漣波不易通過。]

③ $r = \dfrac{V_{r(\text{out})\text{rms}}}{V_{dc}} = \dfrac{1.807}{94.1}\times 100\% = 1.92\%$

(4) C-filter 與 LC-filter 的比較：

	V_{dc}	$V_{r(rms)}$	r	限流電組
C-filter	$(1-\dfrac{0.00417}{R_L C})V_{\text{in}(P)} \approx V_{\text{in}(P)}$	$\dfrac{0.0024}{R_L C}V_{\text{in}(P)}$，隨 R_L 而變	大	因充電迴路阻抗甚小，須加裝限流電阻
LC-filter	$[\dfrac{2}{\pi}V_{\text{in}(P)}]\dfrac{R_L}{R_L+R_W} \approx V_{AVG}$ (相同的信號經 LC-filter 濾波後的 V_{dc} 較經 C-filter 濾波後的 V_{dc} 為低，此 V_{dc} 的降低可由調整前端變壓器的圈數比來補償。)	$0.308V_{\text{in}(P)}\times\dfrac{X_C}{\sqrt{(X_L-X_C)^2+{R_W}^2}}$，與 R_L 無關 (輸入信號的交變電壓大都被電感吸收，故輸出的漣波電壓甚小)	小	充電迴路中之電感具有阻抗，故不需加裝限流電阻

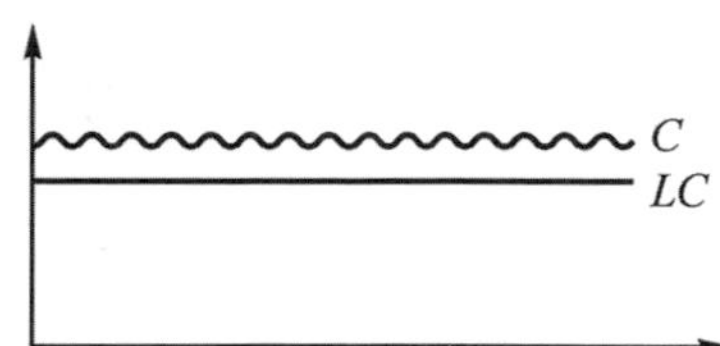

圖 2-25　電容輸入式濾波器與電感輸入式濾波器之濾波效果比較

4. π 型及 T 型整流濾波器

(1) π 型：

① C-filter 後串接一個 LC-filter(2 個 C)。

② 電路。

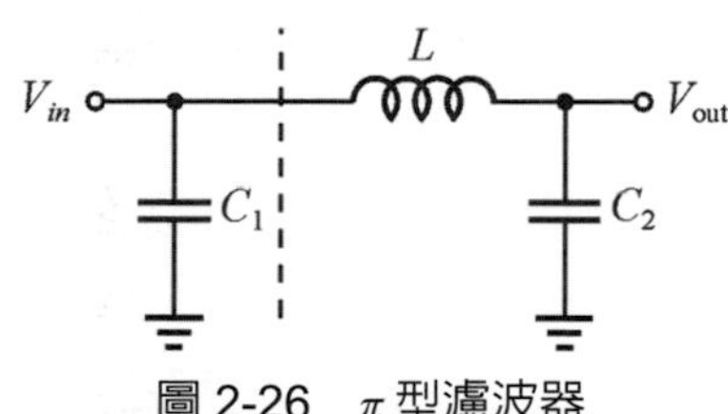

圖 2-26　π 型濾波器

(2) T 型：

① LC-filter 後串接一個線圈(2 個 L)。

② 電路。

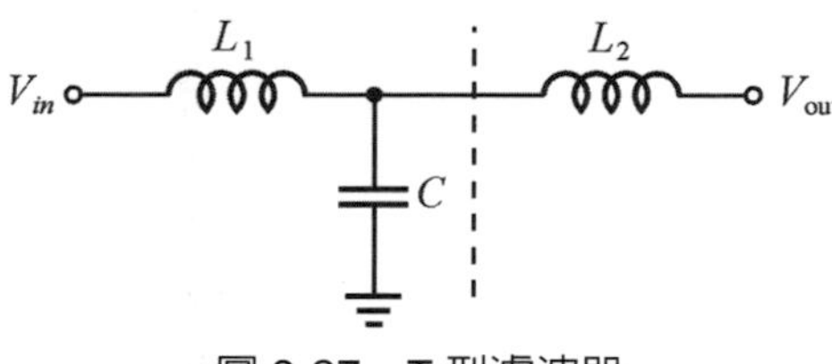

圖 2-27　T 型濾波器

(3) 比較：對相同輸入而言，T-filter 的 V_{out} 較 π-filter 的 V_{out} 為低，但 ripple 較小。

2.5 截波器與定位器(Clipper and Clamper)

1. 截波器(clipper)：使信號之電壓依特定位準，上、下加以截斷的電路。

(1) 正半波截波器，如圖 2-28，其中之虛線框內即為正半波截波器。

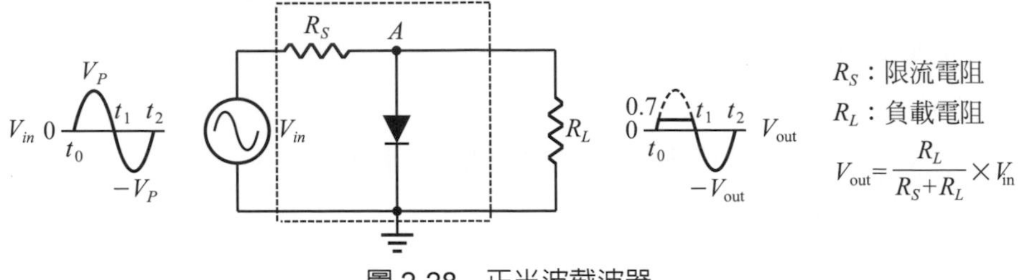

圖 2-28 正半波截波器

(2) 可調式正半波截波器

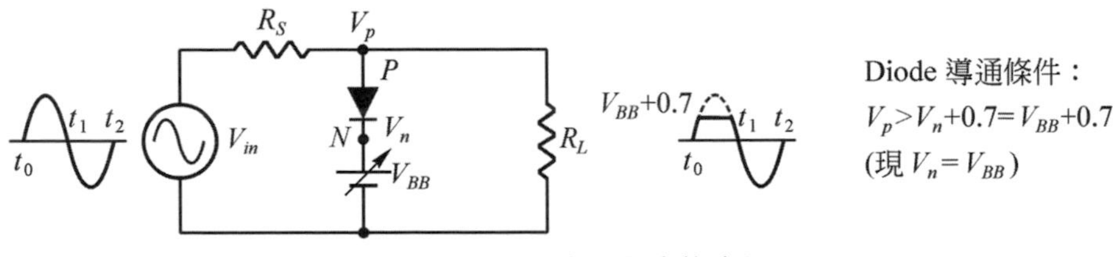

圖 2-29 可調式正半波截波器

(3) 可調式負半波截波器

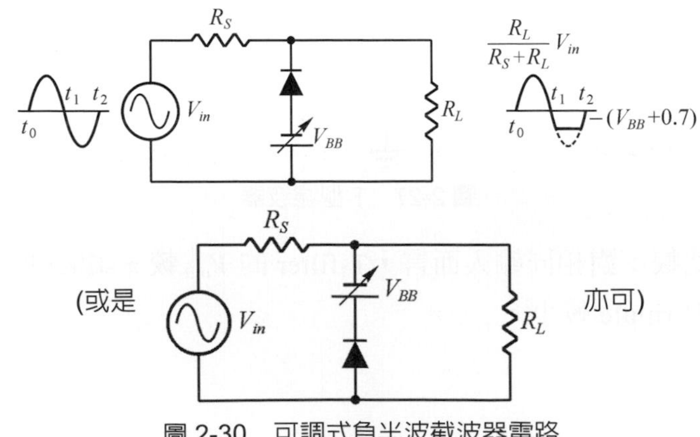

圖 2-30 可調式負半波截波器電路

(4) 組合式截波器

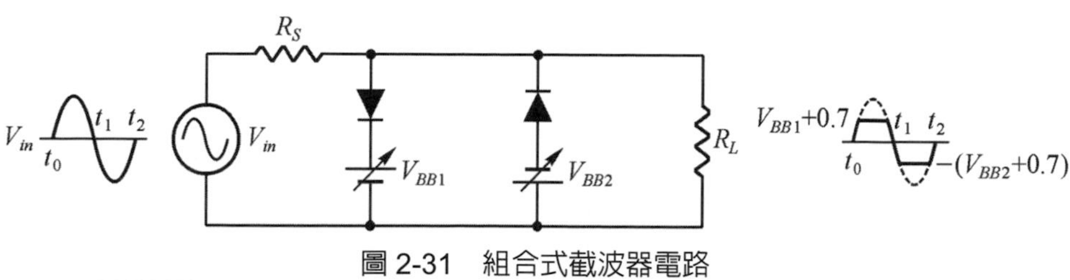

圖 2-31 組合式截波器電路

例 2-10

組合式截波器之 V_{BB1}=7V，V_{BB2}=5V。若 V_{in} 之波形為

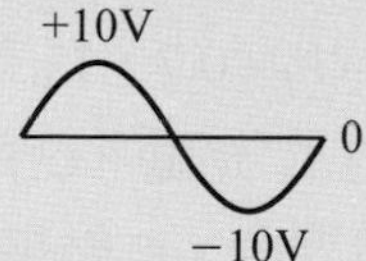

求輸出波形？

<Sol>

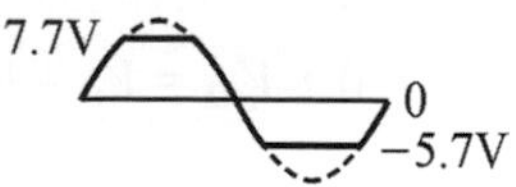

2. 定位電路(clamper，或稱箝拉電路)：將一特定直流位準加到交流信號上，使此交流信號之中間值為此特定直流值之電路。又稱直流復位(DC-Restore)電路。

   (1) 前提：定位電路中之電容經由 R_L 的充放電時間常數 $\tau=R_LC>10T$ (T 是交流信號的週期)。

   (2) 正定位器，如圖 2-32，其中之虛線框內即為正定位器。

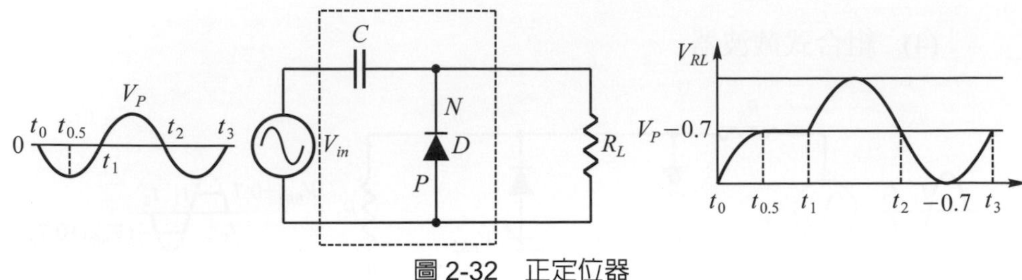

圖 2-32　正定位器

① 第一個正半波：Diode 逆偏，V_{in} 沿 R_L 對 C 充電。因時間僅 $\frac{1}{2}T$，而 $\tau>10T$，故於第一個正半波的時間中，C 幾乎沒有充電。

② $(t_0\sim t_{0.5})$：D 順偏將 C 充電至 $V_P-0.7$(或說 V_p)，$t=t_{0.5}$ 時 $V_n=V_P-0.7$。

③ $(t_{0.5}\sim t_1)$：因 $V_N=V_P-0.7$，V_{in} 無法較 V_N 高出 0.7V 以上，故 D 逆偏，V_{in} 無法對 C 充電。C 則按 τ 徐徐放電至 t_1 爲止。而 $\tau>10T$，故於此時間中，C 幾乎沒有放電。

④ $(t_1\sim t_2)$：V_{in} 爲正半波，故 D 仍然逆偏。V_{in} 作用於 R_L，但因 $V_C=V_P-0.7$，故 V_{RL} 將由 V_C 開始按輸入大小(V_{in})而變化。

$$V_{RL}=(V_P-0.7)+V_{\text{in}}\,(\text{DC}+\text{AC superposition})$$

⑤ $(t_2\sim t_3)$：t_2 時 $V_{\text{in}}=0$，$V_{RL}=V_C=V_P-0.7$，故 D 仍然逆偏，V_{RL} 按輸入(V_{in})而變化。

$$V_{RL}=(V_P-0.7)+V_{\text{in}}$$

⑥ 故 V_{in} 由原來以 0 爲中值被提升至以 $V_P-0.7$ 爲中值，如同串聯一個 $V_P-0.7$ 之直流電壓源，且二極體不再導通。

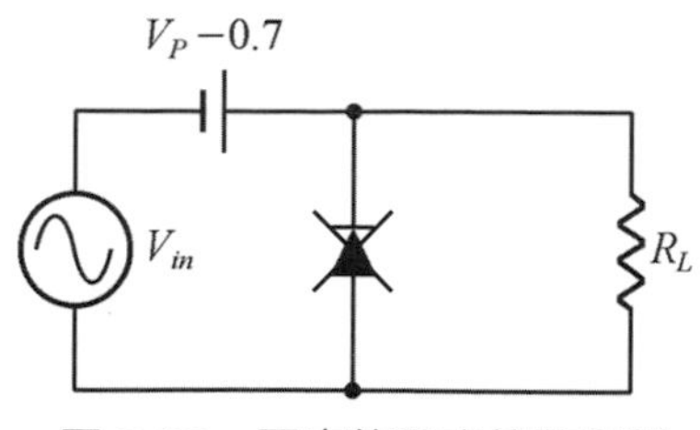

圖 2-33　正定位器之等效電路

(3) 負定位器，如圖 2-34，其中之虛線框內即爲負定位器。

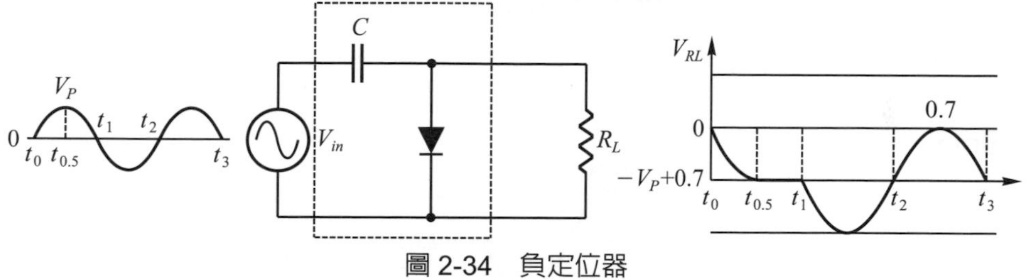

圖 2-34　負定位器

V_{in} 由原來以 0 爲中值被拉下至以$[-(V_P-0.7)]$爲中值，如同串聯一個$[-(V_P-0.7)]$V 之直流電壓源。

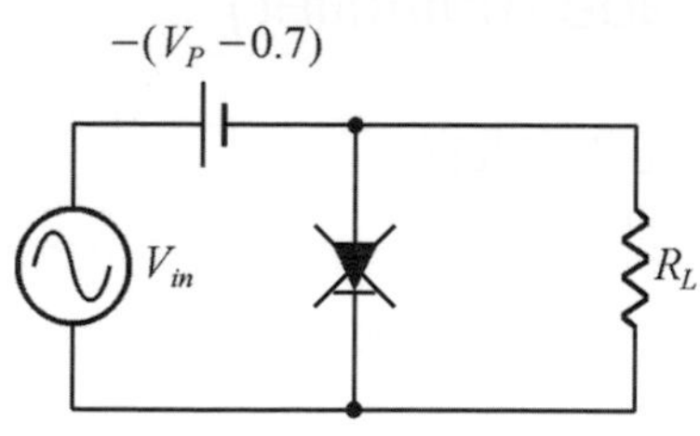

圖 2-35　負定位器之等效電路

例 2-11

一定位器與其輸入之波形如圖：

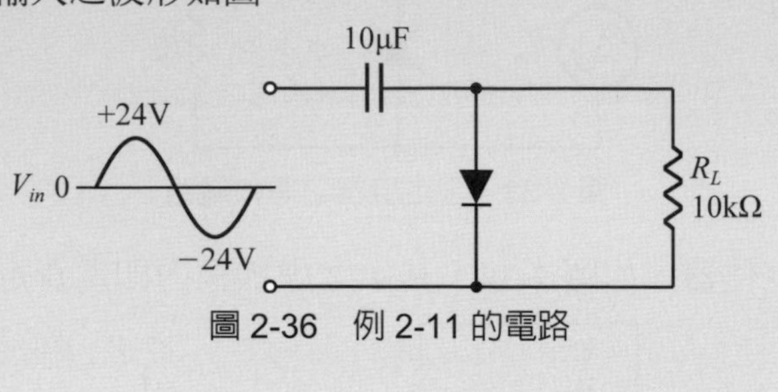

圖 2-36　例 2-11 的電路

求輸出波形？

<Sol>

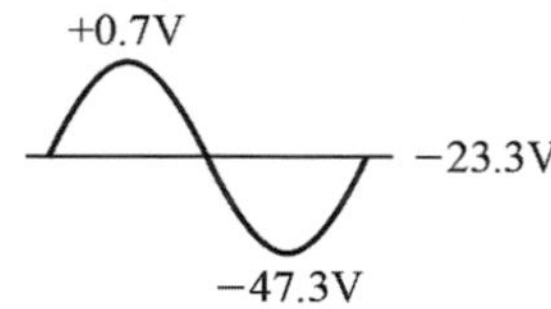

2.6 倍壓器(Voltage multiplier)

1. 兩倍倍壓器(Voltage doubler)

   (1) 半波式：

   ① 正半波：D_1 順偏(D_2 open)，C_1 由左至右充電至 V_P(二極體之障壁電壓忽略不計)。

   ② 負半波：D_2 順偏(D_1 open)，C_2 被電源及 C_1 由下至上充電至 $2V_P$。

   ③ 輸出為 C_2 (下正上負的直流電)。

   ④ D_1、D_2 的 PIV 均為$(2V_P - 0.7)$。

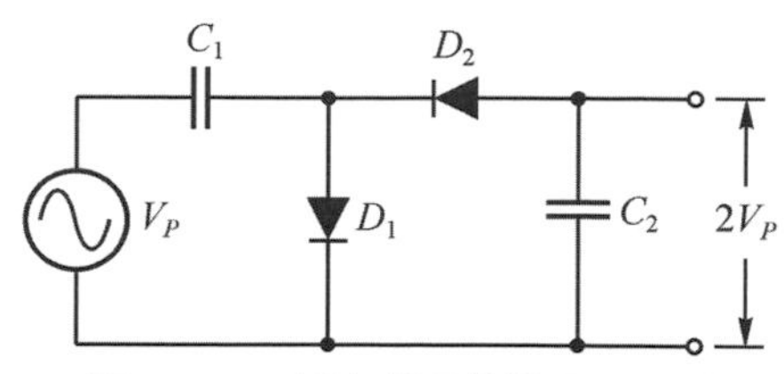

圖 2-37　半波式兩倍倍壓器電路

(2) 全波式：

① 正半波：D_1 順偏(D_2 open)，C_1 由上至下充電至 V_P(二極體之障壁電壓忽略不計)。

② 負半波：D_2 順偏(D_1 open)，C_2 由上至下充電至 V_P。

③ 輸出為 C_1 與 C_2 串聯，故為 $2V_P$(上正下負的直流電)。

④ D_1、D_2 的 PIV 均為($2V_p - 0.7$)。

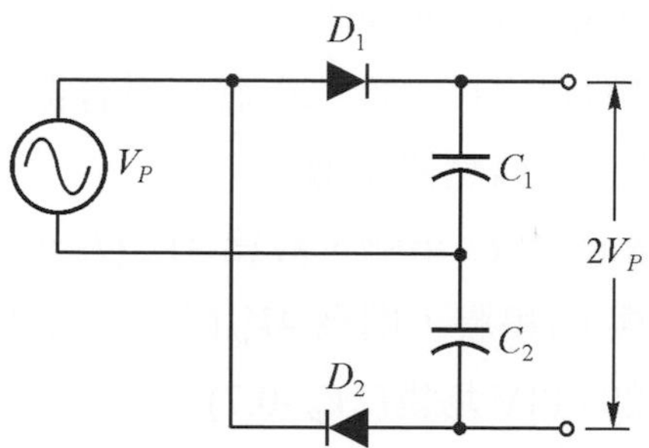

圖 2-38　全波式兩倍倍壓器電路

2. 三倍倍壓器(Voltage tripler)

(1) 由半波式兩倍倍壓器再串接一級二極體與電容器電路而成。

(2) 第一正半波：D_1 順偏(D_2、D_3 open)，C_1 由左至右充電至 V_p(二極體之障壁電壓忽略不計)。

(3) 第一負半波：D_2 順偏(D_1、D_3 open)，C_2 被電源及 C_1 由左至右充電至 $2V_p$。

(4) 第二正半波：D_3 順偏(D_1、D_2 open)，C_3 被電源及 C_2 由左至右充電至 $2V_p$。

(5) 上方輸出爲 C_1 與 C_3 串聯，故爲 $3V_p$ (左正右負的直流電)；下方輸出爲 C_2，則爲 $2V_p$ (左正右負的直流電)。

(6) D_1、D_2、D_3 的 PIV 均爲($2V_p$ -0.7)。

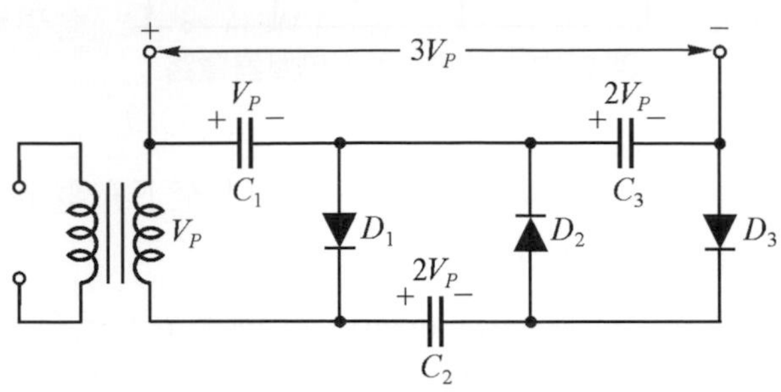

圖 2-39　三倍倍壓器電路

3. 四倍倍壓器(Voltage quadrupler)

(1) 由三倍倍壓器再串接一級二極體與電容器電路而成。

(2) 動作原理與三倍倍壓器相似。

(3) 上方輸出爲 C_1 與 C_3 串聯，故爲 $3V_p$ (左正右負的直流電)；下方輸出爲 C_2 與 C_4 串聯，則爲 $4V_p$ (左正右負的直流電)。

(4) 四個二極體的 PIV 均爲($2V_p$ -0.7)。

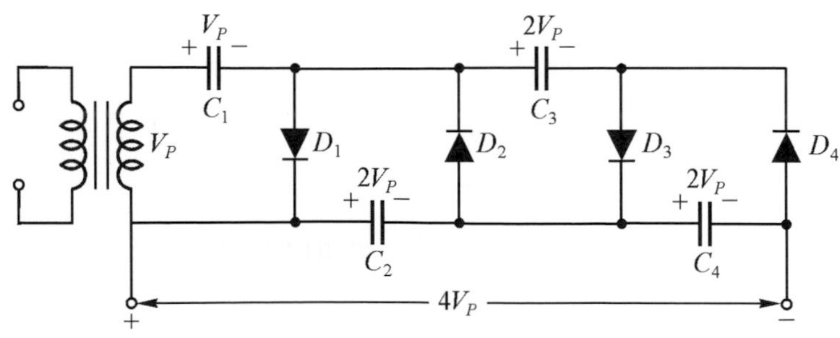

圖 2-40　四倍倍壓器電路

習　題 EXERCISE

1. 電路如圖，求：(1)$V_{RL(P)}$，(2)$V_{RL(\mathrm{AVG})}$，(3)PIV，(4)R_L 之平均功率，(5)f_{out}。

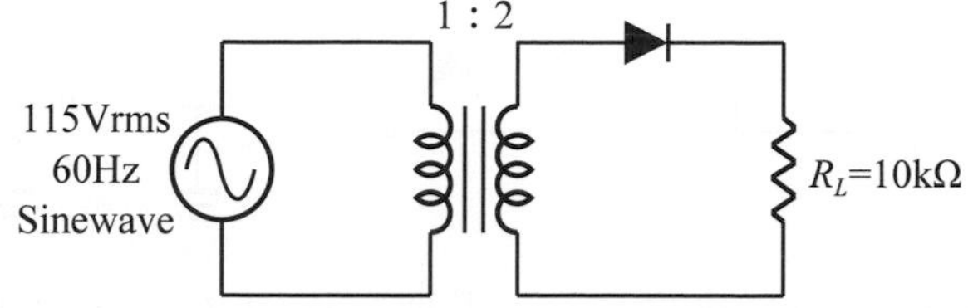

2. 電路如圖，求：(1)$V_{RL(P)}$，(2)$V_{RL(\mathrm{AVG})}$，(3)PIV，(4)R_L 之平均功率，(5)f_{out}。

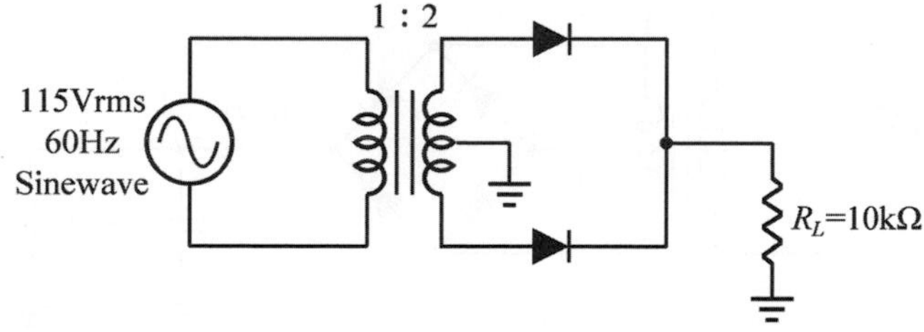

3. 電路如圖。求：(1)$V_{RL(P)}$，(2)$V_{RL(\mathrm{AVG})}$，(3)PIV，(4) f_{out}，(5)R_L 之平均功率。

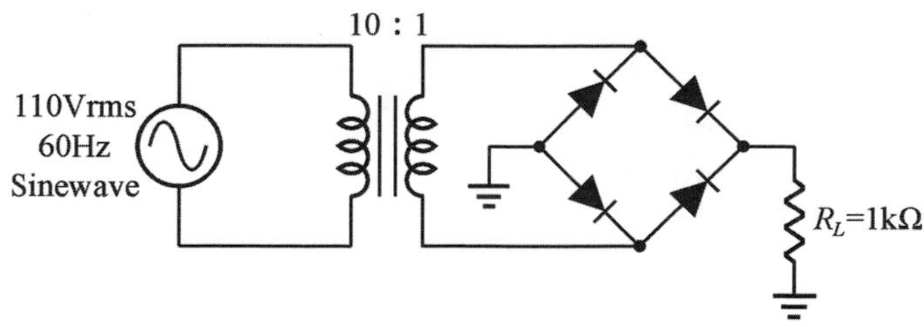

4. 電路如圖，求：(1)濾波器輸入電壓之峰值 $V_{in(P)}$，(2)$V_{r(rms)}$，(3)V_{dc}，(4)ripple factor。

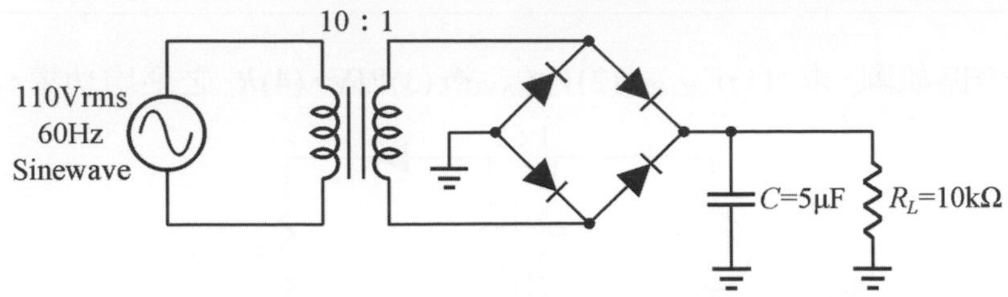

5. 電路如圖，求：(1)濾波器輸入電壓之峰值 $V_{in(P)}$，(2)$V_{r(rms)}$，(3)V_{dc}，(4)ripple factor。

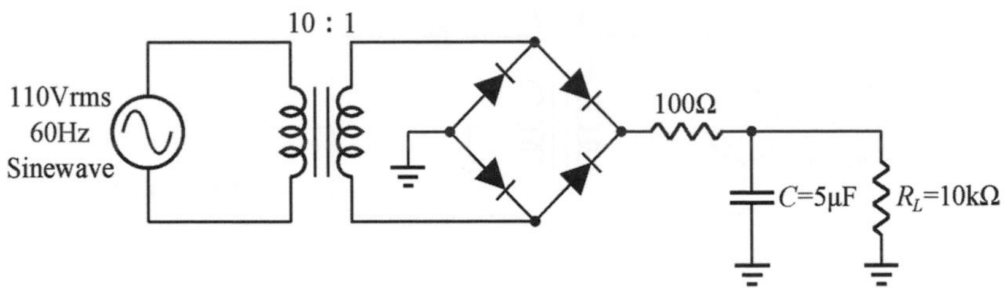

6. 電路如圖，求：(1) r (ripple factor)，(2) $I_{S(\max)}$，(3)使 $r<1\%$的最小 C 值。

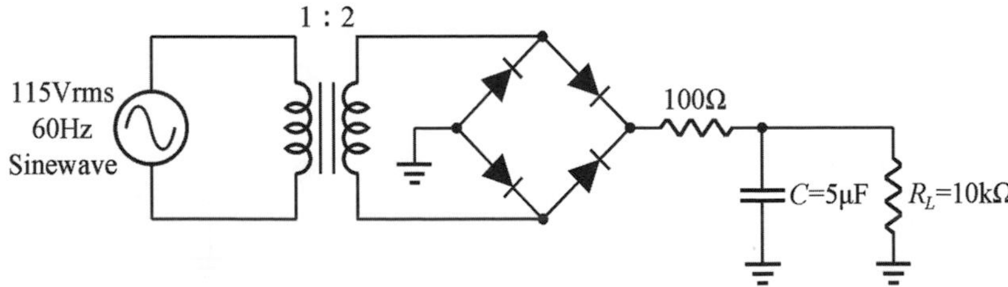

7. 電路如圖，求：(1)$V_{r(\text{rms})}$，(2)V_{dc}，(3)r (ripple factor)，(4)若使用原來的電感，欲使 $r<1\%$的最小 C 值，(5)最大突波電流 $I_{S(\max)}$。

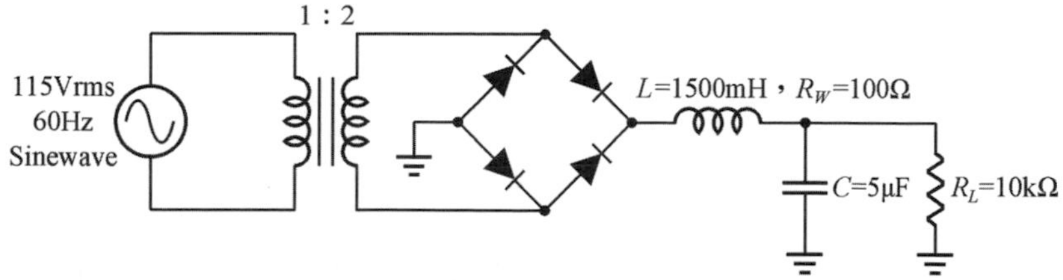

8. 電路如圖，求：(1)$V_{r(\text{rms})}$，(2)V_{dc}，(3)r (ripple factor)，(4)若使用原來的電感，欲使 $r<1\%$的最小 C 值。

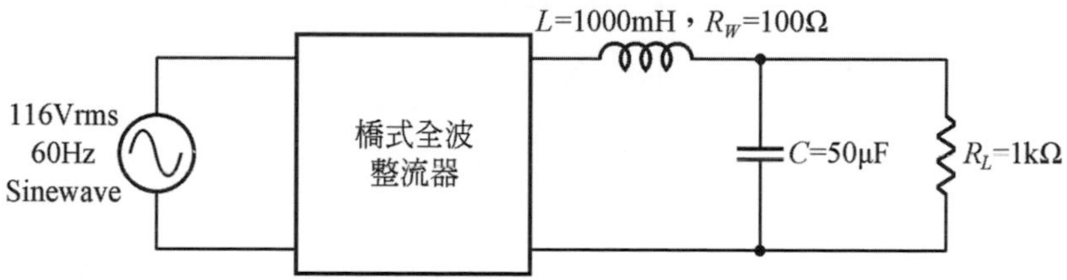

9. 請繪出整流二極體之特性曲線，並標出各特性值。

10. 請繪出下列電路：(1)組合式截波器，(2)正定位器，(3)全波式二倍倍壓器。

11. 某電路之輸入與輸出波形如圖，求繪出該電路。

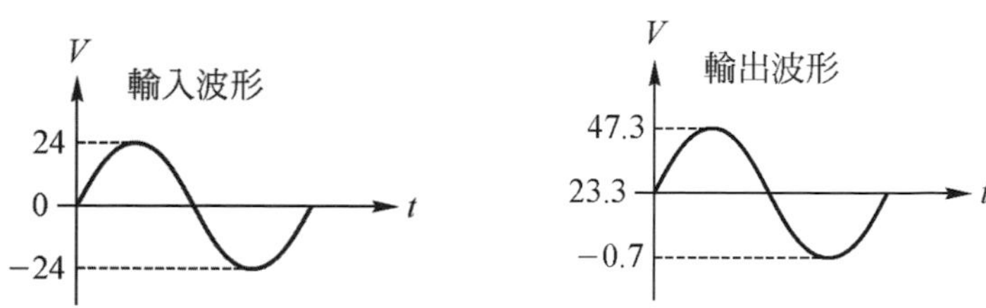

12. 某電路之輸入與輸出波形如圖，求繪出該電路。

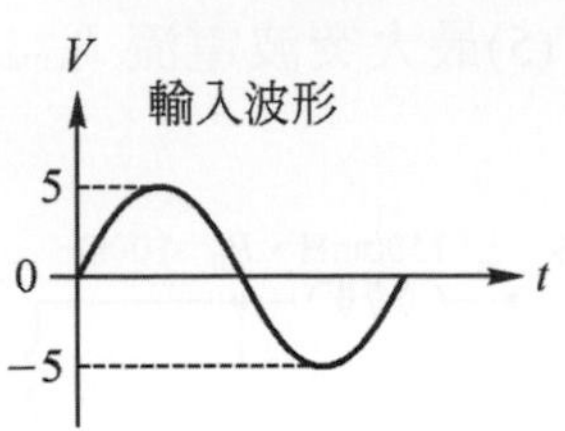

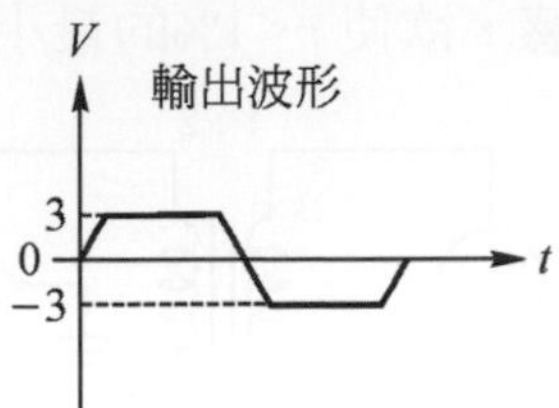

13. 組合式截波器之輸入波形如圖，設 $V_{BB1}=5V$，$V_{BB2}=7V$。求：(1)繪出該電路，(2)繪出輸出波形。

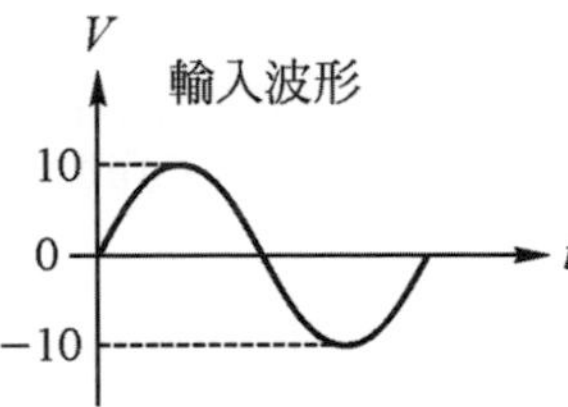

14. 正定位器之輸入波形如圖。求：(1)繪出該電路，(2)繪出輸出波形。

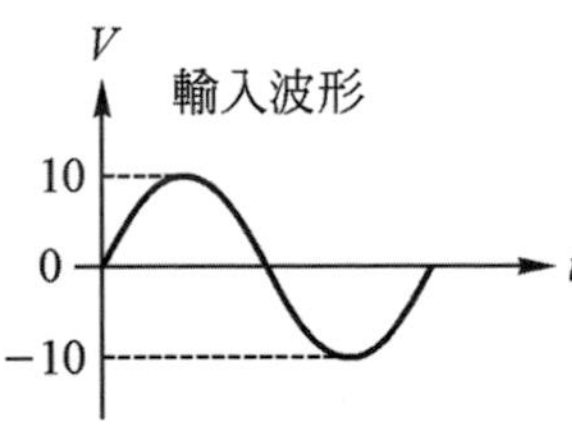

15. 電路如圖，求：(1)寫出此種電路的名稱，(2)V_{RL}的波形為何？

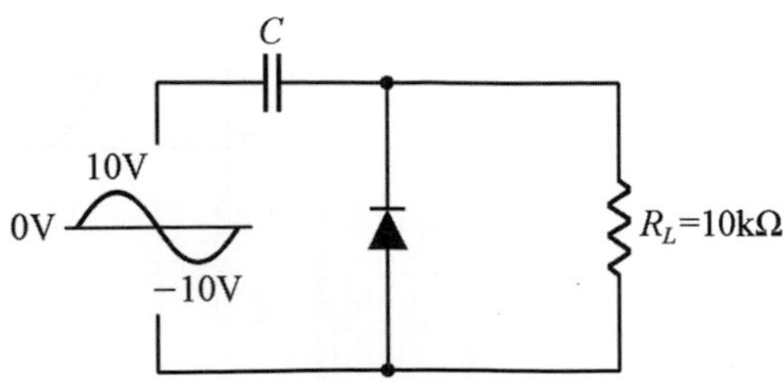

16. 電路如圖，求：(1)寫出此種電路的名稱，(2)V_{RL} 的波形為何？

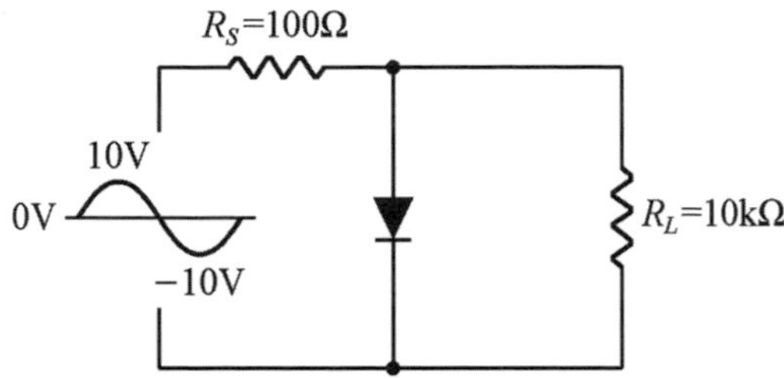

17. 電路如圖，求：(1)寫出此種電路的名稱，(2)V_{RL} 的波形為何？

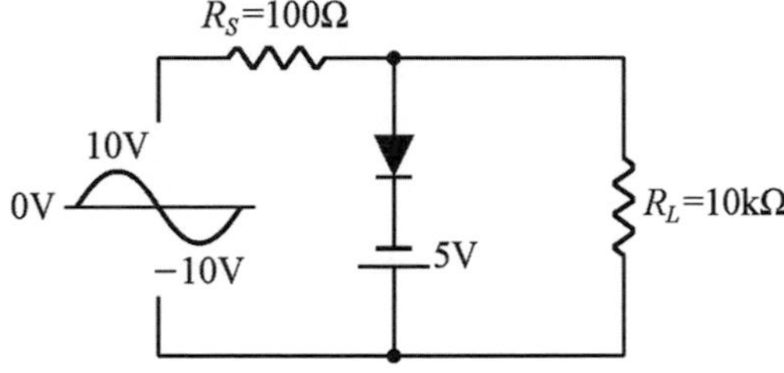

Electronics

3

特殊二極體

3.1 稽納二極體(Zener diode)

3.2 電壓調整(Voltage regulation)

3.3 變容二極體(Varactor)

3.4 其他型式二極體

3.1 稽納二極體(Zener diode)

1. 符號： 

2. 特性說明：以特殊 Dopping 技術調整 Diode 的崩潰電壓(1.8～200V)，利用其於崩潰區內逆向電流改變，但電壓不變的特性，作電壓調整之用。

3. 理想特性曲線

   0 ～ I_{ZK}：電壓變化很大(不穩定) 。

   I_{ZK}～ I_{ZM}：電壓維持定值。

   I_{ZM}～ ：Diode 燒毀。

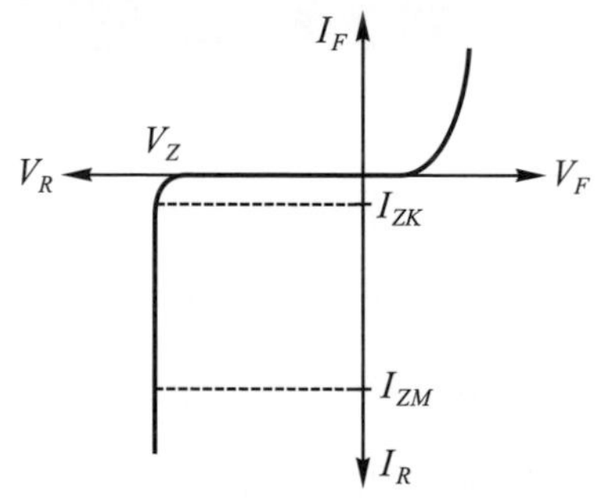

V_Z：稽納崩潰電壓。

I_{ZK}：最小逆向電流(膝點電流) 。

I_{ZM}：最大逆向電流。

圖 3-1　稽納二極體的理想特性曲線

4. 等效電路與實際特性曲線

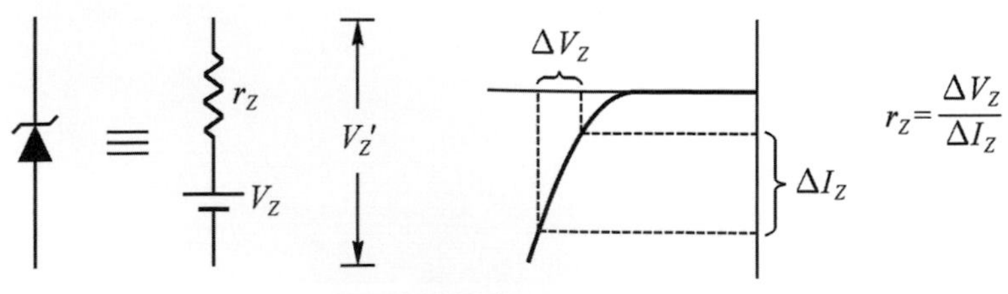

(理想曲線斜率=∞，表 $r_Z=0$)

圖 3-2　稽納二極體的等效電路與實際特性曲線

例 3-1

I_Z變化 2mA 時，V_Z變化 50mV，求 r_Z。

<Sol>

$$r_z = \frac{\Delta V_z}{\Delta I_Z} = \frac{50\text{m}}{2\text{m}} = 25\,(\Omega)$$

例 3-2

某 Zener Diode 之 V_Z=7V、r_Z=5Ω，若 I_Z=20mA，求 Diode 兩端電壓 V_Z'？

<Sol>

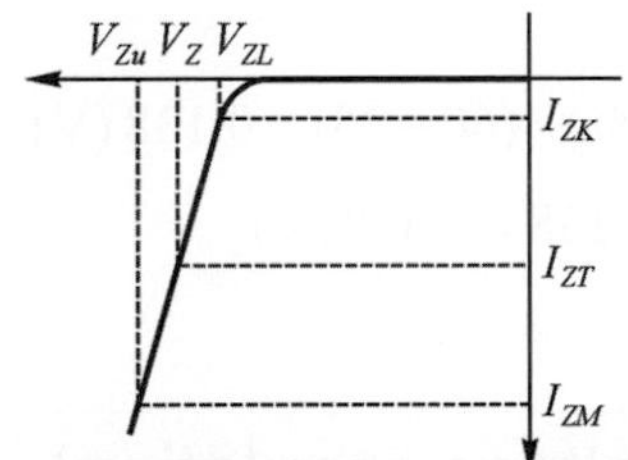

圖 3-3　稽納二極體規格值電流對應電壓的關係圖

I_{ZT}：測試電流，通常為 I_{ZK}與 I_{ZM}的中間值。

V_Z：稽納二極體崩潰電壓的公稱值，係於 I_{ZT}作用下所測得的電壓。

V_{ZL}：V_Z的下限值(Lower limit)，係於 I_{ZK}作用下二極體兩端的電壓。

V_{ZU}：V_Z的上限值(Upper limit)，係於 I_{ZM}作用下二極體兩端的電壓。

① 當 I_{ZT}>20mA

$$V_Z' = V_Z - (I_{ZT} - 20\text{m}) \times r_Z = V_Z - (\Delta I_Z \times r_Z)$$

② 當 I_{ZT}<20mA

$$V_Z' = V_Z + (20\text{m} - I_{ZT}) \times r_Z = V_Z + (\Delta I_Z \times r_Z)$$

設 I_{ZT}=30mA

則 $V_Z' = 7 - (30\text{m} - 20\text{m}) \times 5 = 6.95\,(\text{V})$

5. 溫度係數：

$$\Delta V_Z = V_Z(25°\text{C}) \times TC \times \Delta T$$

$V_Z(25℃)$：25℃時之 V_Z。

TC：溫度係數(Temperature Coefficient)。

ΔT：Zener Diode 所在環境溫度(℃)與 25℃間的溫度差。

例 3-3

某 Zener Diode 之 V_Z=8.2V、TC=+0.048%，求 60℃時之 V_Z？

<Sol>

$$\Delta V_Z = 8.2 \times (0.048\%) \times (60-25) = 0.138\,(\text{V})$$

$$V_Z(60°\text{C}) = 8.2 + 0.138 = 8.338\,(\text{V})$$

3.2 電壓調整(Voltage regulation)

1. 輸入變動的調整(Input/Line regulation)

　　若輸入電壓不穩定，其變動的範圍造成 I_Z的變化介於 I_{ZK}與 I_{ZM}之間，則 Zener Diode 仍能維持兩端電壓爲 $V_Z(V_{ZU}\sim V_{ZL})$。

2. 輸入電壓調整率 $=\dfrac{\text{輸出電壓變化}}{\text{輸入電壓變化}}\times 100\%$

(i.e. 輸入電壓每變化 1V，輸出電壓變化的百分率。)

[**Note**：圖 3-4 中之虛線框內即爲電壓調整器。]

例 3-4

電路如圖，設 $V_Z=10\text{V}$，$I_{ZK}=5\text{mA}$，$I_{ZM}=15\text{mA}$，$r_Z=10\Omega$。求：(1)Diode 可吸收電源電壓的變化範圍，(2)輸入調整率。

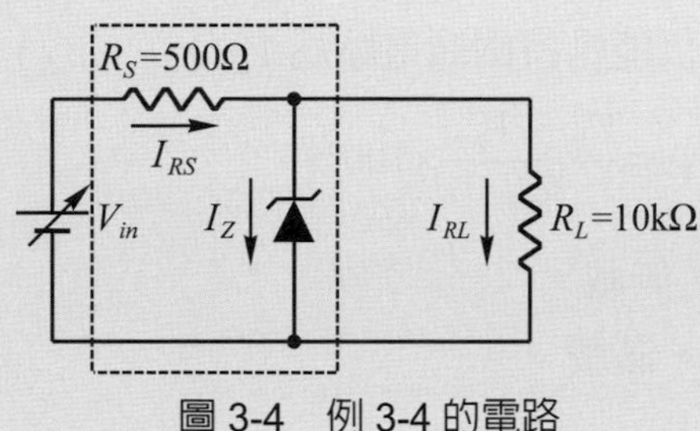

圖 3-4 例 3-4 的電路

<Sol>

① $I_{ZT}=\dfrac{5\text{m}+15\text{m}}{2}=10\,\text{m(A)}$

② 當 $I_Z=I_{ZK}=5\,\text{mA}$

則 $V_Z'=V_Z-(I_{ZT}-I_Z)\times r_Z=10-(10\text{m}-5\text{m})\times 10=9.95(\text{V})=V_{RL}$

$\therefore I_{R_L}=\dfrac{V_{RL}}{R_L}=\dfrac{9.95}{10\text{k}}=0.995\,\text{m(A)}$

$\therefore I_{R_S}=I_Z+I_{R_L}=5\text{m}+0.995\text{m}=5.995\,\text{m(A)}$

$\therefore V_{R_S}=I_{R_S}\times R_S=5.995\text{m}\times 500=2.9975\,(\text{V})$

$\Rightarrow V_{IN}=V_{R_S}+V_Z'=V_{R_S}+V_{R_L}=2.9975+9.95=12.9475\,(\text{V})$

③ 當 $I_Z=I_{ZM}=15\,\text{mA}$

$\Rightarrow V_Z'=10+(15\text{m}-10\text{m})\times 10=10.05(\text{V})=V_{RL}$

$\therefore I_{R_L}=\dfrac{10.05}{10\text{k}}=1.005\,\text{m(A)}$

$\therefore I_{R_S}=15\text{m}+1.005\text{m}=16.005\,\text{m(A)}$

$\therefore V_{R_S}=16.005\text{m}\times 500=8.0025\,(\text{V})$

$\Rightarrow V_{\text{in}}=8.0025+10.05=18.0525\,(\text{V})$

$\therefore V_{\text{in}}=12.9475\text{V}\sim 18.0525\text{V}$

(則 $I_Z=5\text{mA}\sim 15\text{mA}$，$V_Z'=9.95\text{V}\sim 10.05\text{V}$)

④ 輸入調整率$=\dfrac{10.05-9.95}{18.0525-12.9475}\times 100\%=1.96\%$

3. 負載變動的調整(Load Regulation)

若負載電阻值變化，其變動範圍造成 I_Z 的變化介於 I_{ZK} 與 I_{ZM} 之間，則 Zener Diode 仍能維持兩端電壓爲 $V_Z(V_{ZU}\sim V_{ZL})$。

4. 負載電壓調整率$=\dfrac{V_{NL}-V_{FL}}{V_{FL}}\times 100\%$

NL：No Load，無載。

FL：Full Load，滿載。

[Note：何謂無載(No Load)？何謂滿載(Full Load)？]

例 3-5

電路如圖，設 V_Z=12V，I_{ZK}=3mA，I_{ZM}=40mA，I_{ZT}=20mA，r_Z=10Ω。求：(1)Diode 可容許 R_L 變化的範圍，(2)負載電壓調整率。

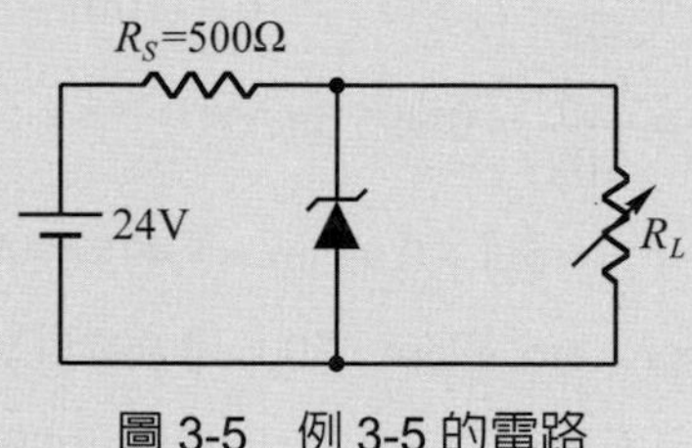

圖 3-5　例 3-5 的電路

<sol>

① (a) $V_{ZL}=12-(20\text{m}-3\text{m})\times 10=11.83\ (\text{V})$

(b) $V_{ZU}=12+(40\text{m}-20\text{m})\times 10=12.2\ (\text{V})$

② 求 R_L 的最大值(No Load)

R_L 最大，則 I_{RL} 最小，設 $I_{RL}=0$ (i.e. $R_L=\infty$)，則 I_Z 最大。

$I_Z\times R_S+[V_Z+(\Delta I_Z\times r_Z)]=V_{\text{in}}$

(a) if $I_Z>I_{ZT}\Rightarrow I_Z\times 500+[12+(I_Z-20\text{m})\times 10]=24$

$\Rightarrow I_Z=23.9\text{ mA}$

$\because I_Z = 23.9\text{mA} < I_{ZM}$

$\therefore$可接受

$V_Z' = 12 + (23.9\text{m} - 20\text{m}) \times 10 = 12.039\,(\text{V})$

(b) 當 $I_Z < I_{ZT} \Rightarrow I_Z \times 500 + [12 - (20\text{m} - I_Z) \times 10] = 24$

$\Rightarrow I_Z = 23.9\text{mA}$ 與(a)之結果相同

[Note： 無載時的稽納電流須小於稽納二極體的 I_{ZM} 是設計上的要求，否則無載時穩壓器接上電源就自行燒毀了！**]**

③ 求 R_L 的最小值(Full load)

R_L 最小，則 I_{RL} 最大，I_Z 最小，但不可小於 I_{ZK}。

設 $I_Z = I_{ZK} = 3\text{mA}$

$\Rightarrow V_Z' = 12 - [(20\text{m} - 3\text{m}) \times 10] = 11.83(\text{V}) = V_{ZL}$

$\Rightarrow V_{RS} = 24 - 11.83 = 12.17\,(\text{V})$

$$I_{R_S} = \frac{V_{R_S}}{R_S} = \frac{12.17}{500} = 24.34\text{m(A)}$$

$\Rightarrow I_{R_L} = 24.34\text{m} - 3\text{m} = 21.34\,\text{m(A)}$

$$\Rightarrow R_L = \frac{V_{RL}}{I_{RL}} = \frac{11.83}{21.34\text{m}} = 554\,(\Omega)$$

$\therefore R_L = 554\Omega \sim \infty$

[Note： 在電壓源作用下，負載的阻值愈小代表功率愈大。故此處計算滿載電阻值等同於求取穩壓器可接受負載的最大功率。以例 3-5 之數據爲例：該穩壓器可接受負載的最大功率

$$P_{\max} = \frac{(V_{FL})^2}{R_{FL}} = \frac{(11.83)^2}{554}$$

$$= (I_{FL})^2 \times R_{FL} = (21.34\text{m})^2 \times 554$$

$$= I_{FL} \times V_{FL} = 21.34\text{m} \times 11.83$$

$$= 0.252(\text{W})$$ **]**

④ $$負載調整率 = \frac{12.039 - 11.83}{11.83} \times 100\% = 1.77\%$$

5. 限流電阻(R_S)的選擇

R_S的功用在於(1)限制稽納電流不可以大於 I_{ZM} (無載時)、不可以小於 I_{ZK} (滿載時)；(2)與 Zener Diode 形成分壓電路，分電源電壓使 Zener Diode 分得的電壓介於 V_{ZL} 與 V_{ZU} 之間(電流在 I_{ZK} 與 I_{ZM} 之間)。

例 3-6

電路如圖，設 V_Z=15V，I_{ZK}=1mA，I_{ZM}=560mA，I_{ZT}=170mA，r_Z=3Ω。求：(1)V_{ZL} 及 V_{ZU}，(2)最小 R_S 值，(3)Full Load，(4)最大 R_S 值。

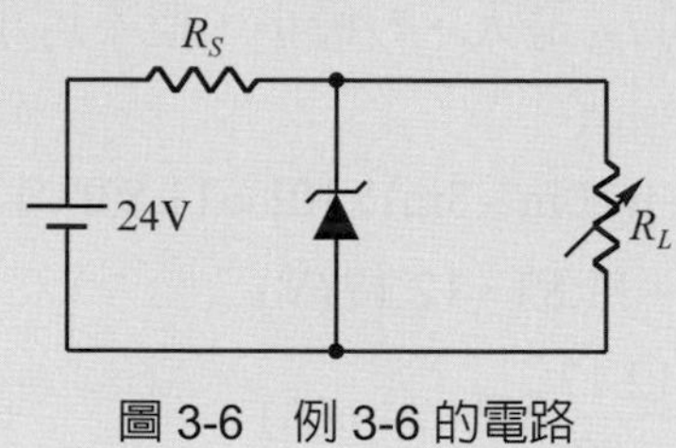

圖 3-6 例 3-6 的電路

<sol>

① (a) $V_{ZL}=15-(170\text{m}-1\text{m})\times 3=14.49\ (\text{V})$

(b) $V_{ZU}=15+(560\text{m}-170\text{m})\times 3=16.17\ (\text{V})$

② 最小 R_S 值

$\because R_S=\dfrac{V_{R_S}}{I_{R_S}}$ ，∴若 V_{RS}最小，I_{RS}則最大，則可得最小 R_S。

又$\because V_{R_S}+V_Z'=24$

$\Rightarrow V_{R_S}=24-V_Z'$，欲得最小 V_{RS}則需使V_Z'最大。

V_Z'最大值爲 V_{ZU}，而 V_{ZU}所對應之 I_Z爲 I_{ZM}，

$\therefore R_{S(\min)}=\dfrac{24-16.17}{560\text{m}}=13.98\ (\Omega)$

(i.e. 若 R_S<13.98Ω，則在無載時 I_Z>I_{ZM}，稽納二極體燒毀！)

③ 現選 R_S=15Ω

R_L的最小值(Full Load)發生在 I_{RL} 最大，I_Z最小：

i.e. $I_Z=I_{ZK}=1\text{mA}$

此時 $V_Z'=V_{ZL}=14.49=V_{RL}$

$\therefore V_{RS}=24-14.49=9.51\,(\text{V})$

$$I_{R_S}=\frac{V_{R_S}}{R_S}=\frac{9.51}{15}=634\,\text{m(A)}$$

$$I_{RL}=I_{R_S}-I_Z=634\text{m}-1\text{m}=633\,\text{m(A)}$$

$$\therefore R_L=\frac{V_{RL}}{I_{RL}}=\frac{14.49}{633\text{m}}=22.9\,(\Omega)$$

④ $R_{S(\max)}=\dfrac{V_{R_S(\max)}}{I_{R_S(\min)}}=\dfrac{24-V_{ZL}}{I_{ZK}}=\dfrac{24-14.49}{1\text{m}}=9.51\text{k}(\Omega)$

6. 截波電路

稽納二極體順向導通電壓爲障壁電壓(0.7V)，逆向導通電壓爲 V_Z。

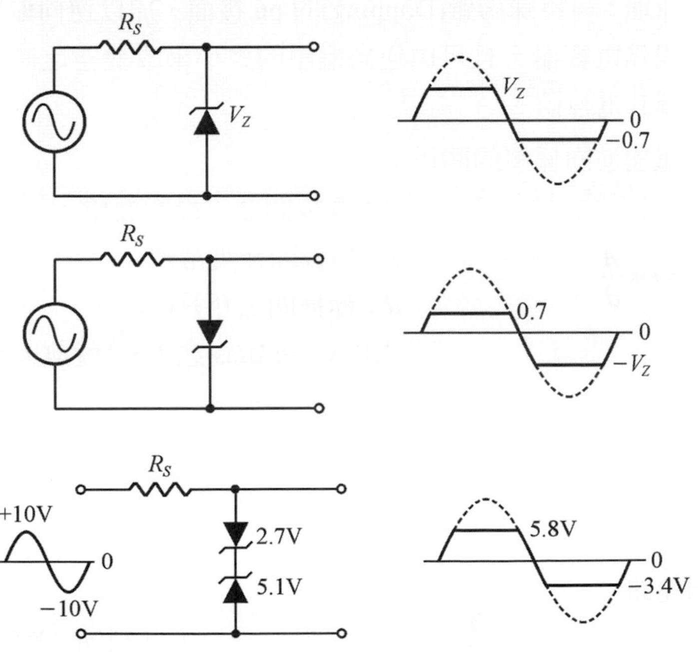

正半波導通電壓 $=0.7+5.1=5.8(\text{V})$

負半波導通電壓 $=0.7+2.7=3.4(\text{V})$

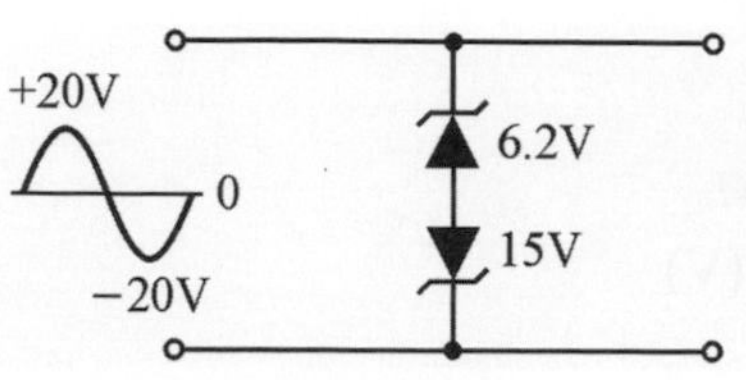

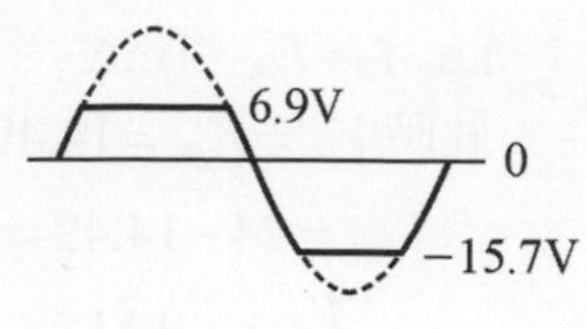

正半波導通電壓＝6.2＋0.7＝6.9(V)

負半波導通電壓＝15＋0.7＝15.7(V)

圖 3-7　稽納二極體在截波電路中的應用

3.3 變容二極體(Varactor)

1. 工作原理：經特殊摻雜(Dopping)的 pn 接面，加以逆向偏壓則其空乏區可視爲電容器，且可由逆向偏壓的大小來改變空乏區的寬度，亦即改變其電容值。

2. 電容量與逆向偏壓的關係：

$$C = \varepsilon \times \frac{A}{d}$$

A：極板間之正投影面積。

ε：極板間介質常數。

d：極板間之介質厚度。

∴Reverse Bias 愈大，d 就愈大，C 就愈小。

3. 符號：

4. 等效電路：

5. 應用：諧振電路(Resonance circuit)：電路中之一個電抗元件所釋放的能量剛好等於另一個電抗元件所吸收的能量。

$$X_C = X_L \Rightarrow \frac{1}{2\pi fC} = 2\pi fL$$

$$\Rightarrow f = \frac{1}{2\pi\sqrt{LC}} \cdots\cdots\cdots\cdots \text{諧振頻率}$$

(若 LC 並聯，則並聯電路之品質因數 Q_p 須大於等於 10)

例 3-7

電路如圖，求此電路諧振頻率之上、下限。(p=10^{-12}，pico)

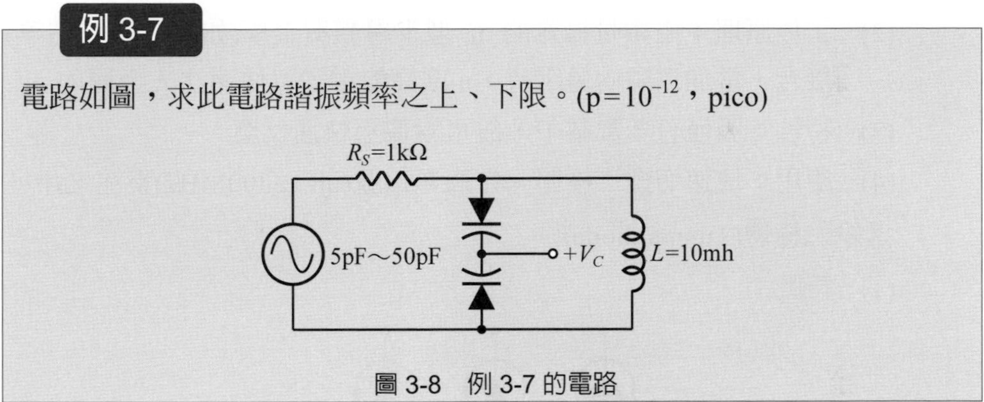

圖 3-8 例 3-7 的電路

<Sol>

兩串聯電容之總電容值與並聯電阻之算法相同

① $$C_{\min} = \frac{1}{\frac{1}{5\text{p}} + \frac{1}{5\text{p}}} = \frac{25\text{p}^2}{5\text{p} + 5\text{p}} = 2.5\,\text{p(F)}$$

$$f_{r(\max)} = \frac{1}{2\pi\sqrt{10\text{m} \times 2.5\text{p}}} \cong 1\,\text{M(Hz)}$$

② $$C_{\max} = \frac{2500\text{p}^2}{50\text{p} + 50\text{p}} = 25\,\text{p(F)}$$

$$f_{r(\min)} = \frac{1}{2\pi\sqrt{10\text{m} \times 25\text{p}}} \cong 318\,\text{k(Hz)}$$

3.4 其他型式二極體

1. 蕭特基二極體(Schottky diode)

(1) 符號：

(2) 工作原理：由微量摻雜的 n 型半導體與金屬(如金、銀、鉑等)接合，當加以順向偏壓時，n 區高能電子可快速注入金屬內。

(3) 特性：因僅有多數載子，故可對偏壓快速反應。

(4) 應用：快速切換二極體，作高頻信號(up to 300MHz)整流之用。

2. 透納二極體(Tunnel diode)

(1) 符號：

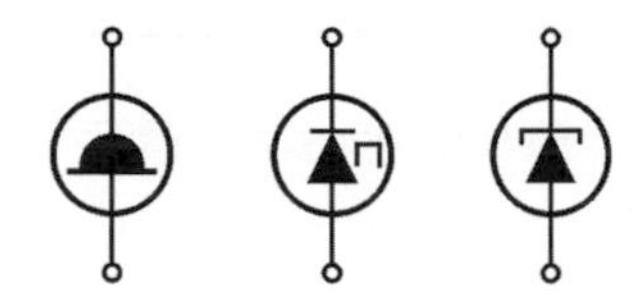

圖 3-9　透納二極體的三種符號

(2) 工作原理：

① 特性曲線：如圖 3-10。

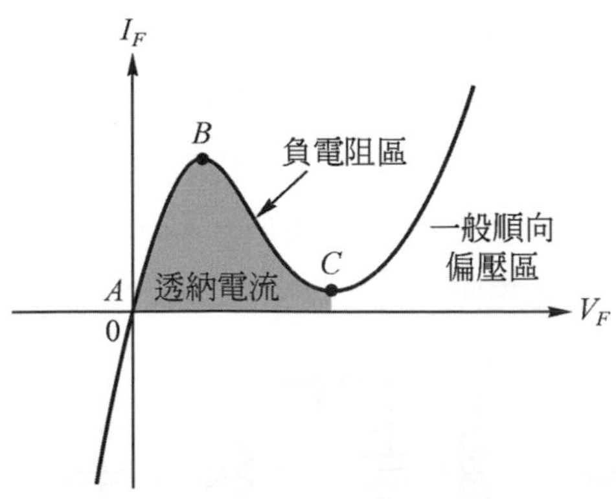

圖 3-10　透納二極體的特性曲線

② 由鍺或砷化鎵所組成，p 與 n 區的摻雜濃度均較一般二極體為高，故其空乏區較窄，且逆偏時亦可導通，故無一般二極體之崩潰效應。

③ 在低順向偏壓時，電子可經由「穿隧(Tunneling)」作用，通過 pn 接面，如特性曲線中 $A \to B$ 之區域。

④ 當順向偏壓再加大時，先前穿隧過 pn 接面的電子與 p 區電洞再結合，相當於使空乏區變寬，因而形成障壁作用。故偏壓加大，電流反而減小，如特性曲線中 $B \to C$ 之區域。

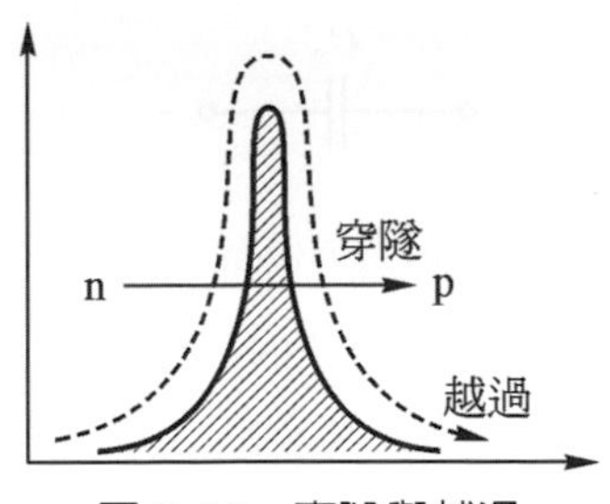

圖 3-11　穿隧與越過

$\because R = \dfrac{\Delta V}{\Delta I}$，$\Delta V$ 增加(＋)，ΔI 減小(－)故此區有負的電阻特性。

⑤ 順向偏壓再增加而大過障壁電壓時，電子可「越過(over)」空乏區，動作則與一般二極體相同。

(3) 特性：使其工作在負電阻區，利用其負電阻特性。

(4) 應用：應用於振盪器與微波放大器，利用其負電阻性，抵消諧振電路中的正電阻。

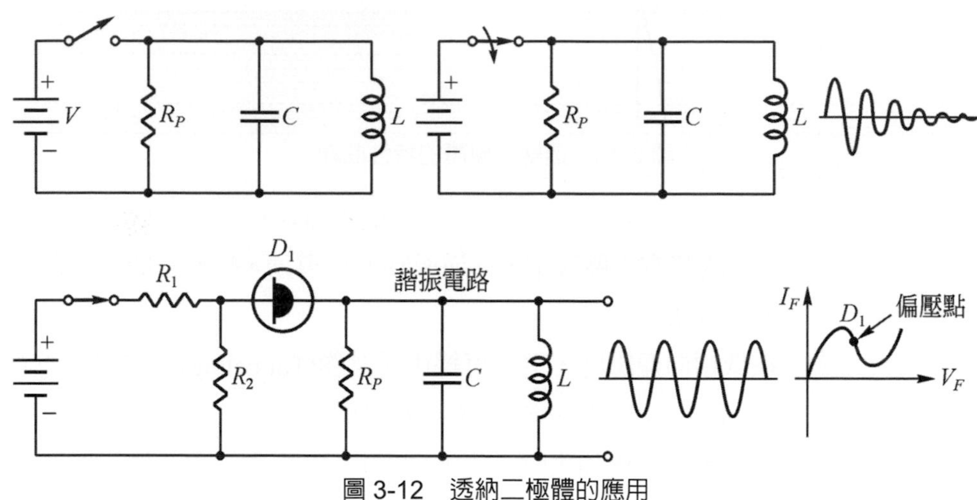

圖 3-12　透納二極體的應用

3. PIN 二極體

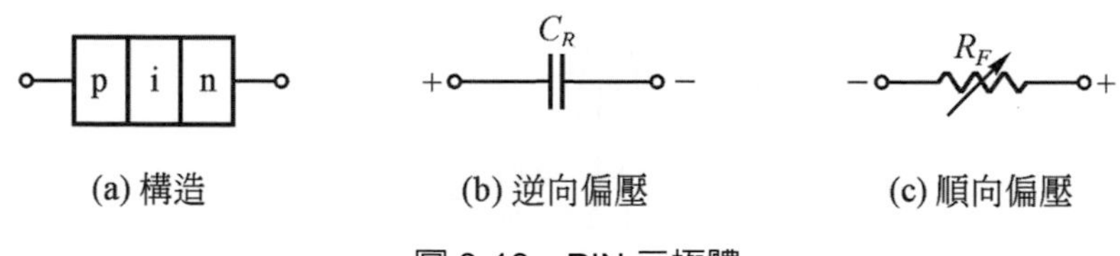

圖 3-13　PIN 二極體

(1) 高摻雜濃度之 pn 間夾一層未摻雜之純半導體(本質層，Intrinsic Layer)。

(2) 順偏時如同可變電阻，逆偏時如同定值電容。

(3) 應用於微波開關或調變元件。

4. 步級回復二極體(Step-recovery diode)

(1) 階梯狀摻雜(Graded doping)，愈接近 pn 接面濃度愈低。
(2) 順偏切換至逆偏時可無時間延遲地關閉，逆偏切換至順偏時亦無延遲導通。
(3) 應用於超高速開關。

習　題 EXERCISE

1. 電路如圖，(1)若 $R_L = 1\text{k}\Omega$，求：(a)在維持穩壓功能下，Zener Diode 可吸收 V_{in} 變化的範圍，(b)輸入調整率。(2)若 $V_{\text{in}} = 10\text{V}$，求：(a)在維持穩壓功能下，Zener Diode 可調整 R_L 變化的範圍，(b)負載調整率。

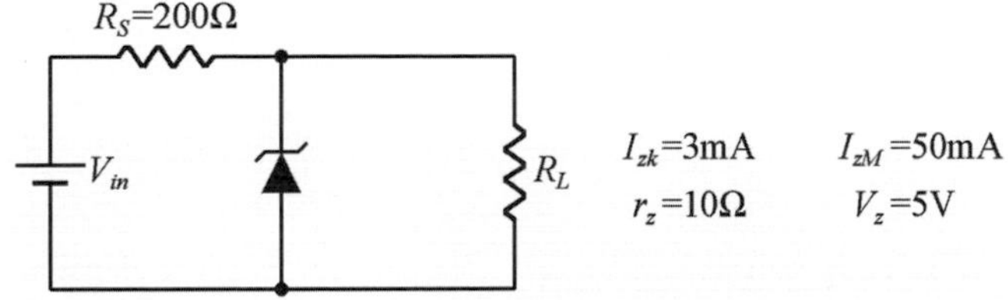

2. 請繪出稽納二極體(Zener Diode)之實際特性曲線，並標出各特性值。
3. 請繪出透納二極體(Tunnel Diode)之特性曲線，標出各特性值，並稍加說明之。
4. 電路如圖，若每一個變容二極體(Varactor)之電容值爲 5pF～50pF，求該諧振電路之共振頻率之上下限？

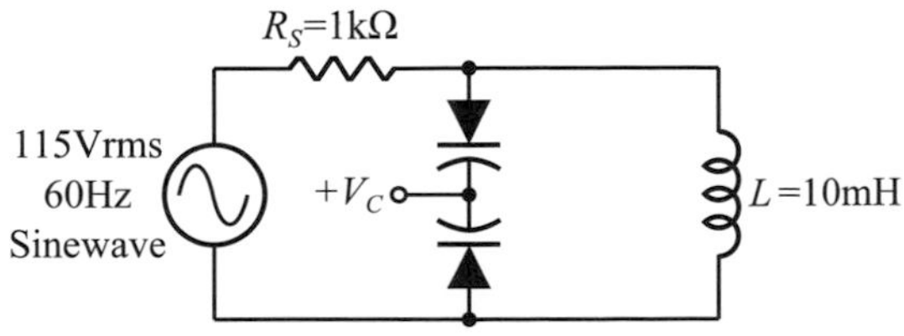

5. 電路如圖，若每一個變容二極體(Varactor)之電容值為 10nF～50nF，求該諧振電路之共振頻率之上下限？(n = 10^{-9})

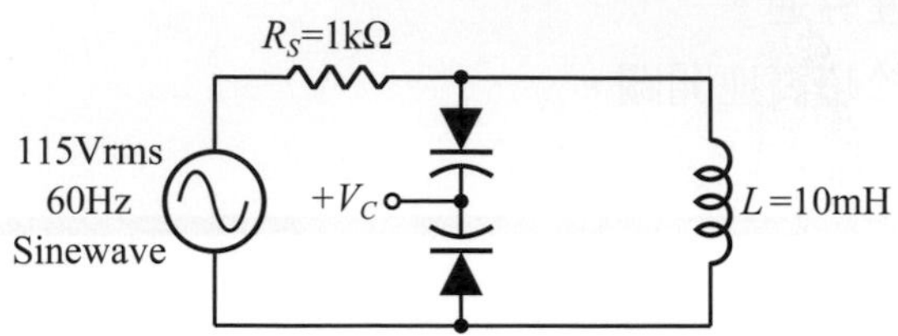

Electronics

4

雙極接面電晶體 BJT：Bipolar Junction Transistor)

4.1 電晶體構造

1. 結構：

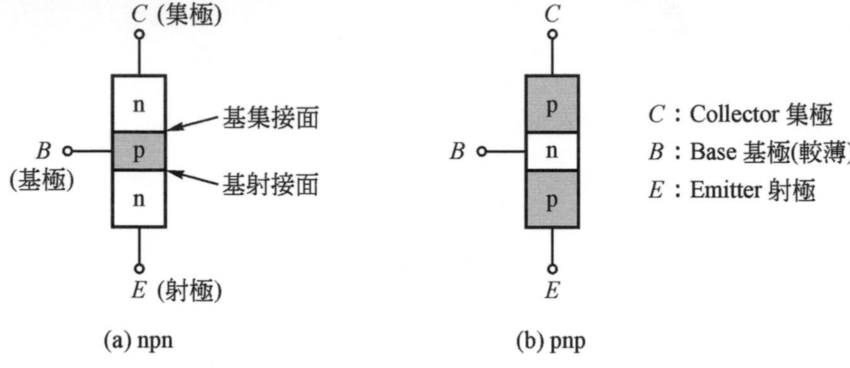

圖 4-1　電晶體的結構

2. 符號：

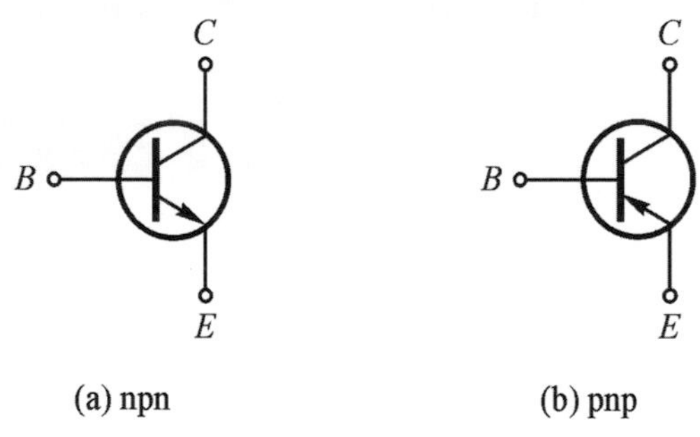

圖 4-2　電晶體的符號

4.2 動作原理

1. 偏壓接法：*BE* 間為順偏，*BC* 間為逆偏。

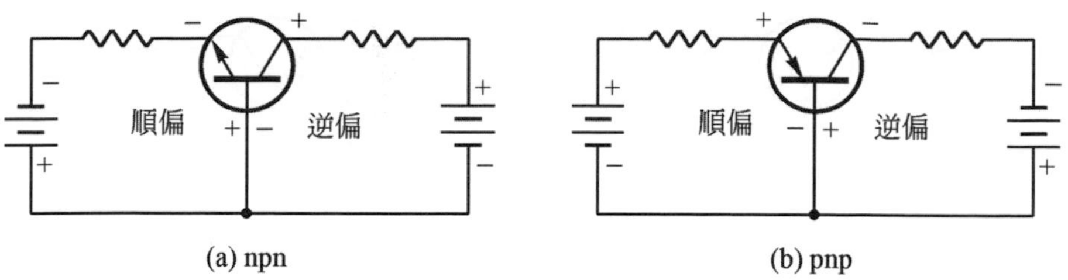

圖 4-3　電晶體的偏壓接法

2. 動作原理(以 npn 為例)：

(1) BE 順偏，BC 逆偏($V_{BB}>0$、$V_{CC}>0$)

① BC 間為逆偏，故空乏區較寬，$\therefore R_{CB}>R_{BE}$。

② BE 間為順偏，故電子越過 BE 接面由 E 流向 B，大部分電子會再受 V_{CC} 之正極及 C 區之正離子所吸引而越過 BC 接面流向 C，少部份則由 B 流出，流向 V_{BB} 正極。

③ V_{CC} 吸引之電子係由 E 區供應而非 C 區之電子，故 BC 接面之空乏區不會持續擴寬。

④ $I_C+I_B=I_E$，而 I_B 很小，$\therefore I_E \approx I_C$。

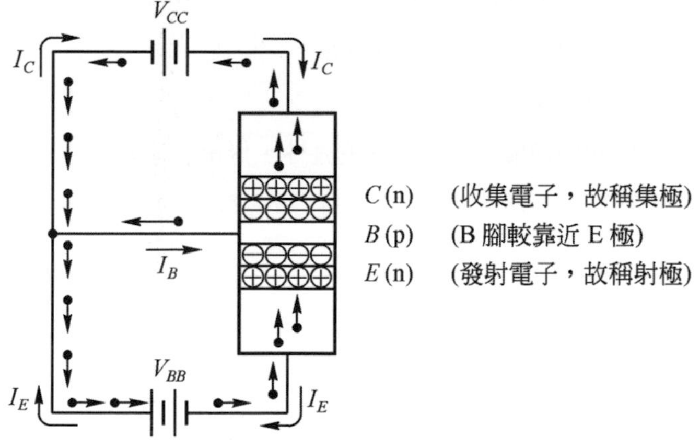

圖 4-4　電晶體動作原理的模型

⑤ 電流方向

npn：$I_C+I_B=I_E$

pnp：$I_E=I_C+I_B$　　(Transistor View)

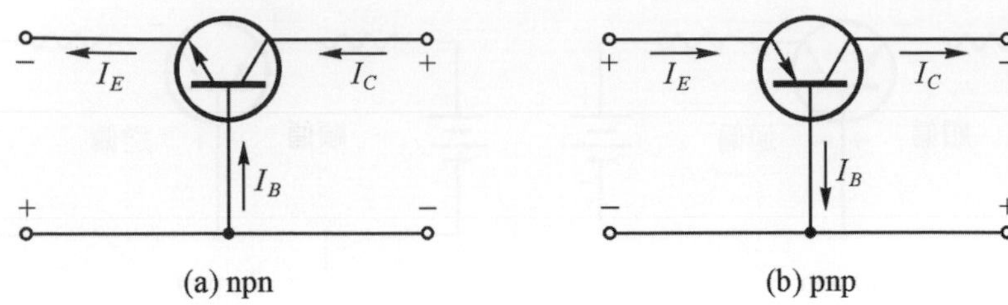

圖 4-5　電晶體的電流方向

(2) BE 逆偏，BC 逆偏：兩接面均截止(不通)。

(3) BE 逆偏，BC 順偏：因 BE 間逆偏，空乏區擴寬，使 B 腳處均爲負離子層，無載子，故無電流，C 極之電子無法越過 BE 接面，故電晶體截止。

(4) BE 順偏，BC 順偏：C、E 均發射電子至 B 區，B 區因較薄，電洞全部被中和掉後即因無載子而截止。

3. 電晶體三態(Three states of a transistor)：

(1) $V_{BB}>0.7$、$V_{CC}>0$

① 電晶體正常動作，稱電晶體「工作(Active)」。

② 此時 $I_C+I_B=I_E$，$I_B\approx 0\Rightarrow I_C\approx I_E$。

(2) $V_{BB}\leq 0.7$、$V_{CC}>0$

① 兩接面均逆偏，此時除漏電流外，無電流流動。

② 此時稱電晶體「截止(Cut-off)」。

(3) V_{BB} 甚大、$V_{CC}>0$

① 當 V_{BB} 增加，E 區射出之電子亦增加，即 I_E 變大，I_C 跟著變大。

② 因 B 區較薄，由 E 區來的電子將 B 區之電洞全部佔用後，E 區再增加電子(i.e. V_{BB} 再加大)，則電子均由 B 區流出(i.e. I_B 變大)，不會再被 V_{CC} 吸引而由 C 區流出(i.e. I_C 無法再變大)，亦即達到 V_{CC} 所能吸引之極限(除非再加大 V_{CC})。

③ 此時稱電晶體「飽和(Saturation)」。

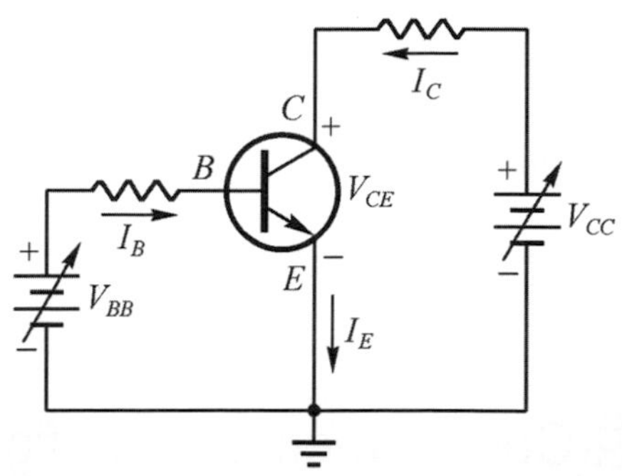

圖 4-6　電晶體三態的偏壓設定

4.　電晶體參數：

(1)　$\alpha_{dc} = \dfrac{I_C}{I_E}$　　　　$(\because I_C \cong I_E \therefore \alpha_{dc} \cong 1)$

(2)　$\beta_{dc} = \dfrac{I_C}{I_B}$　　　　(β_{dc}約在 20～200 之間)

β_{dc}規範了由射極(E)射出之電子於基極(B)中流往集極(I_C)和由基極流出(I_B)數量之比例。

(3)　$\alpha_{dc} = \dfrac{\beta_{dc}}{\beta_{dc}+1}$　　　　$\beta_{dc} = \dfrac{\alpha_{dc}}{1-\alpha_{dc}}$

<Proof>：

$$\frac{I_E}{I_C} = \frac{I_C + I_B}{I_C} = 1 + \frac{I_B}{I_C} = 1 + \frac{1}{\beta_{dc}} = \frac{\beta_{dc}+1}{\beta_{dc}}$$

$$\Rightarrow \frac{1}{\alpha_{dc}} = \frac{\beta_{dc}+1}{\beta_{dc}}$$

$$\Rightarrow \alpha_{dc} = \frac{\beta_{dc}}{\beta_{dc}+1}$$

例 4-1

一電晶體之 β_{dc}=200，若該電晶體在工作(Active)狀態下 I_B=50μA，求 I_C 及 α_{dc}。

<Sol>

$$\alpha_{dc}=\frac{200}{200+1}=0.995$$

$$I_C=\beta_{dc}I_B=200\times 50\,\mu=10\,\mathrm{m(A)}$$

4.3 共射組態(Common-emitter configuration)

1. 共射(CE)：

(1) 以射極(E)爲其他二極之共地點的接法。

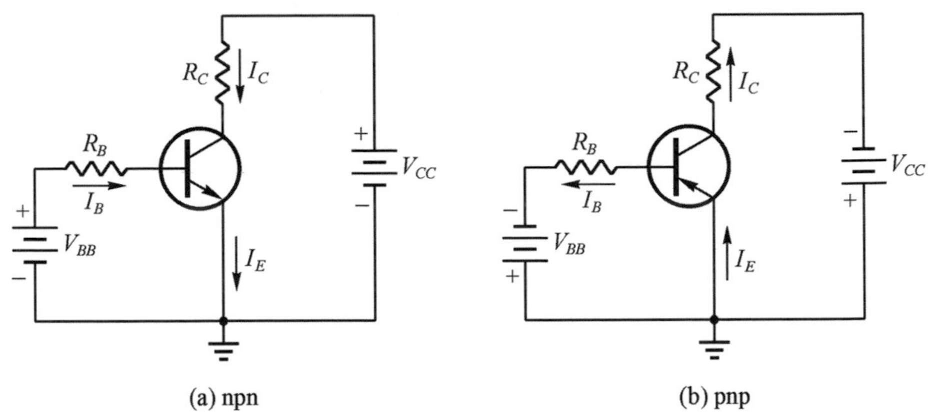

圖 4-7 電晶體的共射組態

(2) 以 B 極爲輸入端，以 C 極爲輸出端。

2. 電流增益(Current gain)：

$$A_I=\text{電流增益}=\frac{\text{輸出電流}(O/P\text{ current})}{\text{輸入電流}(I/P\text{ current})}=\frac{I_C}{I_B}=\beta_{dc}=h_{FE}$$

(共射組態之靜態順向電流轉換比)

3. 直流分析

(1) 輸入迴路：

$$V_{BB} = I_B \times R_B + V_{BE}\text{(克希荷夫電壓方程式)} \Rightarrow I_B = \frac{V_{BB} - V_{BE}}{R_B}$$

(2) 輸出迴路：

$$V_{CC} = I_C \times R_C + V_{CE}\text{(克希荷夫電壓方程式)} \Rightarrow I_C = \frac{V_{CC} - V_{CE}}{R_C}$$

4. 電壓電流間的關聯性

(1) V_{CE}：V_{CE}不會主動變動，其值由I_C決定。
由輸出迴路可知：$V_{CE} = V_{CC} - I_C \times R_C$，$I_C$越大則 V_{CE}越小，兩者呈相反方向變動。所以當電晶體飽和時，$I_C = I_{C(sat)}$最大、$V_{CE} = V_{CE(sat)}$最小(如不特別說明可視 $V_{CE(sat)} = 0$ 即短路)。

(2) I_C：I_C不會主動變動，其值由I_B決定。
由 $\beta_{dc} = \dfrac{I_C}{I_B}$ 可知，電晶體於「工作(Active)」狀態時，$I_C = \beta_{dc} \times I_B$。
所以 V_{CC}並不決定工作狀態下 I_C的值，只能決定 $I_{C(sat)}$的大小：
$I_{C(sat)} = \dfrac{V_{CC} - V_{CE(sat)}}{R_C}$。

(3) I_B：I_B不會主動變動，其值由 V_{BB}決定。
由輸入迴路可知：$I_B = \dfrac{V_{BB} - V_{BE}}{R_B}$。

(4) 由上述可知：V_{CE}由 I_C決定、I_C由 I_B決定、I_B由 V_{BB}決定。

例 4-2

一電晶體電路如圖，求 I_B、I_C、I_E、V_{CE}、V_{BC}、α_{dc}。

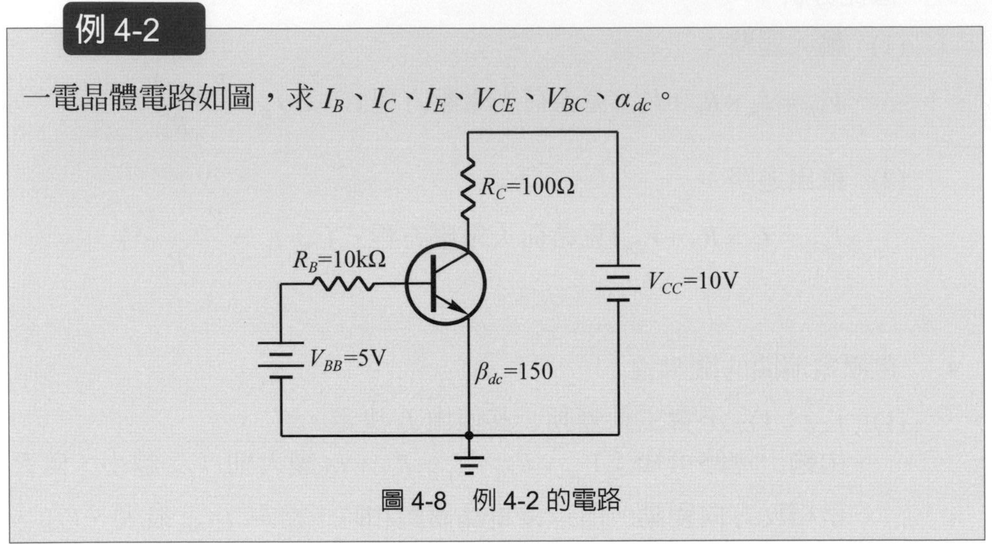

圖 4-8　例 4-2 的電路

<Sol>

① $I_B = \dfrac{V_{R_B}}{R_B} = \dfrac{V_{BB} - V_{BE}}{R_B} = \dfrac{5 - 0.7}{10\text{k}} = 430\,\mu\text{(A)}$

② $\alpha_{dc} = \dfrac{\beta_{dc}}{\beta_{dc} + 1} = \dfrac{150}{150 + 1} = 0.9934$

③ $I_C = \beta_{dc} \times I_B = 150 \times 430\,\mu = 64.5\text{ m(A)}$

④ $I_E = \dfrac{I_C}{\alpha_{dc}} = \dfrac{64.5\text{m}}{0.9934} = 64.93\text{ m(A)}$

(或是 $I_E = I_C + I_B = 64.5\text{mA} + 430\,\mu\text{A} = 64.93\,\text{mA}$

$\alpha_{dc} = \dfrac{I_C}{I_E} = \dfrac{64.5\text{m}}{64.93\text{m}} = 0.9934$)

⑤ $V_{CE} = V_{CC} - V_{R_C} = V_{CC} - I_C \times R_C$

$= 10 - (64.5\text{m} \times 100) = 10 - 6.45 = 3.55\text{ (V)}$

⑥ $V_{CB} = V_C - V_B = 3.55 - 0.7 = 2.85\text{ (V)}$

$\therefore V_{BC} = -2.85\text{ V}$

4. 特性曲線(Y 軸為輸出電流對 X 軸為輸出電壓的曲線)

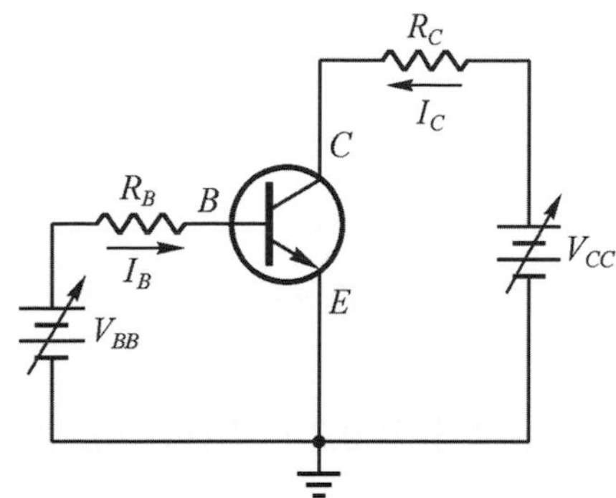

圖 4-9 製作電晶體特性曲線的偏壓調整電路

(1) $V_{BB}>0.7$ 且維持定值(i.e. BE 順偏)

① 若 $V_{CC}=0$，則 $I_C=0$，$V_{CE}=0$(E 射出之電子由 B 流出)

② 若 V_{CC} 增加，使 $0<V_{CE}<0.7$

❶ $\because V_{CE}=V_{CB}+0.7$，而 $V_{CE}<0.7$

$\therefore V_{CB}<0$ 表 BC 尚未逆偏

$(V_{CC}=I_C\times R_C+V_{CE})$

❷ 此時 E 極射出之電子隨 V_{CC} 之增大而增加向 C 極之數目，i.e. I_C 隨 V_{CC} 增大而增大。

③ V_{CC} 再增加，使 $V_{CE}>0.7$ (i.e. BC 開始逆偏)

❶ 此時電晶體工作(Active)，$I_C=\beta I_B$

$\because I_B$ 為定值，$\therefore I_C$ 為定值

而 $V_{CC}=I_CR_C+V_{CE}$，故 V_{CC} 增大，V_{CE} 亦增大。

❷ 但因 BC 逆偏，故空乏區隨 V_{CC} 變大而擴寬，使得 B 區可用來與 E 區來之電子再結合之電洞數減少，而直接被 V_{CC} 吸引，故 I_C 會隨 V_{CC} 增大(i.e. V_{CE} 增大)而略增。

④ 若 V_{CC} 太大，則使 BC 崩潰

∵V_{CC} 大則 V_{CE} 大，而 $V_{CE}=V_{CB}+0.7$

∴V_{CC} 大則 V_{CB} 大，太大會使 CB 崩潰(Breakdown)

(2) V_{CC} 固定、V_{BB} 增大，則 I_B 增大、I_C 增大。

而 $V_{CE}=V_{CC}-I_CR_C$，故 V_{CE} 減小。

當 V_{CE} 減小至膝點以下($V_{CE}=V_{CB}+0.7$，既使 CB 非逆偏)，則電晶體飽和。

(3) V_{CC} 固定，若 V_{BB} 減小至 0.7 以下(i.e. BE 非順偏)

① 則 $I_B=0$，$I_C=I_{CEO}$(B open，$C\rightarrow E$ 之漏電流)。

② 此時電晶體截止。

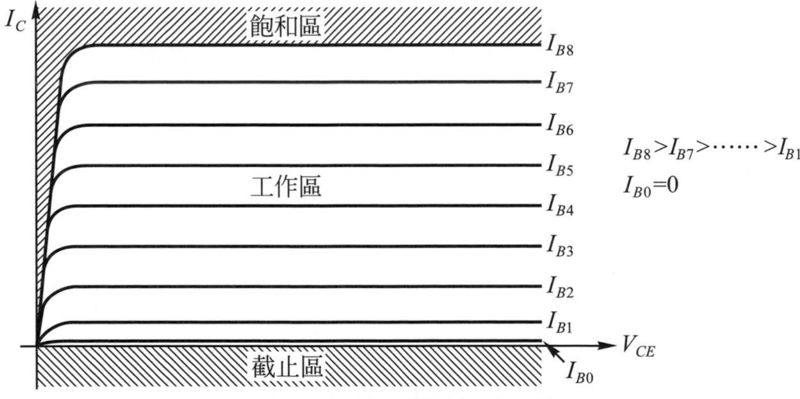

圖 4-10 電晶體的特性曲線

例 4-3

一電晶體電路如圖，若 I_B 在 50μA 與 250μA 間，每隔 50μA 遞增，求(1)集極曲線族，(2)各條曲線之 V_{BB} 值，(3)若 $I_B = 250\mu A$ 時電晶體飽和(Saturation)，求 V_{CC} 值、I_C 值。令 $V_{CE(sat)} = 0.1V$。

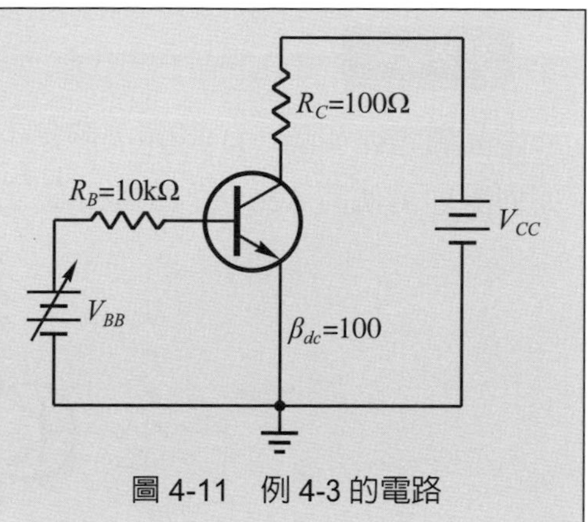

圖 4-11　例 4-3 的電路

<Sol>

①

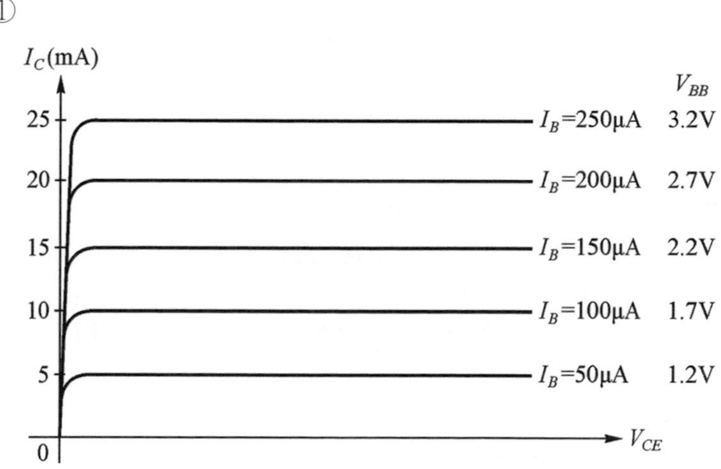

圖 4-12　例 4-3 的集極曲線族

② $V_{BB} = I_B R_B + 0.7$

③ $I_{C(sat)} = \beta_{dc} I_{B(sat/min)} = 100 \times 250\,\mu = 25\,m(A)$

$V_{CC} = I_{C(sat)} R_C + V_{CE(sat)} = 25m \times 100 + 0.1 = 2.6\,(V)$

例 4-4

一電晶體電路如圖，(1)該電晶體是否飽和？設 $V_{CE(sat)}=0$，(2)若是飽和，應如何處理可使其 Active？(3)Active 下的 V_{BB} 最大值？

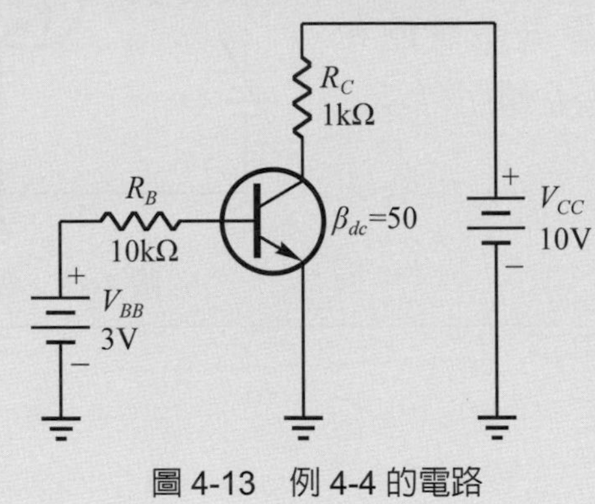

圖 4-13　例 4-4 的電路

<Sol>

① $I_{C(\text{sat})}=\dfrac{V_{CC}-V_{CE(\text{sat})}}{R_C}=\dfrac{10-0}{1\text{k}}=10\,\text{m(A)}$

$I_B=\dfrac{V_{BB}-0.7}{R_B}=\dfrac{3-0.7}{10\text{k}}=0.23\,\text{m(A)}$

$\beta_{dc}\times I_B=50\times 0.23\text{m}=11.5\text{m(A)}>10\,\text{m(A)}$　∴飽和！

[Note： I_C 與 I_B 間 β_{dc} 倍的關係：$I_C=\beta_{dc}\times I_B$ 僅在工作狀態下才成立，在截止及飽和狀態下均沒有此關係。**]**

② (a) 減少 V_{BB} (i.e.使 I_B 變小)

(b) 加大 V_{CC} (i.e.使 $I_{C(\text{sat})}$ 變大，但此法不佳！因爲 V_{CC} 是使 CB 接面逆偏的偏壓，接面逆偏時會有崩潰的可能。)

③ $I_{C(\text{sat})}=10\text{mA}=\beta_{dc}\times I_{B(\text{sat/min})}=50\times I_{B(\text{sat/min})}\Rightarrow I_{B(\text{sat/min})}=0.2\,\text{mA}$

$\Rightarrow V_{BB}=0.2\text{m}\times 10\text{k}+0.7=2.7\,\text{(V)}$……Active 下的 V_{BB} 最大值。

4.4 共基組態(Common-base configuration)

1. 共基(CB)：

   (1) 以基極(B)為其他二極之共地點的接法。

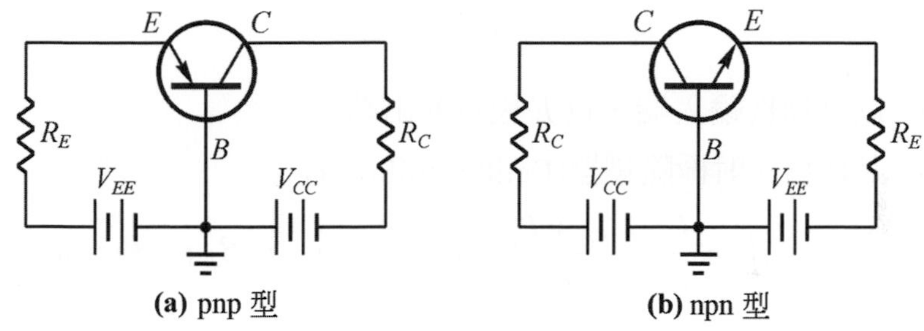

圖 4-14　電晶體的共基組態

   (2) 以 E 極為輸入端，以 C 極為輸出端。

2. 電流增益：

$$A_I = \text{電流增益} = \frac{\text{輸出電流}(O/P \text{ current})}{\text{輸入電流}(I/P \text{ current})} = \frac{I_C}{I_E} = \alpha_{dc} = h_{FB}$$

(共基組態之靜態順向電流轉換比)

4.5 共集組態(Common-collector configuration)

1. 共集(CC)：

   (1) 以集極(C)為其他二極之共地端(指對 AC 信號而言)。

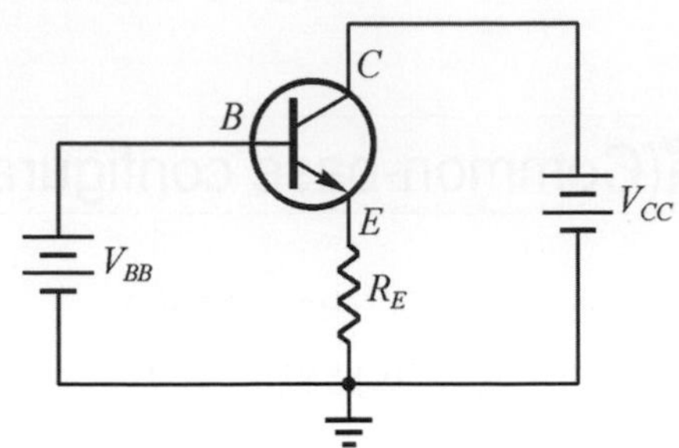

圖 4-15　電晶體的共集組態

(2) 以 B 極為輸入端，以 E 極為輸出端。

(3) 又稱為「射極隨耦器(Emitter follower)」。

2. 電流增益：$A_I = \dfrac{I_E}{I_B} = \dfrac{I_C + I_B}{I_B} = \beta_{dc} + 1 = h_{FC} \approx \beta_{dc}$ (共集組態之靜態順向電流轉換比)

3. $A_V =$ 直流電壓增益 $= \dfrac{V_{out}}{V_{in}} = \dfrac{V_E}{V_B} = \dfrac{V_E}{V_E + 0.7} \approx 1$

(交流電壓增益 $A_v = \dfrac{v_E}{v_{sig}} = 1$)

4. 輸出阻抗(Output impedance)：$Z_{out} = \dfrac{\Delta v}{\Delta i} \approx 0$

5. 直流分析

例 4-5

一電晶體共集組態電路如圖 4-15，$V_{BB}=10\text{V}$，$R_E=10\text{k}\Omega$，$V_{CC}=20\text{V}$，$\beta_{dc}=200$。求 I_B、I_C、I_E、V_B、V_C、V_E。

<Sol>

① $I_E = \dfrac{V_E}{R_E} = \dfrac{V_{BB} - 0.7}{10\text{k}} = 0.93\text{ mA}$

② $\alpha_{dc}=\dfrac{\beta_{dc}}{\beta_{dc}+1}=\dfrac{200}{201}$

$I_C=\alpha_{dc}\times I_E=\dfrac{200}{201}\times 0.93\text{m}=0.9254\ \text{m(A)}$

③ $I_B=I_E-I_C=0.93\text{m}-0.9254\text{m}=4.6\ \mu\text{(A)}$

④ $V_C=V_{CC}=20\ \text{V}$

⑤ $V_B=V_{BB}=10\ \text{V}$

⑥ $V_E=V_B-0.7=10-0.7=9.3\ \text{(V)}$

或$V_E=I_E\times R_E=0.93\text{m}\times 10\text{k}=9.3(\text{V})$

4.6 三種組態之直流電壓及電流增益比較

	A_V	A_I
CB	$\dfrac{R_C}{R_E}$，高	$\dfrac{I_C}{I_E}=\alpha_{dc}\approx 1$
CE	$\beta_{dc}\dfrac{R_C}{R_B}$，中	$\dfrac{I_C}{I_B}=\beta_{dc}$，高
CC	$\dfrac{V_E}{V_B}\approx 1$	$\dfrac{I_E}{I_B}=(\beta_{dc}+1)$，高

4.7 參數之額定值

1. β_{dc}：

   (1) 受溫度及 I_C 影響。

   (2) 標定值通常指同一溫度(25℃)下的最小值。

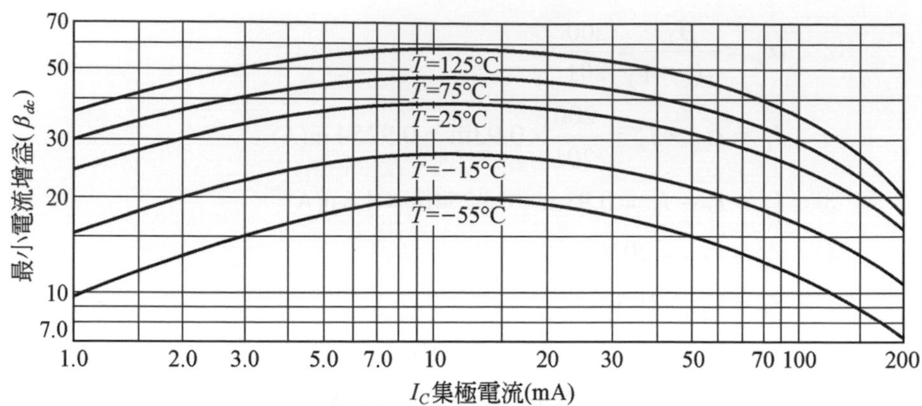

圖 4-16　電晶體的 β_{dc}、I_C及溫度間之關係

2. 逸散功率(Dissipation power)：$P_D = I_C \times V_{CE}$。
3. 最大額定值：V_{CE}、V_{CB}、V_{BE}、P_D 均有最大額定限制。

例 4-6

一電晶體之 $V_{CE}=6\text{V}$，若 $P_{D(\max)}=0.25\text{W}$，求此時電晶體可容忍之最大 I_C？

<Sol>

$$I_{C(\max)} = \frac{P_{D(\max)}}{V_{CE}} = \frac{0.25}{6} = 41.67\ \text{m(A)}$$

例 4-7

一電晶體之各規格額定值如下：$P_{D(\max)}=0.8\text{W}$，$I_C=100\text{mA}$，$V_{CE}=15\text{V}$，$V_{CB}=20\text{V}$，$V_{EB}=10\text{V}$。求：(1)V_{CC} 可調之最大值？(2)若電晶體各規格之額定值不變，僅逸散功率改成 $P_{D(\max)}=0.2\text{W}$，則 V_{CC} 之最大值為何？

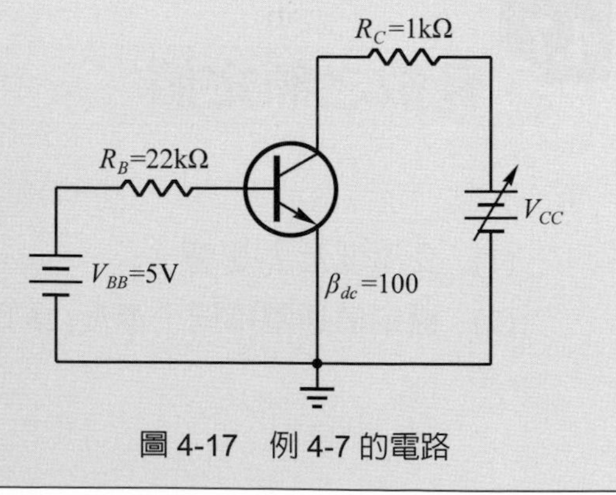

圖 4-17　例 4-7 的電路

<Sol>

① $I_B = \frac{V_{BB} - V_{BE}}{R_B} = \frac{5 - 0.7}{22\text{k}} = 195.5\,\mu(\text{A})$

$I_C = \beta_{dc} \times I_B = 100 \times 195.5\,\mu = 19.55\text{m(A)} < I_{C(\max)} = 100\,\text{m(A)}$

$V_{CC(\max)} = V_{CE(\max)} + I_C R_C = 15 + (19.55\text{m} \times 1\text{k}) = 34.55\text{ V}$

檢查(Check)：

$P_D = V_{CE} \times I_C = 15 \times 19.55\text{m} = 0.293(\text{W}) < P_{D(\max)} = 0.8\,(\text{W})$

② $0.2 = 19.55\text{m} \times V_{CE} \Rightarrow V_{CE} = 10.23\,(\text{V})$

$V_{CC} = 10.23 + (19.55\text{m} \times 1\text{k}) = 29.78\,(\text{V})$

4. $P_{D(\max)}$的降低：

$$\Delta P_{D(\max)} = (DF) \times \Delta T$$

DF：De-rating Factor(額降因數)。

ΔT：工作環境溫度與 25℃之溫度差。

例 4-8

一電晶體之 $P_{D(\max)}$在 25℃時為 1W，DF=5mW/℃，求 70℃時之 $P_{D(\max)}$。

<Sol>

$\Delta P_{D(\max)} = (5\text{mW}/°\text{C}) \times (70°\text{C} - 25°\text{C}) = 225\,\text{m(W)}$

$\therefore P_{D(\max)} @ 70°\text{C} = 1 - 0.225 = 0.775\,(\text{W})$

[**Note：** 1. 如何以三用電表測知電晶體為 npn 或 pnp 型？
2. 若知其為 npn 後，如何分辨其 C、B、E 腳？]

4.8 電晶體的用途

1. 開關(Switch)：

例 4-9

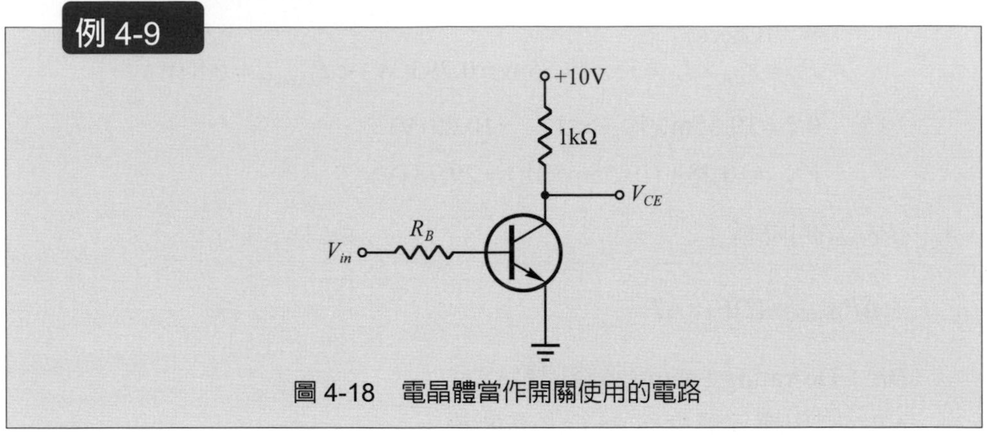

圖 4-18　電晶體當作開關使用的電路

<Sol>

① V_{in} 信號出現($V_{\text{in}}>0.7$)：

電晶體導通(Switch closed)，$V_{1\text{k}\Omega}\neq 0$

② V_{in} 停止($V_{\text{in}}<0.7$)：

電晶體不通(Switch opened)

$V_{1\text{k}\Omega}=0$，$V_{CE}=10\text{V}$

[**Note**： 電晶體當作開關時，通常僅使用截止與飽和兩個狀態，對負載而言也就是全閉及全開，此與接點式開關的觀念類似。]

例 4-10

一電晶體電路如圖，V_{CC}=+9V，R_C=270Ω，β_{dc}=50。求使 LED (發光二極體，請見本書第 14 章)每一秒亮滅一次之方波的波形？設 $V_{CE(sat)}$=0.3V。

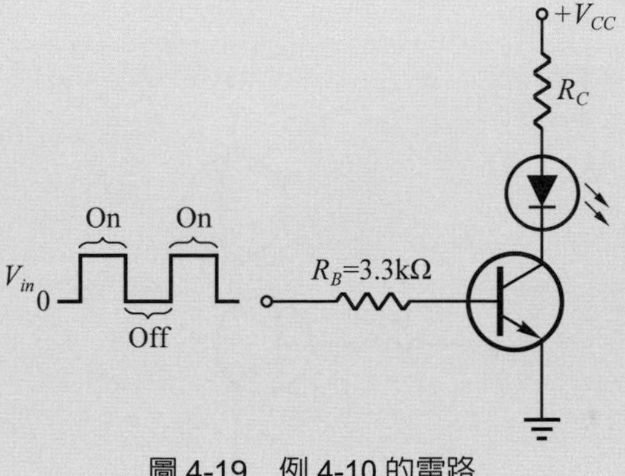

圖 4-19 例 4-10 的電路

<Sol>

$$I_{C(\text{sat})} = \frac{9-0.3-0.7}{270} = 29.6\,\text{m(A)}$$

$$I_{B(\text{sat/min})} = \frac{I_{C(\text{sat})}}{\beta_{dc}} = \frac{29.6\text{m}}{50} = 0.59\,\text{m(A)}$$

選 $I_B = 2I_{B(\text{sat/min})} = 1.18\,\text{mA}$(為了確保電晶體一定會飽和)

$$V_{\text{in}} = I_B R_B + 0.7 = 1.18\text{m} \times 3.3\text{k} + 0.7 = 4.6\,\text{(V)}$$

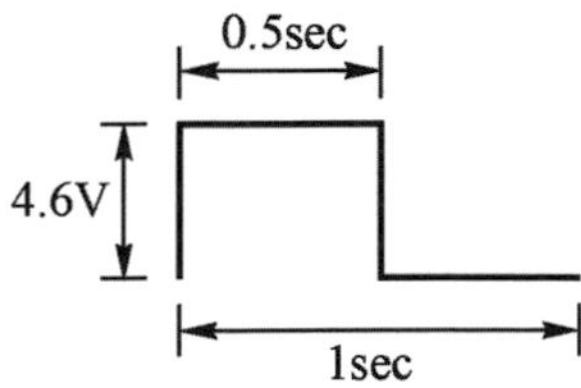

例 4-11

一電晶體電路如圖，求(1)使燈泡點至最亮的最小 V_{BB} 值，(2)此時之負載電流？

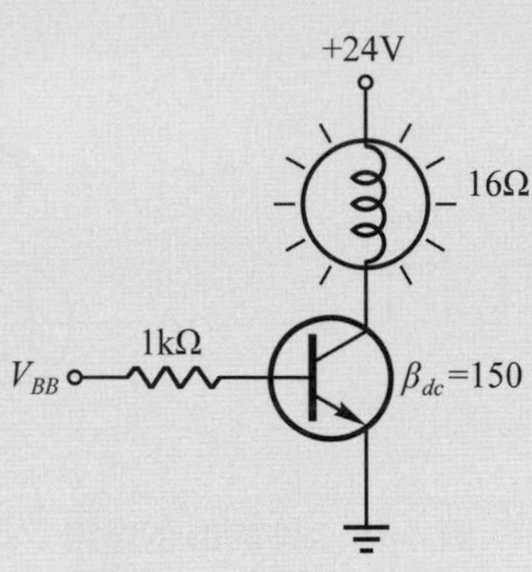

圖 4-20　例 4-11 的電路

<Sol>

(2) $I_{C(\max)} = I_{C(\text{sat})} = \dfrac{24-0}{16} = 1.5\,(\text{A})$

(1) $I_{B(\text{sat/min})} = \dfrac{1.5}{150} = 10\,\text{m(A)}$

$V_{BB(\min)} = I_{B(\text{sat/min})} \times R_B + V_{BE} = (10\text{m} \times 1\text{k}) + 0.7 = 10.7\,(\text{V})$

2. 放大(Amplification)：
   (1) 放大係指以一小信號驅動放大電路，使放大電路產生一與小信號相似，但大小倍率不同的新信號(即放大信號)，而不是小信號自己變大了(小信號還是小信號)。
   (2) 放大電路產生的放大信號，其電壓不能超過放大電路的電源電壓。
   (3) 放大又分成：
      a. 信號放大，係指電壓放大，又稱前極放大。

b. 功率放大，係指電流放大，又稱後極放大。(功率放大器請見本書第十章)

(4) 一音響設備的架構如圖 4-21 所示。

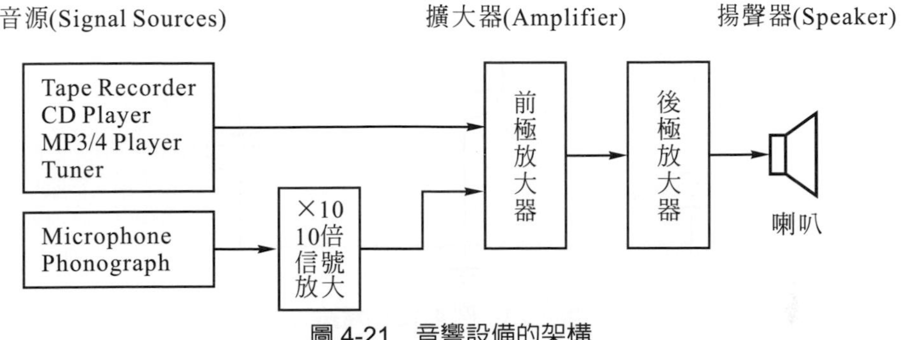

圖 4-21 音響設備的架構

(5) 以共基組態當作電壓放大器

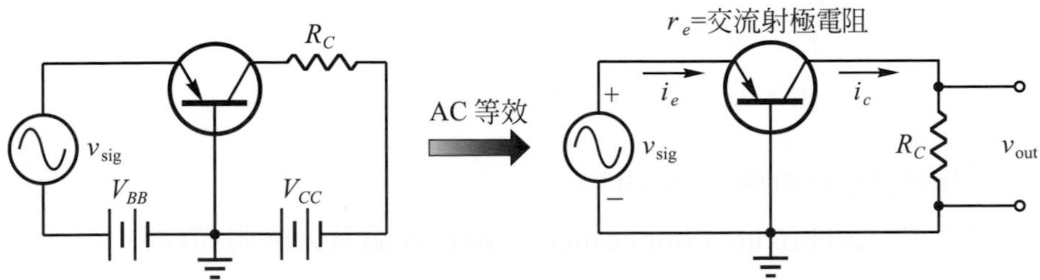

圖 4-22 電晶體當作信號放大器使用的電路

$i_e = \dfrac{v_{in}}{r_e} = \dfrac{v_{sig}}{r_e} \cong i_c$ (BE 間之障壁電壓(Barrier voltage)已由 V_{BB} 克服)

$\therefore v_{out} = v_{R_C} = i_c R_C \cong i_e R_C$

$A_v = \dfrac{v_{out}}{v_{in}} = \dfrac{i_e R_C}{i_e r_e} = \dfrac{R_C}{r_e}$ ……交流電壓增益

例 4-12

一電晶體電路如圖，設 $r_e=50\Omega$。求(1)A_v，(2)v_{out}。

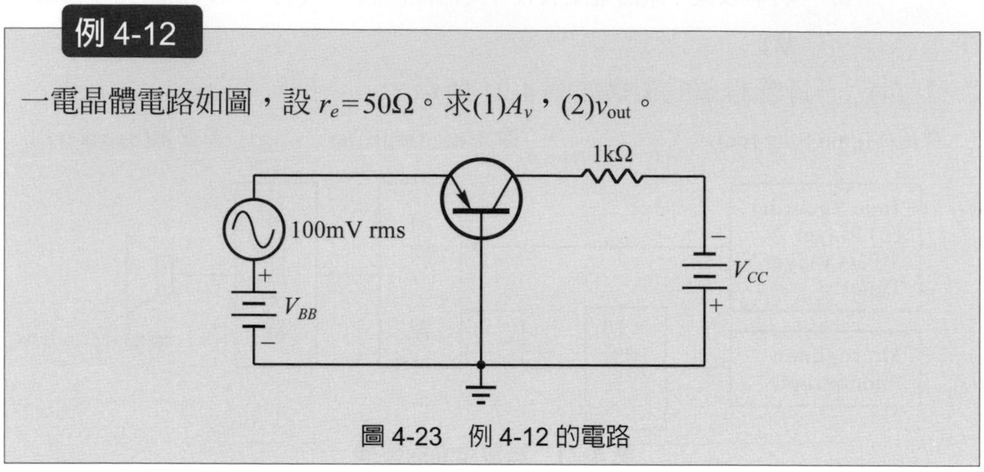

圖 4-23　例 4-12 的電路

<Sol>

① $A_v=\dfrac{R_C}{r_e}=\dfrac{1\text{k}}{50}=20$

② $v_{out}=A_v\times v_{sig}=20\times(100\text{m}V_{rms})=2V_{rms}$

3. 阻抗匹配(Impedance match)

(1) 輸入阻抗(Input Impedance)：由輸入端看入的阻抗(Z_{in})。

(2) 輸出阻抗(Output Impedance)：由輸出端看入的阻抗(Z_{out})。

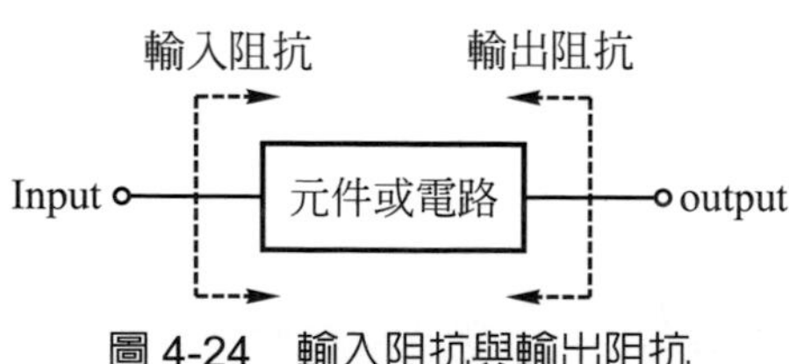

圖 4-24　輸入阻抗與輸出阻抗

例 4-13

一電路如圖，求(1)輸入阻抗，(2)輸出阻抗。

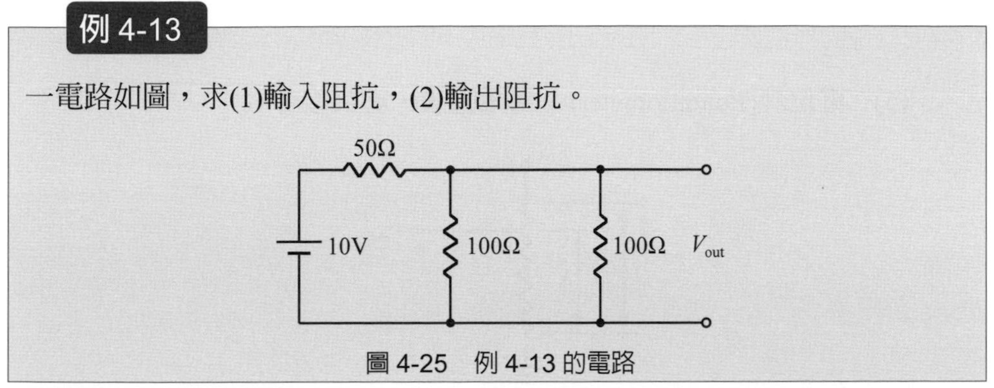

圖 4-25　例 4-13 的電路

<Sol>

$$Z_{in} = 50 + \frac{1}{\frac{1}{100}+\frac{1}{100}} = 100(\Omega)$$

$$Z_{out} = \frac{1}{\frac{1}{100}+\frac{1}{100}+\frac{1}{50}} = 25(\Omega)$$

(3) Z_{in} 要愈大愈好(愈不易受前一級電路影響)。
Z_{out} 要愈小愈好(愈不易影響下一級電路)。

(4) OP-Amp(Operational Amplifier，請見本書第七章)：

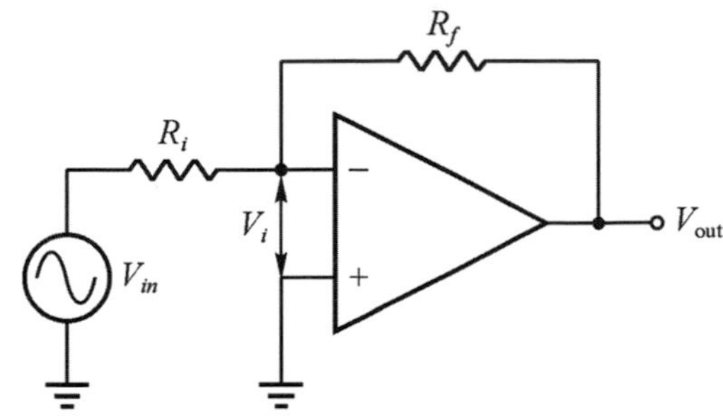

圖 4-26　以 OP-amp 構成之反相放大器電路(與圖 7-24 同)

$$V_{\text{out}} = -\frac{R_f}{R_i} \times V_{\text{in}}$$

(5) 電位計(Potentiometer)：總電阻 R、總長度 L。

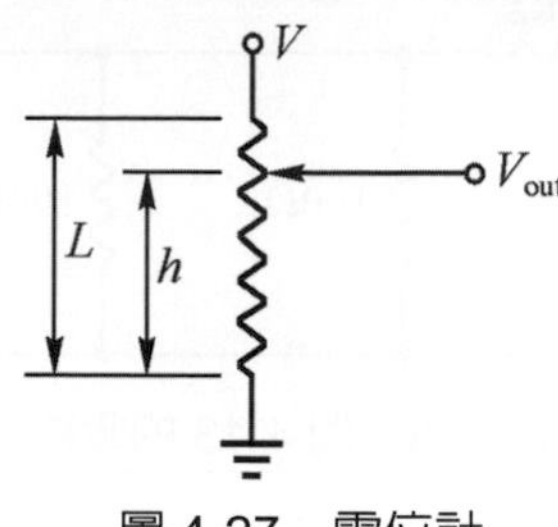

圖 4-27　電位計

$$V_{\text{out}} = \frac{h}{L} \times V \quad \text{(例：車輛之燃油存量指示)}$$

(6) 無阻抗匹配：

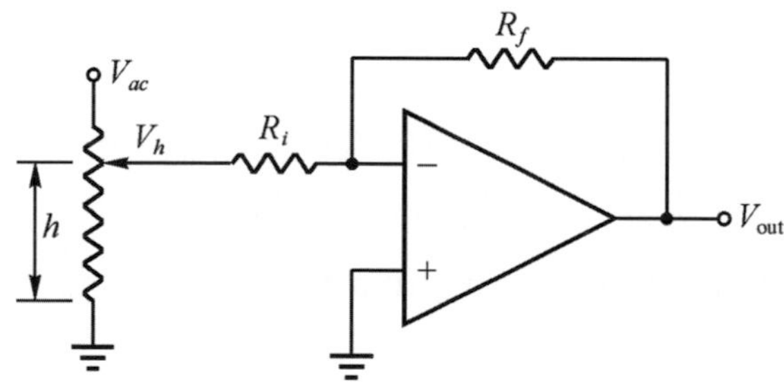

圖 4-28　前後級電路間無阻抗匹配

$$V_{\text{out}} = -\frac{R_f}{(R_i + \frac{h}{L}R)} \times V_h$$

(7) 阻抗匹配：

$$V_{\text{out}} = -\frac{R_f}{R_i} \times V_e$$

$$\because V_e = V_h$$

$$\therefore V_{\text{out}} = -\frac{R_f}{R_i} \times V_h$$

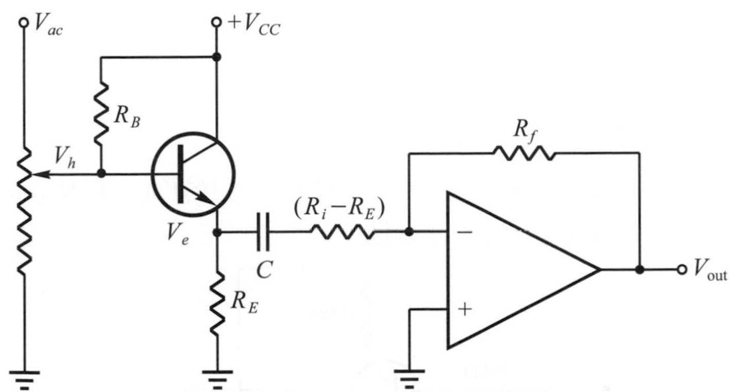

圖 4-29　前後級電路間以電晶體的共集組態阻抗匹配

習　題 EXERCISE

1. 電路如圖，求：(1)I_B，(2)I_C，(3)I_E，(4)α_{dc}，(5)V_{CE}，(6)V_{BC}。

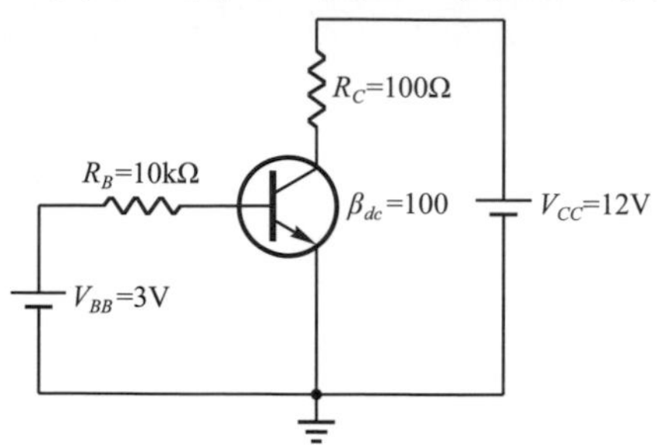

2. 電路如圖，該電晶體之 $V_{CE(\text{sat})}=0\text{V}$。
求：(1)I_B，(2)I_C，(3)I_E，(4) α_{dc}，(5)V_{CE}，(6)V_{BC}，(7)$I_{C(\text{sat})}$，(8)使 I_C 達飽和(Saturation)的最小 V_{BB} 值。

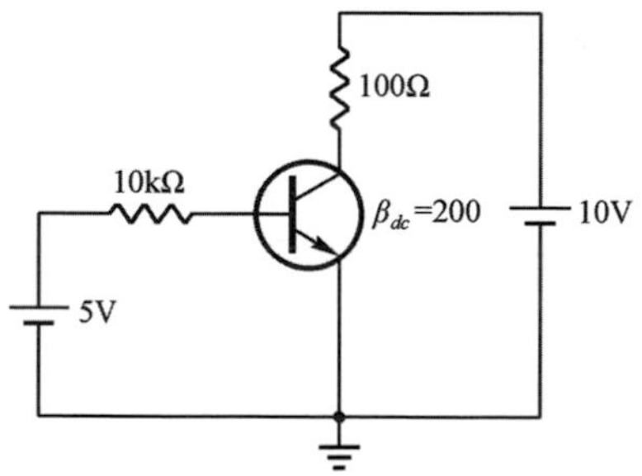

3. 電路如圖，其中電晶體各規格之額定值如下：$P_D=0.8\text{W}$，$I_C=100\text{mA}$，$V_{CE}=15\text{V}$，$V_{CB}=20\text{V}$，$V_{EB}=10\text{V}$。求：(1)V_{CC} 可調之最大值？(2)若選 $P_{D(\max)}=0.2\text{W}$，則 V_{CC} 可調之最大值爲何？

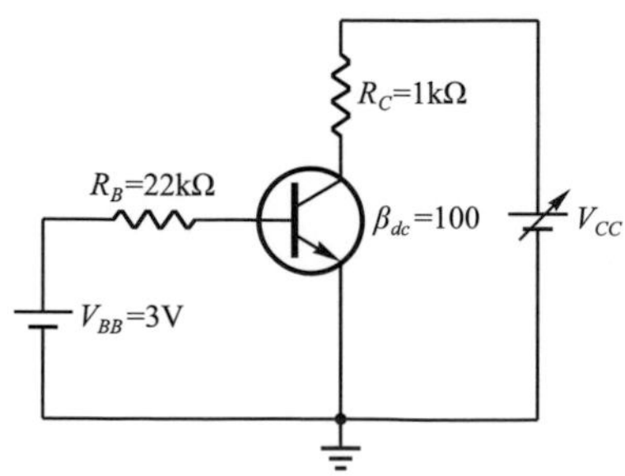

4. 電路如圖，其中電晶體各規格之額定值如下：$P_D = 0.3\text{W}$，$I_C = 100\text{mA}$，$V_{CE} = 15\text{V}$，$V_{CB} = 20\text{V}$，$V_{EB} = 10\text{V}$，額降因素(De-rating factor) = 5 mW/℃。求：(1)若環境溫度為 25℃，則 V_{CC} 可調之最大值為何？(2)若環境溫度為 50℃，則 V_{CC} 可調之最大值為何？

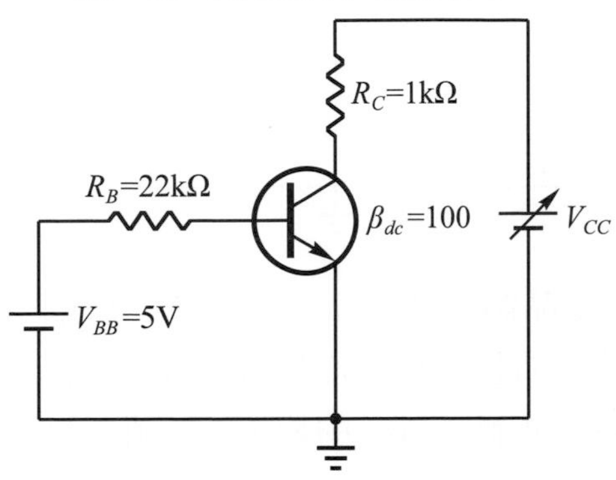

5. 電路如圖，設 $V_{CE(\text{sat})}=0.3\text{V}$。求：(1)可使燈泡點至最亮之 V_{in} 的下限值，(2)此時燈泡消耗之功率。

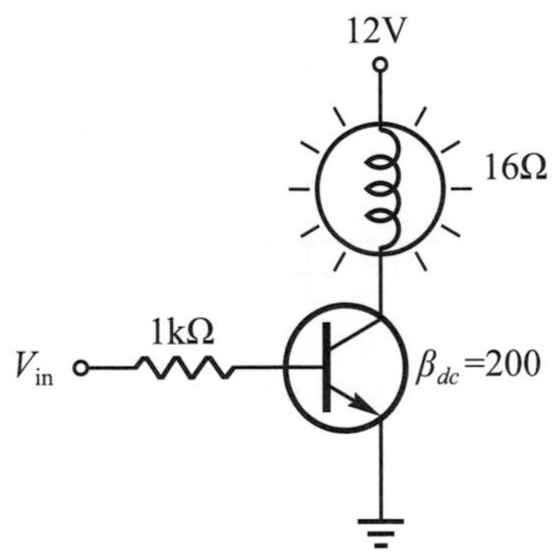

6. 電路如圖，求：(1)直流電流增益，(2)直流電壓增益，(3)輸出阻抗，(4)I_C，(5)V_E。

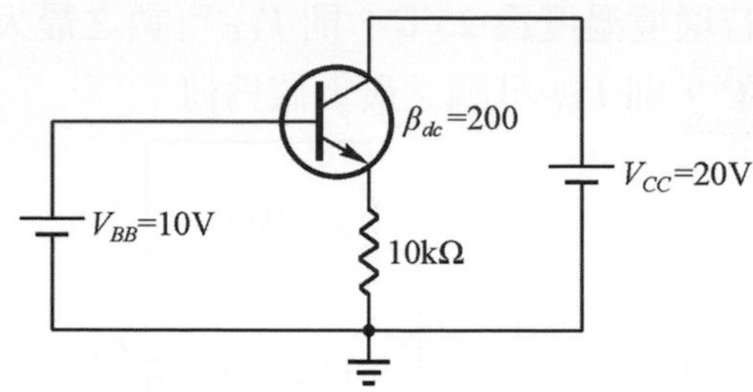

7. 電路如圖，該電晶體之 $V_{CE(\text{sat})} = 0\text{V}$。求：(1)該電晶體是否飽和？證明之。(2)若該電晶體飽和，有哪兩種方法可使其 Active？請比較其優劣。(3)使該電晶體 Active 的最大 V_{BB} 值。

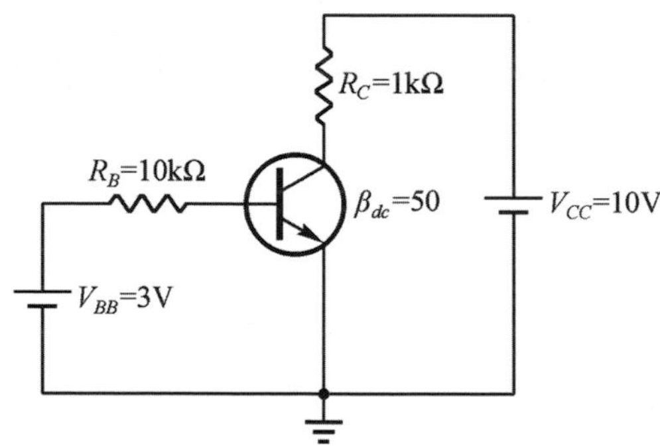

8. 電路如圖，該電晶體之 $V_{CE(\text{sat})} = 0.3\text{V}$。若輸入為方波，求：使 LED 每一秒亮滅一次之方波的波形？

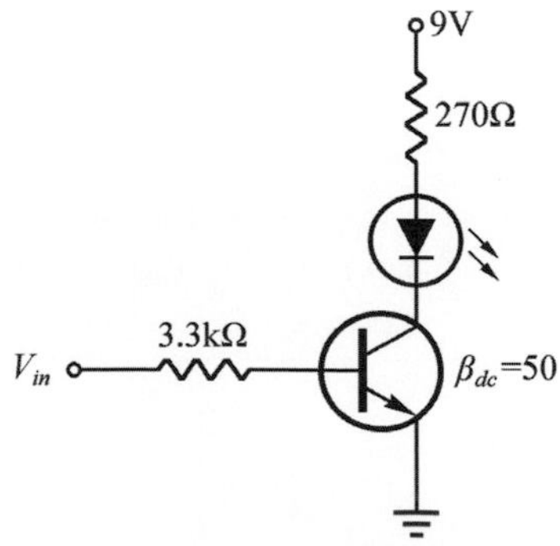

Electronics

5

雙極接面電晶體偏壓

5.1 直流工作點(DC-operating point)

5.2 線性放大與失真(Linear amplification and distortion)

5.3 各類型偏壓

5.1 直流工作點(DC-operating point)

在上一章中介紹了電晶體有截止、工作、飽和三個狀態(Three States)。在 V_{CC} 使 CB 接面逆偏的前提下，電晶體在哪一個狀態是由 V_{BB} 來決定的：$V_{BB}<0.7$ 則 Cut-off、$V_{BB}>0.7$ 則 Active、V_{BB} 太大則 Saturation。但若同在工作區(Active)內，V_{BB} 大一點或小一點，對電晶體而言有何差別？討論這個問題必須先建立「直流工作點」的觀念。

1. 對電晶體施以直流偏壓，使其 I_C 及 V_{CE}(即電晶體特性曲線圖的 Y 座標及 X 座標)在某特定值，此組值於特性曲線的平面上所對應之點，即稱直流工作點。
2. 此點又稱 Q 點(Q-point，Quiescent point，靜止點。因為偏壓 V_{BB} 及 V_{CC} 的大小固定後，I_C 及 V_{CE} 即為定值，此時電晶體即靜止在此組值於特性曲線的平面上所對應之點處工作，逸散功率為 I_C 與 V_{CE} 的相乘積。)
3. 在工作區內所有 Q 點的連線(圖 5-2 中之 $\overline{AB}$)稱為負載線(Load-Line)，此線即為電晶體之線性放大工作區。

例 5-1

一電晶體電路如圖，試繪其負載線。

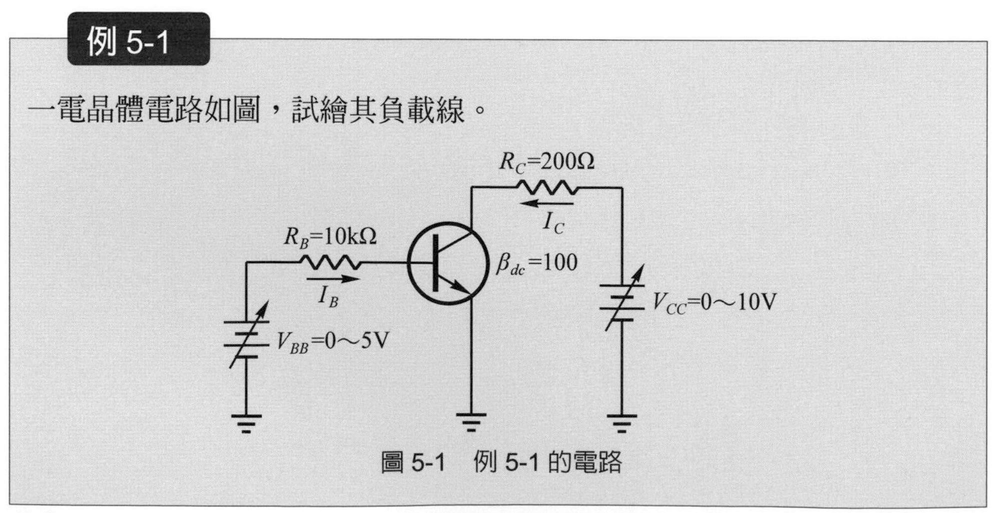

圖 5-1　例 5-1 的電路

<Sol>

① 求飽和時之 I_C

$$I_{C(\text{sat})}=\frac{V_{CC}-V_{CE(\text{sat})}}{R_C}=\frac{10-0}{200}=50\,\text{m(A)}$$

② 求 $I_{B(\text{sat/min})}=\frac{I_{C(\text{sat})}}{\beta_{dc}}=\frac{50\text{mA}}{100}=500\,\mu\text{A}$

③ 繪集極特性曲線

④ 求 V_{CE} 後標出 Q 點，並連成負載線

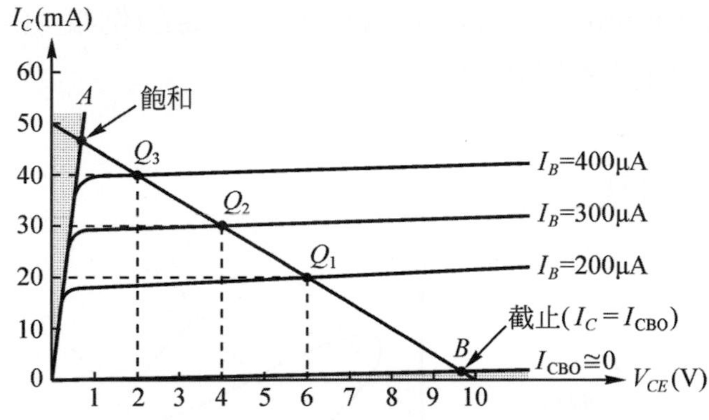

圖 5-2　例 5-1 的負載線

I_C=40mA，$V_{CE}=10-40\text{m}\times200=2\,(\text{V})\Rightarrow Q_3$

I_C=30mA，$V_{CE}=10-30\text{m}\times200=4\,(\text{V})\Rightarrow Q_2$

I_C=20mA，$V_{CE}=10-20\text{m}\times200=6\,(\text{V})\Rightarrow Q_1$

[**Note：** 若假設 $V_{CE(\text{sat})}=0$ 則飽和點位於 Y 座標軸上，但事實上 $V_{CE(\text{sat})}$ 雖然很小卻不會眞正等於零，故眞正飽和點會沿負載線稍往下一點；若假設截止時 $I_C=0$ 則截止點位於 X 座標軸上，但事實上截止時 $I_C=I_{CEO}$，故眞正截止點會沿負載線稍往上一點。]

5.2 線性放大與失真 (Linear amplification and distortion)

1. 輸入信號(V_{sig})使電晶體之 Q 點變化，若 Q 點變化仍介於截止點與飽和點之間，i.e.工作區(Active)內，則輸出信號即爲輸入信號的線性複製(Linear copy)。
2. 若 Q 點變化超出工作區，i.e.進入飽和區或截止區，則輸出信號即產生失真(Distortion)。除非刻意製造失真的場合(例如：C 類放大器)，否則失真是不希望發生的。
3. 失真。

   (1) 飽和失真：

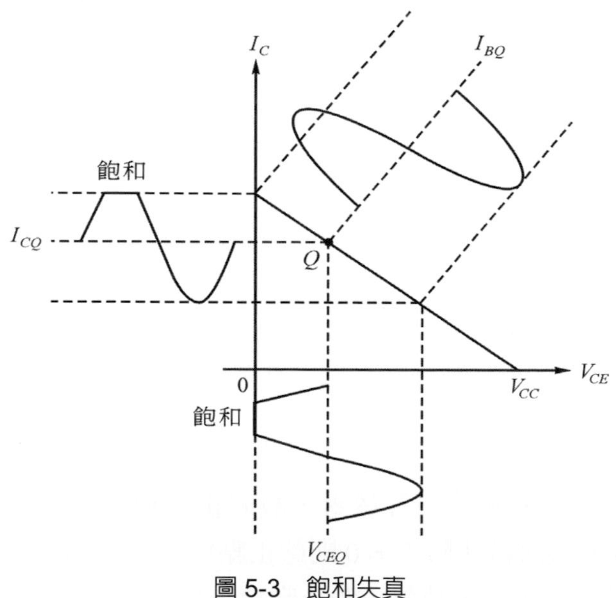

圖 5-3 飽和失真

(2) 截止失眞：

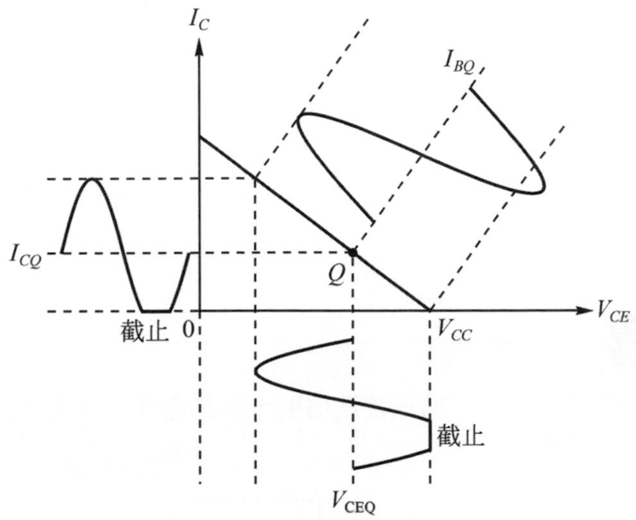

圖 5-4 截止失真

(3) 飽和與截止失眞：

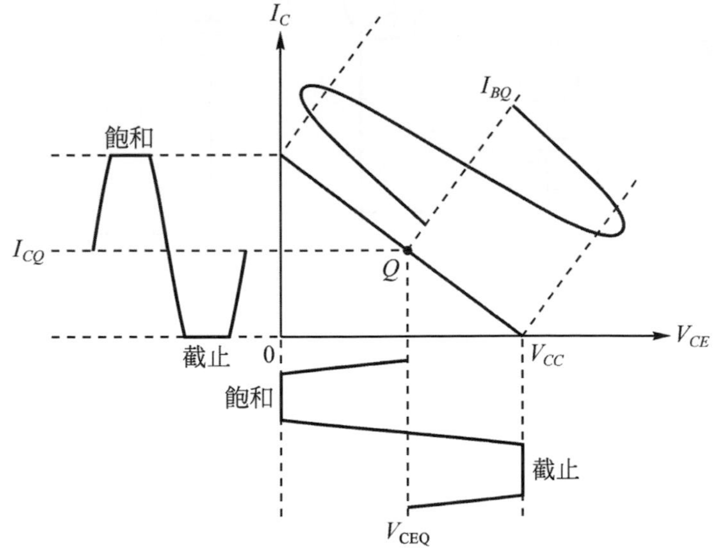

圖 5-5 飽和與截止失真

(4) 由以上圖形可知：發生失眞的可能因素有二：

a. Q 點於負載線上的位置：圖 5-3 中發生飽和失眞的原因是 Q 點的位置太高；圖 5-4 中發生截止失眞的原因是 Q 點的位置太低。故對 A 類(Class A，見本書第十章)放大器而言，最佳 Q 點位置是在負載線正中央。

b. 信號的大小：圖 5-5 中同時發生飽和與截止失眞的原因是信號太大。

例 5-2

一電晶體電路如圖，若 V_{sig} 爲正弦波信號，設其產生之 I_B 變化爲 ±100μA，問輸出信號是否失眞？

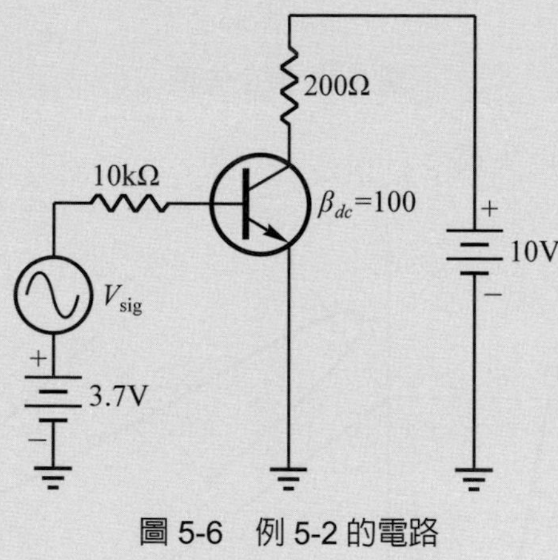

圖 5-6　例 5-2 的電路

<Sol>

$$I_{BQ}=\frac{3.7-0.7}{10\text{k}}=300\ \mu(\text{A})$$

$$\left.\begin{aligned}I_{CQ}&=\beta_{dc}I_{BQ}=100\times300\mu=30\text{m}(\text{A})\\V_{CEQ}&=10-30\text{m}\times200=4(\text{V})\end{aligned}\right\}Q\text{ 點}$$

其輸出波形如下：

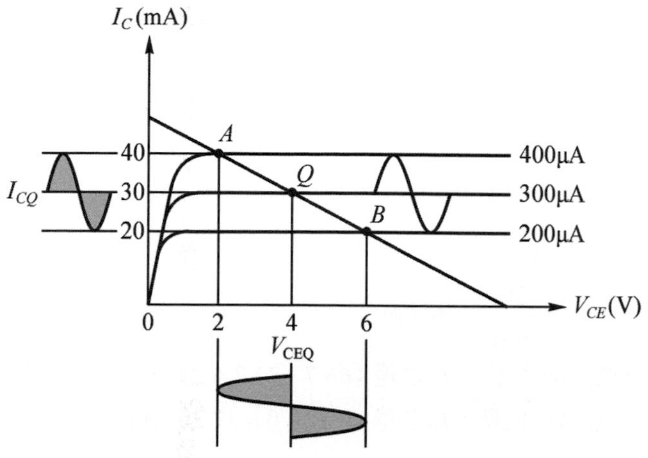

圖 5-7　例 5-2 的輸出波形與負載線

$$\begin{cases} I_B：300\mu A \pm 100\mu(A) \\ I_C：30mA \pm 10m(A) \\ V_{CE}：4V \mp 2V \end{cases}$$

$I_{C(sat)} = \dfrac{10}{200} = 50m(A)$　(i.e. 0～50mA 之 I_C 均為線性工作區)

故沒有失真！

例 5-3

一電晶體電路如圖，求：(1)Q 點，(2)I_B 在線性工作區動作下的最大變化量，(3)不發生失真的信號範圍。

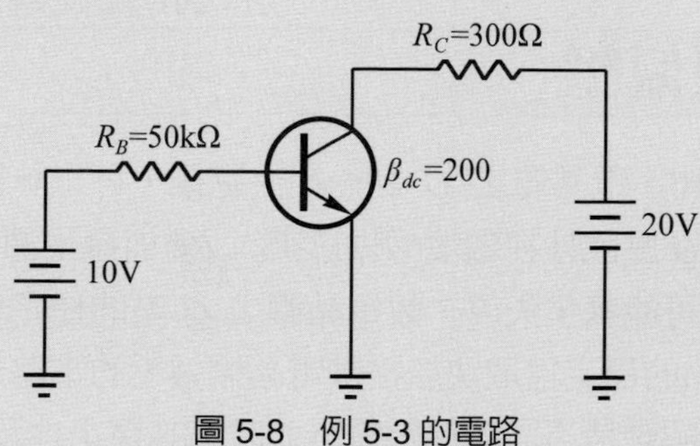

圖 5-8　例 5-3 的電路

<Sol>

① 求 Q 點(i.e. 求 I_C & V_{CE})

(a) $I_{BQ}=\dfrac{10-0.7}{50\text{k}}=186\ \mu(\text{A})$

$I_{CQ}=200\times 186\ \mu=37.2\ \text{m(A)}$

(b) $V_{CEQ}=20-(37.2\text{m}\times 300)=8.84\ (\text{V})$

② $I_{C(\text{sat})}=\dfrac{20}{300}=66.7\ \text{m(A)}$

Q點與飽和點，I_C之差：$66.7-37.2=29.5\text{m(A)}$
Q點與截止點，I_C之差：$37.2-0=37.2\text{m(A)}$
取小值 $\Delta I_C=\pm 29.5\text{mA}$

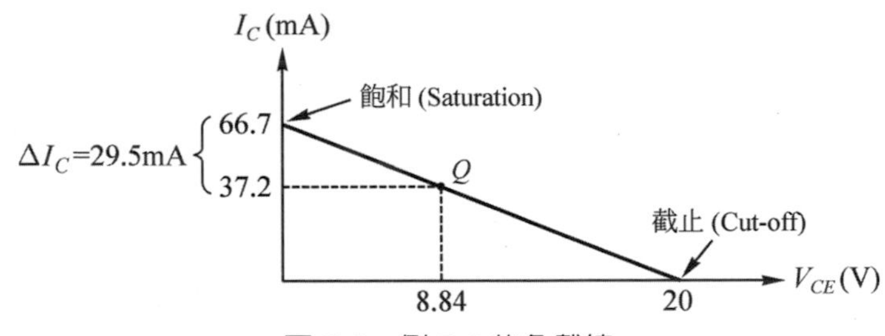

圖 5-9　例 5-3 的負載線

此 ΔI_C 即爲 I_C 可容許的最大變化量。

$\Rightarrow \Delta I_B=\dfrac{\Delta I_C}{\beta_{dc}}=\dfrac{\pm 29.5\text{m}}{200}=\pm 147.5\ \mu(\text{A})$ (i.e. 186μA ±147.5μA)

③ $V_{\text{sig}}=\Delta I_B\times R_B=\pm 147.5\mu\times 50\text{k}=\pm 7.375\ (\text{V})$

5.3 各類型偏壓

由以上討論可知，電晶體之 Q 點一經決定後，可以計算出不會導致失眞的信號範圍。但若 Q 點因外在環境(例如溫度)改變而發生漂移，則原本不會造成失眞的信號此時可能發生失眞，故電晶體之 Q 點的穩定性對線性放大而言非常重要。而 Q 點的穩定性取決於提供電晶體偏壓的電路是否不易受環境因素的影響。本節介紹幾種不同的偏壓電路並討論其穩定性及優缺點。

1. 基極偏壓(Base bias)

(1) 電路：

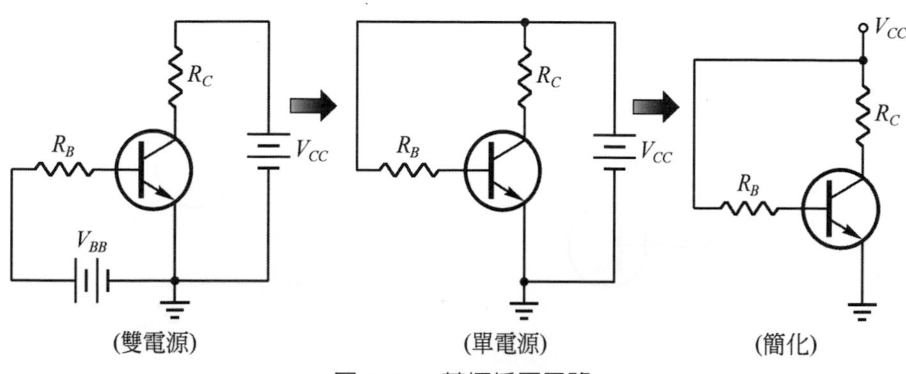

圖 5-10　基極偏壓電路

[Note： 一電路若需要多於一個電源，會造成使用時的不便，故設計上應盡量避免。基極偏壓可以用 $V_{BB}=V_{CC}$ 的設計將雙電源改成單電源。 **]**

(2) 穩定性分析(Stability Analysis)

$$I_B=\frac{V_{CC}-V_{BE}}{R_B}$$

[Note： 現 $V_{BB}=V_{CC}$ **]**

$$Q點\begin{cases}I_C=\beta_{dc}I_B\\ V_{CE}=V_{CC}-I_CR_C=V_{CC}-\beta_{dc}I_BR_C\end{cases}$$

穩定性受溫度影響，若溫度上升，則

① β_{dc} 變大 $\Rightarrow I_C$ 變大，V_{CE} 變小。

② V_{BE} 降低 $\Rightarrow I_B$ 變大 $\Rightarrow I_C$ 變大(接面溫度每上升 1℃，V_{BE} 約下降 2.2mV，此現象稱爲「熱跑脫(Thermal Runaway)」)。

③ I_{CBO} 變大 $\Rightarrow V_{BB}$ 變大 $\Rightarrow I_B$ 變大 $\Rightarrow I_C$ 變大。

[Note： I_{CBO} 指 CB 間在逆向偏壓(Reverse Bias)下之逆向漏電流，在 E 腳開路(Open)時由 C 流向 B 之漏電流。I_{CBO} 造成 R_B 之壓降猶如一電池與 V_{BB} 串聯。**]**

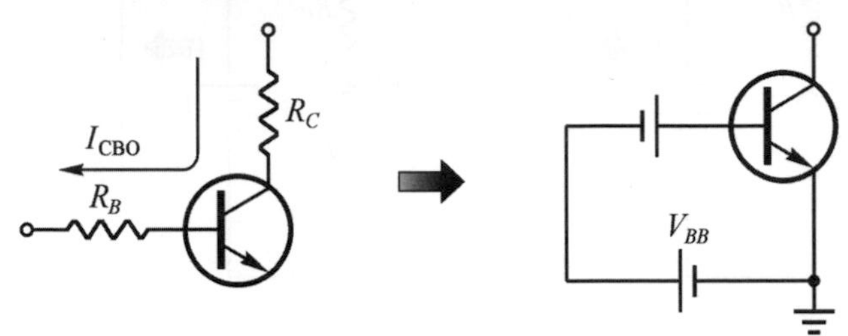

其中①之影響最大，②次之，③通常可忽略。

(3) 結論：基極偏壓可以改為單電源，但不穩定。

例 5-4

一電晶體電路如圖，25℃時 $\beta_{dc}=100$，$V_{BE}=0.7V$，75℃時 $\beta_{dc}=150$，$V_{BE}=0.5V$。求：由 25℃升至 75℃時之 Q 點變化率(I_{CBO} 之影響可忽略)。

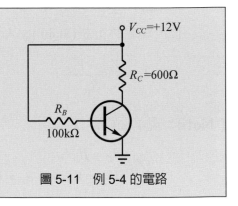

V_{CC}=+12V
R_C=600Ω
R_B 100kΩ

圖 5-11 例 5-4 的電路

<Sol>

25℃時：

$$I_B=\frac{V_{CC}-V_{BE}}{R_B}=\frac{12-0.7}{100k}=113\,\mu(A)$$

$$I_C=\beta_{dc}\times I_B=100\times 113\mu=11.3\,m(A)$$

$$V_{CE}=V_{CC}-I_CR_C=12-(11.3m\times 600)=5.22\,(V)$$

75℃時：

$$I_B = \frac{V_{CC} - V_{BE}}{R_B} = \frac{12 - 0.5}{100\text{k}} = 115\ \mu(\text{A})$$

$$I_C = \beta_{dc} \times I_B = 150 \times 115\mu = 17.25\ \text{m(A)}$$

$$V_{CE} = V_{CC} - I_C R_C = 12 - (17.25\text{m} \times 600) = 1.65\ (\text{V})$$

I_C變化率 $= \dfrac{17.25 - 11.3}{11.3} \times 100\% = 52.65\%$ (增加)

V_{CE}變化率 $= \dfrac{1.65 - 5.22}{5.22} \times 100\% = -68.39\%$ (減少)

} Q點向飽和點方向漂移

2. 射極偏壓(Emitter bias)

(1) 電路：

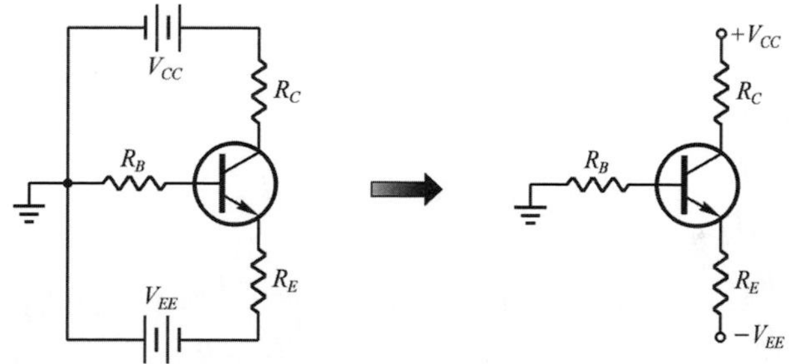

圖 5-12　射極偏壓電路

例 5-5

一電晶體($\beta_{dc} = 100$)電路如圖，求 Q 點。

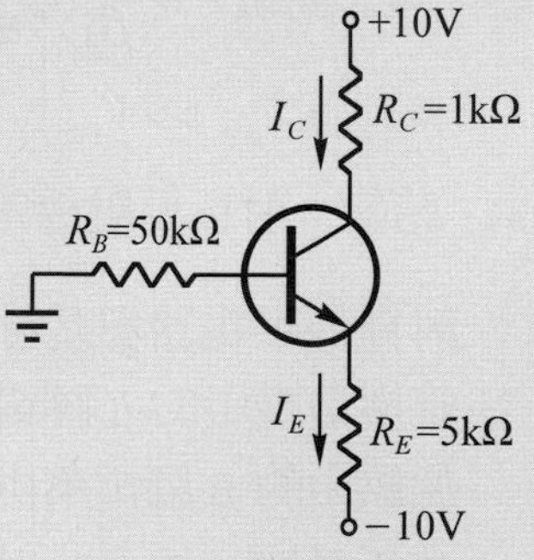

圖 5-13　例 5-5 的電路

<Sol>

① 求 I_B：$I_BR_B + V_{BE} + (I_B + \beta_{dc}I_B)R_E = 10$

$I_B 50\text{k} + 0.7 + (I_B + 100I_B)5\text{k} = 10$

$\Rightarrow I_B = 16.76\mu\text{A}$

② $I_C = \beta_{dc}I_B = 100 \times 16.76\mu = 1.676\,\text{m(A)}$

③ $V_B = 0 - I_BR_B = 0 - 16.76\mu \times 50\text{k} = -0.838\,\text{(V)}$

④ $V_C = 10 - 1.676\text{m} \times 1\text{k} = 8.324\,\text{(V)}$

$V_E = -0.838 - 0.7 = -1.538\,\text{(V)}$

$V_{CE} = V_C - V_E = 8.324 - (-1.538) = 9.86\,\text{(V)}$ 或

$10 - (1.676\text{m} \times 1\text{k}) - V_{CE} - (1.676\text{m} + 16.76\mu) \times 5\text{k} + 10 = 0$

$\Rightarrow V_{CE} = 9.86\text{V}$

(2) 穩定性分析：

$$I_BR_B + V_{BE} + I_ER_E = V_{EE}$$

$$I_B \cong \frac{I_E}{\beta_{dc}} \Rightarrow \frac{I_E}{\beta_{dc}}R_B + I_ER_E = V_{EE} - V_{BE}$$

$$I_E\left(\frac{R_B}{\beta_{dc}} + R_E\right) = V_{EE} - V_{BE} \Rightarrow I_E = \frac{V_{EE} - V_{BE}}{\frac{R_B}{\beta_{dc}} + R_E} \text{(近似值)}$$

當 $\left.\begin{array}{l} \text{a. } R_E >> \dfrac{R_B}{\beta_{dc}} \\ \text{b. } V_{EE} >> V_{BE} \end{array}\right\} \Rightarrow I_E \cong \dfrac{V_{EE}}{R_E}$，i.e.與 β_{dc} 及 V_{BE} 無關(不受其影響)

(3) 結論：射極偏壓穩定，但需雙電源。

[Note： 射極偏壓電路與基極偏壓電路不同的地方在於：(1)射極偏壓將基極偏壓中的 E 腳電壓由接地(0V)改成負電壓($-V_{EE}$)；(2)將基極偏壓中的 B 腳電壓由正電壓($+V_{CC}$)改成接地(0V)。由上述穩定性分析可知：加大 R_E 與加大 V_{EE} 的值可增加 Q 點的穩定性。此種電路稱爲「雙供應偏壓(Dual-supply bias)」。(請參考本書 6.3-3 自我偏壓)**]**

例 5-6

一電路如圖，β_{dc} 由 100 變化至 150，V_{BE} 由 0.7V 變化至 0.5V。求 Q 點變化率。

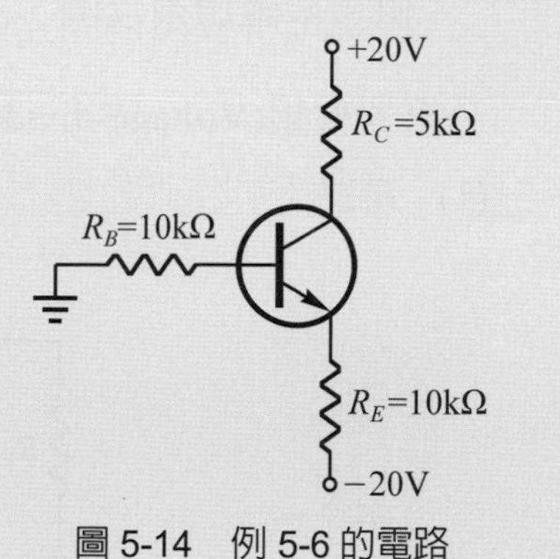

圖 5-14　例 5-6 的電路

<Sol>

① $\beta_{dc} = 100$，$V_{BE} = 0.7\text{V}$

$$I_C \cong I_E = \frac{V_{EE} - V_{BE}}{\dfrac{R_B}{\beta_{dc}} + R_E} = \frac{20 - 0.7}{\dfrac{10\text{k}}{100} + 10\text{k}} = 1.911\,\text{m(A)}$$

$$V_C = V_{CC} - I_C R_C = 20 - (1.911\text{m} \times 5\text{k}) = 10.45\,(\text{V})$$

$$V_E - I_E R_E = -20$$

$$\Rightarrow V_E = 1.911\text{m} \times 10\text{k} - 20 = -0.89\,(\text{V})$$

$$\Rightarrow V_{CE} = V_C - V_E = 10.45 - (-0.89) = 11.34\,(\text{V})$$

② $\beta_{dc}=150$，$V_{BE}=0.5\text{V}$

$$I_C \cong I_E = \frac{20 - 0.5}{\dfrac{10\text{k}}{150} + 10\text{k}} = 1.937\,\text{m(A)}$$

$$20 - I_C R_C - V_{CE} - I_E R_E = -20$$

$$\Rightarrow V_{CE} = 40 - 1.937\text{m} \times (5\text{k} + 10\text{k}) = 10.95\,(\text{V})$$

③ I_C變化率 $= \dfrac{1.937\text{m} - 1.911\text{m}}{1.911\text{m}} \times 100\% = 1.36\%$(增加)

V_{CE}變化率 $= \dfrac{10.95 - 11.34}{11.34} \times 100\% = -3.44\%$(減少)

Q點向飽和點方向漂移

[Note： 本題解法係根據穩定性分析中所得之 I_E 公式，故結果是近似值。準確值須以例 5-5 的方法求取。**]**

3. 分壓器偏壓(Voltage-divider bias)

(1) 電路：

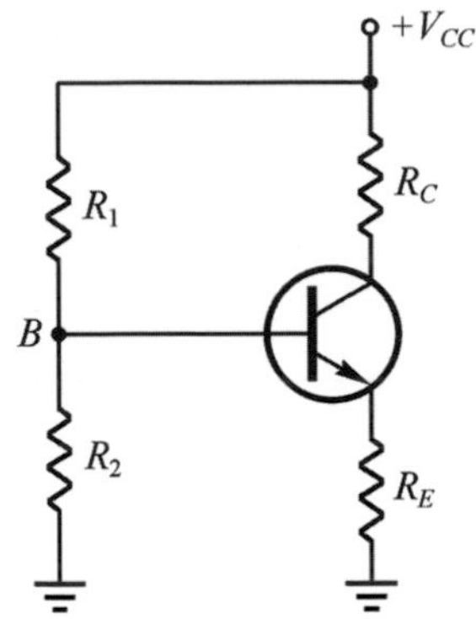

圖 5-15　分壓器偏壓電路

(2) 穩定性分析：

由 B 極看出之戴維寧等效電路

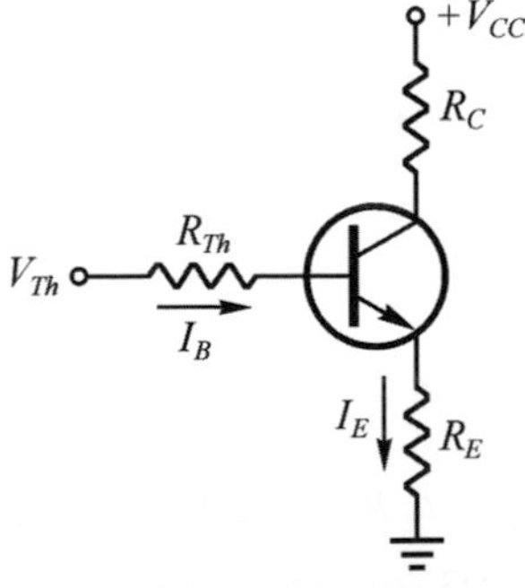

圖 5-16　分壓器偏壓電路的穩定性分析

$$V_{Th} = I_B R_{Th} + V_{BE} + I_E R_E = \frac{I_E}{\beta_{dc}} R_{Th} + I_E R_E + V_{BE}$$

$$\Rightarrow I_E = \frac{V_{Th} - V_{BE}}{R_E + \dfrac{R_{Th}}{\beta_{dc}}}$$

當 $\left.\begin{array}{l} \text{a. } R_E >> \dfrac{R_{TH}}{\beta_{dc}} \\ \text{b. } V_{TH} >> V_{BE} \end{array}\right\} \Rightarrow I_E \cong \dfrac{V_{Th}}{R_E}$，i.e.與 β_{dc} 及 V_{BE} 無關(不受其影響)

(3) 電路分析：

① 求 I_C

$$I_C \cong I_E = \frac{V_E}{R_E} = \frac{V_B - V_{BE}}{R_E}$$

② 求 V_B

$R_{\text{in}(B)}$：由 B 極看入之等效電阻

$$V_B = \frac{[R_2 // R_{\text{in}(B)}]}{R_1 + [R_2 // R_{\text{in}(B)}]} \times V_{CC}$$

若 $R_{\text{in}(B)} >> R_2 \Rightarrow V_B = \dfrac{R_2}{R_1 + R_2} V_{CC}$

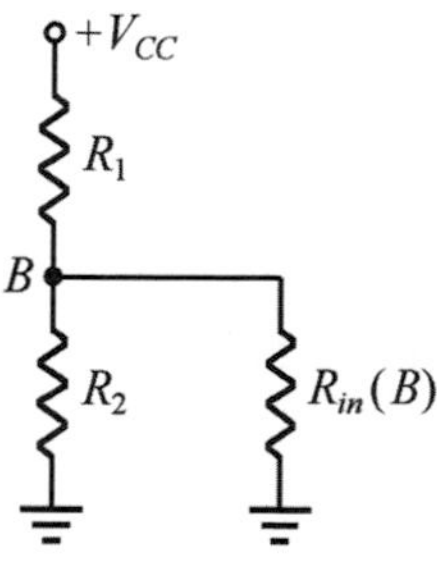

圖 5-17　分壓器偏壓電路的等效電路

③ 求 $R_{in(B)}$

$$R_{in(B)}=\frac{V_{in(B)}}{I_{in(B)}}=\frac{V_B}{I_B}=\frac{V_{BE}+I_ER_E}{I_B}\quad(\text{又回到要求 } I_E\cong I_C)$$

當 $I_ER_E>>V_{BE}\Rightarrow R_{in(B)}=\frac{I_ER_E}{I_B}\cong\frac{\beta_{dc}I_BR_E}{I_B}=\beta_{dc}R_E$

故使用公式 $V_B=\frac{R_2}{R_1+R_2}V_{CC}$ 的前提，是需先檢查 $R_{in(B)}=\beta_{dc}R_E$ 是否 $>>R_2$ (至少為 R_2 的十倍)

例 5-7

一電路如圖，求 Q 點。

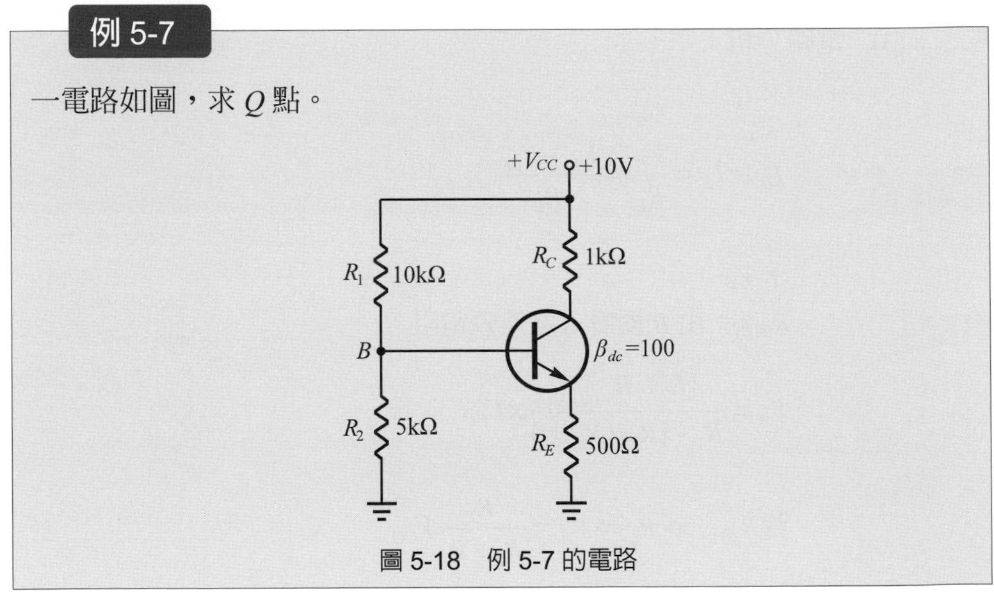

圖 5-18　例 5-7 的電路

<Sol>

$$R_{in(B)}=\beta_{dc}R_E=100\times500=50\text{ k}(\Omega)=10\times5\text{k}(\Omega)=10\times R_2$$

$$\therefore V_B=\frac{R_2}{R_1+R_2}\times V_{CC}=\frac{5\text{k}}{10\text{k}+5\text{k}}\times10\text{V}=3.33\text{ V}$$

$V_E = V_B - V_{BE} = 3.33 - 0.7 = 2.63\,(\text{V})$

$\therefore I_E = \dfrac{V_E}{R_E} = \dfrac{2.63}{500} = 5.26\text{m}(\text{A}) \cong I_C$

而 $V_{CE} = V_{CC} - I_C R_C - I_E R_E$

$\cong V_{CC} - I_E(R_C + R_E) = 10 - 5.26\text{m}(1\text{k} + 500) = 2.11\,(\text{V})$

(4) 結論：分壓器偏壓爲單電源且穩定，最廣泛被使用(不受 β_{dc} 變化影響)，故又稱爲「通用型偏壓(Universal Bias)」。但設計時必須使 $R_{in(B)} = \beta_{dc} R_E >> R_2$ (至少爲 R_2 的十倍)。

(5) pnp 型電晶體電路：

① 若將分壓器偏壓電路中之電晶體改成 pnp 型，則 Bias 應改爲負電壓(E 端電位高於 C 端，以使 CB 逆偏、BE 順偏)，如圖 5-19 所示。或是提供 E 端一正偏壓、C 端接地(E 端電位高於 C 端)亦可，如圖 5-20 所示。

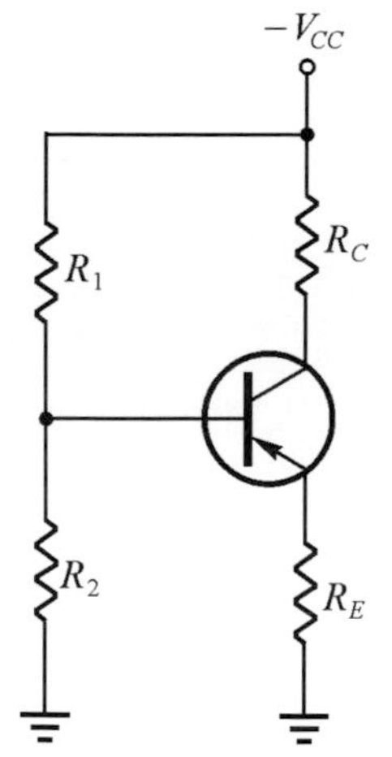

圖 5-19 Bias 改為負電壓

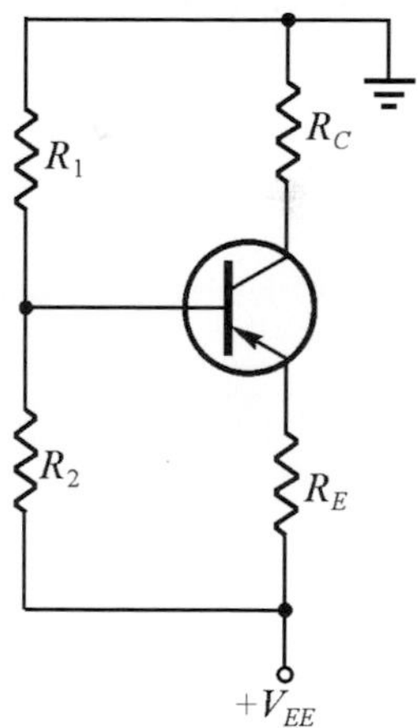

圖 5-20 E 端接正偏壓、C 端接地

② 這類電路圖通常倒過來畫，使偏壓在上、接地在下，以符合一般習慣，如圖 5-21 所示。

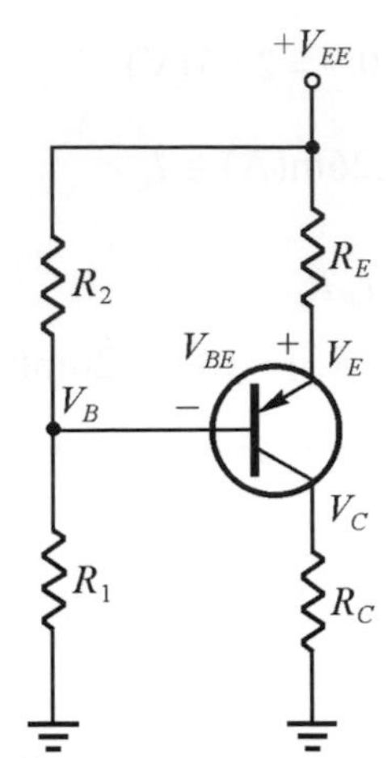

圖 5-21　偏壓在上、接地在下

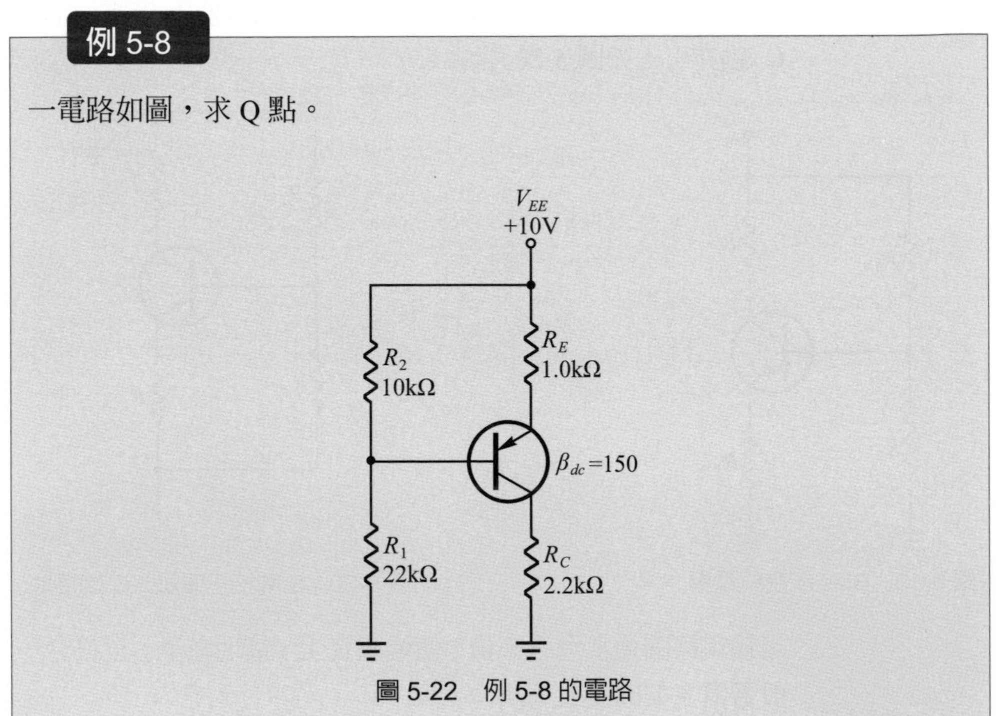

例 5-8

一電路如圖，求 Q 點。

圖 5-22　例 5-8 的電路

<Sol>

$$R_{in(B)} = \beta_{dc} R_E = 150 \times 1\text{k} = 150\text{k}(\Omega)$$

$$= 15 \times 10\text{k}(\Omega) = 15 \times R_2$$

$$\therefore V_B = \frac{R_1}{R_1 + R_2} \times V_{EE} = \frac{22\text{k}}{22\text{k} + 10\text{k}} \times 10\text{V} = 6.88\text{V}$$

$$V_E = V_B + V_{BE} = 6.88 + 0.7 = 7.58(\text{V})$$

$$\therefore I_E = \frac{V_{EE} - V_E}{R_E} = \frac{10 - 7.58}{1\text{k}} = 2.42\text{m}(\text{A}) \cong I_C$$

而 $V_{EC} = V_E - V_C = V_E - I_C R_C = 7.58 - (2.42\text{m} \times 2.2\text{k}) = 2.26(\text{V})$

(6) 應用：除穩定性佳外，亦可由分壓電路(R_1，R_2)來控制電晶體之 On 或 Off。圖 5-23 係一飲水機自動加熱的控制電路，水溫低於設定上限則負載導通，開始加熱；水溫到達設定上限時則電晶體截止，停止加熱。圖中 R_T 為一熱敏電阻，其於溫度 0℃~100℃時之阻值如圖 5-24 所示(NTC 型)；R_1 為可變電阻，用途為設定水溫之上限。

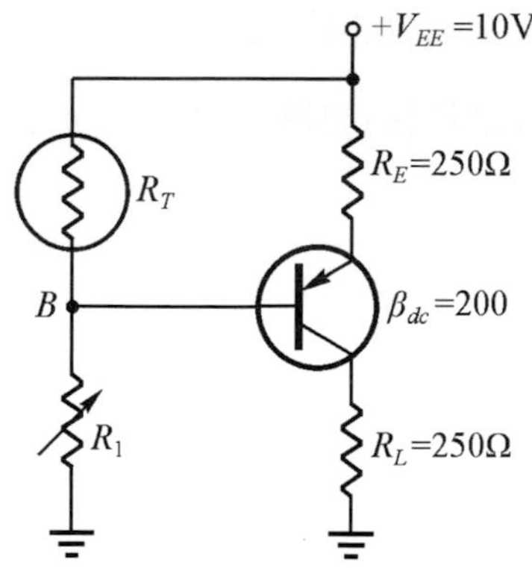

圖 5-23　飲水機自動加熱的控制電路

① 電晶體截止時 $I_C = I_E = 0$，$V_E = V_{EE} = 10\text{V}$，$V_B = V_E - 0.7 = 9.3\text{V}$ 亦即 $V_B > 9.3\text{V}$ 電晶體即 Cut-off，$V_B \le 9.3\text{V}$ 電晶體即 Active。

② $R_{in(B)} = \beta_{dc} R_E = 200 \times 250 = 50\text{k}(\Omega) > 10 R_T$ (40℃時之 R_T)

$$\therefore V_B = \frac{R_1}{R_1 + R_T} \times 10V$$

③ 若將水溫上限設為 100℃，此時 R_T 之電阻值為 1.01kΩ，可求得 R_1 之值。

$$V_B = \frac{R_1}{R_1 + 1.01\text{k}} \times 10\text{V} = 9.3\text{V} \Rightarrow R_1 = 13420\Omega$$

水溫若高於 100℃則 R_T 之電阻值將小於 1.01kΩ，$V_B > 9.3\text{V}$，電晶體即 Cut-off。

④ 若將水溫上限設為 80℃，此時 R_T 之電阻值為 1.45kΩ，可求得 R_1 之值。

$$V_B = \frac{R_1}{R_1 + 1.45\text{k}} \times 10\text{V} = 9.3\text{V} \Rightarrow R_1 = 19265\Omega$$

⑤ $I_{C(\max)} = \dfrac{10V}{250\Omega + 250\Omega} = 20\text{mA}$，

$$P_{R_L(\max)} = I^2 R = (20\text{m})^2 \times 250 = 0.1(\text{W})$$

⑥ 水溫由 R_L(電熱絲)加熱，由 R_1 設定上限，由 R_T 量度。

水溫(℃)	0	10	20	30	40	50	60	70	80	90	100
電阻(Ω)	22.3k	18.1k	12.1k	7.01k	5.09k	3.74k	2.93k	2.08k	1.45k	1.08k	1.01k

圖 5-24　R_T 之阻值與溫度之關係

[Note： 將圖 5-23 中之「熱敏電阻」改成「光敏電阻」(Photoresistor，請見本書第 14 章)、將電熱絲改成燈泡，則該電路可改成燈泡自動亮滅的控制電路。**]**

4. 集極回授偏壓(Collector feedback bias)

(1) 電路：

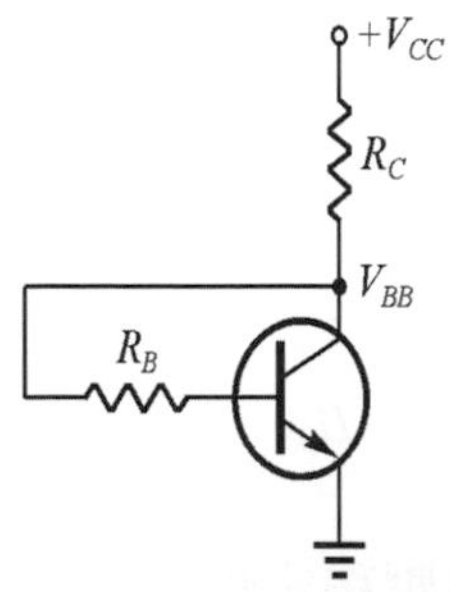

圖 5-25 集極回授偏壓電路

(2) 等效控制系統方塊圖：

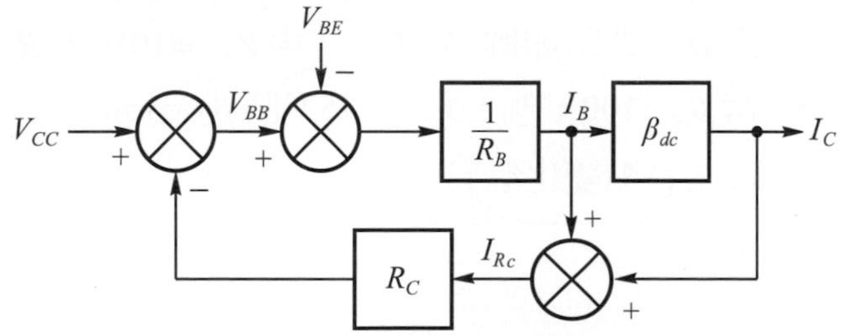

圖 5-26 集極回授偏壓電路的等效控制系統方塊圖

(3) 穩定性分析：

$$V_{BB} = V_{CC} - I_{R_C} R_C$$

$$I_{R_C} = I_B + I_C = I_C\left(\frac{1}{\beta_{dc}} + 1\right) = I_E = \frac{I_C}{\alpha_{dc}} = \left(\frac{\beta_{dc} + 1}{\beta_{dc}}\right) I_C$$

$$I_B = \frac{V_{BB} - V_{BE}}{R_B}$$

$$I_C = \beta_{dc} I_B = \beta_{dc} \frac{V_{BB} - V_{BE}}{R_B} = \beta_{dc} \frac{(V_{CC} - I_{R_C} R_C) - V_{BE}}{R_B}$$

$$= \beta_{dc} \frac{\left[V_{CC} - I_C \left(\frac{1}{\beta_{dc}} + 1 \right) R_C - V_{BE} \right]}{R_B}$$

$$\Rightarrow I_C = \frac{V_{CC} - V_{BE}}{\left(\frac{\beta_{dc} + 1}{\beta_{dc}} \right) R_C + \frac{R_B}{\beta_{dc}}}$$

(4) 結論：集極回授偏壓穩定性可，單電源。

例 5-9

一電晶體集極回授偏壓電路如圖 5-25，其中 $V_{CC} = 10\text{V}$ ， $R_B = 100\text{k}\Omega$ ， $R_C = 10\text{k}\Omega$ ，25℃時 $\beta_{dc} = 100$，$V_{BE} = 0.7\text{V}$，75℃時 $\beta_{dc} = 150$，$V_{BE} = 0.5\text{V}$。求：由 25℃升至 75℃時之 Q 點變化率。

<Sol>

25℃時：

$$I_C = \frac{10 - 0.7}{\left(\frac{100 + 1}{100} \right) 10\text{k} + \frac{100\text{k}}{100}} = 0.838\text{m(A)}$$

$$I_{R_C} = I_E = I_B + I_C = \left(\frac{\beta_{dc} + 1}{\beta_{dc}} \right) I_C = \left(\frac{100 + 1}{100} \right) \times 0.838\text{m} = 0.846\text{m(A)}$$

$$V_{CE} = V_{CC} - I_{R_C} R_C = 10 - (0.846\text{m} \times 10\text{k}) = 1.54\text{(V)}$$

75℃時：

$$I_C = \frac{10 - 0.5}{\left(\frac{150 + 1}{150} \right) 10\text{k} + \frac{100\text{k}}{150}} = 0.885\text{m(A)}$$

$$I_{R_C} = I_E = I_B + I_C = \left(\frac{\beta_{dc}+1}{\beta_{dc}}\right) I_C = \left(\frac{150+1}{150}\right) \times 0.885\text{m} = 0.891\text{m(A)}$$

$$V_{CE} = V_{CC} - I_{R_C} R_C = 10 - (0.891\text{m} \times 10\text{k}) = 1.09\text{(V)}$$

$$\left.\begin{aligned} I_C\text{變化率} &= \frac{0.885-0.838}{0.838} \times 100\% = 5.61\%(\text{增加}) \\ V_{CE}\text{變化率} &= \frac{1.09-1.54}{1.54} \times 100\% = -29.22\%(\text{減少}) \end{aligned}\right\} Q\text{點往Saturation點方向漂移}$$

[Note： 可見僅須將基極偏壓中 V_{BB} 的接點由 R_C 之上改至 R_C 之下，電路即變成集極回授偏壓，而大幅改善其穩定性。**]**

5. 各型偏壓的比較：

偏壓類型(Bias)	電源(Power Source)	穩定性(Stability)
基極偏壓(Base)	1	差
射極偏壓(Emitter)	2	佳
分壓器偏壓 (Voltage divider)	1	可
集極回授偏壓 (Collector feedback)	1	可

習　題 EXERCISE

1. 電路如圖，求：(1)Q 點，(2)I_B 在線性工作區動作下的最大對稱變化量，(3)不發生失真的對稱信號位準範圍，(4)若不考慮信號對稱性，則可容許不發生失真的信號範圍。

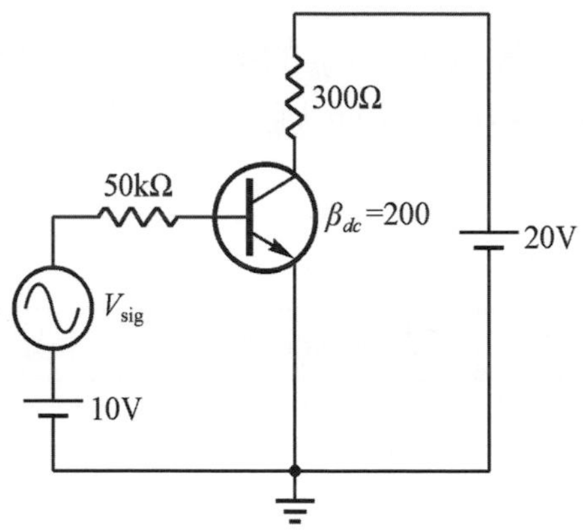

2. 電路如圖，求：(1)Q 點，(2)I_B 在線性工作區動作下的最大對稱變化量，(3)不發生失真的對稱信號位準範圍。

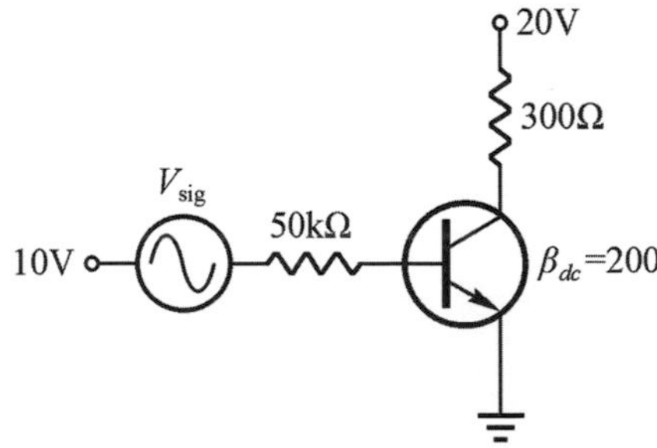

3. 電路如圖，求：(1)Q 點，(2)I_B 在線性工作區動作下的最大對稱變化量，(3)不發生失真的對稱信號位準範圍。

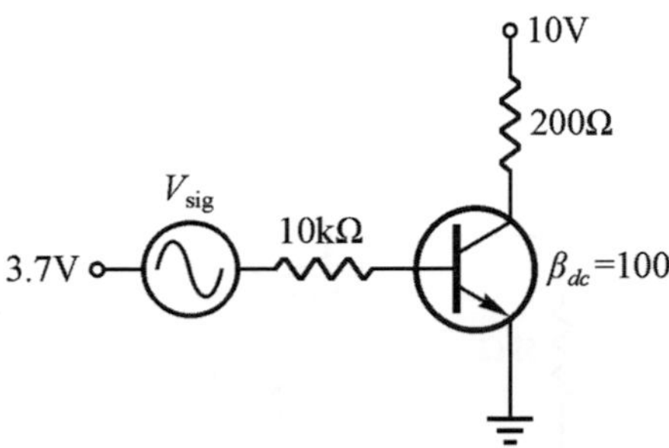

4. 電路如圖，求：(1)$R_C = 10\text{k}\Omega$ 且該電晶體由 $\beta_{dc} = 100$，$V_{BE} = 0.7\text{V}$ 變化至 $\beta_{dc} = 200$，$V_{BE} = 0.5\text{V}$ 之 Q 點變化率，(2)使 I_C 變化率在 3%以下的最小 R_C 值。

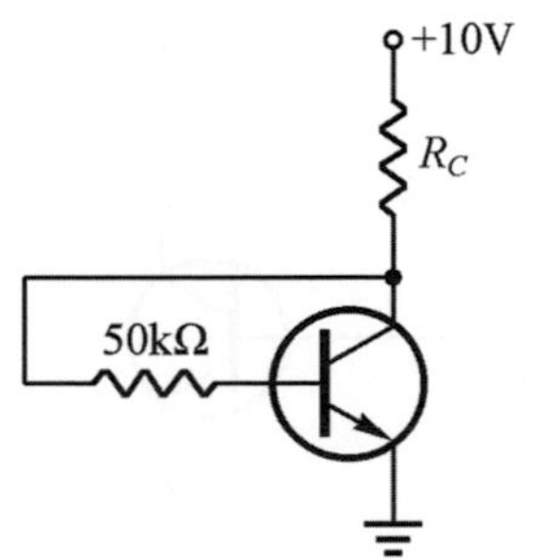

5. 電路如圖，求 Q 點。

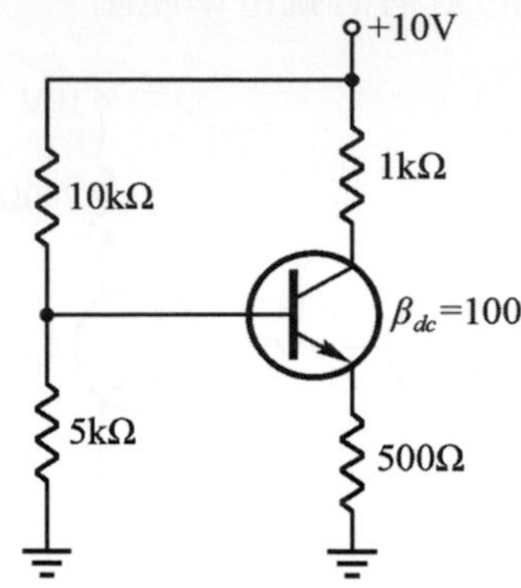

6. 電路如圖，求該電晶體由 $\beta_{dc}=100$，$V_{BE}=0.7\text{V}$ 變化至 $\beta_{dc}=150$，$V_{BE}=0.5\text{V}$ 之 Q 點變化率。

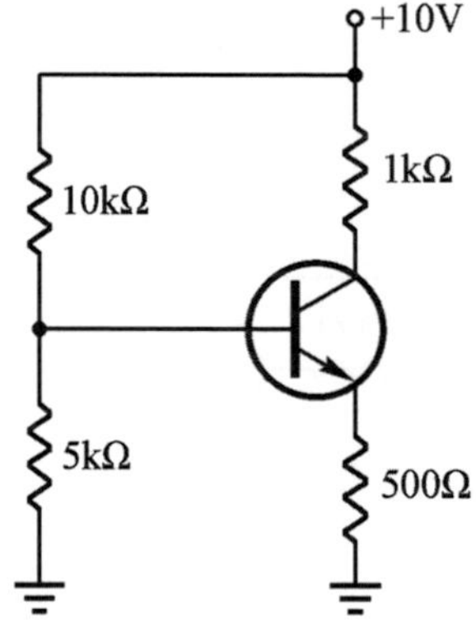

7. 電路如圖，求該電晶體由 $\beta_{dc}=100$，$V_{BE}=0.7\text{V}$ 變化至 $\beta_{dc}=150$，$V_{BE}=0.5\text{V}$ 之 Q 點變化率。

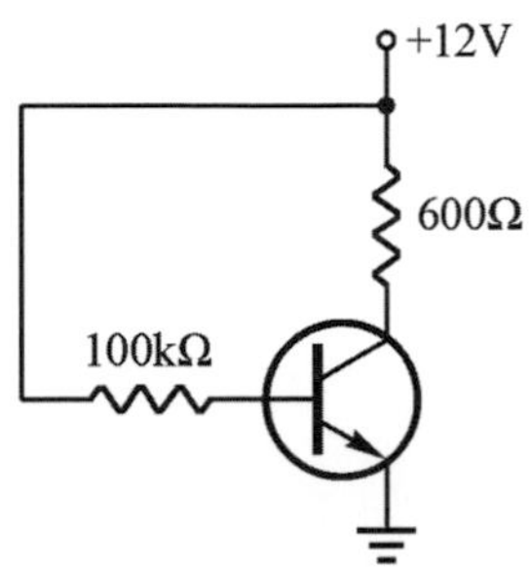

8. 電路如圖，求 Q 點。

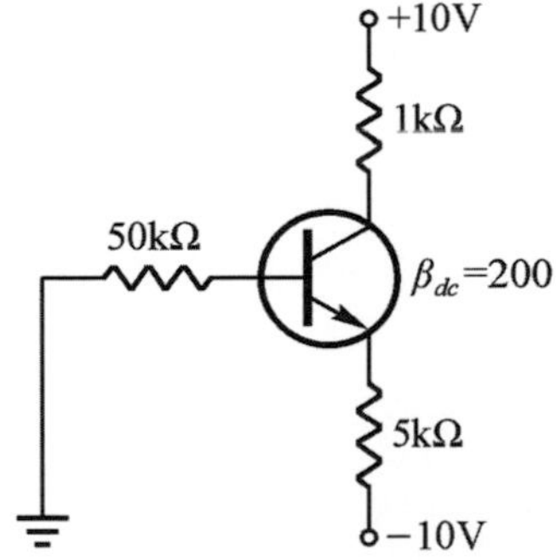

9. 電路如圖，求該電晶體由 $\beta_{dc}=100$，$V_{BE}=0.7\text{V}$ 變化至 $\beta_{dc}=150$，$V_{BE}=0.5\text{V}$ 之 Q 點變化率。

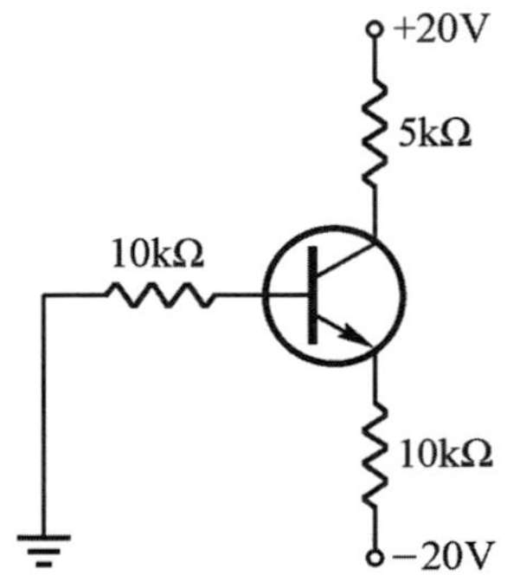

10. 請繪出：(1)射極偏壓(Emitter Bias)電路，(2)基極偏壓(Base Bias)電路。
11. 電晶體的偏壓方式有哪四種？請分別寫出名稱、繪出電路、並作穩定性分析。
12. 何謂分壓器偏壓(Voltage-divider Bias)？請繪出電路並作穩定性分析及電路分析。

Electronics

6

場效電晶體(FET：Field-Effect Transistor)

6.1 接面場效電晶體(Junction Field-Effect Transistor, JFET)

6.2 JFET 的特性與參數

6.3 JFET 偏壓

6.4 歐姆區(Ohmic Region)

6.5 金屬氧化物半導體場效電晶體(Metal Oxide Semiconductor FET, MOSFET)

6.6 MOSFET 的特性與參數

6.7 MOSFET 的偏壓

6.8 絕緣閘雙極電晶體(Insulated-Gate Bipolar Transistor, IGBT)

「場效電晶體(Field-Effect Transistor, FET)」有兩種形式：

1. 接面場效電晶體(Junction Field-Effect Transistor, JFET)
2. 金屬氧化物半導體 FET (Metal Oxide Semiconductor FET, MOSFET)

6.1 接面場效電晶體 (Junction Field-Effect Transistor, JFET)

1. 構造

(1) JFET 有「n 通道(n channel)」及「p 通道(p channel)」兩種形式，其構造如圖 6-1 所示。

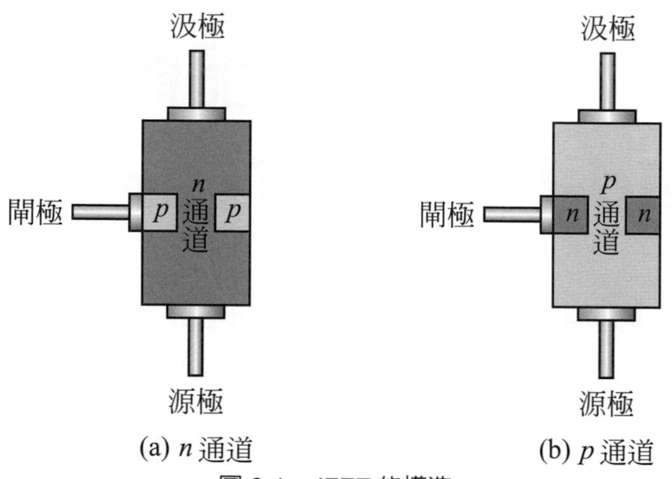

圖 6-1　JFET 的構造

(2) 以「n 通道」爲例，有兩個 p 型半導體區擴散進入 n 型半導體的基質中，此兩 p 型半導體區之間的空間稱爲「通道(channel)」。

(3) JFET 頂端的接腳稱爲「汲極(drain, D)」，底部的接腳稱爲「源極(source, S)」，中間兩個 p 型半導體區連接在同一個接腳稱爲「閘極(gate, G)」。

2. 符號

JFET 的電路符號如圖 6-2 所示，*n* 通道的閘極箭頭向內，而 *p* 通道的閘極箭頭向外。

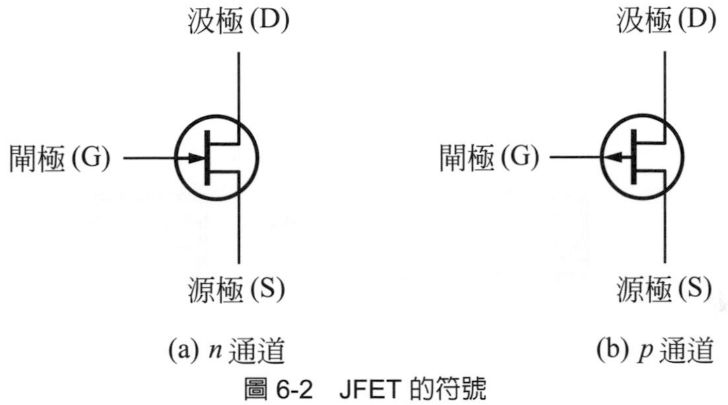

圖 6-2　JFET 的符號

3. 基本動作原理

以「*n* 通道」爲例(「*p* 通道」則爲相反的邏輯)，說明 JFET 的動作原理如下。

(1) 如圖 6-3，

a. 以 V_{DD} 提供 D、S 間 D 高 S 低的正電壓，並產生由 D 流向 S 的電流 I_D。

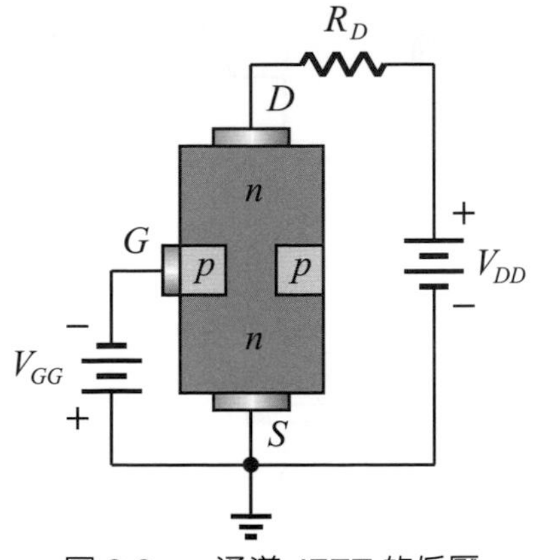

圖 6-3　*n* 通道 JFET 的偏壓

b. 在 G、S 間加上直流偏壓 V_{GG} 使得 G、S 間形成逆偏。(請注意：D、G 間亦爲逆偏)

c. 對 JFET 而言，$V_{DD} = V_{R_D} + V_{DS}$；$V_{GG} = V_{GS}$。

(2) 如圖 6-4，逆向偏壓 V_{GG} 使得 pn 接面形成的空乏區(圖中白色部分)侵入通道。向 D 極方向的空乏區寬度較向 S 方向的寬度爲寬，是因爲 D、G 間的逆向偏壓($V_{DD}+V_{GG}$)較 G、S 間的逆向偏壓(V_{GG})爲大所致。

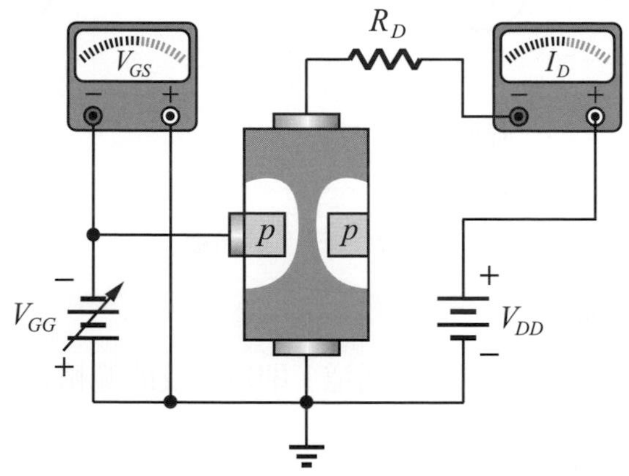

圖 6-4 逆向偏壓作用下 JFET 的空乏區及電流 I_D

(3) 如圖 6-5，若加大 V_{GG} 使得 pn 接面形成的空乏區擴寬，因而使得通道變窄、通道電阻 $R_{channel}$ 變大、電流 I_D 變小。

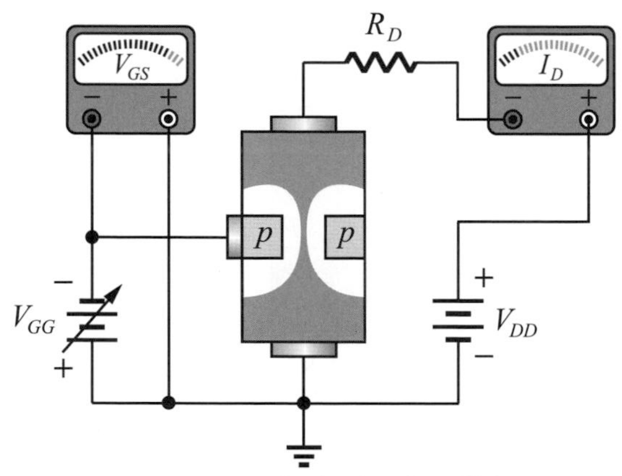

圖 6-5 V_{GG} 加大則電流 I_D 變小

(4) 如圖 6-6，若 V_{GG} 調小使得 pn 接面形成的空乏區變窄，因而使得通道變寬、通道電阻 $R_{channel}$ 變小、電流 I_D 變大。

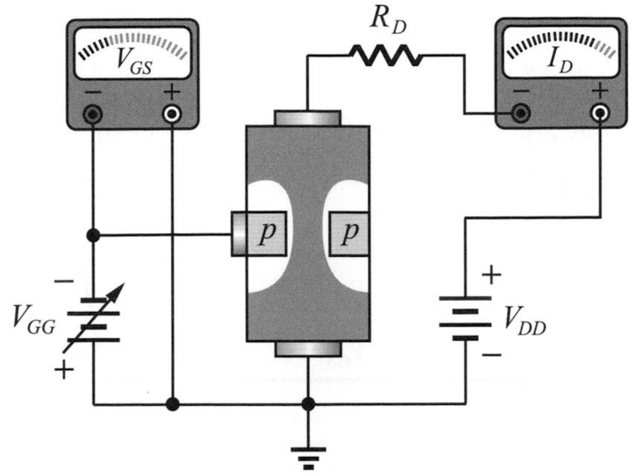

圖 6-6　V_{GG} 調小則電流 I_D 變大

(5) 如此，經由調整 V_{GG} 可達到控制電流 I_D 的目的。

6.2 JFET 的特性與參數

1. 汲極特性曲線與夾止電壓

(1) 如圖 6-7，設 G、S 間的電壓為零(可由將 G、S 均接地的方式達到，i.e. $V_{GG} = V_{GS} = 0$)。

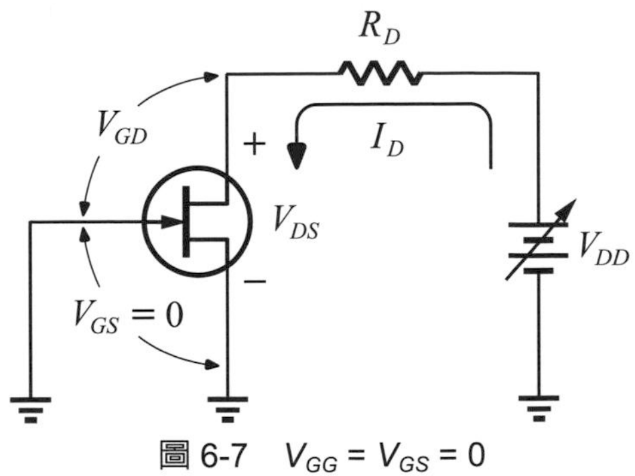

圖 6-7　$V_{GG} = V_{GS} = 0$

(2) 調整 V_{DD} 由 0V 開始增加，此時因 V_{DD} 電壓尚低，V_{GD} 所造成 D、G 間的 pn 接面空乏區的阻抗效應不明顯，通道電阻 R_{channel} 仍可保持不變，故電流 I_D 依歐姆定律隨 V_{DD} 增加而變大，一直到 $V_{DS}=V_P$ 時爲止，如圖 6-8 中 A 到 B 的區域。因而此區稱爲「歐姆區」。B 點時的 V_{DS} 稱爲「夾止電壓(Pinch-off Voltage)，V_P」。V_P 是 JFET 的參數之一，各個 JFET 的 V_P 都是固定的。

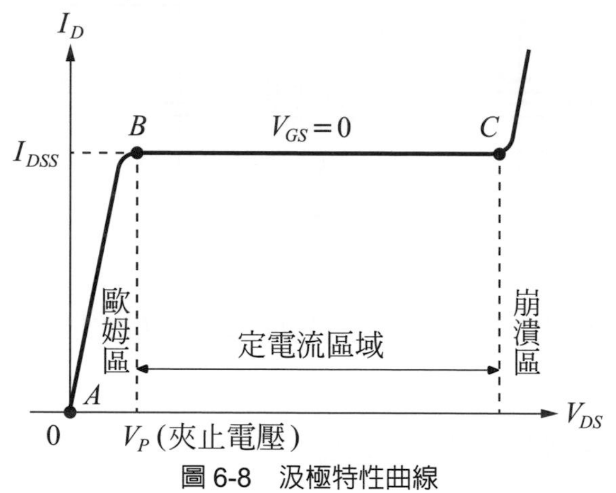

圖 6-8　汲極特性曲線

(3) V_{DD} 繼續增大到當 V_{DS} 開始大過 V_P 時(圖 6-8 中之 B 點往右)，因 V_{GD} 所造成 D、G 間的 pn 接面空乏區的阻抗大到足以抵銷 V_{DS} 增加會使電流 I_D 增加的影響，故 V_{DS} 雖然增加，I_D 仍保持定值(因 I_D 不變，故 V_{DS} 隨 V_{DD} 增加而增加)，此現象一直持續到 C 點爲止，如圖 6-8 中 B 到 C 的區域。因而此區稱爲「定電流區」。此定值電流稱爲 I_{DSS} (JFET 有 DSG 三隻接腳，此電流下標爲 DSS，DSG 與 DSS 兩相比對，可知接腳 G 被 S 也就是短路 Short 取代，意指當 G、S 間短路時，由 D 流向 S 的電流，i.e. $I_{D\to S,\,G=\text{Short}}$)。由上述可知，無論外部電路如何，$I_{DSS}$ 是 JFET 可以產生的最大汲極電流。I_{DSS} 亦是 JFET 的參數之一，可由規格表中查得。

(4) 當 V_{DS} 大過 C 點的電壓後，V_{GD} 造成 D、G 間的 pn 接面崩潰(Breakdown)，致使 JFET 損壞，因而 JFET 進入圖 6-8 中之「崩潰區」。

(5) 「定電流區」即是 JFET 的工作區。圖 6-8 即為 JFET 之「汲極特性曲線」。

2. 以 V_{GG} 控制 I_D 與截止電壓

(1) 現於 G、S 間加上偏壓 V_{GG}，且將 V_{GG} 由零增加，使 G、S 間的電壓為朝向負值變動。如圖 6-9，設 V_{GG} = 1V，則 $V_{GS}=-1\text{V}$。

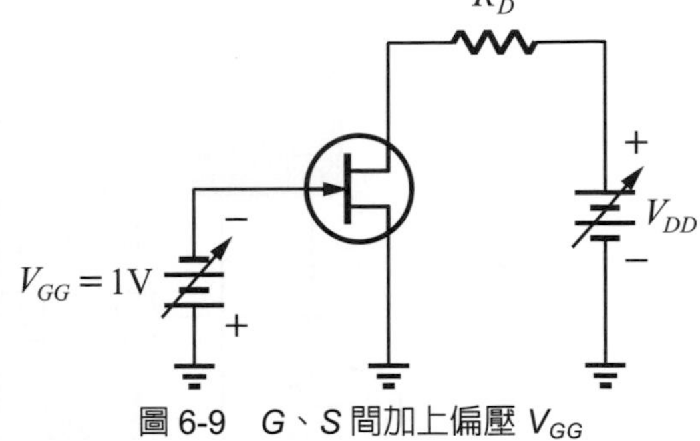

圖 6-9　G、S 間加上偏壓 V_{GG}

(2) 因負偏壓 V_{GS} 變大，G、S 間的空乏區變寬，通道變窄，故 I_D 變小($I_D < I_{DSS}$)，發生夾止現象的 V_{GS} 變得越低($V_{GS(\text{Ping-off})} < V_P$)。如圖 6-10 所示(假設該 JFET 之 $V_P = +5\text{V}$)。

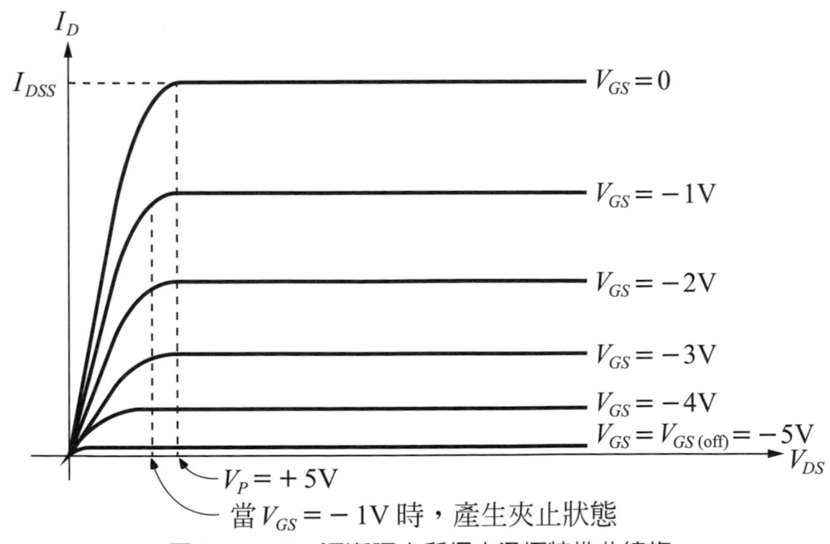

圖 6-10　V_{GG} 逐漸調大所得之汲極特性曲線族

(3) 當負偏壓 V_{GS} 大到使 G、S 間的空乏區完全封閉通道，則 $I_D = 0$ (漏電流不計)，此時 JFET 的狀態稱爲「截止(Cut-off)」。使 JFET 達到截止狀態的 V_{GS} 稱爲「截止電壓(Cut-off Voltage), $V_{GS(\text{off})}$」，如圖 6-11 所示。JFET 正常工作時 V_{GS} 介於 0V～$V_{GS(\text{off})}$ 之間，會使汲極電流 I_D 介於 I_{DSS}～0 之間。

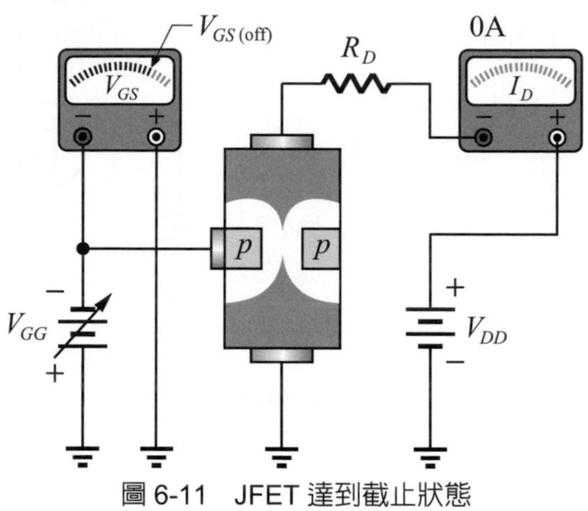

圖 6-11　JFET 達到截止狀態

(4) 「p 通道 JFET」則爲相反的邏輯，V_{DD} 是負值、V_{GS} 爲正值。如圖 6-12 所示。

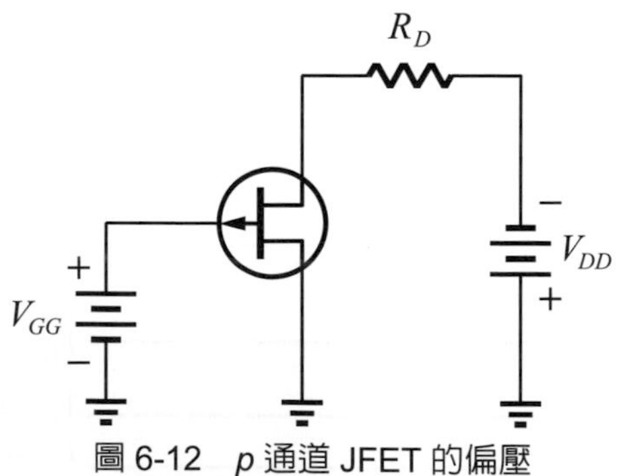

圖 6-12　p 通道 JFET 的偏壓

3. 夾止與截止間的關係

一般而言，「夾止電壓 V_P」與「截止電壓 $V_{GS(\text{off})}$」大小相等、符號相反，通常特性資料表中只會提供其中一個。例如：$V_{GS(\text{off})}= -5\text{V}$，則 $V_P = +5\text{V}$，如圖 6-10 所標示。

例 6-1

如圖 6-13，若該 JFET 的 $V_{GS(\text{off})} = -4\text{V}$、$I_{DSS} = 12\text{mA}$，求：(1)使該 JFET 工作於定電流區的最小 V_{DD} 值，(2)若 $V_{DD} = 15\text{V}$，則汲極電流大小為何？

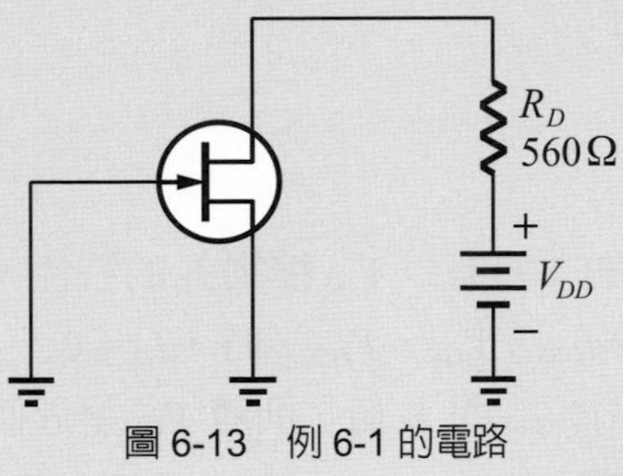

圖 6-13　例 6-1 的電路

<Sol>

(1) $\because V_{GS(\text{off})} = -4\text{V}$，$\therefore$使該 JFET 工作於定電流區的最小 $V_{DS} = V_P = +4\text{V}$ (注意：本題之 $V_{GS} = 0\text{V}$)，且 $I_D = I_{DSS} = 12\text{mA}$。則，

根據克希荷夫電壓定律：

$$V_{DD} = (I_D \times R_D) + V_{DS} = (12\text{m} \times 560) + 4 = 6.72 + 4 = 10.72(\text{V})$$

(2) 汲極電流仍然為 $I_D=I_{DSS}=12\text{mA}$

例 6-2

某 p 通道 JFET 的 $V_{GS(\text{off})} = +4\text{V}$，求：(1) $V_{GS} = 6\text{V}$ 時的 I_D 值，(2)該 JFET 的 V_P 值？

<Sol>

(1) ∵p 通道 JFET 的 V_{GS} 爲正值，而該 JFET 於+4V 時截止，
∴$V_{GS} = 6\text{V}$ 時的 $I_D = 0$。

(2) $V_P = -4\text{V}$

4. JFET 轉換特性

由上述得知，JFET 具有以 V_{GS} 控制 I_D 的特性，且
$V_{GS} = 0$ 時，$I_D = I_{DSS}$；$V_{GS} = V_{GS(\text{off})}$時，$I_D = 0$。
而 V_{GS} 介於 0～$V_{GS(\text{off})}$的 I_D 值，則隨 V_{GS} 呈近似拋物線的關係，如圖 6-14 所示(n 通道)。

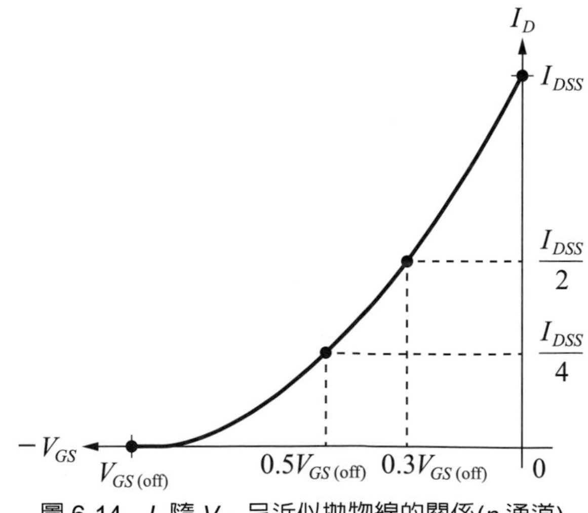

圖 6-14 I_D隨 V_{GS} 呈近似拋物線的關係(n 通道)

此曲線的數學式爲：

$$I_D = I_{DSS}\left(1-\frac{V_{GS}}{V_{GS(\text{off})}}\right)^2 \qquad (6\text{-}1)$$

此曲線亦稱爲「互導曲線(Transconductance curve)」。因此曲線爲平方曲線，所以 JFET 與 MOSFET 稱爲平方律元件(Square-law devices)。

互導曲線配合汲極特性曲線族可得「JFET 轉換特性曲線」，如圖 6-15 所示(n 通道)。由「JFET 轉換特性曲線」可以得到某一 V_{GS} 與相對應之 I_D 的值。以圖 6-15 爲例：當 $V_{GS}=-2\text{V}$ 時，$I_D=4.32\text{mA}$。

JFET 的 V_{GS} 與 I_D 之值可由特性資料表中查得。典型的 JFET 特性資料表如圖 6-16 所示。

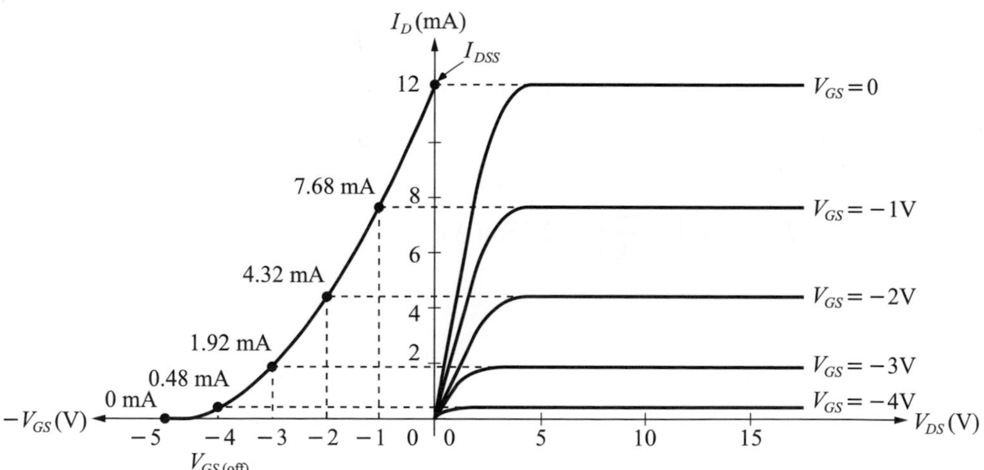

圖 6-15 JFET 轉換特性曲線(n 通道)

例 6-3

請根據圖 6-16 的資料，求 2N5459 當 V_{GS} = 0V、−1V、−3V 及−4V 時的汲極電流值。

<Sol>

(1) 因 V_{GS} 為 0V 時 $I_D = I_{DSS}$，由圖 6-16 查得 $I_D = I_{DSS} = 9\text{mA}$ (Typ)

(2) 由圖 6-16 查得 $V_{GS(\text{off})} = -8\text{V}$ (Max)；當 $V_{GS} = -1\text{V}$ 時，由式(6-1)可得

$$I_D = I_{DSS}\left(1-\frac{V_{GS}}{V_{GS(\text{off})}}\right)^2 = 9\text{m}\left(1-\frac{-1}{-8}\right)^2 = 6.89\text{m(A)}$$

(3) 當 $V_{GS} = -3\text{V}$ 時，

$$I_D = 9\text{m}\left(1-\frac{-3}{-8}\right)^2 = 3.52\text{m(A)}$$

(4) 當 $V_{GS} = -4\text{V}$ 時，

$$I_D = 9\text{m}\left(1-\frac{-4}{-8}\right)^2 = 2.25\text{m(A)}$$

2N5457
2N5458
2N5459

MMBF5457
MMBF5458
MMBF5459

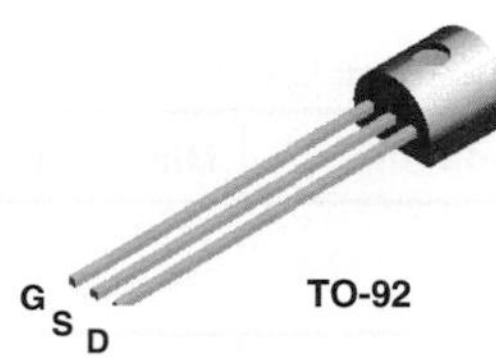

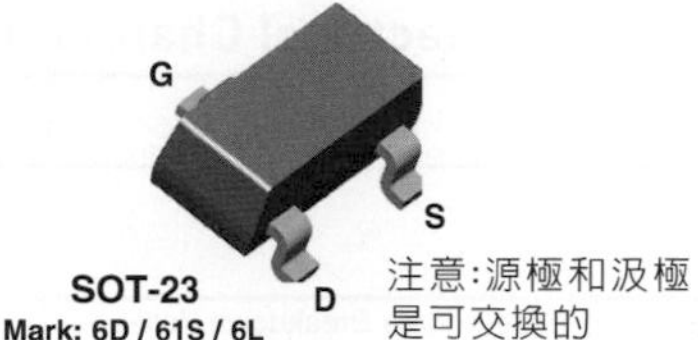

注意:源極和汲極是可交換的

N-通道一般用途放大器

This device is a low level audio amplifier and switching transistors, and can be used for analog switching applications. Sourced from Process 55.

絕對最大額定值*(Absolute Maximum Ratings*) TA=25°C (除非另有規定)

Symbol	Parameter	Value	Units
V_{DG}	Drain-Gate Voltage	25	V
V_{GS}	Gate-Source Voltage	- 25	V
I_{GF}	Forward Gate Current	10	mA
T_J, T_{stg}	Operating and Storage Junction Temperature Range	-55 to +150	°C

*These ratings are limiting values above which the serviceability of any semiconductor device may be impaired.

NOTES:
1) These ratings are based on a maximum junction temperature of 150 degrees C.
2) These are steady state limits. The factory should be consulted on applications involving pulsed or low duty cycle operations.

圖 6-16　典型的 JFET 特性資料表

熱特性 (Thermal Characteristics) TA = 25°C (除非另有規定)

Symbol	Characteristic	Max		Units
		2N5457-5459	*MMBF5457-5459	
P_D	Total Device Dissipation Derate above 25°C	625 5.0	350 2.8	mW mW/°C
$R_{\theta JC}$	Thermal Resistance, Junction to Case	125		°C/W
$R_{\theta JA}$	Thermal Resistance, Junction to Ambient	357	556	°C/W

*Device mounted on FR-4 PCB 1.6" X 1.6" X 0.06."

電氣特性 (Electrical Characteristics) TA = 25°C (除非另有規定)

Symbol	Parameter	Test Conditions		Min	Typ	Max	Units
$V_{(BR)GSS}$	Gate-Source Breakdown Voltage	I_G = 10 μA, V_{DS} = 0		- 25			V
I_{GSS}	Gate Reverse Current	V_{GS} = -15 V, V_{DS} = 0 V_{GS} = -15 V, V_{DS} = 0, T_A = 100°C				- 1.0 - 200	nA nA
$V_{GS(off)}$	Gate-Source Cutoff Voltage	V_{DS} = 15 V, I_D = 10 nA	**5457** **5458** **5459**	- 0.5 - 1.0 - 2.0		- 6.0 - 7.0 - 8.0	V V V
V_{GS}	Gate-Source Voltage	V_{DS} = 15 V, I_D = 100 μA V_{DS} = 15 V, I_D = 200 μA V_{DS} = 15 V, I_D = 400 μA	**5457** **5458** **5459**		- 2.5 - 3.5 - 4.5		V V V

導通特性 (ON CHARACTERISTICS)

Symbol	Parameter	Test Conditions		Min	Typ	Max	Units
I_{DSS}	Zero-Gate Voltage Drain Current*	V_{DS} = 15 V, V_{GS} = 0	**5457** **5458** **5459**	1.0 2.0 4.0	3.0 6.0 9.0	5.0 9.0 16	mA mA mA

小訊號特性 (SMALL SIGNAL CHARACTERISTICS)

Symbol	Parameter	Test Conditions		Min	Typ	Max	Units
g_{fs}	Forward Transfer Conductance*	V_{DS} = 15 V, V_{GS} = 0, f = 1.0 kHz	**5457** **5458** **5459**	1000 1500 2000		5000 5500 6000	μmhos μmhos μmhos
g_{os}	Output Conductance*	V_{DS} = 15 V, V_{GS} = 0, f = 1.0 kHz			10	50	μmhos
C_{iss}	Input Capacitance	V_{DS} = 15 V, V_{GS} = 0, f = 1.0 MHz			4.5	7.0	pF
C_{rss}	Reverse Transfer Capacitance	V_{DS} = 15 V, V_{GS} = 0, f = 1.0 MHz			1.5	3.0	pF
NF	Noise Figure	V_{DS} = 15 V, V_{GS} = 0, f = 1.0 kHz, R_G = 1.0 megohm, BW = 1.0 Hz				3.0	dB

* 脈衝測試:脈衝寬 ≤ 300 ms , 工作週期 ≤ 2%

圖 6-16 典型的 JFET 特性資料表(續)

5. JFET 順向互導(JFET Forward Transconductance)

(1) 「順向互導」又稱「轉換電導(Transfer conductance, g_m)」，其定義爲：「當汲極對源極的電壓(V_{DS})固定時，閘極對源極電壓(V_{GS})的變化量與其造成汲極電流 I_D 變化量的比值」：$g_m = \dfrac{\Delta I_D}{\Delta V_{GS}}$，單位爲「西門(Siemens, S)或姆歐(mho)」。

g_m 也可以表示成 g_{fs} 或 y_{fs} (順向轉換導納，Forward transfer admittance)。

(2) 因爲 I_D 隨 V_{GS} 呈近似拋物線的關係(圖 6-14)，所以在該曲線不同位置處的 g_m 值也不同。在靠近該曲線頂端($V_{GS} = 0$)處的 g_m 較靠近該曲線底部($V_{GS} = V_{GS(\text{off})}$)處的 g_m 爲大，如圖 6-17 所示。

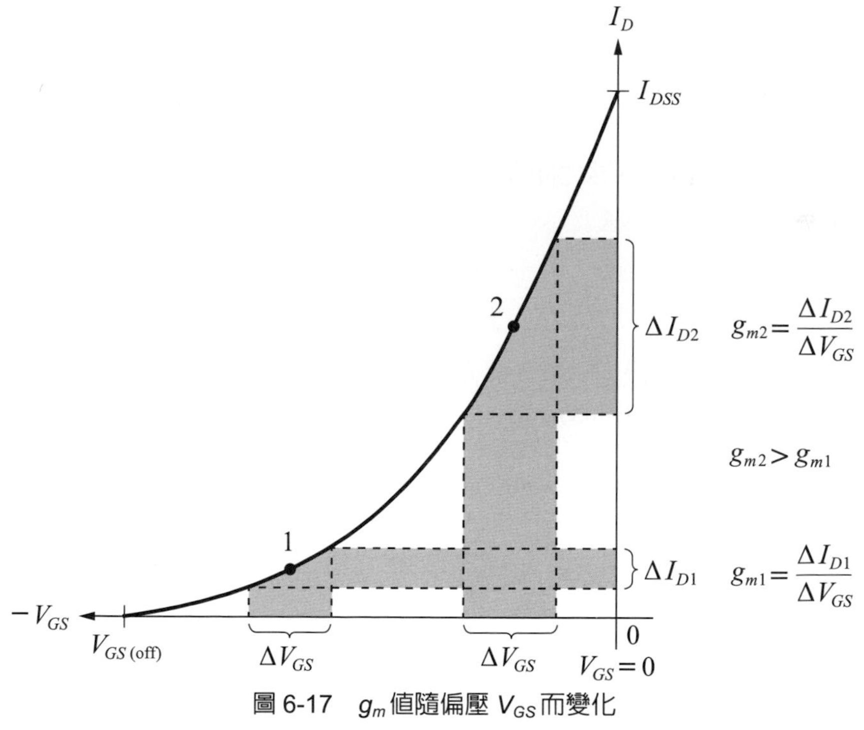

圖 6-17 g_m 值隨偏壓 V_{GS} 而變化

(3) $V_{GS}=0$V 時的 g_m 值記做「g_{m0}」，可由下列二方法得到：

a. 通常特性資料表會提供。例如由圖 6-16 可查得 JFET 2N5457 在 $V_{DS}=15$V 時 g_{m0} (g_{fs} 或 y_{fs})的最小值是 1000μS。

b. 以下列公式求得：

$$g_{m0}=\frac{2I_{DSS}}{\left|V_{GS(\text{off})}\right|} \tag{6-2}$$

(4) 得到 g_{m0} 後，可根據下列公式求得工作區內任一點的 g_m (近似值)：

$$g_m=g_{m0}\left(1-\frac{V_{GS}}{V_{GS(\text{off})}}\right) \tag{6-3}$$

例 6-4

請根據圖 6-16 的資料，求 2N5457 當 $V_{GS}=-4$V 時的順向互導 g_m 以及汲極電流值 I_D。

<Sol>

由圖 6-16 查得 2N5457 之 $I_{DSS}=3.0$mA (Typ)；$V_{GS(\text{off})}=-6$V (Max)；$g_{fs}=5000$μS (Max)。

(1) 由式(6-3)，$g_m=5000\mu\left(1-\frac{-4}{-6}\right)=1666.67\mu(\text{S})$

[Note： $g_{m0,\,\text{min}}=\frac{2I_{DSS}}{\left|V_{GS(\text{off}),\,\text{max}}\right|}=\frac{2\times 3\text{m}}{|-6|}=1\text{m}=1000\mu(\text{S})$ **]**

(2) 由式(6-1)，$I_D=3\text{m}\left(1-\frac{-4}{-6}\right)^2=333.33\mu(\text{A})$

例 6-5

某 JFET 的規格如下：$I_{DSS}=12\text{mA}$；$V_{GS(\text{off})}=-5\text{V}$；$g_{m0}=3000\mu\text{S}$，求當 $V_{GS}=-2\text{V}$ 時該 JFET 的順向互導 g_m 以及汲極電流值 I_D。

<Sol>

(1) 由式(6-3)，$g_m=3000\mu\left(1-\dfrac{-2}{-5}\right)=1800\mu(\text{S})$

(2) 由式(6-1)，$I_D=12\text{m}\left(1-\dfrac{-2}{-5}\right)^2=4.32\text{m}(\text{A})$

6. 輸入電阻與輸入電容

(1) 閘極的逆向漏電流 I_{GSS}

a. JFET 正常工作時的閘-源極間爲逆偏，逆偏下的 *pn* 接面間會有逆向漏電流，此閘極的逆向電流記爲「I_{GSS}」。(JFET 有 GSD 三隻接腳，此電流下標爲 *GSS*，*GSD* 與 *GSS* 兩相比對，可知接腳 *D* 被 *S* 也就是短路 Short 取代，意指當 *D*、*S* 間短路時，由 *G* 流向 *S* 的電流，i.e. $I_{G\to S,\,D=\text{Short}}$)。

b. 「I_{GSS}」可由特性資料表中查得。例如：由圖 6-16 查得 2N5457～2N5459 當 $V_{DS}=0\text{V}$、$V_{GS}=-15\text{V}$、25°C 時的 $I_{GSS}=-1.0\text{nA}$ (Max)。

c. 根據 *pn* 接面的特性，逆向漏電流會隨溫度上升而變大。由圖 6-16 查得 2N5457～2N5459 當 $V_{DS}=0\text{V}$、$V_{GS}=-15\text{V}$、100°C 時的 $I_{GSS}=-200\text{nA}$ (Max)。

(2) 輸入電阻(Input resistance)

a. 因爲閘-源極間爲逆偏，所以閘極的輸入電阻非常高，這是 JFET 優於 BJT 的地方(BJT 的基-射極間爲順偏)。

b. 在某個 V_{GS} 逆向偏壓作用下的輸入電阻可由下式求得：

$$R_{IN} = \left| \frac{V_{GS}}{I_{GSS}} \right| \tag{6-4}$$

c. 因逆向漏電流會隨溫度上升而變大，故溫度上升輸入電阻會變小。

例 6-6

某 JFET 的 $V_{GS} = -20V$ 時，$I_{GSS} = -2nA$。求輸入阻抗。

<Sol>

由式(6-4)，$R_{IN} = \left| \frac{V_{GS}}{I_{GSS}} \right| = \left| \frac{-20}{-2n} \right| = 10G(\Omega)$

(3) 輸入電容(Input capacitance, C_{iss})

a. 逆向偏壓作用下的 pn 接面(空乏區)即為可變電容(Varactor)，電容值由逆向偏壓大小來決定。

b. 由圖 6-16 查得 2N5457 當 $V_{DS} = 15V$、$V_{GS} = 0V$、25°C 時的 $C_{iss} = 7.0pF$ (Max)。

7. 汲-源極間的交流電阻

由汲極特性曲線(圖 6-10)可知，當 V_{DS} 大過夾止電壓 V_P 之後，汲極電流 I_D 幾乎保持定值。在這段範圍內，V_{DS} 變化量與 I_D 變化量的比值即稱為「汲-源極間的交流電阻(AC Drain-to-Source resistance, r'_{ds}」：

$$r'_{ds} = \frac{\Delta V_{DS}}{\Delta I_D} \tag{6-5}$$

特性資料表中通常以 r'_{ds} 的倒數 g_{os} (輸出電導 Output conductance)或 y_{os} (輸出導納 Output admittance)來表示。

6.3 JFET 偏壓

1. 自我偏壓(Self-Bias)

(1) 電路

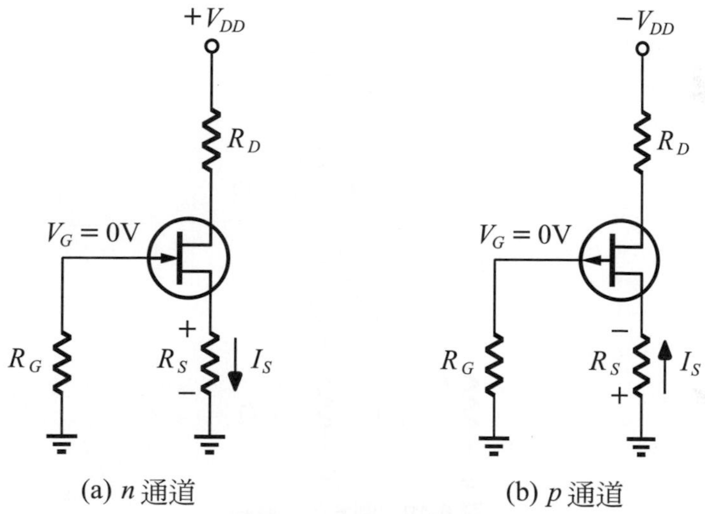

(a) *n* 通道　　(b) *p* 通道

圖 6-18　自我偏壓電路

(2) 因為沒有 V_{GG}，所以 R_G 兩端沒有電位差，因而 $V_G = 0V$。

(3) R_G 的功用是

a. 強制使 $V_G = 0V$；

b. 使交流信號不會接地。

(4) 於圖 6-18(a)中，因為 $I_S = I_D$ 且 $V_G = 0V$，所以源極電壓 $V_S = I_D \times R_S$，因而閘極對源極電壓：$V_{GS} = V_G - V_S = 0 - I_DR_S = -I_DR_S$，使得 G-S 接面逆偏。

(5) 汲極對源極電壓：

$V_{DS} = V_D - V_S = (V_{DD} - I_DR_D) - I_DR_S = V_{DD} - I_D (R_D + R_S)$。

(6) 於圖 6-18(b)的 p 通道中，$V_{GS} = + I_DR_S$。

例 6-7

如圖 6-19，求 V_{DS} 以及 V_{GS}。

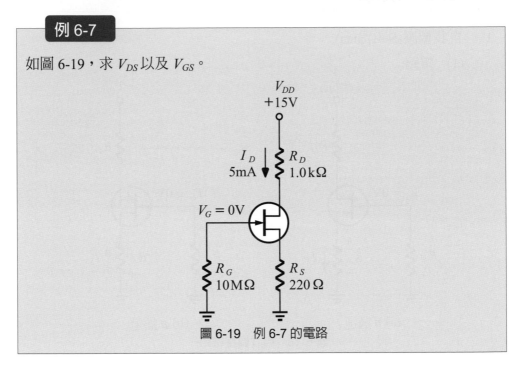

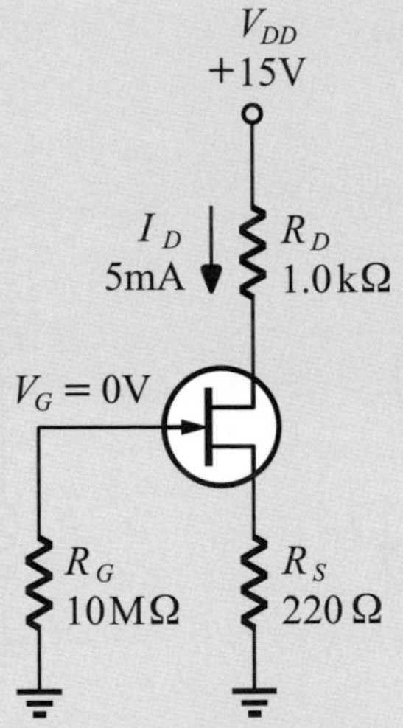

V_{DD}
+15V
I_D
5mA
R_D
1.0kΩ
$V_G = 0V$
R_G
10MΩ
R_S
220 Ω

圖 6-19 例 6-7 的電路

<Sol>

(1) $V_{DS} = V_D - V_S = (15 - 5\text{m} \times 1\text{k}) - (5\text{m} \times 220) = 10 - 1.1 = 8.9\,(\text{V})$

(2) $V_{GS} = V_G - V_S = 0 - (5\text{m} \times 220) = -1.1\,(\text{V})$

2. 自我偏壓 Q 點的設定

[Note： 此類問題必須提供 V_D 或轉換特性曲線，否則無法求 Q 點。**]**

(1) 自我偏壓的 Q 點係指於「JFET 轉換特性曲線」(如圖 6-15)中 x、y 座標爲(V_{GS}, I_D)所對應之點。

(2) 決定 R_S 值

a. V_{GS} 與 I_D 間的關係可由「JFET 轉換特性曲線」，或是由式(6-1)決定。

b. 由要求的 V_{GS} 值決定相對應的 I_D 值；或是反之由要求的 I_D 值決定相對應的 V_{GS} 值。

c. 因自我偏壓之 $V_G = 0\text{V}$，$V_{GS} = -I_D R_S$，所以 $R_S = \left|\dfrac{V_{GS}}{I_D}\right|$。

例 6-8

電路如圖 6-18(a)，若 $V_{GS} = -5\text{V}$，求 R_S 值。該 JFET 之「轉換特性曲線」如圖 6-20。

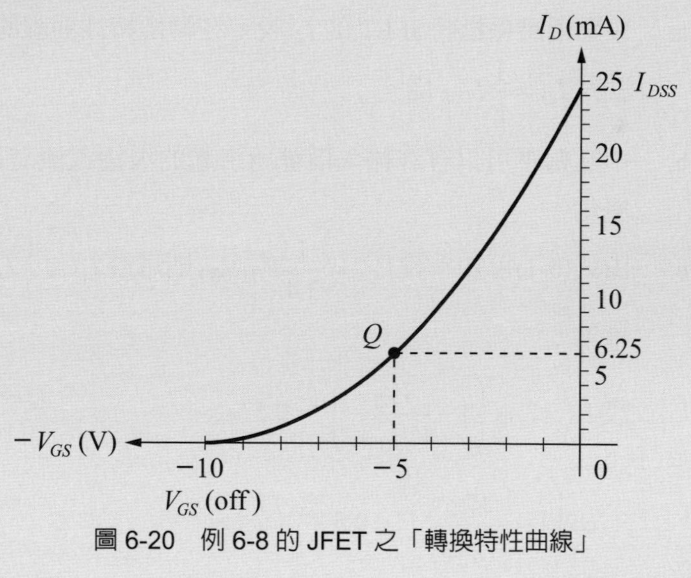

圖 6-20 例 6-8 的 JFET 之「轉換特性曲線」

<Sol>

$$R_S = \left|\frac{V_{GS}}{I_D}\right| = \left|\frac{-5\text{V}}{6.25\text{mA}}\right| = 800\Omega$$

例 6-9

如圖 6-18(b)，若 $V_{GS}=5\text{V}$，該 JFET 之 $V_{GS(\text{off})}=15\text{V}$、$I_{DSS}=25\text{mA}$，求 R_S 值。

<Sol>

由式(6-1)，$I_D=I_{DSS}\left(1-\dfrac{V_{GS}}{V_{GS(\text{off})}}\right)^2=(25\text{mA})\times\left(1-\dfrac{5\text{V}}{15\text{V}}\right)^2=11.12\text{mA}$

$$R_S=\left|\frac{V_{GS}}{I_D}\right|=\left|\frac{5\text{V}}{11.12\text{mA}}\right|=450\Omega$$

(3) 中點偏壓(Midpoint Bias)

a. 中點偏壓係指將 JFET 的 I_D 設定在轉換特性曲線的中間點，也就是 $I_D=\frac{1}{2}I_{DSS}$ 處。

b. 中點偏壓可以容許輸入信號所引起的汲極電流有最大幅度的變化。

c. 由式(6-1)可知：設 $V_{GS}=\frac{1}{3.4}V_{GS(\text{off})}$ 則可得 $I_D\cong\frac{1}{2}I_{DSS}$。

推導：

設 $I_D=I_{DSS}\left(1-\dfrac{V_{GS}}{V_{GS(\text{off})}}\right)^2=0.5I_{DSS}$

$$\Rightarrow\left(1-\frac{V_{GS}}{V_{GS(\text{off})}}\right)^2=0.5$$

$$\Rightarrow 1-\frac{V_{GS}}{V_{GS(\text{off})}}=\sqrt{0.5}$$

$$\Rightarrow V_{GS}=(1-\sqrt{0.5})\times V_{GS(\text{off})}\cong 0.293V_{GS(\text{off})}\cong\frac{1}{3.4}V_{GS(\text{off})}$$

例 6-10

如圖 6-21，利用圖 6-16 之資料表，求 R_D 及 R_S 之值使該電路大致設定成中點偏壓。若資料表有 V_D 取其最小值；若無，則 V_D 應約爲 V_{DD} 的一半。

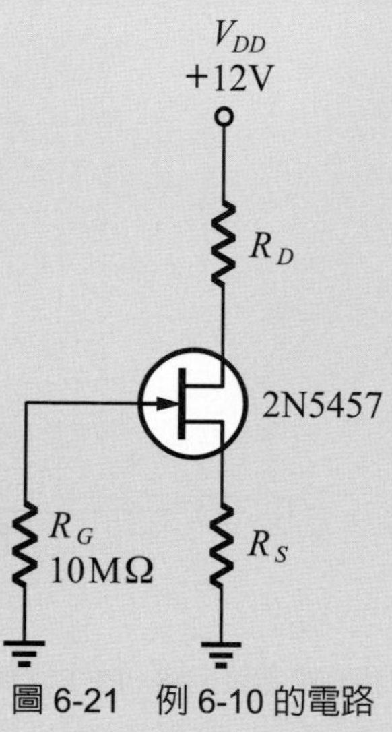

圖 6-21　例 6-10 的電路

<Sol>

$$I_D \cong \frac{1}{2} I_{DSS} = \frac{1}{2} 1.0 = 0.5(\text{mA})$$

$$V_{GS} = \frac{1}{3.4} V_{GS(\text{off})} = \frac{1}{3.4}(-0.5) = -147\,\text{m(V)}$$

$$R_S = \left|\frac{V_{GS}}{I_D}\right| = \left|\frac{-147\text{mV}}{0.5\text{mA}}\right| = 294\Omega$$

$$R_D = \frac{V_{DD} - V_D}{I_D} = \frac{12-6}{0.5\text{m}} = 12\text{k}(\Omega)$$

3. 自我偏壓 Q 點的圖形分析

圖 6-22(a)爲一自我偏壓電路，圖 6-22(b)爲該 JFET 之轉換特性曲線。

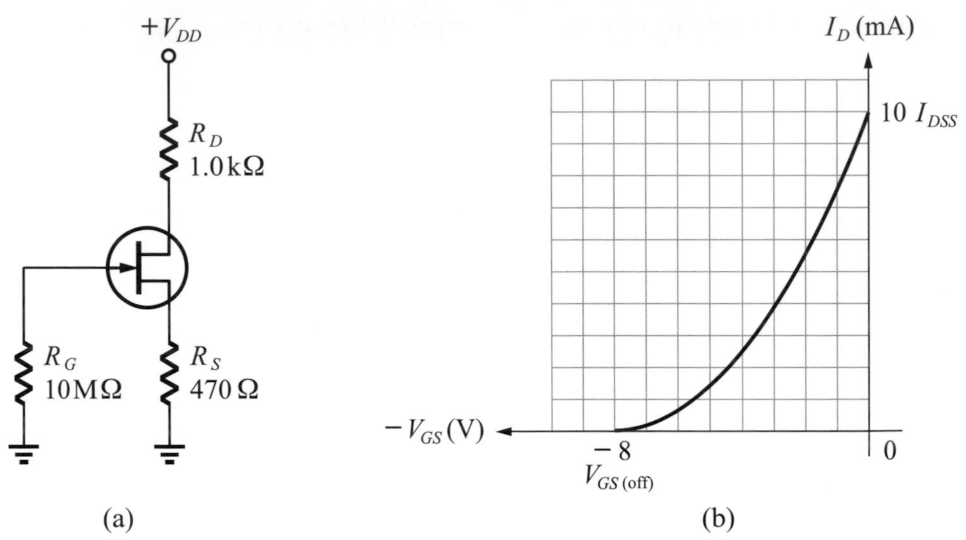

圖 6-22 自我偏壓電路及該 JFET 之轉換特性曲線

求該電路之 Q 點的步驟如下：

(1) 於轉換特性曲線上繪出該電路之直流負載線

a. 直流負載線之起點：$I_D = 0$ 時，

$V_{GS} = -I_D R_S = -0 \times 470 = 0(\text{V})$

b. 直流負載線之終點：$I_D = I_{DSS}$ 時，

$V_{GS} = -I_D R_S = -10\text{m} \times 470 = -4.7(\text{V})$

(2) 直流負載線與轉換特性曲線之交點即爲該電路之 Q 點。如圖 6-23 所示，Q 點座標爲($V_{GS} = -2.3\text{V}$, $I_D = 5.07\text{mA}$)。

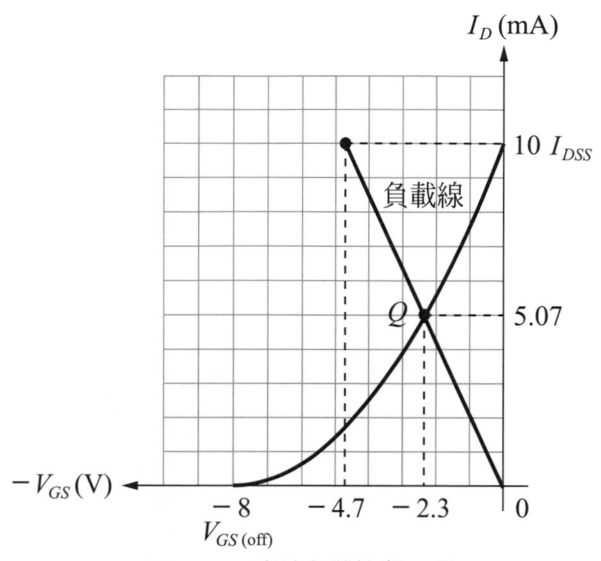

圖 6-23　直流負載線與 Q 點

例 6-11

圖 6-24 為一自我偏壓電路，若該 JFET 之轉換特性曲線已知且 $I_{DSS} = 4\text{mA}$，請以作圖法求電路之 Q 點。

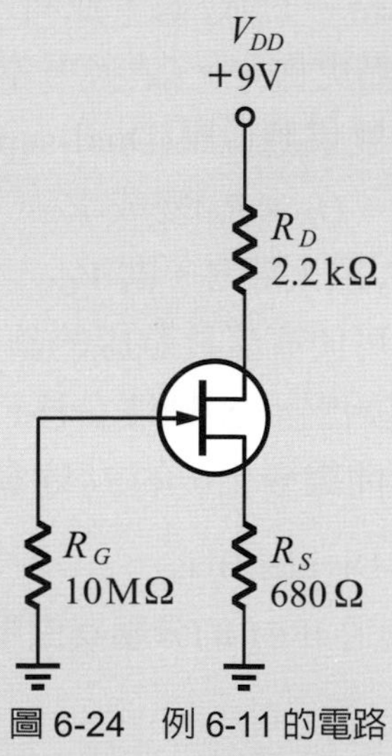

圖 6-24　例 6-11 的電路

<Sol>

(1) $I_D = I_{DSS}$時，$V_{GS} = -I_D R_S = -4\text{m} \times 680 = -2.72(\text{V})$

(2) 於轉換特性曲線上繪出該電路之直流負載線，如圖 6-25 所示。

(3) 由圖 6-25 可得 Q 點座標為($V_{GS} = -1.5\text{V}, I_D = 2.25\text{mA}$)。

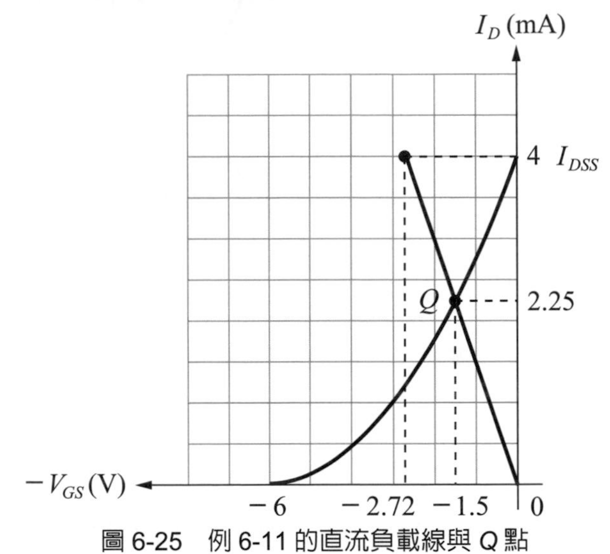

圖 6-25　例 6-11 的直流負載線與 Q 點

[**Note：** 加大自我偏壓電路中的 R_S 值，並將 R_S 由接地改成接至負電壓($-V_{SS}$)，可使 Q 點更穩定。(請參考本書 5.3-2 射極偏壓電路)。此種電路稱為「雙供應偏壓(Dual-supply bias)」。因此偏壓使源極電壓由 $V_S = 0 + (I_D \times R_S)$變成 $V_S = (-V_{SS}) + (I_D \times R_S)$，唯為使 GS 間為逆偏，V_S須大於零。則 $V_{GS} = V_G - V_S = 0 - (-V_{SS} + I_D R_S) = (-I_D R_S + V_{SS})$，可使直流負載線的斜率變小(當 $I_D = 0$ 時，$V_{GS} = V_{SS}$，負載線的起始點沿 X 軸往右移)，以至於 JFET 因參數變動而造成轉換特性曲線變化後的 I_D 變動幅度減小。]

4. 分壓器偏壓(Voltage-Divider Bias)

圖 6-26 為一 n 通道 JFET 的分壓器偏壓電路，其中

(1) $V_G = \left(\dfrac{R_2}{R_1 + R_2}\right) \times V_{DD}$

(2) 因 GS 間須為逆偏，故 V_S 必須高於 V_G。

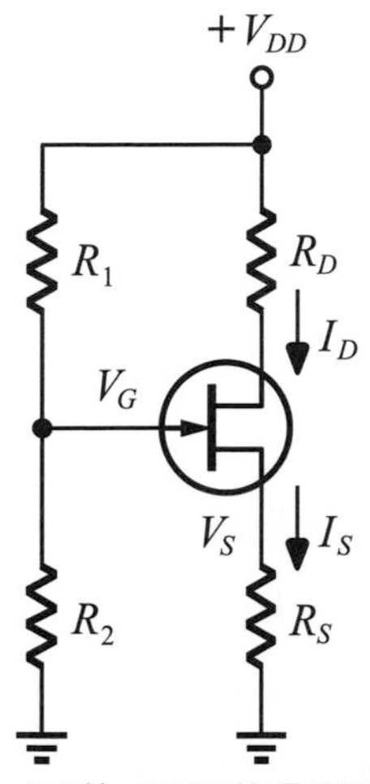

圖 6-26　*n* 通道 JFET 的分壓器偏壓電路

例 6-12

設圖 6-27 中之 JFET 的特性使得該電路之 $V_D \cong 7\text{V}$，求此電路之 Q 點。

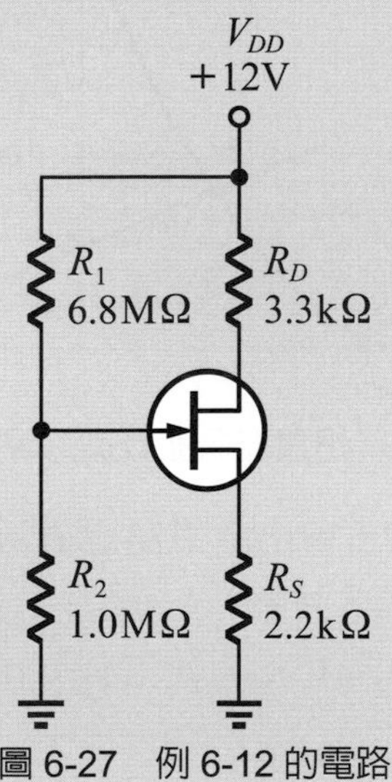

圖 6-27　例 6-12 的電路

<Sol>

(1) $I_D = \dfrac{V_{DD} - V_D}{R_D} = \dfrac{12-7}{3.3\text{k}} = 1.52\text{m(A)}$

(2) $V_{GS} = V_G - V_S = \left[\left(\dfrac{R_2}{R_1 + R_2}\right) \times V_{DD}\right] - (I_D \times R_S)$

$= \left[\left(\dfrac{1\text{M}}{6.8\text{M} + 1\text{M}}\right) \times 12\right] - (1.52\text{m} \times 2.2\text{k}) = -1.81(\text{V})$

[Note： 此類題目必須提供 V_D 或轉換特性曲線，否則無法求 Q 點。**]**

5. 分壓器偏壓 Q 點的圖形分析

(1) 與自我偏壓電路類似，直流負載線與轉換特性曲線之交點即爲該電路之 Q 點。如圖 6-28 所示。

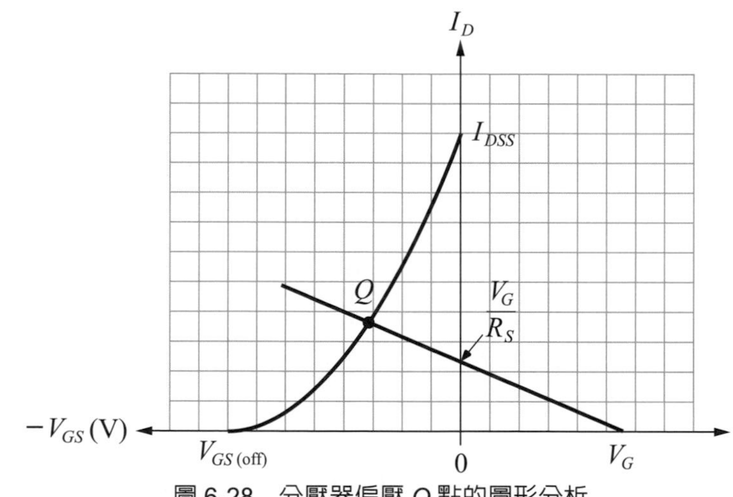

圖 6-28　分壓器偏壓 Q 點的圖形分析

(2) 於轉換特性曲線上繪出該電路之直流負載線

a. 第一點，$I_D = 0$ 時：

$V_{GS} = V_G - V_S = V_G - I_D R_S = V_G - 0 = V_G$

b. 第二點，$V_{GS} = 0$ 時：

$V_{GS} = V_G - V_S = V_G - I_D R_S \Rightarrow I_D = \dfrac{V_G - V_{GS}}{R_S} = \dfrac{V_G}{R_S}$

[**Note**： 第二點亦可仿自我偏壓，求 $I_D = I_{DSS}$ 時，

$$V_{GS} = V_G - V_S = \left(\frac{R_2}{R_1 + R_2}\right) \times V_{DD} - (I_{DSS} \times R_S)$$，但此時 V_{GS} 甚大，不適合於圖中標示。]

例 6-13

圖 6-29 為一分壓器偏壓電路，若該 JFET 之轉換特性曲線已知，請以作圖法求電路之 Q 點。

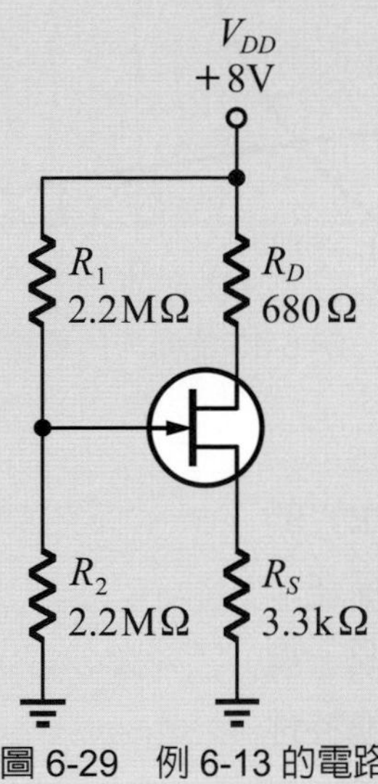

圖 6-29　例 6-13 的電路

<Sol>

(1) 第一點，$I_D = 0$ 時：

$$V_{GS} = V_G = \left(\frac{R_2}{R_1 + R_2}\right) \times V_{DD} = \left(\frac{2.2\text{M}}{2.2\text{M} + 2.2\text{M}}\right) \times 8 = 4(\text{V})$$

(2) 第二點，$V_{GS} = 0$ 時：

$$I_D = \frac{V_G}{R_S} = \frac{4}{3.3\text{k}} = 1.21\text{m(A)}$$

[**Note**： $I_D = I_{DSS} = 12\text{mA}$ 時，$V_{GS} = V_G - (I_{DSS} \times R_S)$
$= 4 - (12\text{m} \times 3.3\text{k}) = -35.6(\text{V})$]

(3) 於轉換特性曲線上繪出該電路之直流負載線後，如圖 6-30 所示。由該圖可得 Q 點爲 $I_D \cong 1.8\text{mA}$ ，$V_{GS} \cong -1.8\text{V}$ 。

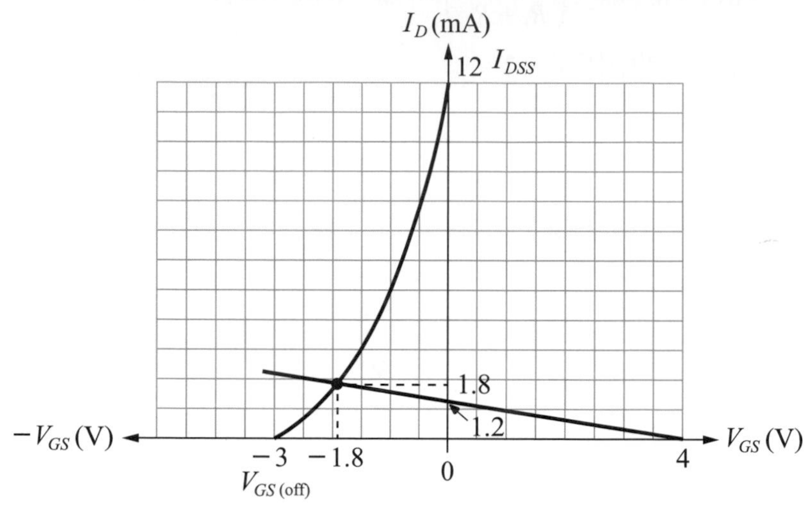

圖 6-30　例 6-13 的直流負載線與 Q 點

6.　Q 點的穩定性

因爲同一型號 JFET 的某些參數並非定值，係在一範圍之內，因而即使同一型號的數個 JFET 的轉換特性曲線間也會有很大差異。以 2N5459 爲例，由 JFET 特性資料表(圖 6-16)中可知其 I_{DSS} 的最大値是 16mA、最小値是 4mA；且 $V_{GS(\text{off})}$ 最大値是(−8V)、最小値是(−2V)，則此二 I_{DSS} 所對應的轉換特性曲線可以如圖 6-31 所示。

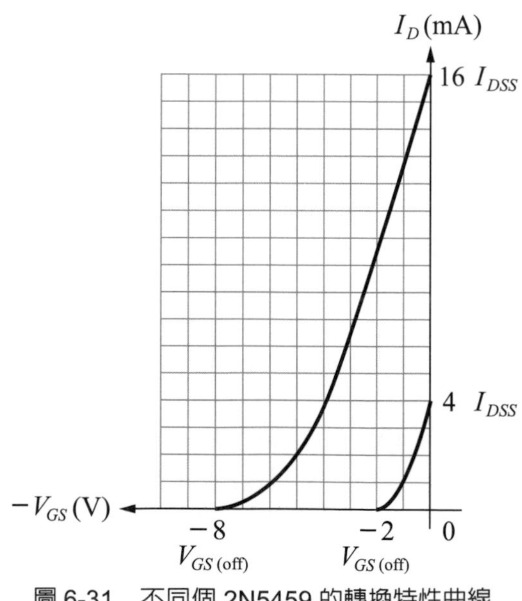

圖 6-31　不同個 2N5459 的轉換特性曲線

(1) 若採用自我偏壓，將直流負載線畫入圖 6-31，可知在使用相同電路時，2N5459 的 Q 點可以是 $Q_1(V_{GS1}, I_{D1})$ 沿著負載線到 $Q_2(V_{GS2}, I_{D2})$間的任一點。如圖 6-32 所示。

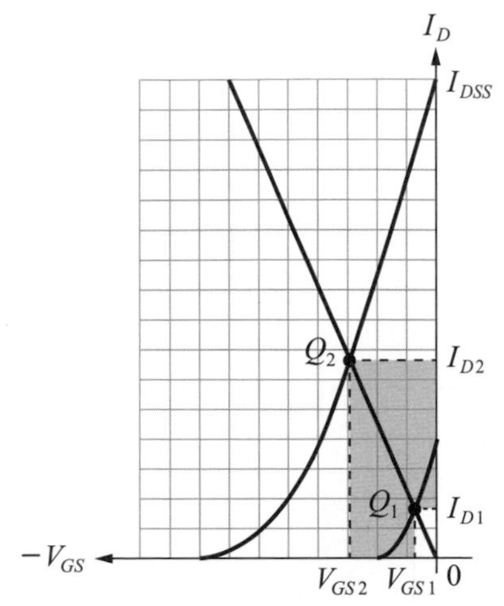

圖 6-32　採用自我偏壓下的 Q 點變化

(2) 若採用分壓器偏壓，因其負載線斜率較自我偏壓負載線的斜率爲小，故分壓器偏壓下，Q 點變動所造成 Q 點的 I_D 變動範圍 $(\Delta I_D = I_{D2} - I_{D1})$較自我偏壓的情形爲小，如圖 6-33 所示。

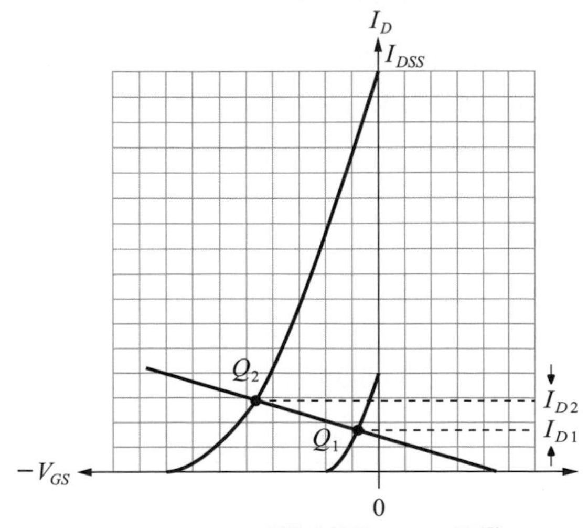

圖 6-33　採用分壓器偏壓下的 Q 點變化

(3) 雖然兩種偏壓的 Q 點變動所造成 Q 點的 V_{GS} 變動範圍都不小，但分壓器偏壓 Q 點的 I_D 變動範圍較小，故較穩定。

(4) 電流源偏壓(Current-Source Bias)

將一自我偏壓電路中 JFET 之源極與一電流源串聯，如圖 6-34 所示，可提高該電路 Q 點的穩定性。

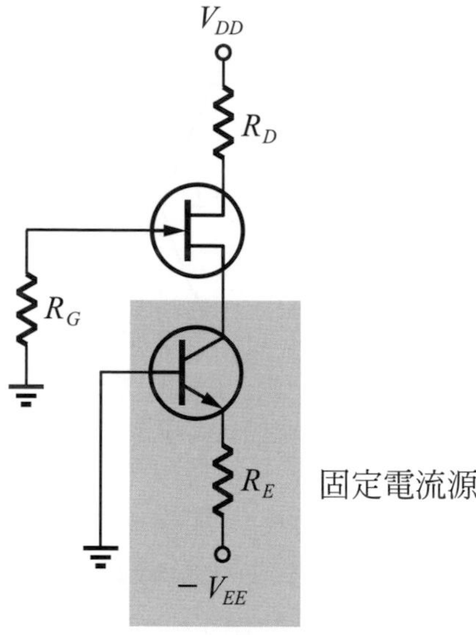

圖 6-34　電流源偏壓

a. 於圖 6-34，BJT 之

$$I_E=\frac{V_E-(-V_{EE})}{R_E}=\frac{(0-V_{BE})-(-V_{EE})}{R_E}=\frac{V_{EE}-V_{BE}}{R_E}，$$

若 $V_{EE}>>V_{BE}$，則 $I_E\cong\dfrac{V_{EE}}{R_E}$，可視爲定電流。

b. 因 JFET 之汲極電流 $I_D\cong I_E\cong\dfrac{V_{EE}}{R_E}$ 爲定電流，故 JFET 之負載線爲水平，如圖 6-35 所示。

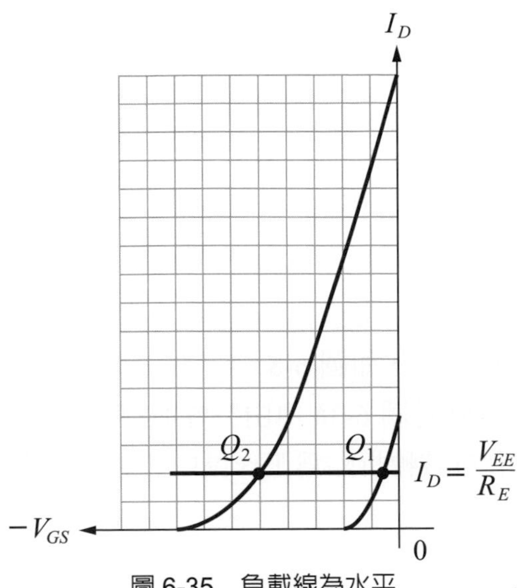

圖 6-35　負載線為水平

例 6-14

如圖 6-34，若 $V_{DD}=9\text{V}$ 、 $V_{EE}=7\text{V}$ 、 $R_G=100\text{M}\Omega$ ，求可使 $I_D=10\text{mA}$ 、 $V_D=5\text{V}$ 之 R_E 與 R_D 之值。

<Sol>

(1) $R_E=\dfrac{V_{EE}}{I_D}=\dfrac{7}{10\text{m}}=700(\Omega)$

(2) $R_D=\dfrac{V_{DD}-V_D}{I_D}=\dfrac{9-5}{10\text{m}}=400(\Omega)$

6.4 歐姆區(Ohmic Region)

1. JFET 的歐姆區與汲-源極阻抗

 (1) 在 6.2 節介紹 JFET 的「汲極特性曲線」時曾經提到「歐姆區」(圖 6-8)，於此區域內電流 I_D 依歐姆定律隨 V_{DD} 增加而變大，一直到 $V_{DS}=V_P$ 時爲止，如圖 6-8 中 A 到 B 的區域，因而此區稱爲「歐姆區」。也就是圖 6-36 中由特性曲線的原點延伸至 $V_{GS}=0$ 之曲線的轉折點(該轉折點爲工作區的起始點)的陰影區。

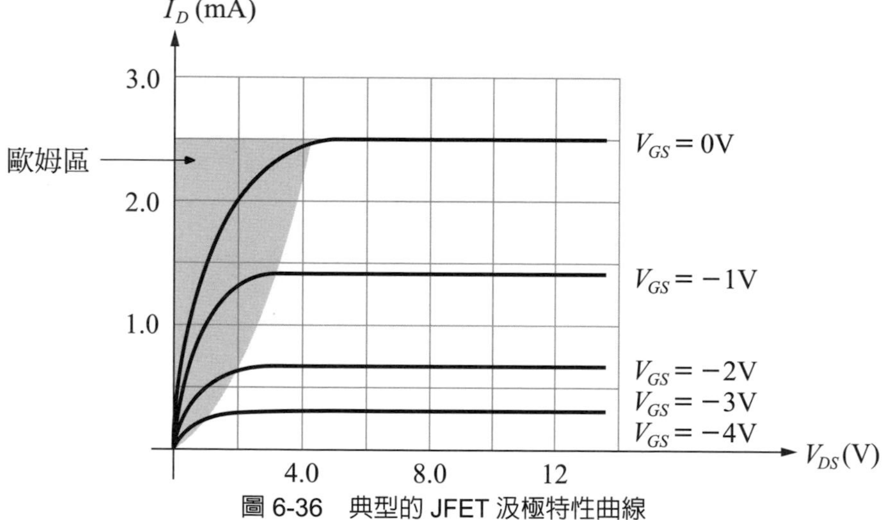

圖 6-36　典型的 JFET 汲極特性曲線

 (2) 當低 I_D 時，特性曲線接近直線，此直線的斜率爲：$\frac{I_D}{V_{DS}}$，剛好符合 JFET「直流汲(D)-源(S)極電導」的定義：

$$\frac{I_D}{V_{DS}}=G_{DS}$$

該值的倒數即爲 JFET「直流汲(*D*)-源(*S*)極電阻」：

$$R_{DS}=\frac{1}{G_{DS}}=\frac{V_{DS}}{I_D}$$

2. JFET 作爲可變電阻

(1) 將 JFET 偏壓在歐姆區，則經由控制電壓 V_{GS} 可改變 Q 點位置，進而可改變 R_{DS}，i.e. JFET 成爲可變電阻。

(2) 電路如圖 6-37，爲了達到上述目的，必須使負載線可與幾乎每一條特性曲線相交於歐姆區，則須使直流飽和電流 $I_{D(\text{sat})}$遠小於 I_{DSS}。(飽和時 $V_{DS}\approx 0$)

$$I_{D(\text{sat})}=\frac{V_{DD}}{R_D}=\frac{12}{24\text{k}}=0.50\text{m(A)}$$

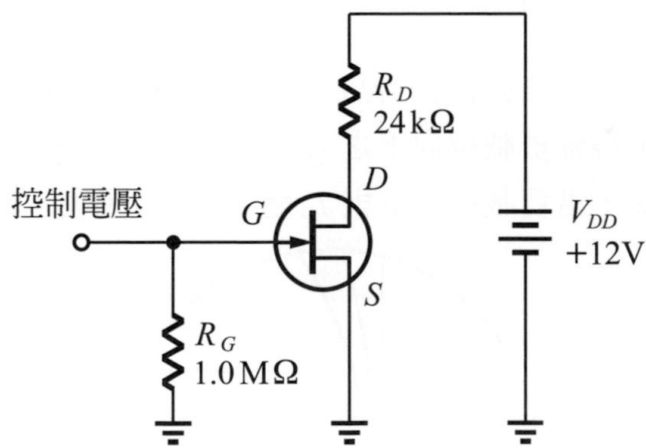

圖 6-37　可由控制電壓 V_{GS} 改變 R_{DS} 的電路

將負載線畫在特性曲線上，如圖 6-38 所示。

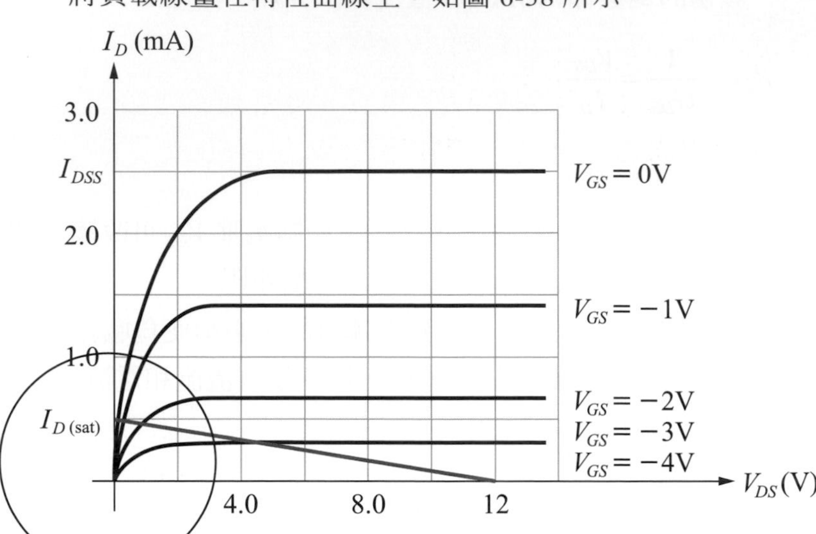

圖 6-38　負載線可與幾乎每一條特性曲線相交於歐姆區

(3) 將圖 6-38 中之圓圈部分放大如圖 6-39 來看，V_{GS} 由 0V 變化至−2V 依序可得延負載線向下之 Q_0、Q_1、Q_2 三個 Q 點。由該圖的座標軸可知，沿負載線往下則 I_D 變小、V_{DS} 變大，i.e. R_{DS} 變大。

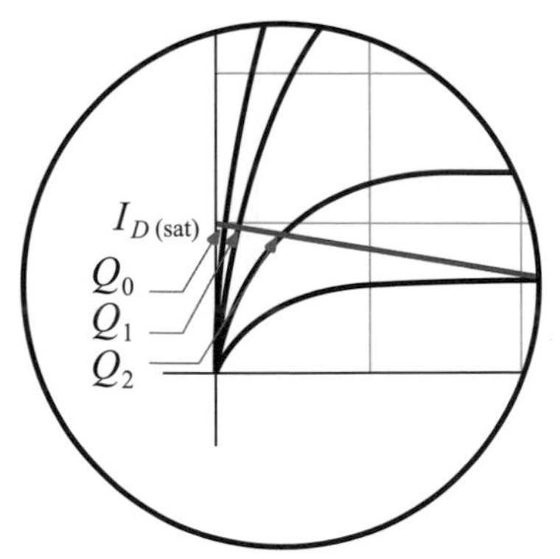

圖 6-39　延負載線向下之三個 Q 點

例 6-15

一電路如圖 6-40(a)，V_{GS} 由 0V 變化至–3V 依序可得延負載線向下之 Q_0、Q_1、Q_2、Q_3 四個 Q 點如圖 6-40(b)。若該四個 Q 點的座標值爲：

Q_0 (0.13V，0.360mA)；

Q_1 (0.27V，0.355mA)；

Q_2 (0.42V，0.350mA)；

Q_3 (0.97V，0.330mA)。

求該四個 Q 點的 R_{DS} 值。

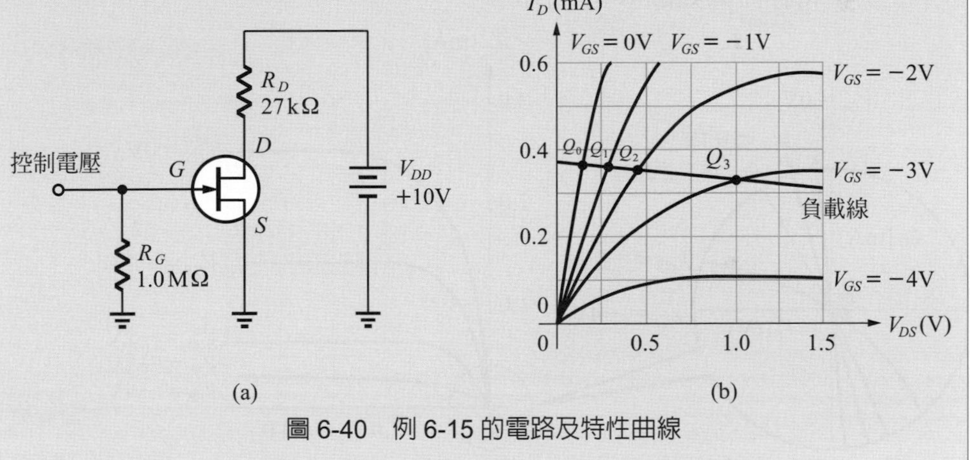

圖 6-40　例 6-15 的電路及特性曲線

<Sol>

$$R_{DS,Q_0}=\frac{V_{DS}}{I_D}=\frac{0.13}{0.360\text{m}}=361.11(\Omega)$$

$$R_{DS,Q_1}=\frac{V_{DS}}{I_D}=\frac{0.27}{0.355\text{m}}=760.56(\Omega)$$

$$R_{DS,Q_2}=\frac{V_{DS}}{I_D}=\frac{0.42}{0.350\text{m}}=1200(\Omega)$$

$$R_{DS,Q_3}=\frac{V_{DS}}{I_D}=\frac{0.97}{0.330\text{m}}=2939.39(\Omega)$$

3. Q 點設在原點處及汲-源極交流阻抗 r'_{ds}

(1) 放大電路在某些場合會以改變交流信號所遭遇的阻抗(交流阻抗)、但不改變直流偏壓的做法來改變增益(請參考本書 4.8-2、10.2-5 等章節)。此做法可以使用 JFET 為可變阻抗元件、並將 Q 點設在原點處來達成。

(2) 實際的作法是在 JFET 的汲極加一電容器，即可阻絕直流偏壓，使 $V_{DS}=0$ 且 $I_D=0$，i.e. Q 點被設在原點處。此時若 V_{GS} 改變，直流汲極電流 I_D 不變、僅交流汲極電流 i_D 隨 V_{GS} 而變，達到以 V_{GS} 控制交流汲極電流進而改變交流汲極阻抗的目的。此狀況的特性曲線如圖 6-41 所示。

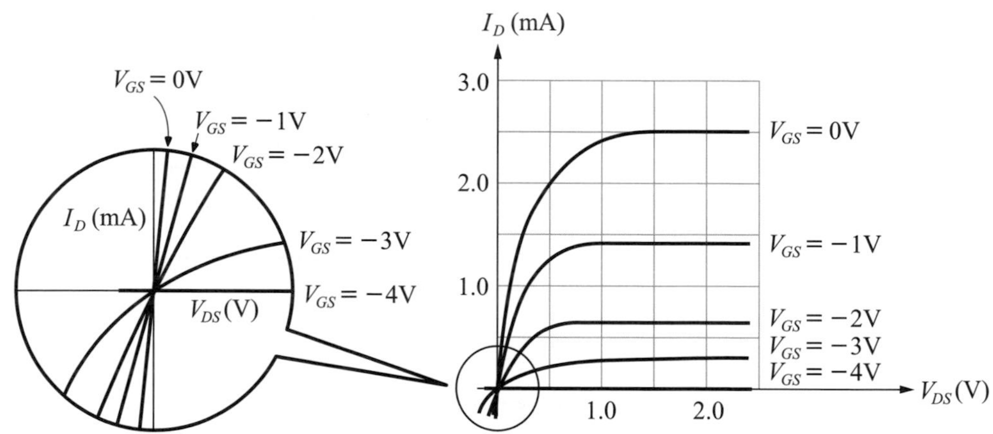

圖 6-41　Q 點設在原點處的特性曲線

(3) 互導的公式已於 6-2 節介紹於式(6-2)及(6-3)如下：

$$g_{m0}=\frac{2I_{DSS}}{\left|V_{GS(\text{off})}\right|} \tag{6-2}$$

$$g_m=g_{m0}\left(1-\frac{V_{GS}}{V_{GS(\text{off})}}\right) \tag{6-3}$$

例 6-16

設 $I_{DSS}=2.5\text{mA}$、$V_{GS(\text{off})}=-4\text{V}$、$V_{GS}=-2\text{V}$ 且 JFET 偏壓於原點處。請根據圖 6-41 求汲-源極交流阻抗 r'_{ds} 之值。

<Sol>

首先求 $V_{GS}=0\text{V}$ 的互導：

$$g_{m0}=\frac{2I_{DSS}}{\left|V_{GS(\text{off})}\right|}=\frac{2\times 2.5\text{m}}{4.0}=1.25\text{m}(\text{S})$$；

接著求 $V_{GS}=-2\text{V}$ 的互導：

$$g_m=g_{m0}\left(1-\frac{V_{GS}}{V_{GS(\text{off})}}\right)=1.25\text{m}\left(1-\frac{-2}{-4}\right)=0.625\text{m}(\text{S})$$

故該 JFET 之汲-源極交流阻抗

$$r'_{ds}=\frac{1}{g_m}=\frac{1}{0.625\text{m}}=1600(\Omega)$$

[Note： 請參考式(6-5)：$r'_{ds}=\dfrac{\Delta V_{DS}}{\Delta I_D}$，特性資料表中通常以 r'_{ds} 的倒數 g_{os} (輸出電導 Output conductance) 或 y_{os} (輸出導納 Output admittance)來表示。**]**

6.5 金屬氧化物半導體場效電晶體 (Metal Oxide Semiconductor FET, MOSFET)

1. 介紹

MOSFET 與 JFET 最大不同的地方是：JFET 的閘極直接接在 p 型區(n 通道)或 n 型區(p 通道)，而 MOSFET 的閘極則是接在一層「二氧化矽(SiO_2)」上，藉此層氧化物半導體將閘極與「汲-源極間之通道」隔開。因為原來閘極的材料為金屬，故稱此類元件為「金屬氧化物半導體 FET」，然而現今閘極的材料已由金屬改變為多晶矽，所以此類元件亦稱為「絕緣閘 FET (Insulated Gate FET, IGFET)」。

MOSFET 有兩種工作模式：

(1) 空乏模式(Depletion mode)

(2) 增強模式(Enhancement mode)

但又有許多不同結構，分述於後。

2. 空乏型 MOSFET (Depletion MOSFET, D-MOSFET)

如圖 6-42，汲極和源極均擴散進入基體層(Substrate)，且相互連結成「汲-源極間之通道」。「閘極」與「汲-源極間之通道」可看成電容器的兩片極板，二氧化矽層為此兩極板間之介質。

D-MOSFET 有「空乏」及「增強」兩種工作模式，故又稱為「空乏/增強 MOSFET」。

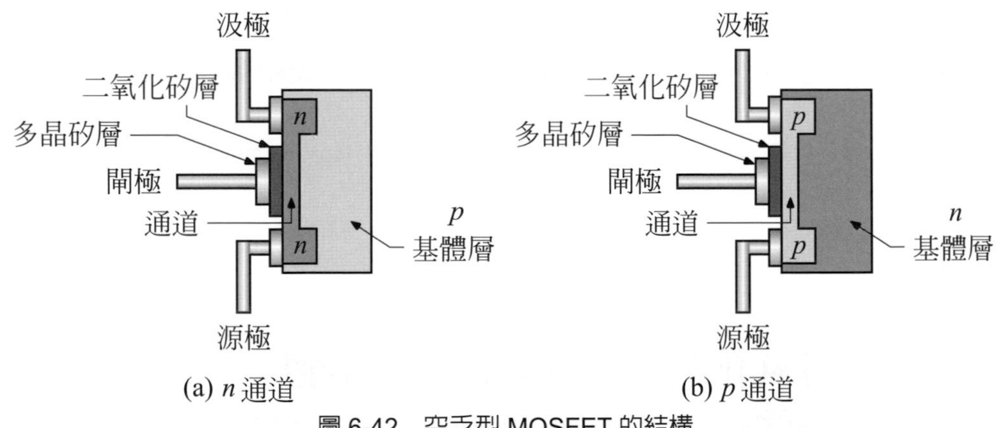

圖 6-42 空乏型 MOSFET 的結構

(1) 空乏模式

a. 以 n 通道爲例，係將閘極施以負電壓，如圖 6-43 所示。

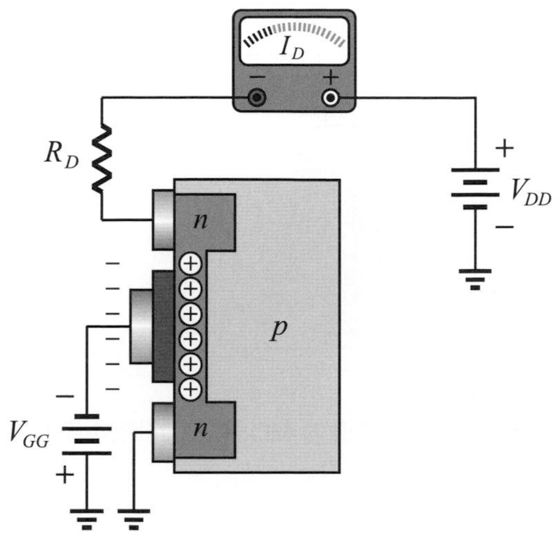

圖 6-43　n 通道 D-MOSFET 的空乏模式

b. 閘極的負電荷會推斥通道中的導電電子，使通道變成僅有正離子的空乏層。因導電電子隨閘極對源極的負電壓增大而減少，故通道的導電性亦隨之下降。當該負電壓大到一定程度($V_{GS(\text{off})}$)時，通道完全成爲空乏狀態而使汲極電流(I_{DS})被阻斷爲 0。

c. $V_{GS}=0$ 時 I_{DS} 最大、$V_{GS}=V_{GS(\text{off})}$ 時 $I_{DS}=0$，此模式與 n 通道 JFET 的特性類似。

(2) 增強模式

a. 以 n 通道爲例，係將閘極施以正電壓，如圖 6-44 所示。

b. 閘極的正電荷會吸引導電電子進入通道中，故通道的導電性隨閘極對源極的正電壓增大而上升。

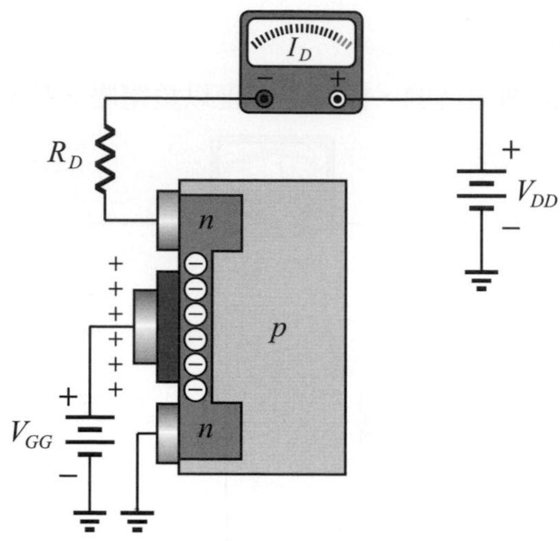

圖 6-44　*n* 通道 D-MOSFET 的增強模式

(3) 符號

a. *n* 通道 D-MOSFET 的符號如圖 6-45，箭頭朝內。

圖 6-45　*n* 通道 D-MOSFET 的符號

b. *p* 通道 D-MOSFET 的符號如圖 6-46，箭頭朝外。

圖 6-46　*p* 通道 D-MOSFET 的符號

3. 增強型 MOSFET (Enhancement MOSFET, E-MOSFET)

(1) 增強型 MOSFET 與上述 D-MOSFET 的差別在：

a. 增強型 MOSFET 沒有實體的「汲-源極間之通道」。以 n 通道爲例，如圖 6-47，基體層延伸到直接與二氧化矽層接觸。

b. 增強型 MOSFET 只有增強模式、沒有空乏模式。

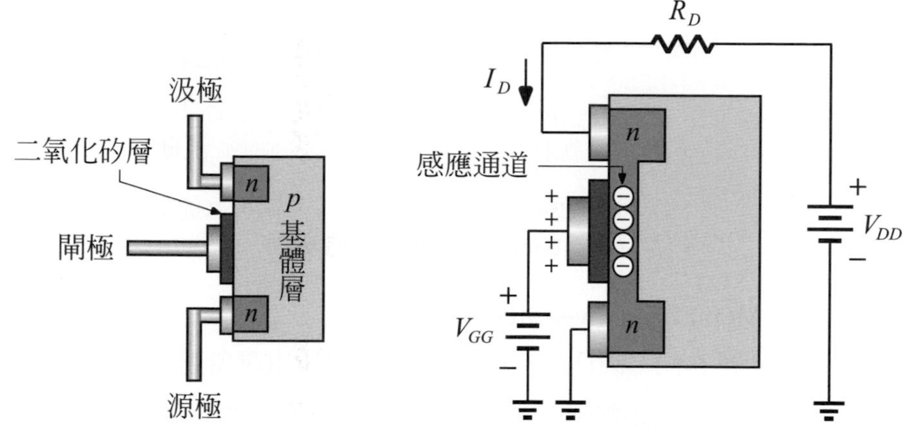

圖 6-47 n 通道 E-MOSFET 的基本結構 圖 6-48 n 通道 E-MOSFET 的工作原理 ($V_{GS} > V_{GS(th)}$)

(2) 在 n 通道 E-MOSFET 的閘極加上一正電壓 V_{GG}，如圖 6-48，會在緊鄰二氧化矽層的基體層感應出一由負電荷構成的薄層，如同形成「汲-源極間之通道」。V_{GG} 越大使得 V_{GS} 越大則吸引越多的導電電子，此通道之導電性則越高。但要感應出通道的條件是 V_{GS} 須高於臨界電壓 $V_{GS(th)}$。

(3) 符號

n 通道 E-MOSFET 的符號箭頭朝內、p 通道 E-MOSFET 的符號箭頭朝外，如圖 6-49。

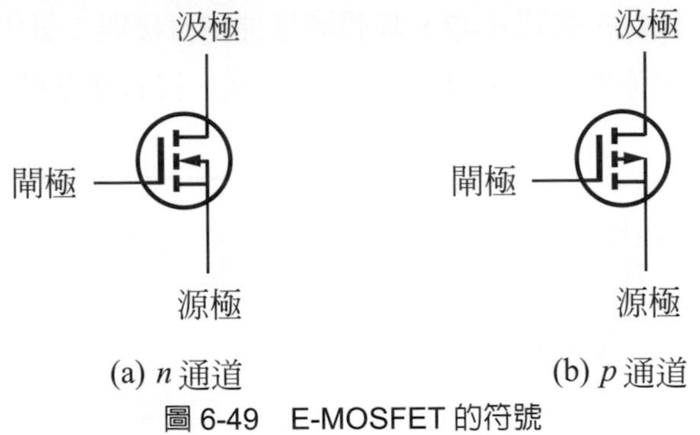

圖 6-49　E-MOSFET 的符號

4. 功率 MOSFET (Power MOSFET)

如圖 6-50，因爲 E-MOSFET 由閘極正電壓所感應出來的通道既長且薄，所以「汲-源極間阻抗」很高，使得 I_{DS} 受到限制無法增大，因而 E-MOSFET 只能應用在功率較低的場合。這個問題可由「功率 MOSFET」解決。

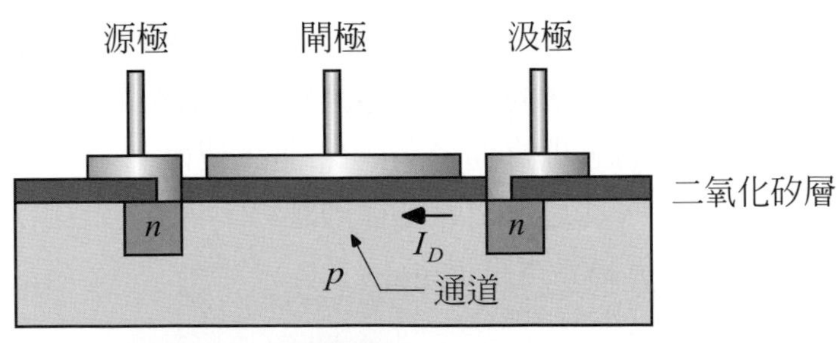

圖 6-50　n 通道 E-MOSFET 的通道阻抗

新式場效電晶體的源極(S)、汲極(D)與基體層間的連接，採用類似鰭式的結構來取代傳統的平面矽結構。鰭的材料由原來的矽更換爲砷化铟鎵的半導體，如此可以使得場效電晶體尺寸變小、工作速度變快。有幾種類型，分述於後。

(1) 橫向擴散 MOSFET (Laterally Diffused MOSFET, LDMOSFET)

如圖 6-51，其中 n^+ 指參雜濃度較 n^- 高。當閘極加上正電壓時，圖中之 p 型區會感應出一通道，使汲-源極間導通，讓電流 I_D 流過。

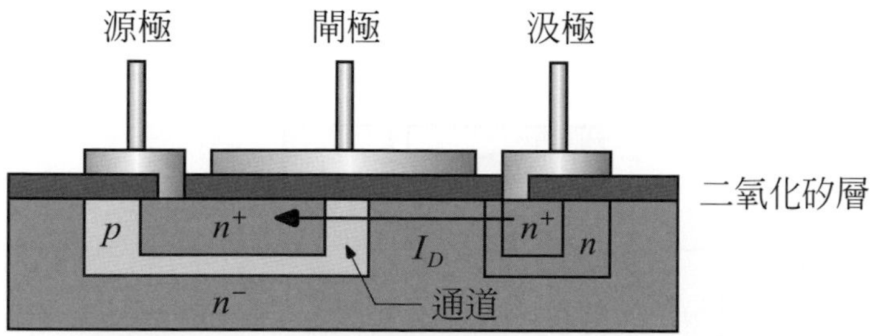

圖 6-51 橫向擴散 MOSFET 的基本結構

(2) V 型 MOSFET (VMOSFET)

如圖 6-52，VMOSFET 頂部有兩個源極，汲極則位於底部。當閘極加上正電壓時，圖中之 p 型區會感應出一通道，使汲-源極間垂直導通，讓電流 I_D 流過。因感應通道既短且寬，故可允許較大功率消耗，且可改善頻率響應。

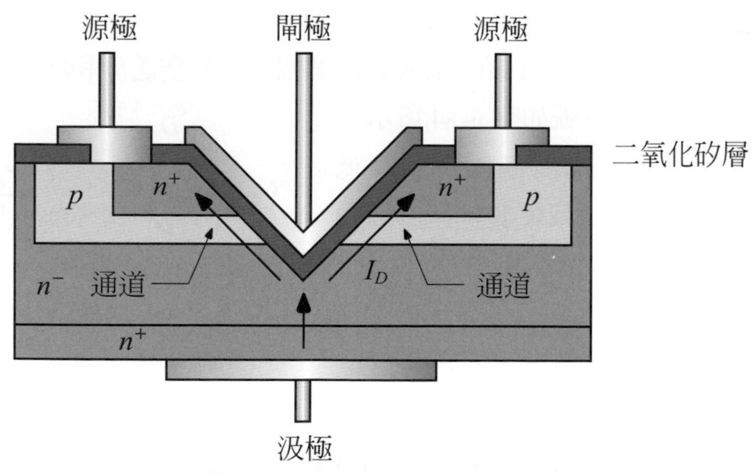

圖 6-52 VMOSFET 的基本結構

(3) T 型 MOSFET (TMOSFET)

如圖 6-53，TMOSFET 的源極接點覆蓋整個表面區域、閘極包覆於二氧化矽層中、且封裝密度比 VMOSFET 為高。

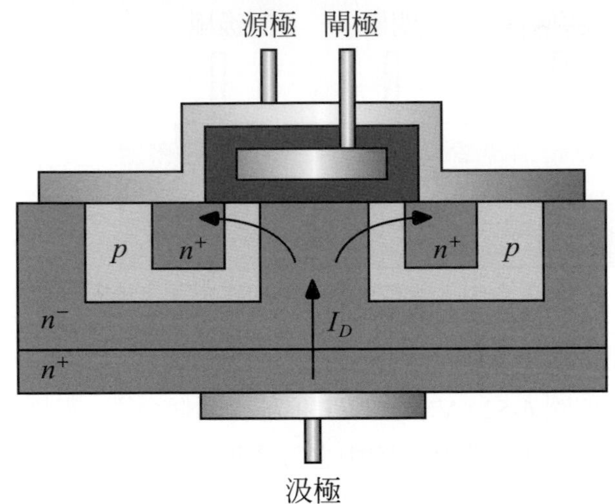

圖 6-53　TMOSFET 的基本結構

5. 雙閘極 MOSFET (Dual-Gate MOSFET)

(1) 雙閘極 MOSFET 顧名思義有兩個閘極，有空乏型和增強型兩種。其 *n* 通道符號如圖 6-54 所示。

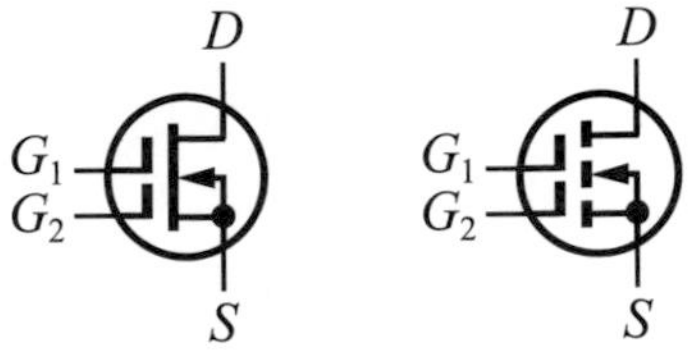

(2) 使用雙閘極的目的是為降低輸入電容，以使其適用於高頻 RF 放大器的領域。

(3) 在 RF 放大器中，雙閘極架構可以有「自動增益控制(AGC)」輸入的功能。

(a) D-MOSFET　(b) E-MOSFET

圖 6-54　雙閘極 MOSFET 的符號

(4) 利用第二閘極的偏壓可以調整 FET 的互導曲線。

6.6 MOSFET 的特性與參數

1. E-MOSFET 的轉換特性

(1) E-MOSFET 只有增強模式，其轉換特性曲線如圖 6-55 所示。

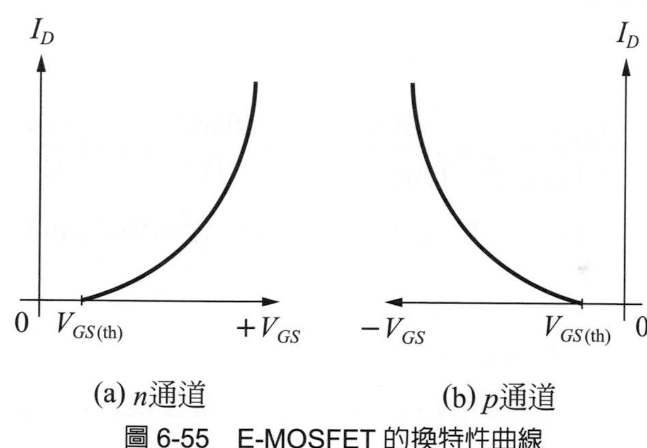

(a) n通道　(b) p通道

圖 6-55　E-MOSFET 的換特性曲線

(2) 可以感應出「汲-源極間之通道」以致產生汲極電流($I_{D(\text{on})}$)的最小 V_{GS} 稱為「臨界電壓(Threshold voltage), $V_{GS(th)}$」。

(3) $I_{D(\text{on})}$與 V_{GS} 的關係如下：

$$I_{D(\text{on})} = K(V_{GS} - V_{GS(th)})^2 \tag{6-6}$$

(4) 曲線與縱軸(I_D)並不相交。

(5) 沒有 I_{DSS} 這個參數。

例 6-17

某 E-MOSFET 的特性資料表(可上 www.fairchild.com 查閱)顯示：$V_{GS}=10\text{V}$ 時的最小 $I_{D(\text{on})}=500\text{mA}$ ，且 $V_{GS(th)}=1\text{V}$ 。求 $V_{GS}=5\text{V}$ 的汲極電流。

<Sol>

由(6-6)式可得：

$$K=\frac{I_{D(\text{on})}}{(V_{GS}-V_{GS(th)})^2}=\frac{500\text{mA}}{(10\text{V}-1\text{V})^2}=\frac{500\text{mA}}{81\text{V}^2}=6.17\frac{\text{mA}}{\text{V}^2}$$

$$\Rightarrow I_{D(\text{on})}=K(V_{GS}-V_{GS(th)})^2=6.17\times(5-1)^2=98.72(\text{mA})$$

2. D-MOSFET 的轉換特性
   (1) D-MOSFET 的閘極可以是正電壓(增強模式)、或是負電壓(空乏模式)。
   (2) D-MOSFET 的轉換特性曲線如圖 6-56 所示。

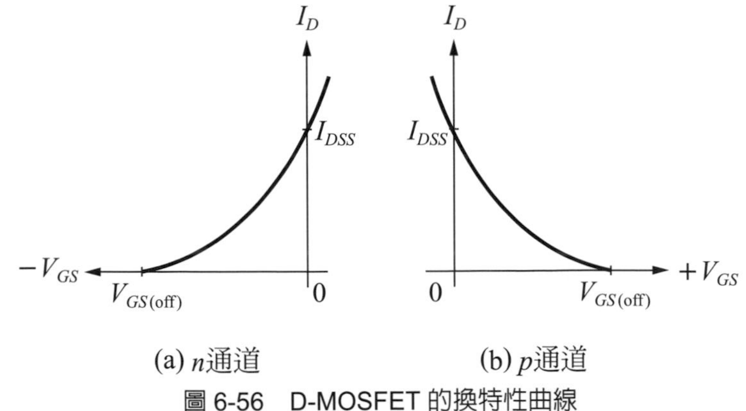

圖 6-56 D-MOSFET 的換特性曲線

   (3) 橫軸 $V_{GS}=0$ 所對應的縱軸 $I_D=I_{DSS}$ ；縱軸 $I_D=0$ 所對應的橫軸 $V_{GS}=V_{GS(\text{off})}=-V_p$ (夾止電壓的負值)。
   (4) D-MOSFET 也適用式(6-1)的平方律公式。

例 6-18

某 D-MOSFET 的 $I_{DSS} = 10\text{mA}$，且 $V_{GS(th)} = 1\text{V}$、$V_{GS(\text{off})} = -8\text{V}$。求：

(1) 說明此元件是 *n* channel 或是 *p* channel？

(2) $V_{GS} = -3\text{V}$ 時的 I_D？

(3) $V_{GS} = +3\text{V}$ 時的 I_D？

<Sol>

(1) 因爲 $V_{GS(\text{off})}$爲負值，故此元件是 *n* channel。

(2) 由式(6-1)，

$$I_D = I_{DSS}\left(1-\frac{V_{GS}}{V_{GS(\text{off})}}\right)^2 = 10\text{m}\left(1-\frac{-3}{-8}\right)^2 = 3.91\text{m(A)}$$

(3) $I_D = 10\text{m}\left(1-\frac{+3}{-8}\right)^2 = 18.91\text{m(A)}$

3. 注意事項

因爲 MOSFET 的閘極與通道間隔著一層二氧化矽(SiO_2)，所以有相當高的輸入阻抗，容易造成過量的靜電荷累積，因而非常可能受到「靜電放電(Electrostatic Discharge, ESD)」的破壞。所以在接觸及使用 MOSFET 時須非常注意靜電接地問題。

6.7 MOSFET 的偏壓

1. E-MOSFET 的偏壓

因為 E-MOSFET 的 V_{GS} 必須大於 $V_{GS(th)}$，所以不能採用零偏壓(自我偏壓)。有下列兩種偏壓可供使用，此兩者均可使(n 通道)V_G 高於 V_S 且超過 $V_{GS(th)}$。

(1) 分壓器偏壓

電路如圖 6-57 所示，

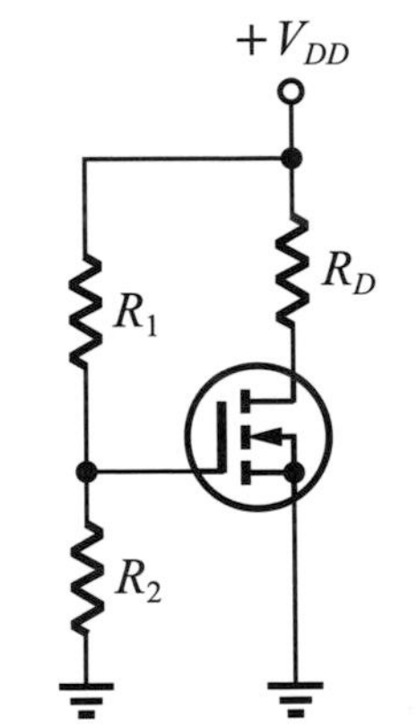

圖 6-57　分壓器偏壓電路

其中：$V_{GS}=\left(\dfrac{R_2}{R_1+R_2}\right)\times V_{DD}$，

$V_{DS}=V_{DD}-I_D\times R_D$，且

$I_{D(\text{on})}=K(V_{GS}-V_{GS(th)})^2$。

例 6-19

一電路如圖 6-58，求該電路之 V_{GS} 以及 V_{DS}。已知該 MOSFET 在 $V_{GS} = 4V$ 時 $I_{D(on)}$ 的最小值為 200mA，且 $V_{GS(th)} = 2V$。

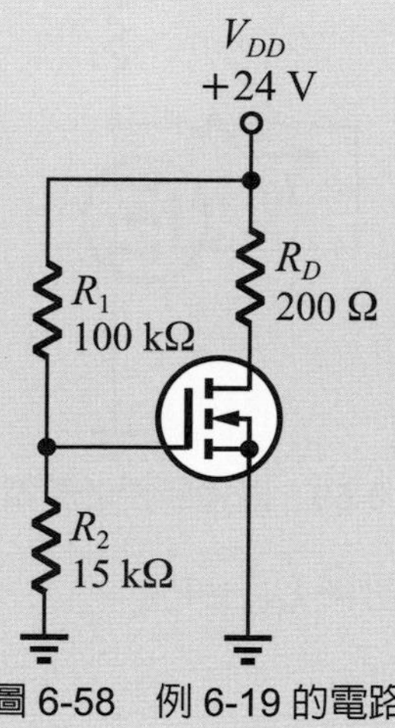

圖 6-58　例 6-19 的電路

<Sol>

(1) $V_{GS} = \left(\dfrac{R_2}{R_1 + R_2}\right) \times V_{DD} = \left(\dfrac{15k}{115k}\right) \times 24 = 3.13(V)$

(2) 由(6-6)式，$K = \dfrac{I_{D(on)}}{(V_{GS} - V_{GS(th)})^2} = \dfrac{200m}{(4-2)^2} = \dfrac{200}{4} = 50\left(\dfrac{mA}{V^2}\right)$

$V_{GS} = 3.13V$ 時之

$I_{D(on)} = K(V_{GS} - V_{GS(th)})^2 = 50 \times (3.13-2)^2 = 63.85(mA)$

所以 $V_{DS} = V_{DD} - I_D \times R_D = 24 - (63.85m \times 200) = 11.23(V)$

(2) 汲極回授偏壓

電路如圖 6-59 所示，

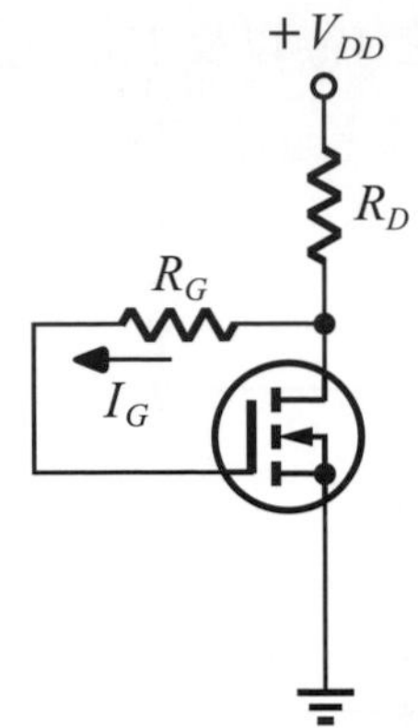

圖 6-59　汲極回授偏壓電路

其中因 $I_G \cong 0$，使得 $V_{GS} \cong V_{DS}$。

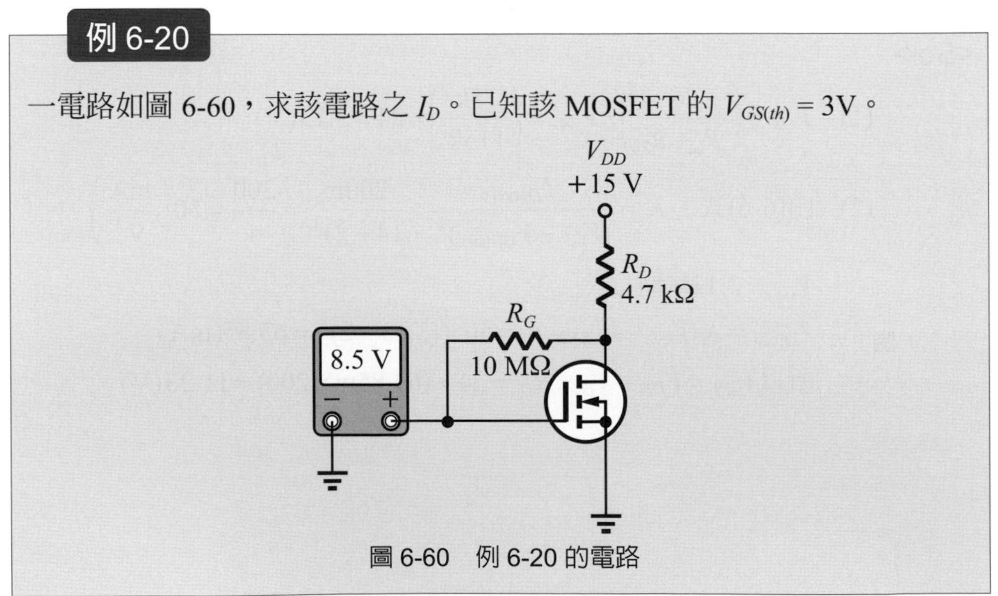

例 6-20

一電路如圖 6-60，求該電路之 I_D。已知該 MOSFET 的 $V_{GS(th)} = 3\text{V}$。

圖 6-60　例 6-20 的電路

<Sol>

因此電路係汲極回授偏壓，所以$V_{GS}=V_{DS}=8.5\text{V}$，

$$I_D=\frac{V_{DD}-V_{DS}}{R_D}\ \frac{15-8.5}{4.7\text{k}}=1.38\text{m(A)}$$

2. D-MOSFET 的偏壓

因爲 D-MOSFET 的 V_{GS} 可以是正值(增強模式)、或是負值(空乏模式)，所以「零偏壓」i.e.設 $V_{GS}=0$，是個好方法，如圖 6-61，如此閘極的交流輸入信號可使 V_{GS} 在零偏壓點上下變動。

因爲 $V_{GS}=0$，所以 $I_D=I_{DSS}$，且 $V_{DS}=V_{DD}-(I_{DSS}\times R_D)$。

於交流輸入端串聯一電容可隔絕直流信號輸入，而 R_G 可使交流輸入信號與地隔開但不影響零偏壓，如圖 6-62 所示。

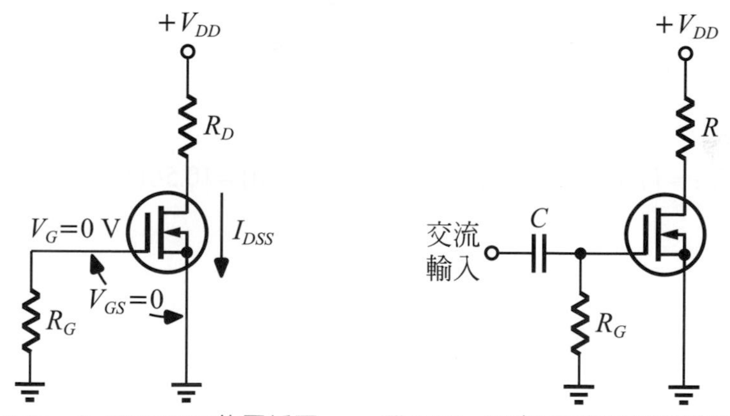

圖 6-61　D-MOSFET 的零偏壓　　圖 6-62　電容可隔絕直流信號輸入

例 6-21

一電路如圖 6-63，求該電路之 V_{DS}。已知該 MOSFET 的 $V_{GS(\text{off})}=-8\text{V}$、$I_{DSS}=12\text{mA}$。

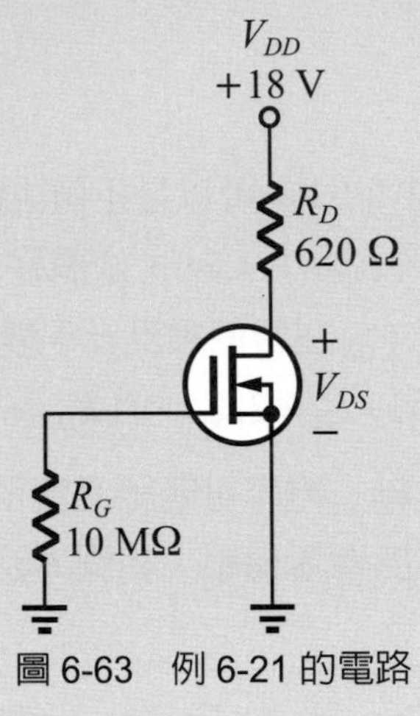

圖 6-63　例 6-21 的電路

<Sol>

$$V_{DS}=V_{DD}-(I_{DSS}\times R_D)=18-(12\text{m}\times 620)=10.56(\text{V})$$

6.8 絕緣閘雙極電晶體 (Insulated-Gate Bipolar Transistor, IGBT)

1. 介紹
   (1) IGBT 具有 MOSFET 電壓控制的輸入特性、以及 BJT 的輸出導通特性。

(2) IGBT 因結合 MOSFET 及 BJT 兩者的特性，故經常被使用在高電壓、高電流的切換應用上；在此應用領域已大量取代 MOSFET 及 BJT。

(3) IGBT 的電路符號如圖 6-64 所示，除於閘極的粗黑線之外，與 BJT 的符號類似。此粗黑線表示 MOSFET 的閘極端構造而非 BJT 的基極。

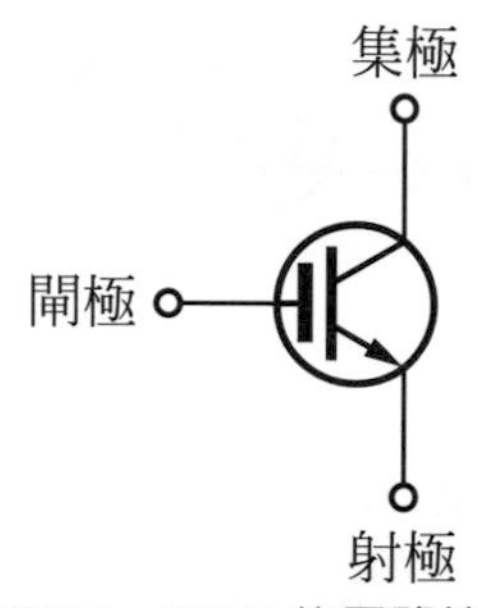

圖 6-64　IGBT 的電路符號

(4) IGBT 的飽和電壓約與 BJT 相同，較 MOSFET 的飽和電壓為低。

(5) IGBT 可以處理 V_{CE} 高於 200V 的情況(較 MOSFET 為優)，且切換速度較 BJT 為快(但較 MOSFET 為慢)。

(6) 表 6-1 表列了 IGBT、MOSFET、BJT 三者在交換應用中的一般特性比較。

表 6-1　IGBT、MOSFET、BJT 三者在交換應用中的一般特性比較

特性	IGBT	MOSFET	BIT
輸入驅動方式	電壓	電壓	電流
輸入阻抗	高	高	低
工作頻率	中	高	低
交換速度	中	快(ns)	慢(μs)
飽和電壓	低	高	低

2. 工作原理

(1) 圖 6-65 爲 IGBT 的簡化等效電路，輸入元件是 E-MOSFET (*n* 通道)、輸出元件是 BJT (*pnp*)。

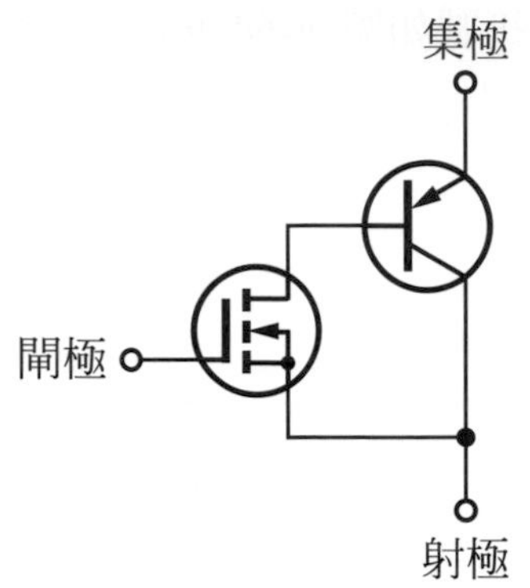

圖 6-65　IGBT 的簡化等效電路

(2) IGBT 可以想像成一切換速度更快的電壓控制 BJT；V_{GE} 即爲控制電壓。$V_{GE} > V_{th}$ 時 IGBT 導通、$V_{GE} < V_{th}$ 時 IGBT 截止。

(3) 因閘極爲絕緣，故 IGBT 幾乎沒有輸入電流。

(4) IGBT 的 *npnp* 結構會在內部形成寄生(Parasitic)電路，如圖 6-66 中的寄生電晶體(Q_P)及寄生電阻。

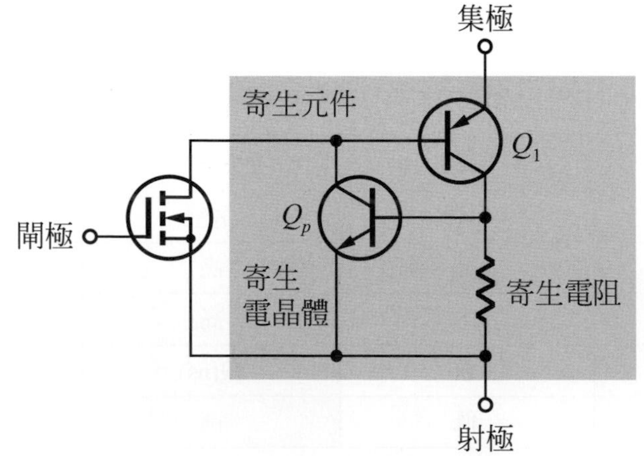

圖 6-66　IGBT 的寄生等效電路

(5) 寄生元件一般情形下沒有作用，但當 $I_{C(max)}$大於某個特定值時，Q_P將被 Active，使得 IGBT 成爲「栓鎖(Latching)」狀態。

(6) 「栓鎖(Latching)」狀態下之 IGBT 將保持在導通狀態而不受 V_{GE} 控制。使用時應注意避免此情形。

習　題 EXERCISE

1. 一 JFET 的 $g_{m0}=3200\mu S$。若 $V_{GS(off)}=-8V$，求當 $V_{GS}=-4V$ 時該 JFET 的順向互導 g_m。
2. 一 JFET 的 $V_{GS(off)}=-7V$，$V_{GS}=0V$ 時 $g_m=2000\mu S$。當 $V_{GS}=-2V$ 時，求該 JFET 的(1)順向互導，(2)順向轉換導納 g_{fs}。
3. 一 p channel JFET 的 $V_{GS}=10V$ 時，$I_{GSS}=5nA$。求輸入阻抗值。
4. 一 n channel JFET 的自給偏壓電路中，汲極電流 12mA、源極電阻 100Ω，求 V_{GS}。
5. 一 JFET 的自給偏壓電路中，$V_{GS}=-4V$、$I_D=5mA$，求 R_S。
6. 若汲極電流 9.5mA，請根據下圖之轉換曲線求 R_S。

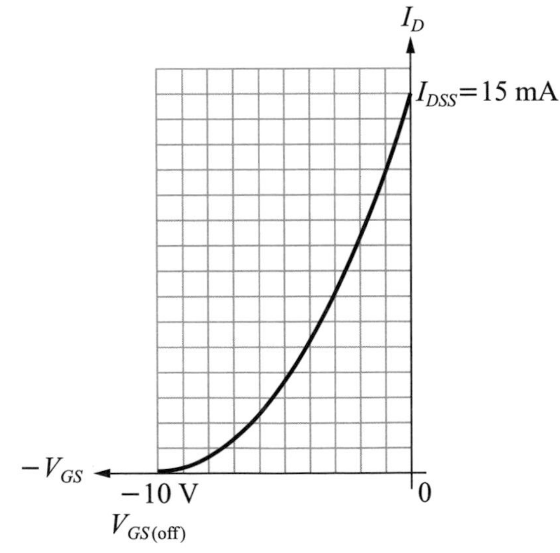

7. 若 $V_{GS} = -10\text{V}$ 時，$I_{GSS} = 20\text{nA}$，請求下圖電路之總輸入電阻值。

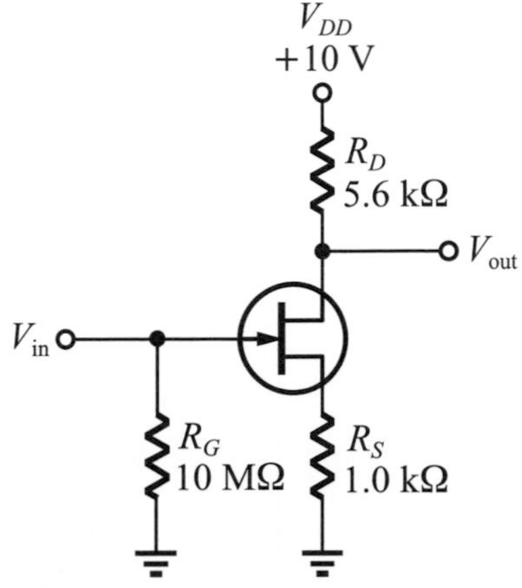

8. 請根據圖(b)之轉換曲線，以作圖法求圖(a)電路之 Q 點。

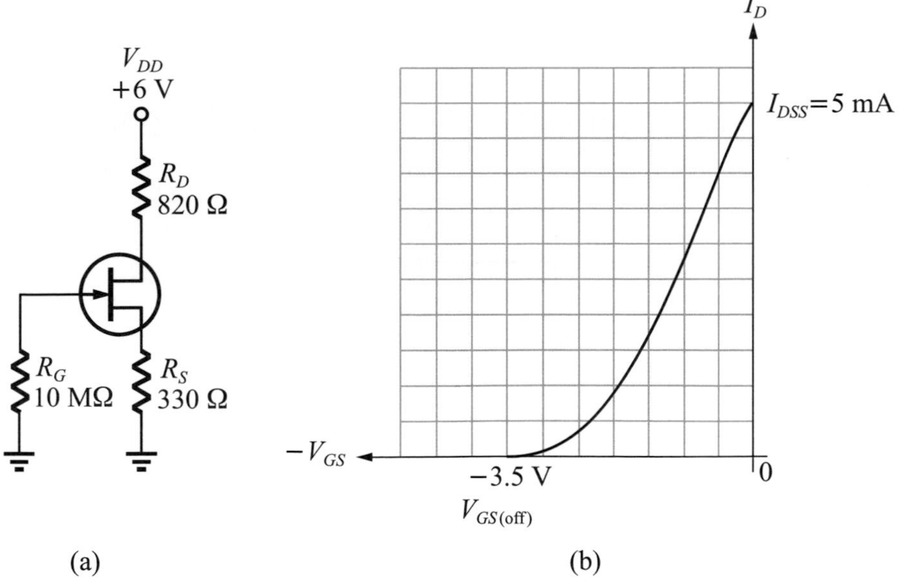

(a)　(b)

9. 請根據圖(b)之轉換曲線，以作圖法求圖(a)電路之 Q 點。

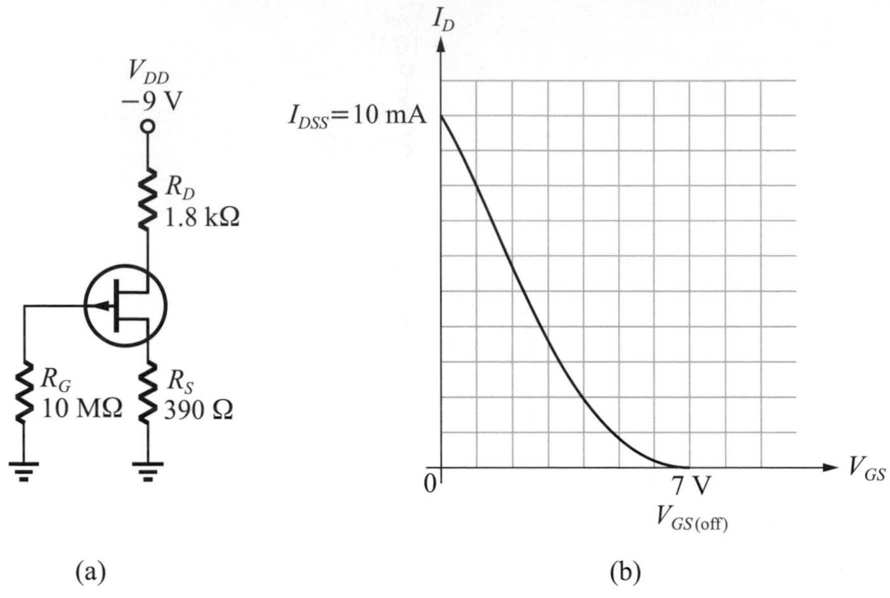

(a)　　　　　　　　　　(b)

10. 一電路如圖。若汲極對地的電壓是 5V，求該電路之 Q 點。

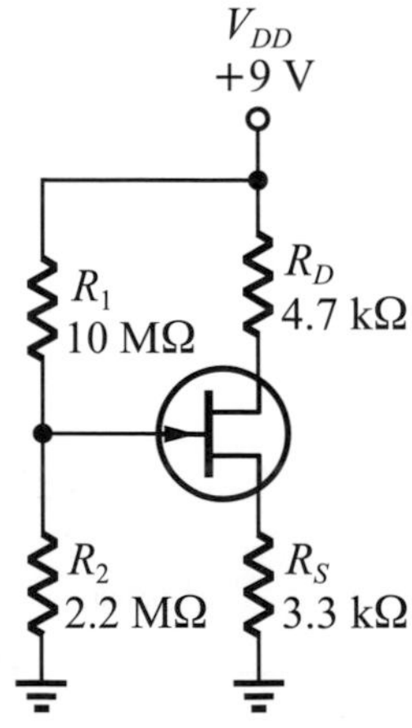

11. 請根據圖(b)之轉換曲線，求圖(a)電路之 Q 點。

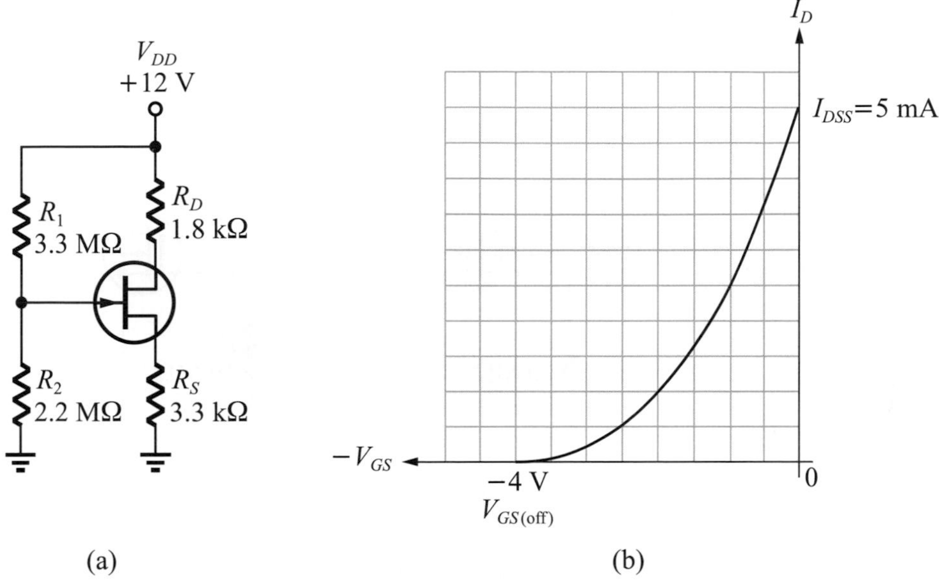

(a) (b)

12. 一 JFET 的電路中，V_{DS} = 0.8V、I_D = 0.2mA 時偏壓於歐姆區，求此時之汲-源極阻抗。

13. 一 JFET 的 Q 點從(V_{DS} = 0.4V、I_D = 0.15mA)改變至(V_{DS} = 0.6V、I_D = 0.45mA)，求 R_{DS} 值的範圍。

14. 一 JFET 的 g_{m0} =1.5mS 、V_{GS} = −1V、$V_{GS(\text{off})}$ = −3.5V，求該 JFET 偏壓於原點的順向互導 g_m 。

15. 一 E-MOSFET 的 V_{GS} = −12V 時 $I_{D(\text{ON})}$ = 10mA、$V_{GS(th)}$ = −3V。求 V_{GS} = −6V 時的 I_D 值。

16. 一 MOSFET 的 V_{GS} = −2V、I_D = 3mA、$V_{GS(\text{off})}$ = −10V。求 I_{DSS} 值。

17. 已知 $I_{DSS} = 8\text{mA}$，請分別求(a)、(b)、(c)三電路的 V_{DS} 值。

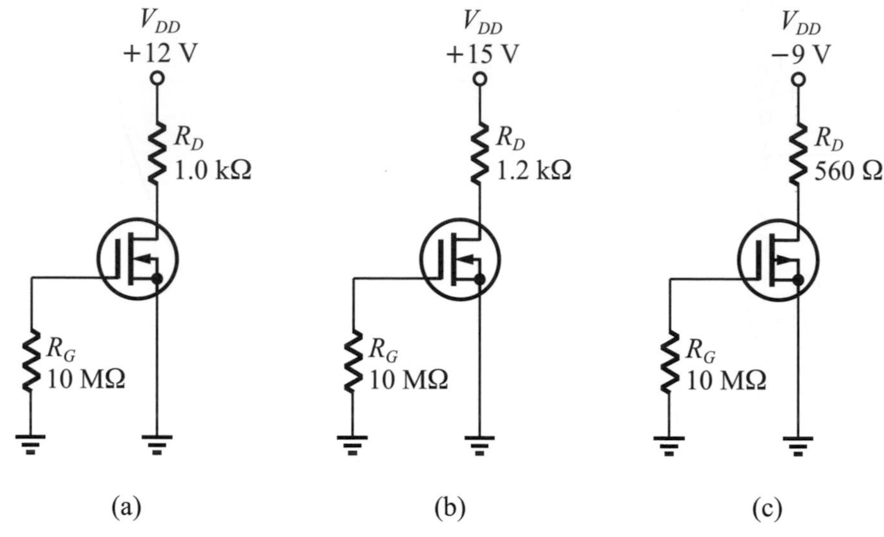

18. 請分別求(a)、(b)二電路的 V_{GS} 以及 V_{DS} 值。

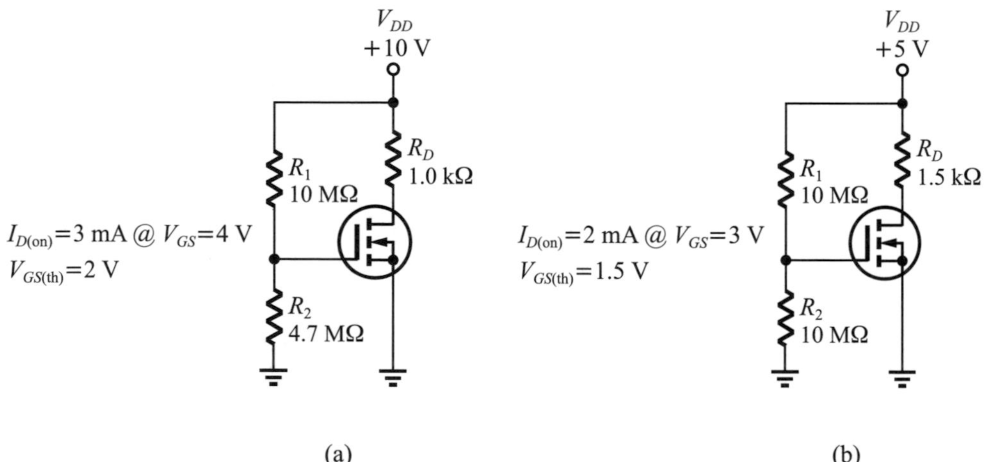

19. 請分別求(a)、(b)二電路的汲極電流以及汲-源極電壓。

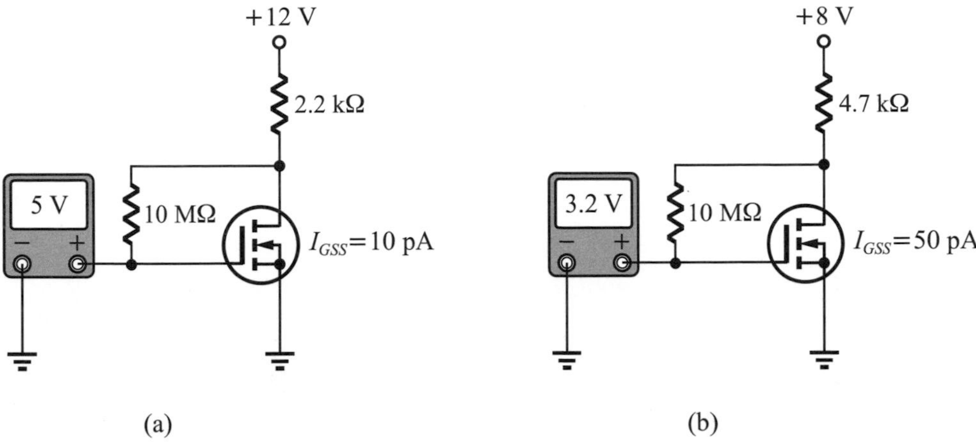

(a) (b)

20. 一電路如圖。設 I_{GSS} = 50pA，I_D = 1mA，若須考慮閘極漏電流，求閘極對源極的電壓值。

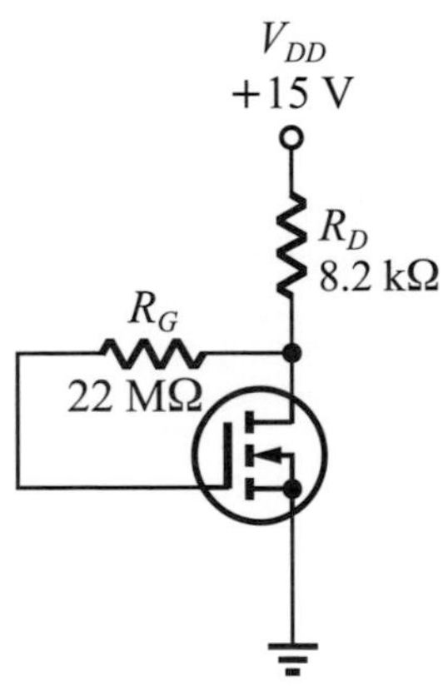

Electronics

7

運算放大器(Operational Amplifier，OP-Amp，OP)

7.1 簡介

1. 線性積體電路(Linear integrated circuit)
2. 符號：

　　圖 7-1(b)爲運算放大器的符號，但因運算放大器必須供給電源方能工作，故通常將電源部分於符號中省略如圖 7-1(a)所示。

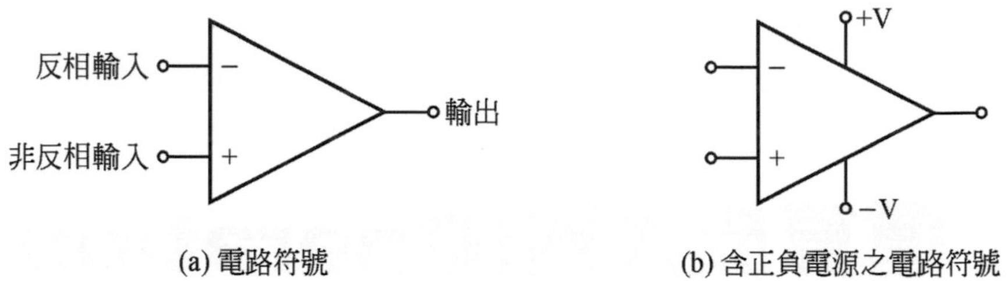

圖 7-1　運算放大器的符號

3. 理想之運算放大器(Ideal OP-Amp)
   (1) 輸入阻抗= ∞
   (2) 輸出阻抗=0
   (3) 電壓增益= ∞
   (4) 頻寬= ∞

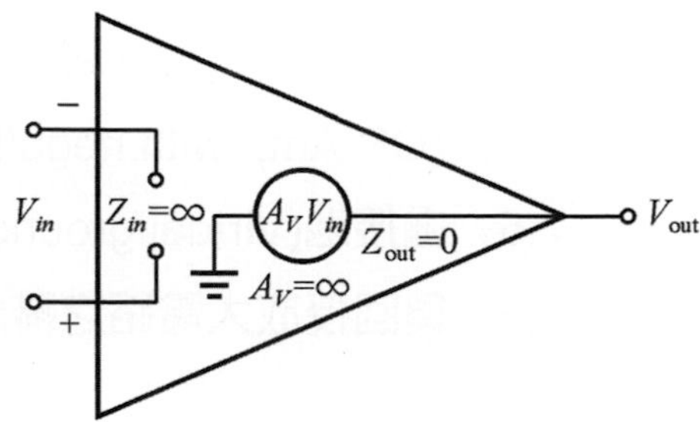

圖 7-2　理想之運算放大器模型

4. 實際之運算放大器(Practical OP-Amp)

 (1) 輸入阻抗非常大，雖不是無窮大的有限值，但一般狀況下已與無窮大無異。亦即有非常好的輸入阻抗特性。

 (2) 輸出阻抗非常小，雖不是零的有限值，但一般狀況下已與零無異。亦即有非常好的輸出阻抗特性。

 (3) 電壓增益非常大，雖不是無窮大的有限值，但一般狀況下已與無窮大無異。亦即有非常好的電壓增益特性。

 (4) 頻寬非常寬，雖不是無窮大的有限值，但一般狀況下已與無窮大無異。亦即有非常好的頻率響應特性。

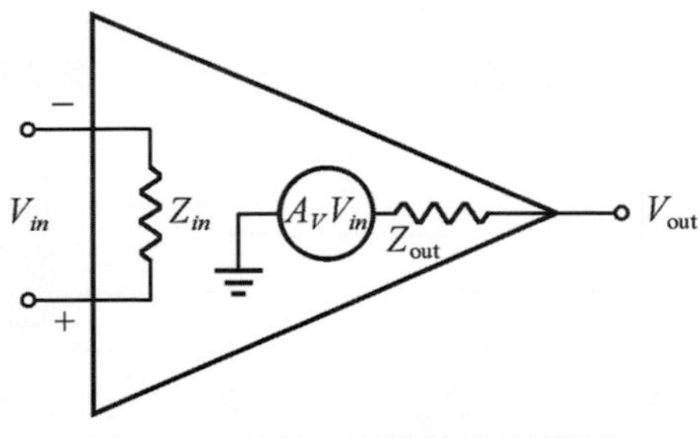

圖 7-3 實際之運算放大器模型

7.2 差動放大器(Differential Amp)

1. 電路：如圖 7-4 所示。

2. 符號：如圖 7-5 所示。

3. 動作原理：

 (1) $I/P_1 = I/P_2 = 0$ (兩輸入端均接地)時(圖 7-6)

 $O/P_1(V_{C1}) = O/P_2(V_{C2}) = V_{CC} - I_{C1}R_{C1} = V_{CC} - I_{C2}R_{C2}$ $(R_{C1} = R_{C2})$

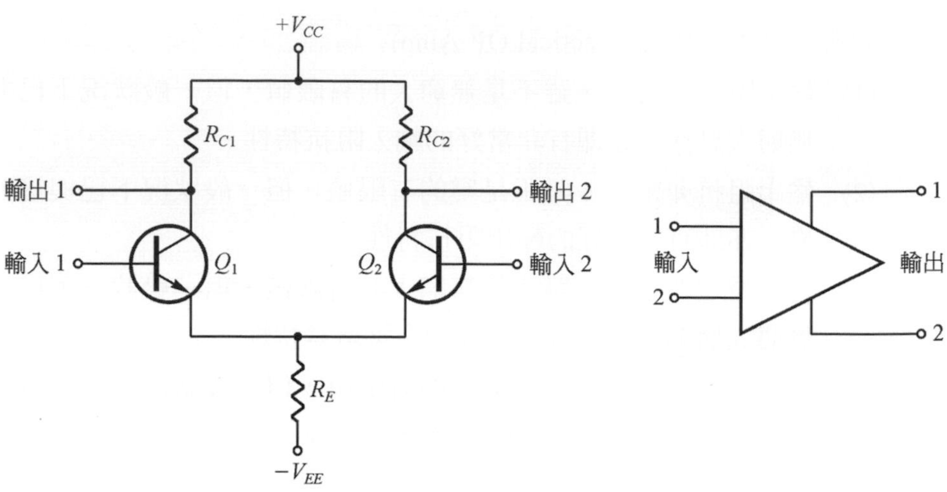

圖 7-4　差動放大器的電路

圖 7-5　差動放大器的符號

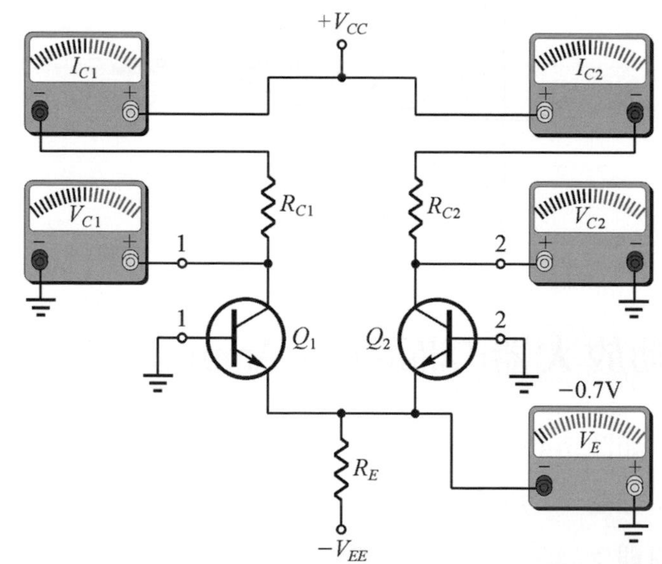

圖 7-6　差動放大器兩輸入端均接地時

(2) $I/P_1 = +V_B$，$I/P_2 = 0$ (I/P_1 輸入信號、I/P_2 接地)時(圖 7-7)

∵ V_{B1} 增加 ∴ I_{B1} 增加 → I_{C1} 增加 → $V_{C1} = O/P_1$ 減小。

此時 Q_2 爲共基組態(CB)，因 V_E 上升爲 $V_B - 0.7\text{V}$，相當於一信號輸入此共基組態，該信號被放大後於 Q_2 之 C 腳輸出，故 $V_{C2} = O/P_2$ 變大。

結論：I/P_1 愈大，O/P_1 愈小(與 I/P_1 反相)，O/P_2 愈大(與 I/P_1 同相)。

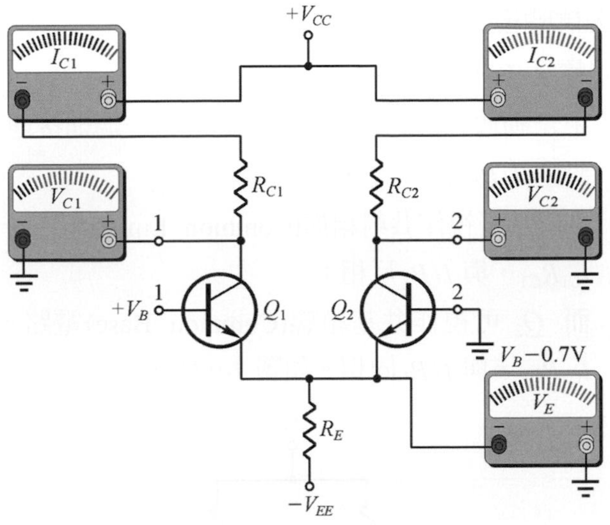

圖 7-7　差動放大器 I/P_1 輸入信號、I/P_2 接地時

(3) 同理，$I/P_1=0$，$I/P_2=+V_B$(圖 7-8) → I/P_2 愈大，O/P_2 愈小(與 I/P_2 反相)，O/P_1 愈大(與 I/P_2 同相)。

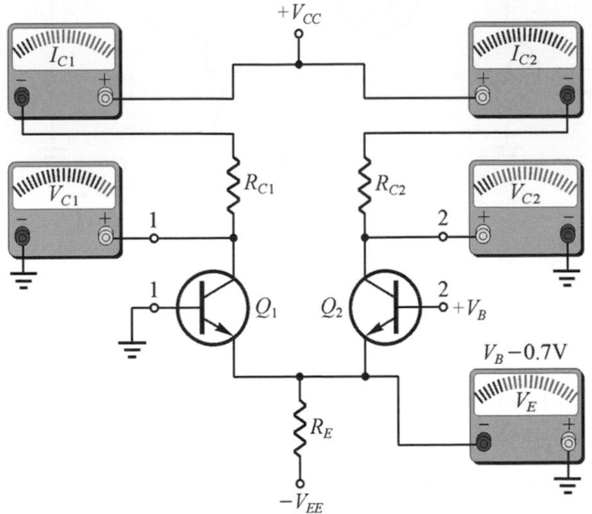

圖 7-8　差動放大器 I/P_1 接地、I/P_2 輸入信號時

4. 信號模式：

因差動放大器有兩個輸入端，隨著輸入端的不同及信號型式的不同，輸入信號模式可分為下列三類：

(1) 單端輸入(Single-ended input)

① 由差動放大器之一端輸入信號，另一端則接地。

② 設由 I/P_1 輸入，I/P_2 接地(圖 7-7)。

則 Q_1 可視作共射組態(Common Emitter)電路，$O/P_1 = V_{CC} - I_{C1}R_{C1}$，與 I/P_1 反相；

而 Q_2 可視作共基組態(Common Base)電路，$O/P_2 = V_{CC} - I_{C2}R_{C2}$，與 I/P_1 同相。如圖 7-9 所示。

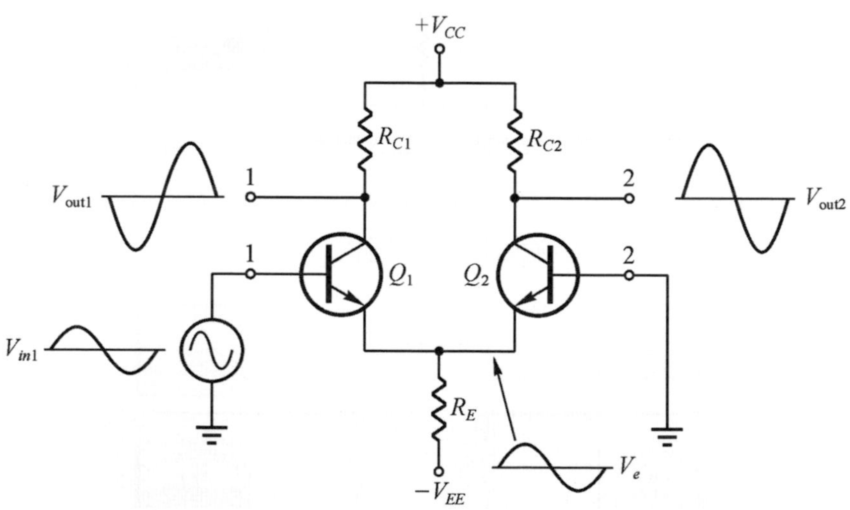

圖 7-9 差動放大器單端輸入模式一

③ 設由 I/P_2 輸入，I/P_1 接地(圖 7-8)。

則 Q_1 可視作共基組態(Common Base)電路，$O/P_1=V_{CC}-I_{C1}R_{C1}$，與 I/P_2 同相；

而 Q_2 可視作共射組態(Common Emitter)電路，$O/P_2=V_{CC}-I_{C2}R_{C2}$，與 I/P_2 反相。如圖 7-10 所示。

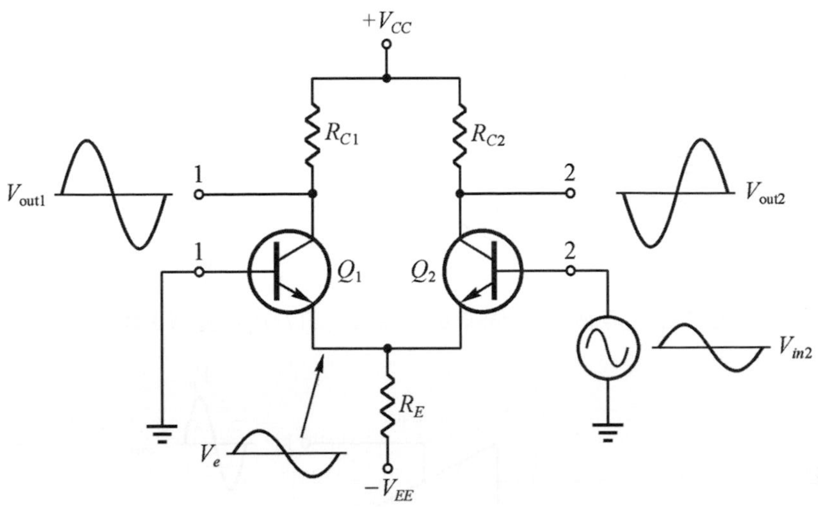

圖 7-10　差動放大器單端輸入模式二

(2) 差動輸入(Differential input)

① 兩輸入端分別輸入等幅反相信號。

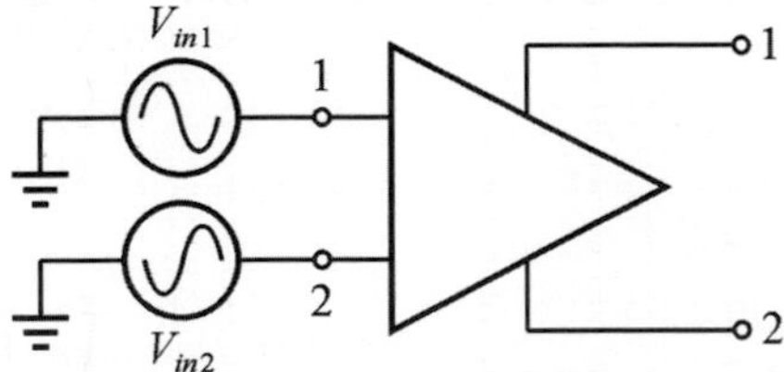

圖 7-11　差動放大器差動輸入模式

② 因兩輸入信號爲等幅反相，各輸出端之信號爲 2 等幅之同相信號所組成，故依重疊定理，各輸出端之信號爲單端輸入所造成之輸出信號的 2 倍。

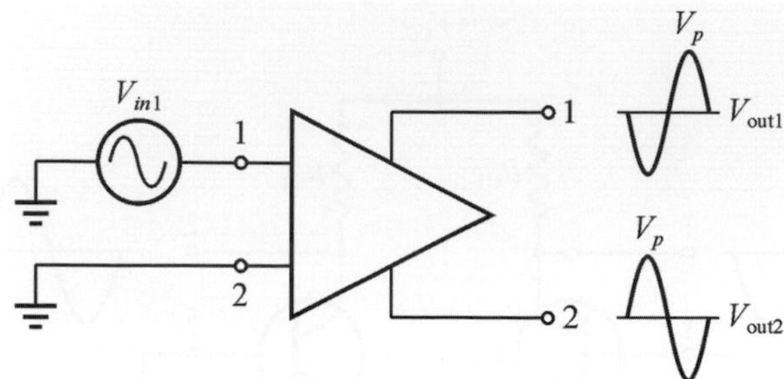

圖 7-12　差動放大器差動輸入模式－由 I/P_1 所造成之輸出

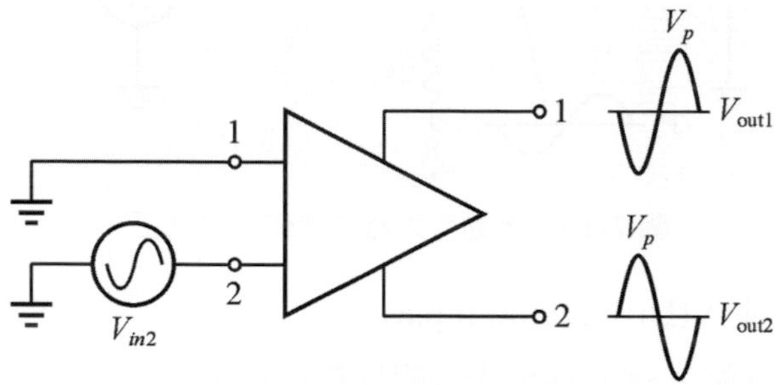

圖 7-13　差動放大器差動輸入模式－由 I/P_2 所造成之輸出

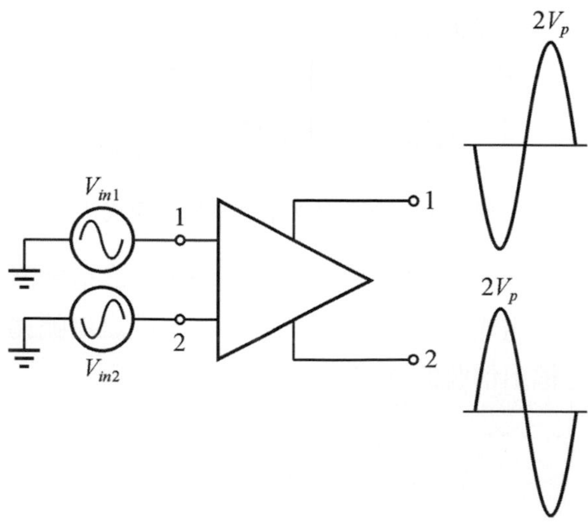

圖 7-14　差動放大器差動輸入模式－由 I/P_1 及 I/P_2 所共同造成之輸出

(3) 共模輸入(Common–mode input)

① 兩端分別輸入等幅同相之信號。

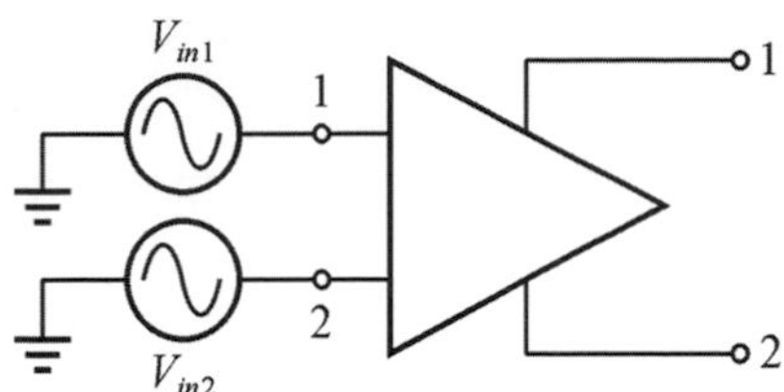

圖 7-15　差動放大器共模輸入模式

② 各輸出端之信號為 2 等幅之反相信號所組成，依重疊定理，因相互抵消故輸出為零。

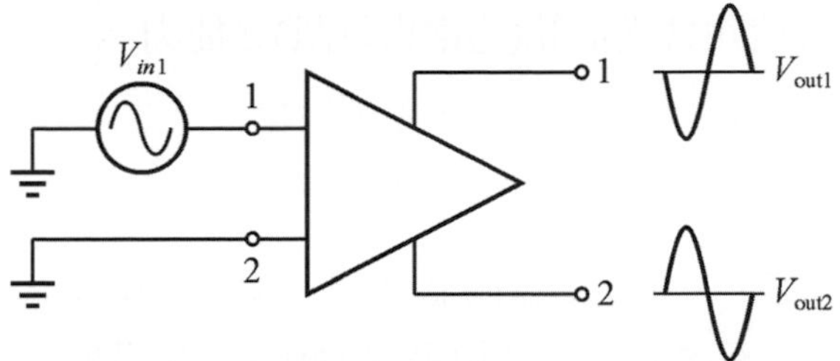

圖 7-16　差動放大器共模輸入模式－由 I/P_1 所造成之輸出

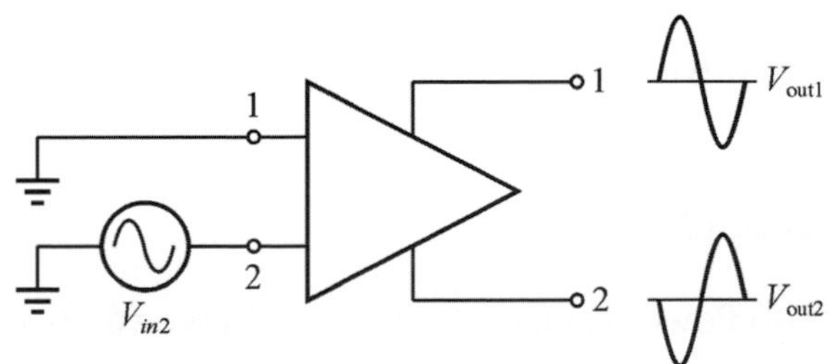

圖 7-17　差動放大器共模輸入模式－由 I/P_2 所造成之輸出

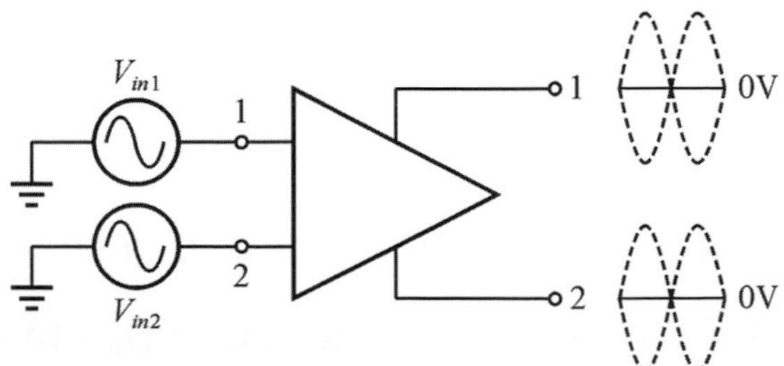

圖 7-18　差動放大器共模輸入模式－由 I/P_1 及 I/P_2 所共同造成之輸出

[Note： S/N 比(Signal／Noise Ratio)係指：訊號振幅與雜訊振幅的比值，i.e. $\frac{S}{N}=\frac{V_{Signal}}{V_{Noise}}$ 。一放大器應能提高 S/N 比，將信號放大、將雜訊衰減，若同時放大訊號以及雜訊，是不能改善 S/N 比的。故可知訊號應採差動輸入，而雜訊則為共模輸入。**]**

5. 共模拒絕比(Common-Mode Rejection Ratio，CMRR)

   指放大器可消除共模信號(通常指雜訊)之能力。

$$\text{CMRR}=\frac{A_{v(d)}}{A_{v(c)}}$$

$A_{v(d)}$：差動增益。

$A_{v(c)}$：共模增益。

[Note： 理想狀況下，共模增益的值為零，但因差動放大器電路左右兩側的元件值不會完全對稱相等，故實際上共模增益的值不會為零。**]**

或 $$\text{CMRR(dB)}=20\log\frac{A_{v(d)}}{A_{v(c)}}\ \text{dB}$$

[Note： 增益 dB 值的計算：

功率增益(Power Gain)：$G_P=\frac{P_{out}}{P_{in}}$ ，Power(dB)=10log(Power)dB

揚聲器的輸出音量與輸入信號的電功率大小成正比，而人耳對音量大小的變化呈近似指數函數變化，故電功率的大小常以對數來表示，並以「貝(Bel)」為單位：$G_P=\log_{10}\left(\frac{P_{\text{out}}}{P_{\text{in}}}\right)\text{Bel}$。

因功率的數值通常很大，故以其十分之一(10^{-1}，即「分，deci」)為常用單位，稱為「分貝(deci-Bel，dB)」：$G_P=10\times\log_{10}\left(\frac{P_{\text{out}}}{P_{\text{in}}}\right)\text{dB}$。

若以信號的電壓值(v)來計算增益時，

$$\because p=\frac{v^2}{R}$$

$$\therefore G_P=10\times\log_{10}\left(\frac{P_{\text{out}}}{P_{\text{in}}}\right)=10\times\log_{10}\left[\frac{\left(\frac{{v_{\text{out}}}^2}{R}\right)}{\left(\frac{{v_{\text{in}}}^2}{R}\right)}\right]=10\times\log_{10}\left[\frac{v_{\text{out}}}{v_{\text{in}}}\right]^2$$

$$=20\times\log_{10}\left[\frac{v_{\text{out}}}{v_{\text{in}}}\right]\text{。}$$

若以信號的電流值(i)來計算增益時，

$$\because p=i^2\times R$$

$$\therefore G_P=10\times\log_{10}\left(\frac{P_{\text{out}}}{P_{\text{in}}}\right)=10\times\log_{10}\left[\frac{(i_{\text{out}})^2\times R}{(i_{\text{in}})^2\times R}\right]=10\times\log_{10}\left[\frac{i_{\text{out}}}{i_{\text{in}}}\right]^2$$

$$=20\times\log_{10}\left[\frac{i_{\text{out}}}{i_{\text{in}}}\right]\text{。}$$]

例 7-1

一放大器之 $A_{v(d)}=2000$，$A_{v(c)}=0.2$，求該放大器 CMRR 之 dB 值。

<Sol>

$$\text{CMRR}=\frac{A_{v(d)}}{A_{v(c)}}=\frac{2000}{0.2}=10000$$

$$\text{CMRR(dB)}=20\log(\frac{2000}{0.2})=20\times 4=80\,\text{(dB)}$$

[**Note：** CMRR=10000 意即經放大後的 S/N 爲放大前 S/N 的 10000 倍，而不是放大後差動信號之振幅爲共模信號振幅之 10000 倍。]

例 7-2

一差動放大器之 CMRR=30000，$A_{v(d)}=2500$，於一工作環境中有 $1V_{rms}$，60Hz 之雜訊，求該放大器之(1)共模增益 $A_{v(c)}$，(2)CMRR 之 dB 值，(3)於 I/P_1 輸入一 $500\mu V_{rms}$ 之信號，I/P_2 接地，求輸出信號大小(以 rms 表示)，(4)於 I/P_1 輸入一 $500\mu V_{rms}$ 之信號，而於 I/P_2 輸入一等幅之反相信號，求輸出(以 rms 表示)，(5)求輸出端之干擾電壓(以 rms 表示)。

<Sol>

① $A_v(c)=\dfrac{A_{v(d)}}{\text{CMRR}}=\dfrac{2500}{30000}=0.083$

② $\text{CMRR(dB)}=20\log 30000=89.5\,\text{(dB)}$

③ $V_{out(single)}=A_{v(d)}\times V_{(d)}=2500\times(500\mu V_{rms}-0)=1.25V_{rms}$

④ $V_{out(diff)}=A_{v(d)}\times V_{(d)}=2500\times[500\mu V_{rms}-(-500\mu V_{rms})]=2.5V_{rms}$

⑤ $V_{out(cm)}=A_{v(c)}\times V_{(c)}=0.083\times 1=0.083\,(V_{rms})$

6. 運算放大器之構成

(1) 由二級差動放大器加一級射極隨偶器(Emitter follower)組合而成。如圖 7-19 所示。

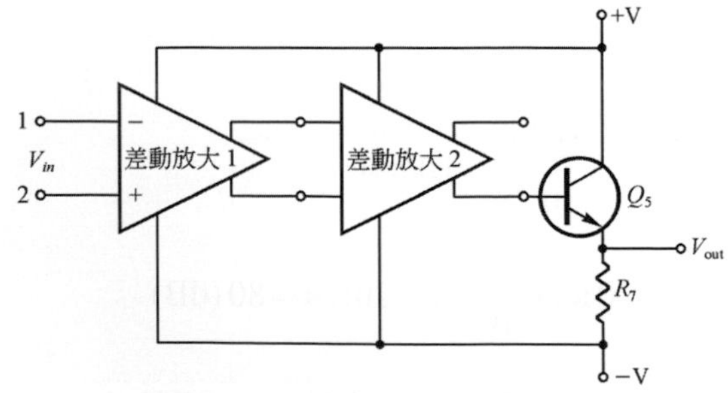

圖 7-19 運算放大器之構成圖

(2) 第一級可為差動或單端輸入，其輸出則饋至第二級之輸入端。第二級則為單端輸出，其輸出饋至一級射極隨偶器(理想之輸出阻抗為零)，如圖 7-20 所示。

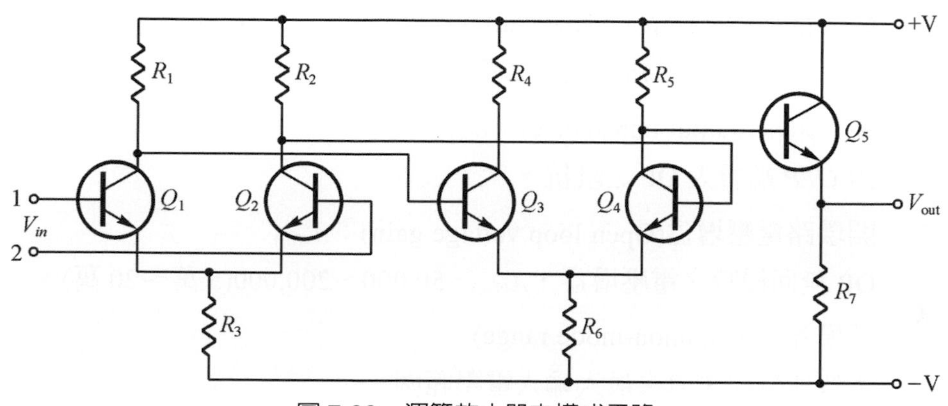

圖 7-20　運算放大器之構成電路

7.3 運算放大器參數(Parameters)

1. 輸入抵補電壓(Input offset voltage)：V_{OS}

$$V_{out}=I_{C1}R_C-I_{C2}R_C=V_{os}\ @I/P=0$$(兩輸入端均接地)。

2. 輸入抵補電壓漂移量(Input offset voltage drift)：V_{OSD}

V_{OSD}：環境溫度每變化 1℃，V_{OS}的漂移量。約為 5μV/℃～50μV/℃。

3. 輸入偏壓電流(Input bias current)：I_{Bias}

I_{Bias} = 堆動 OP 中第一級差動放大器(Diff-Amp)所需電流，即差動放大器中電晶體之 I_B。

$$I_{Bias}=\frac{I_{B1}+I_{B2}}{2}$$

4. 輸入阻抗(Input impedance)：Z_{in}
   由 I/P 端看入 OP 之阻抗。隨輸入形式之不同，亦可分成 $Z_{in(diff)}$ 與 $Z_{in(com)}$ 兩種。
5. 輸入抵補電流(Input offset Current)：I_{OS}
   $I_{OS} = |I_1 - I_2|$，兩輸入電流之差值。
6. 輸出阻抗(output impedance)：Z_{out}
   由 O/P 端看入 OP 之阻抗。
7. 開環路電壓增益(Open loop voltage gain)：$A_{v(ol)}$
   OP 無回授時之電壓增益，$A_{V(ol)}$=50,000～200,000(5 萬～20 萬)
8. 共模範圍(Common-mode range)
   不致使輸出失真之最大輸入電壓範圍。
9. 共模拒絕比(Common-Mode Rejection Rate)：CMRR

$$\text{CMRR} = \frac{A_{v(ol)}}{A_{v(cm)}}$$

$$\text{CMRR(dB)} = 20\log\frac{A_{v(ol)}}{A_{v(cm)}}$$

例 7-3

一運算放大器之 $A_{V(ol)}$=100,000，$A_{V(cm)}$=0.25，求該放大器 CMRR 之 dB 值。

<Sol>

$$\text{CMRR(dB)} = 20\log\frac{100,000}{0.25} = 112\,\text{(dB)}$$

10. 轉換率(Slew Rate)：S.R.

輸入為步級(Step)信號時，運算放大器輸出之上升曲線的斜率。

$\text{S.R.}=\dfrac{\Delta V}{\Delta t}=\dfrac{V_{\max}-(-V_{\max})}{\Delta t}$ (V/μs)，旨在描述運算放大器時間響應的快慢。

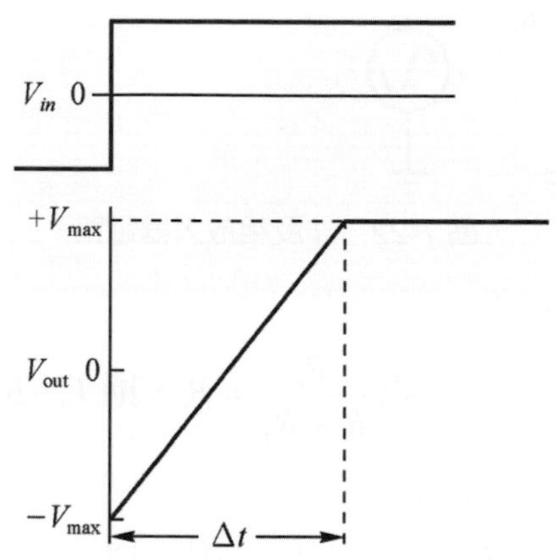

圖 7-21　運算放大器之轉換率

7.4 運算放大器構成之負回授放大電路 (OP-Amp with negative feedback)

1. 非反相放大器(Non-inverting Amp)
   (1) 信號由非反相輸入端輸入。
   (2) 電路：

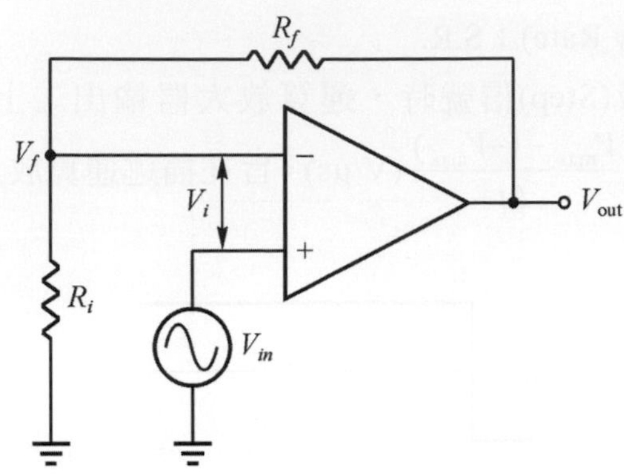

圖 7-22　非反相放大器電路

(3) 電壓增益：

$v_f = \dfrac{R_i}{R_i + R_f} v_{out}$，設 $\dfrac{R_i}{R_i + R_f} = B$，則 $V_f = Bv_{out}$

(B：Feedback gain)

而 $V_{out} = (V_{in} - V_f)A_{v(ol)} = (V_{in} - BV_{out})A_{v(ol)}$

$= V_{in}A_{v(ol)} - BA_{v(ol)} \times V_{out}$

$\Rightarrow \dfrac{V_{out}}{V_{in}} = \dfrac{A_{v(ol)}}{1 + BA_{v(ol)}} = A_{cl(NI)}$ ……非反相放大器之閉環路增益

若 $BA_{v(ol)} >> 1$ 則 $A_{cl(NI)} = \dfrac{1}{B}$，與 $A_{v(ol)}$無關。

例 7-4

一電路如圖 7-22，$A_{V(ol)} = 100{,}000$，$R_f = 100\text{k}\Omega$，$R_i = 5\text{k}\Omega$，求 $A_{cl(NI)} = ?$

<Sol>

$$B = \frac{R_i}{R_i + R_f} = \frac{5\text{k}}{100\text{k} + 5\text{k}} = 0.0476$$

$$A_{cl(NI)} = \frac{1}{B} = \frac{1}{0.0476} = 21$$

2. 電壓隨耦器(Voltage follower)

(1) 非反相放大器之反相輸入係由輸出直接回授。

(2) 電路：

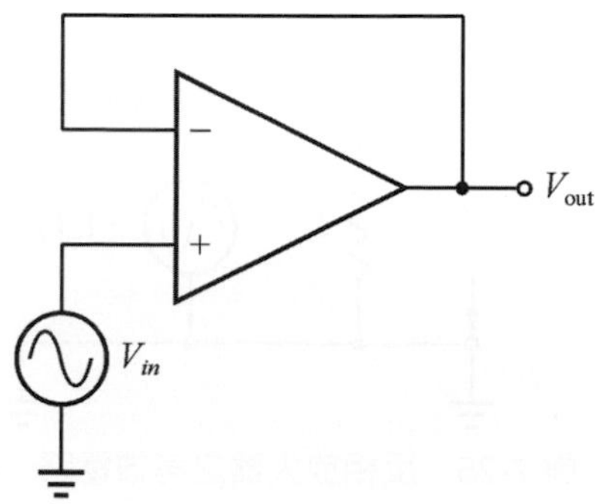

圖 7-23 電壓隨耦器電路

(3) 電壓增益：$A_{cl(VF)} = \dfrac{A_v}{1+A_v} \cong 1$

(4) Z_{in} 非常高，Z_{out} 非常低，可作爲阻抗緩衝器(Impedance buffer)之用。

3. 反相放大器(Inverting Amp)

(1) 信號經串聯電阻 R_i 後，由反相輸入端輸入，非反相端接地。

(2) 電路：

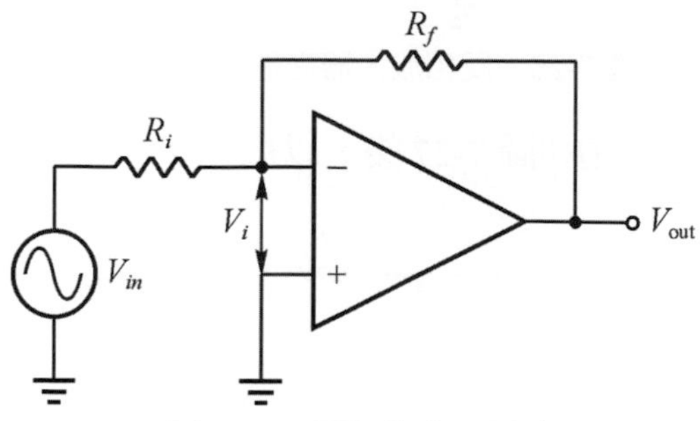

圖 7-24 反相放大器電路

(3) 電壓增益：

以運算放大器模型求反相放大器之等效電路，如圖 7-25 所示。

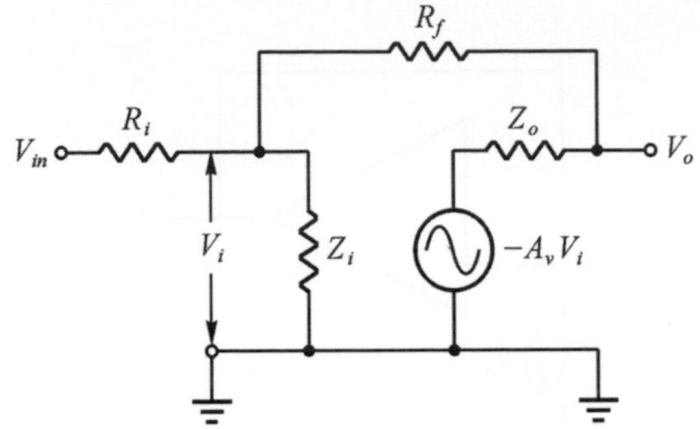

圖 7-25　反相放大器之等效電路

若為理想 OP，則 $Z_i = \infty$，$Z_{out} = 0$，以理想運算放大器模型將圖 7-25 化簡如圖 7-26。

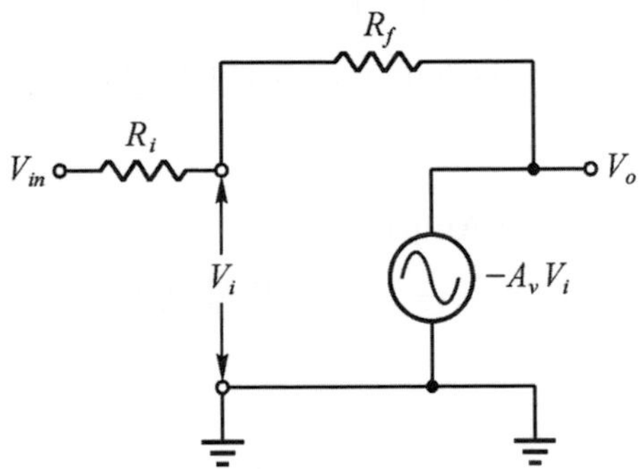

圖 7-26　反相放大器之理想等效電路

將圖 7-26 重繪如圖 7-27 後，以重疊定理(Superposition)法求 V_i。

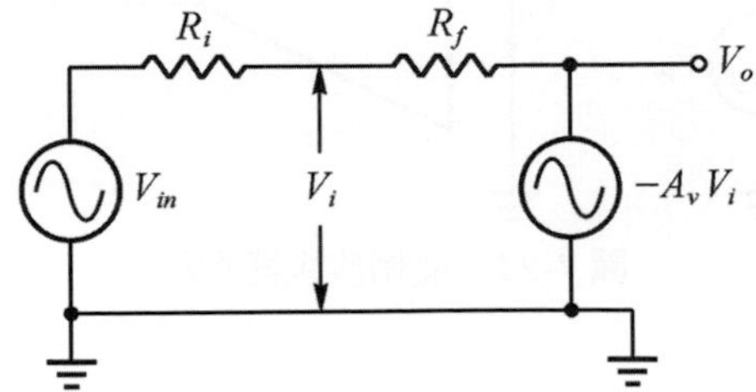

圖 7-27　重繪反相放大器之理想等效電路

① 求 V_{in} 的作用：將 A_vV_i 短路：

$$V_{i,V_{in}} = \frac{R_f}{R_i + R_f} V_{in}$$

② 求 A_vV_i 的作用：將 V_{in} 短路：

$$V_{i,A_vV_i} = -\frac{R_i}{R_i + R_f} A_vV_i$$

$$V_i = V_{i,V_{in}} + V_{i,A_vV_i} = \frac{R_f}{R_i + R_f} V_{in} - \frac{R_i}{R_i + R_f} A_vV_i$$

$$\Rightarrow V_i = \frac{R_f}{R_f + (1 + A_v)R_i} V_{in}$$

$\because A_v >> 1$，$\therefore 1 + A_v \approx A_v$，而 $A_vR_i >> R_f$，

$$\therefore V_i = \frac{R_f}{A_vR_i} V_{in}$$

$$\Rightarrow A_{cl(I)} = \frac{V_{out}}{V_{in}} = \frac{-A_vV_i}{\frac{A_vR_i}{R_f} V_i} = -\frac{R_f}{R_i}$$

例 7-5

一電路如圖 7-28，欲使 $V_{out}=-100V_{in}$，求 R_f。

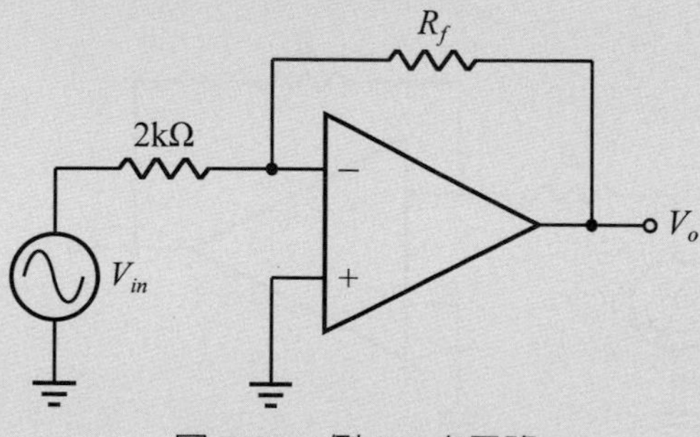

圖 7-28　例 7-5 之電路

<Sol>

$$\frac{V_{\text{out}}}{V_{\text{in}}}=\frac{-R_f}{R_i}=\frac{-R_f}{2\text{k}}=-100$$

$$\Rightarrow R_f=200\text{k}\Omega$$

7.5 虛接地(Virtual ground)

1. V_i=OP 兩輸入端之電位差 $=\frac{R_f}{A_v R_i}V_{\text{in}}$

   $\because A_v$ 甚大，故 $\frac{R_f}{A_v R_i}\approx 0$，$\therefore V_i\approx 0$

   若非反相輸入端為接地，因兩端電位差為零，則反相輸入端亦為接地(但事實上並沒有接地)，故稱虛接地。亦即指當 OP 為回授電路時，兩輸入端間之電位差約為零，而其間電流亦約為零(因 $Z_{\text{in}}\doteqdot\infty$)。

   虛接地的條件：$A_{v(ol)}$非常大。

[Note： 前一級之輸出信號不能太大，因會造成次一級之飽和或截止(saturation or cut-off)。**]**

2. 以虛接地觀念求反相放大器之電壓增益

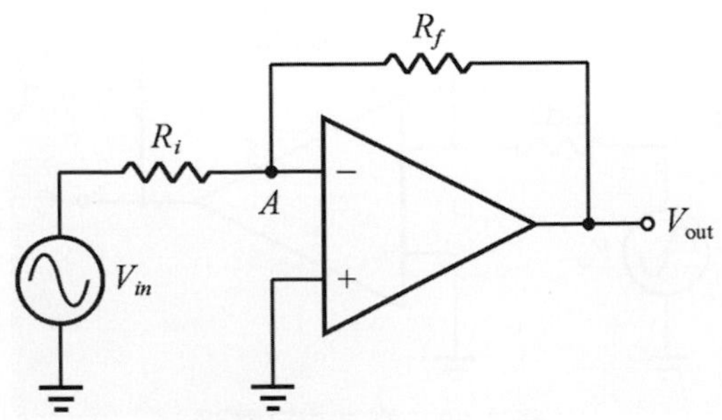

圖 7-29　以虛接地觀念求反相放大器之電壓增益

如圖 7-29，$\because Z_{\text{in}} = \infty$，$\therefore I_{R_i} = I_{R_f}$，

而 $I_{R_f} = \dfrac{V_{R_f}}{R_f} = \dfrac{-V_{\text{out}}}{R_f}$，$I_{R_i} = \dfrac{V_{\text{in}}}{R_i}$

$$\therefore \frac{-V_{\text{out}}}{R_f} = \frac{V_{\text{in}}}{R_i} \Rightarrow \frac{V_{\text{out}}}{V_{\text{in}}} = -\frac{R_f}{R_i} = A_{c\ell(I)}$$

3. 以虛接地觀念求電壓隨耦器之電壓增益

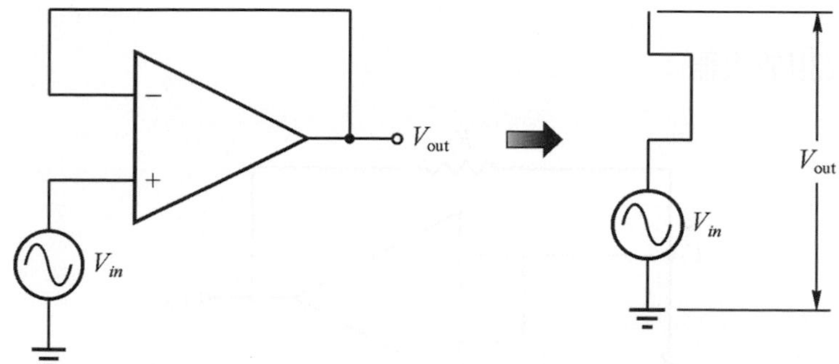

圖 7-30 以虛接地觀念求電壓隨耦器之電壓增益

如圖 7-30，$V_{\text{in}} = V_{\text{out}}$，$\dfrac{V_{\text{out}}}{V_{\text{in}}} = 1 = A_{cl(\text{VF})}$

4. 以虛接地觀念求非反相放大器之電壓增益

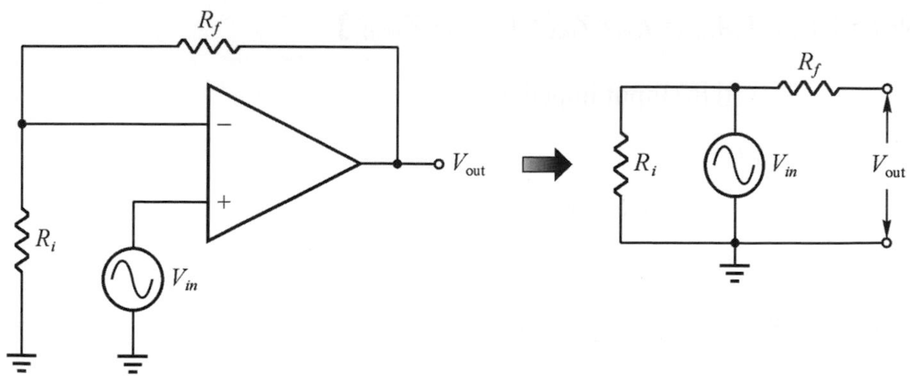

圖 7-31 以虛接地觀念求非反相放大器之電壓增益

如圖 7-31，$V_{\text{in}} = \dfrac{R_i}{R_i + R_f} V_{\text{out}}$

$$\frac{V_{\text{out}}}{V_{\text{in}}} = \frac{R_i + R_f}{R_i} = \frac{1}{B} = A_{c\ell(NI)}$$

7.6 負回授放大電路之輸出入阻抗

1. 非反相放大器：

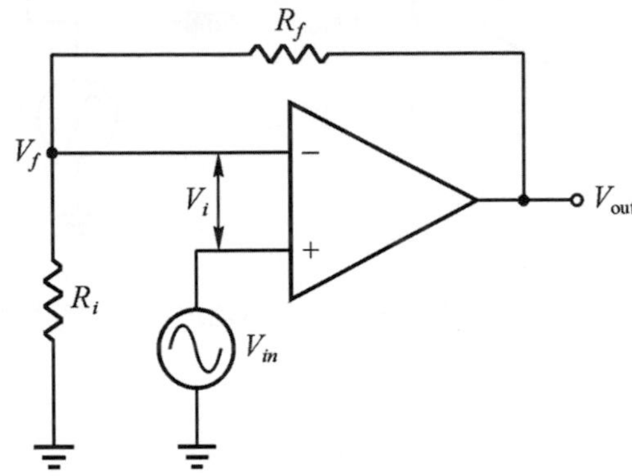

圖 7-32　非反相放大器

[**Note**：$V_{\text{out}}=V_i A_{v(ol)}=I_{\text{out}}\times Z_{\text{out}}$，$V_i=I_{\text{in}}\times Z_{\text{in}(ol)}$]

(1) 輸入阻抗(Input impedance)

$$V_i = V_{\text{in}} - V_f$$

$$\begin{aligned} V_{\text{in}} &= V_i + V_f = V_i + BV_{\text{out}} = V_i + B(V_i \times A_{v(ol)}) \\ &= V_i \times (1 + B \times A_{v(ol)}) = I_{\text{in}} Z_{\text{in}(ol)} \times (1 + B \times A_{v(ol)}) \end{aligned}$$

$$\Rightarrow \frac{V_{\text{in}}}{I_{\text{in}}} = Z_{\text{in}(ol)}(1 + BA_{v(ol)})$$

$$\Rightarrow Z_{\text{in}(NI)} = Z_{\text{in}(ol)}(1 + BA_{v(ol)}) >> Z_{\text{in}(ol)}$$

(2) 輸出阻抗(Output impedance)

[Note： $V_{out(NI)} = I_{out} \times Z_{out(NI)}$ ，$V_{out(ol)} = I_{out} \times Z_{out(ol)}$ **]**

$$V_{out(NI)} = (V_{in} - V_f)A_{v(ol)} = (V_{in} - BV_{out(NI)})A_{v(ol)}$$
$$[1 + BA_{v(ol)}]V_{out(NI)} = V_{in}A_{v(ol)}$$
$$[1 + BA_{v(ol)}]I_{out}Z_{out(NI)} = V_{out(ol)}$$

[Note： $V_{in}A_{v(ol)}$爲開環路之輸出電壓**]**

$$[1 + BA_{v(ol)}]Z_{out(NI)} = \frac{V_{out(ol)}}{I_{out}} = Z_{out(ol)} \Rightarrow Z_{out(NI)} = \frac{Z_{out(ol)}}{1 + BA_{v(ol)}} << Z_{out(ol)}$$

例 7-6

某 OP 之 Z_{in}=2MΩ，Z_{out}=75Ω，$A_{v(ol)}=2\times10^5$，R_i=10kΩ，R_f=200kΩ，求(1)構成非反相放大器後之輸入與輸出阻抗，(2)$A_{v(NI)}$。

<Sol>

$$B = \frac{R_i}{R_i + R_f} = \frac{10\text{k}}{10\text{k} + 200\text{k}} = 0.048$$

① $Z_{in(NI)} = Z_{in(ol)}[1 + BA_{v(ol)}] = 2\text{M} \times [1 + 0.048 \times 2 \times 10^5]$

$= 19,202\,\text{M}(\Omega)$

$$Z_{out(NI)} = \frac{Z_{out(ol)}}{[1 + BA_{v(ol)}]} = \frac{75}{1 + 0.048 \times 2 \times 10^5} = 0.0078\,(\Omega)$$

② $A_{v(NI)} = 1 + \dfrac{R_f}{R_i} = 21$

2. 電壓隨耦器：

因 $B=1$ (NI 之 $B<1$)，故

(1) $Z_{\text{in}(VF)}=[1+A_{v(ol)}]\times Z_{\text{in}}>Z_{\text{in}(NI)}$

(2) $Z_{\text{out}(VF)}=\dfrac{Z_{\text{out}}}{1+A_{v(ol)}}<Z_{\text{out}(NI)}$

例 7-7

某 OP 之 $Z_{\text{in}}=2\text{M}\Omega$，$Z_{\text{out}}=75\Omega$，$A_{v(ol)}=2\times10^5$，$R_i=10\text{k}\Omega$，$R_f=200\text{k}\Omega$，求構成電壓隨耦器後之輸入與輸出阻抗。

<Sol>

$$Z_{\text{in}(VF)}=[1+A_{v(ol)}]\times Z_{\text{in}}=(1+200,000)\times 2\text{M}\Omega=400,000\ \text{M}\Omega$$

$$Z_{\text{out}(VF)}=\frac{Z_{\text{out}}}{1+A_{v(ol)}}=\frac{75}{1+200,000}=0.00038\,(\Omega)$$

3. 反相放大器：

(1) $Z_{\text{in}(I)}\cong R_i$

(2) $Z_{\text{out}(I)}\cong Z_{\text{out}(ol)}$

例 7-8

某 OP 之 $Z_{in}=4M\Omega$，$Z_{out}=50\Omega$，$A_{v(ol)}=50,000$，求(1)構成反相放大器後之輸入與輸出阻抗，(2)$A_{v(I)}$。

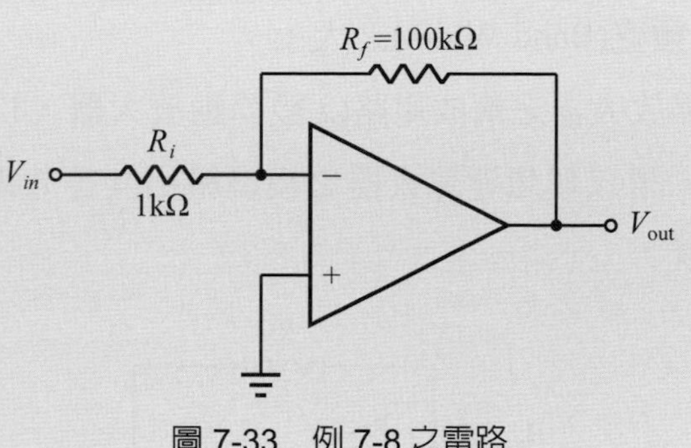

圖 7-33　例 7-8 之電路

<Sol>

① $Z_{in(I)} \cong R_i = 1\,k\Omega$

② $Z_{out(I)} \cong Z_{out(ol)} = 50\,\Omega$

③ $A_{cl(I)} = -\dfrac{R_f}{R_i} = -\dfrac{100k}{1k} = -100$

結論：

1. OP 之開環路輸出阻抗 [$Z_{out(ol)}$] 甚小，輸入阻抗 [$Z_{in(ol)}$] 甚大。
2. 非反相放大器之 [$Z_{out(NI)}$] 變更小，[$Z_{in(NI)}$] 變更大。
3. 非反相放大器之電壓隨耦電路(VF)，因 $B=1$ 故 [$Z_{out(VF)}$] 最小，[$Z_{in(VF)}$] 最大，故最適合作阻抗匹配之緩衝器(Buffer)，其 $A_{v(VF)}=1$。
4. 反相放大器之 [$Z_{out(I)}$] 等於 [$Z_{out(ol)}$]，而 [$Z_{in(I)}$] 則由外部之 R_i 決定。

習　題　EXERCISE

1. 請繪出理想運算放大器之模型，並說明(1)輸入阻抗(Input Impedance)，(2)輸出阻抗(Output Impedance)，(3)電壓增益(Voltage Gain)，(4)頻寬(Band Width)之大小。

2. 請繪出運算放大器之構成電路(2 級差動放大器，1 級射極隨耦器)。

3. 電路如圖，請以理想運算大器之模型繪出其等效電路並推導其閉環路電壓增益。

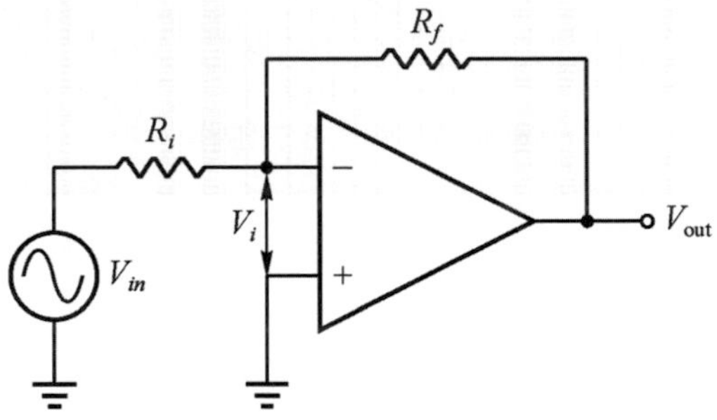

4. 電路如圖，請以理想運算大器之模型繪出其等效電路並推導其閉環路電壓增益。

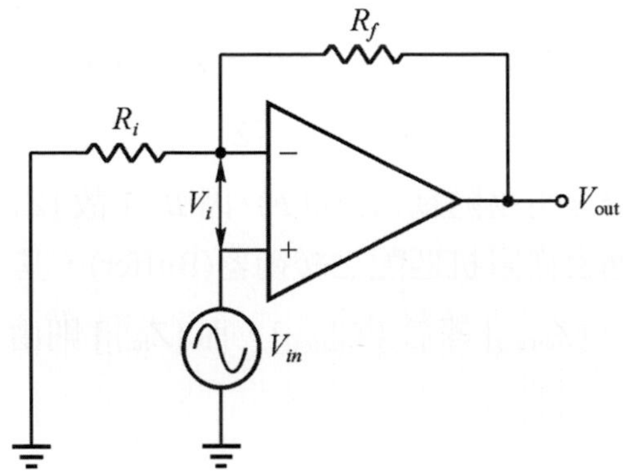

5. 某差動放大器之 CMRR=300,000，$A_{v(d)} = 2{,}500$，於工作環境中有 $1V_{rms}$，60Hz 之雜訊，求：(1)共模增益，(2)CMRR 之 dB 值，(3)輸入一個 $250\mu V_{rms}$ 之單端信號，輸出為何？(4)輸入一個 $500\mu V_{rms}$ 之差動信號，其輸出大小？(5)求輸出端之干擾電壓？

6. 某 OP 之開環路電壓增益為 $A_{v(ol)}$，輸入阻抗為 $Z_{in(ol)}$，輸出阻抗為 $Z_{out(ol)}$。現以該 OP 構成一非反相放大器，且該非反相放大器之輸入信號為 V_{in}，OP 兩輸入端之電位差為 V_i。求：(1)繪出電路，(2)推導該非反相放大器之電壓增益 $A_{v(NI)}$，(3)推導該非反相放大器之輸入阻抗 $Z_{in(NI)}$，(4)推導該非反相放大器之輸出阻抗 $Z_{out(NI)}$。

7. 某 OP 之開環路電壓增益為 $A_{v(ol)}$，輸入阻抗為 $Z_{in(ol)}$，輸出阻抗為 $Z_{out(ol)}$。現以該 OP 構成一反相放大器，且該反相放大器之輸入信號為 V_{in}，OP 兩輸入端之電位差為 V_i。求：(1)繪出電路，(2)推導該放大器之電壓增益 $A_{v(I)}$，(3)推導該放大器之輸入阻抗 $Z_{in(I)}$，(4)推導該放大器之輸出阻抗 $Z_{out(I)}$。

8. 以虛接地之觀念求反相放大器之 $Z_{in(I)}$，$Z_{out(I)}$，$A_{v(I)}$，並繪出電路。

9. 以 R_i 為輸入電阻，以 R_f 為回授電阻，請完成下表。(如要使用其他符號，請先定義。)

名稱	電路	電壓增益	輸出阻抗	輸入阻抗
開環路 OP		$A_{v(ol)}$	$Z_{out(ol)}$	$Z_{in(ol)}$
反相放大器(I)				
電壓隨耦器(VF)				
非反相放大器(NI)				

Electronics

8

運算放大器構成之應用電路

8.1 運算放大器基本應用電路

1. 非反相放大器：

   (1) 得到與輸入同相且放大$(1+\frac{R_1}{R_2})$倍之輸出。

   (2) a點的電位$=V_1$。

   (3) $I=\frac{V_1}{R_2}$。

   (4) $V_o=V_1+IR_1=(1+\frac{R_1}{R_2})\times V_1$。

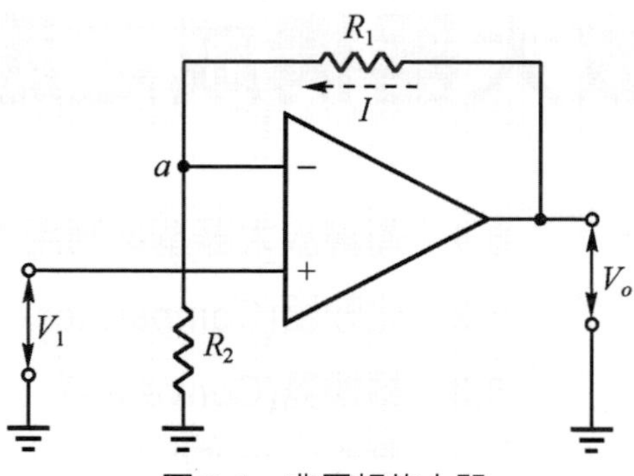

圖 8-1　非反相放大器

2. 電壓隨耦器(阻抗緩衝器)：

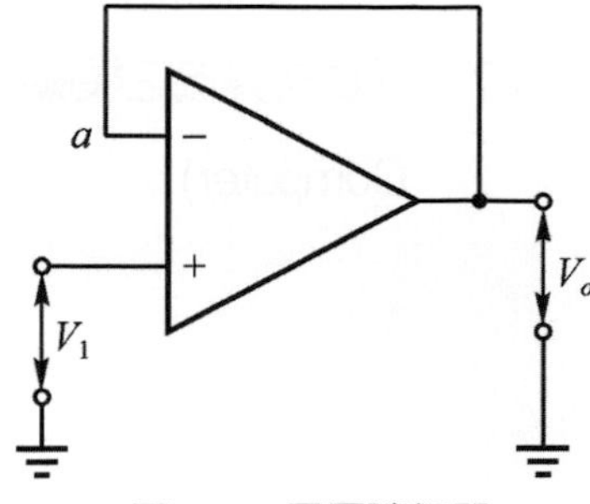

圖 8-2　電壓隨耦器

(1) 輸入阻抗非常高，輸出阻抗非常低，放大倍率為 1。

(2) a 點的電位 $=V_1$。

(3) $V_o=V_1$。

3. 反相放大器：

(1) 得到與輸入反相並放大 $\frac{R_1}{R_2}$ 倍之輸出。

(2) a 點的電位=0V。

(3) $I=\frac{V_1}{R_2}$ 。

(4) $V_o=0-IR_1=-\frac{R_1}{R_2}\times V_1$ 。

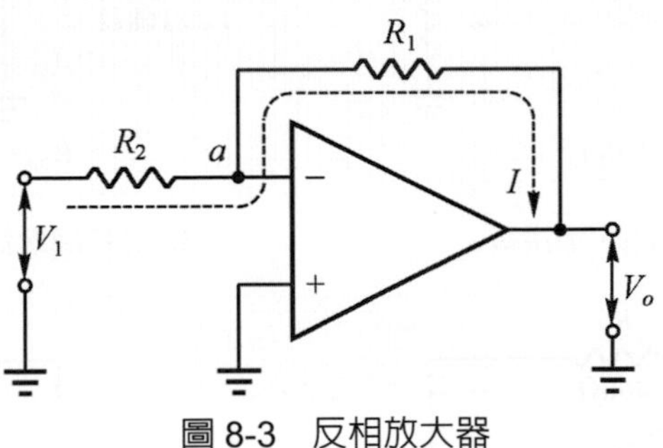

圖 8-3 反相放大器

4. 加法器：

OP Amp 可以做出具加法運算功能之電路，把兩個或兩個以上的直流或交流電壓波形相加求其和。這種執行加法運算之電路，稱之為加法器。基本加法器電路如圖 8-4 所示。

(1) 得到輸入電壓 V_1、V_2 之加算輸出。

(2) a 點的電位=0V。

(3) $I=\frac{V_1}{R_2}+\frac{V_2}{R_2}=\frac{1}{R_2}(V_1+V_2)$。

(4) $V_o=0-IR_1=-\frac{R_1}{R_2}(V_1+V_2)$。

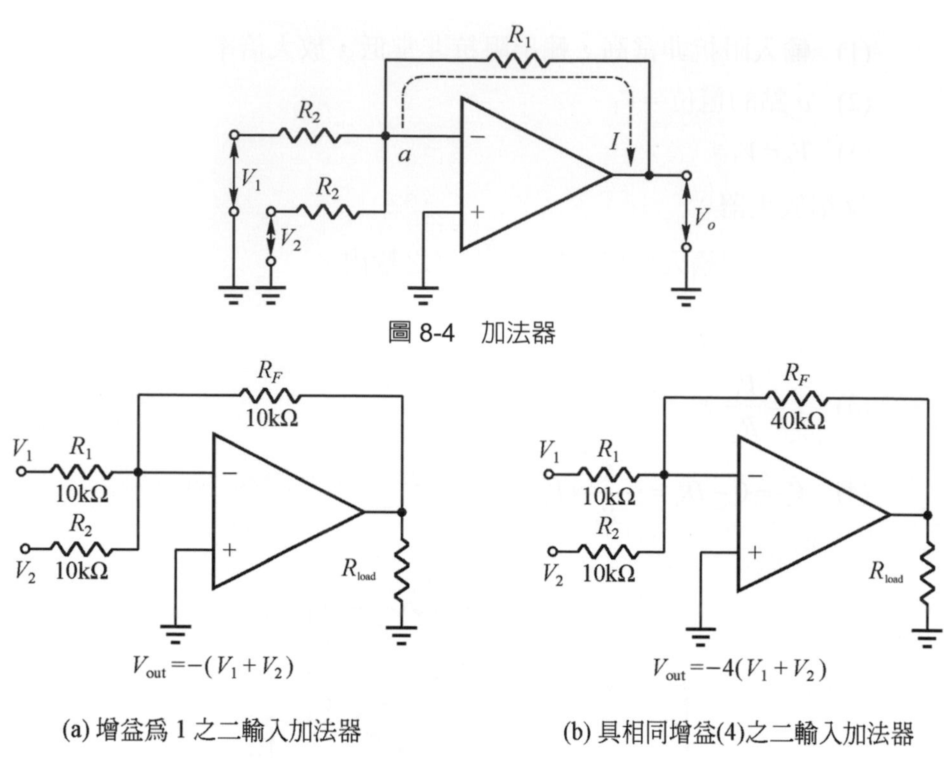

圖 8-4　加法器

(a) 增益為 1 之二輸入加法器

(b) 具相同增益(4)之二輸入加法器

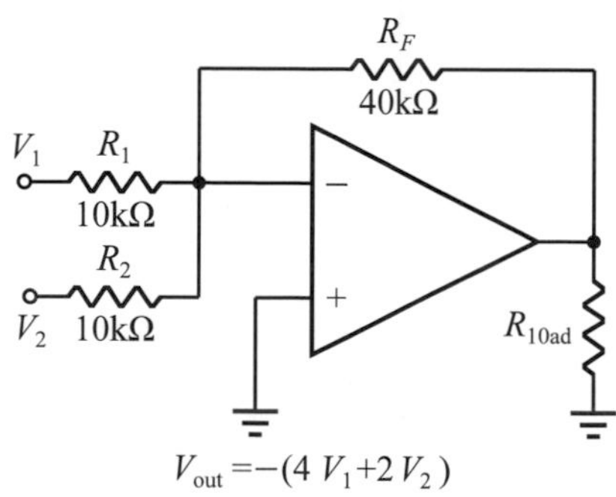

(c) 具不同增益之二輸入加法器

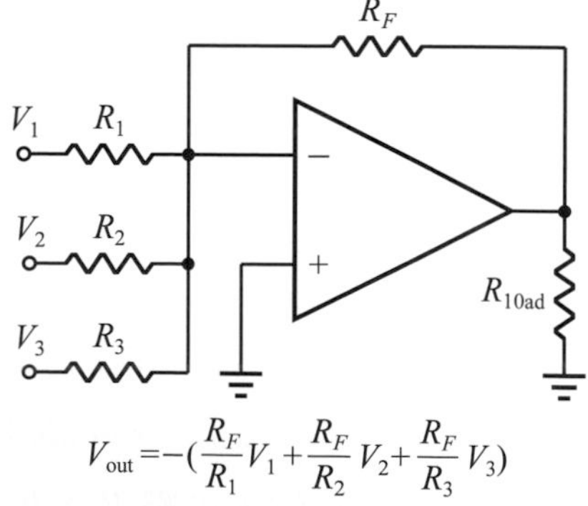

(d) 具不同增益之三輸入加法器

圖 8-5　各型加法器

以圖 8-5 來說明加法器之原理及使用方法。於圖 8-5(a)中，該電路為反向放大器之架構，輸入信號 V_1 造成之輸出為 $V_{\text{out1}} = -(\frac{10\text{k}}{10\text{k}} \times V_1)$；

同理，輸入信號 V_2 造成之輸出為 $V_{out2} = -(\frac{10k}{10k} \times V_2)$。根據重疊定理可得該電路之輸出為

$$V_{out} = V_{out1} + V_{out2} = -(\frac{10k}{10k} \times V_1) - (\frac{10k}{10k} \times V_2) = -(V_1 + V_2)$$

圖 8-5(b)～(d)之輸出可以相同觀念導得。

例 8-1

在圖 8-5 之(d)圖中，假設 $R_1 = 8k\Omega$，$R_2 = 6k\Omega$，$R_3 = 12k\Omega$，$R_F = 24k\Omega$，輸入電壓 $V_1 = -0.6V$，$V_2 = +0.5V$，$V_3 = -1.2V$，求 V_{out}？

<Sol>

$$-V_{out} = \frac{R_F}{R_1}(V_1) + \frac{R_F}{R_2}(V_2) + \frac{R_F}{R_3}(V_3)$$

$$= \frac{24}{8}(-0.6V) + \frac{24}{6}(0.5V) + \frac{24}{12}(-1.2V) = -2.2V$$

$\therefore V_{out} = +2.2V$

5. 減法器(差動放大器)：

圖 8-6 所示為以 OP Amp 構成之差動放大器電路，它能把兩個未接地之輸入電壓差信號加以放大。輸出與輸入電壓之關係式如下式所示：

$$V_{out} = \frac{R_1}{R_2}(V_2 - V_1)$$

由上式可知 OP Amp 差動放大器之功能是放大兩輸入信號之電位差，而其電壓增益由外加電阻之大小來決定。

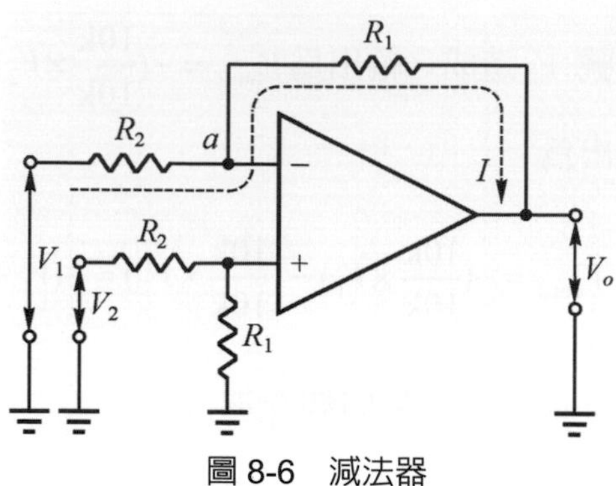

圖 8-6　減法器

(1) 得到(V_2-V_1)並且放大$\dfrac{R_1}{R_2}$倍之輸出。

(2) a點的電位$=\dfrac{R_1}{R_1+R_2}\times V_2$。

(3) $I=\dfrac{V_1-\dfrac{R_1}{R_1+R_2}\times V_2}{R_2}$。

(4) $V_o=\dfrac{R_1}{R_1+R_2}\times V_2-IR_1=\dfrac{R_1}{R_2}\left(V_2-V_1\right)$。

當使用 OP Amp 差動放大器時，兩輸入端的共模(Common mode)電壓有一極限，超過此最大共模電壓時，OP Amp 會被破壞。

6. 積分器

(1) 得到將輸入電壓對時間積分之輸出。

(2) a點的電位=0V。

(3) $I=\dfrac{V_1}{R}$，$V_C=\dfrac{Q}{C}$。

(4) $V_o=V_a-V_C=0-V_C=-\dfrac{Q}{C}=-\dfrac{1}{C}\times\int Idt$

$=-\dfrac{1}{C}\times\int\dfrac{V_1-V_a}{R}dt=-\dfrac{1}{RC}\int V_1\,dt$。

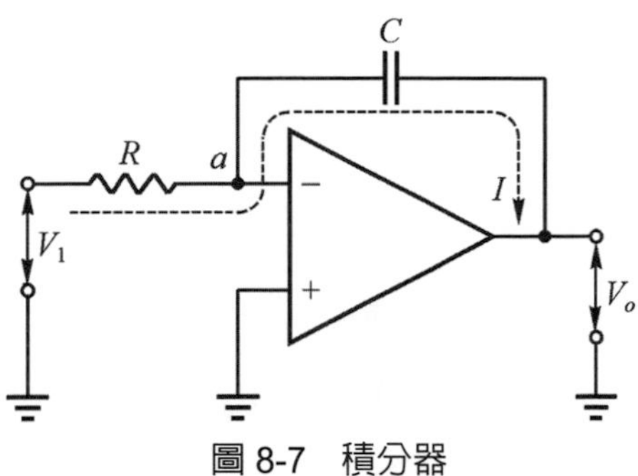

圖 8-7　積分器

7. 微分器

(1) 得到將輸入電壓對時間微分的輸出。

(2) a 點的電位=0V。

(3) $V_C = \dfrac{Q}{C} \Rightarrow Q = C \times V_C$，$I = \dfrac{dQ}{dt} = C\dfrac{dV_C}{dt}$ 。

(4) $V_o = V_a - V_R = 0 - IR = -C\dfrac{dV_C}{dt} \times R = -CR\dfrac{d(V_1 - V_a)}{dt} = -CR\dfrac{dV_1}{dt}$ 。

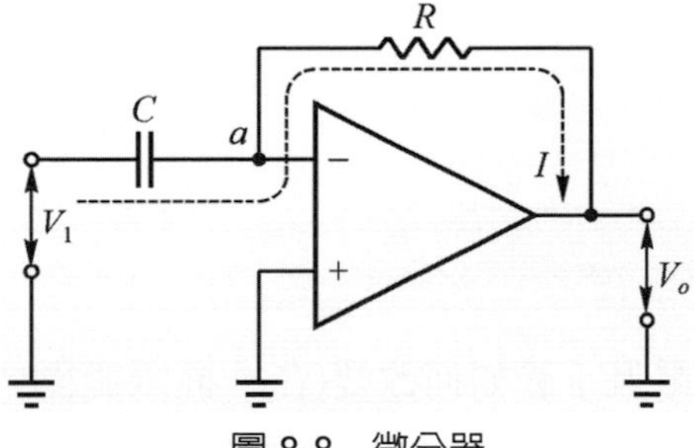

圖 8-8　微分器

8. V-I(電壓對電流)轉換器

電路經常需要在某一場合使電壓(信號)與電流保持一定關係，就理論上來說，只要使用一個固定的負載電阻即可達成要求。但在實際應用上，此法有許多缺點。圖 8-9 所示為電壓對電流之轉換器電路，根據差動輸入兩端視為虛零電位差之觀念，當 V_{in} 加於“+”輸入端時，則“－”輸入端亦同時為 V_{in}(虛接地的觀念)。因此流經 R_1 之電流為：

$$I_{R_1} = \frac{V_{\text{in}}}{R_1}$$

故只要 R_1 值不變，則 I_{R1} 也不會改變。

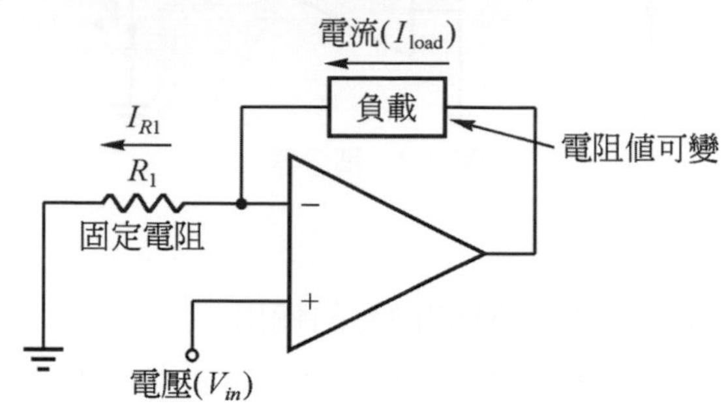

圖 8-9　電壓對電流轉換器

因為在 OP Amp 之兩輸入端虛接而無電流流過。所以

$$I_{R_1} = I_{\text{load}}$$

因此

$$I_{\text{load}} = \frac{V_{\text{in}}}{R_1}$$

公式說明負載電阻不管如何改變(在一極限範圍內)，負載電流總是與輸入電壓(信號)成正比例。根據這個特性可以得知 OP Amp 電壓對電流轉換器的另一優點就是可以將無法供應負載電流之電壓源 V_{in}(信號)的功能加以改進，因爲非反向放大器的 OP Amp 的輸入阻抗很高(數 MΩ)，電壓源 V_{in}(信號)足以推動此放大器即可，負載電流可由放大器供給。

9. *I*-*V*(電流對電壓)轉換器
   (1) 得到對應於輸入電流的輸出電壓(輸出電壓隨輸入電流而變化)。
   (2) *a* 點的電位=0V。

(3) $V_o = -IR$。

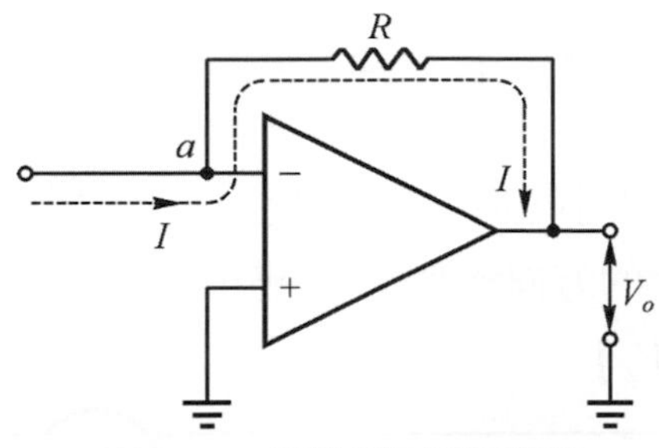

圖 8-10 電流對電壓轉換器

10. 峰值隨耦器

(1) 得到輸出電壓為輸入電壓之最大值。(可檢測輸入電壓之峰值)

(2) a 點的電位 $= V_{1\max}$。

(3) $V_o = V_{1\max}$。

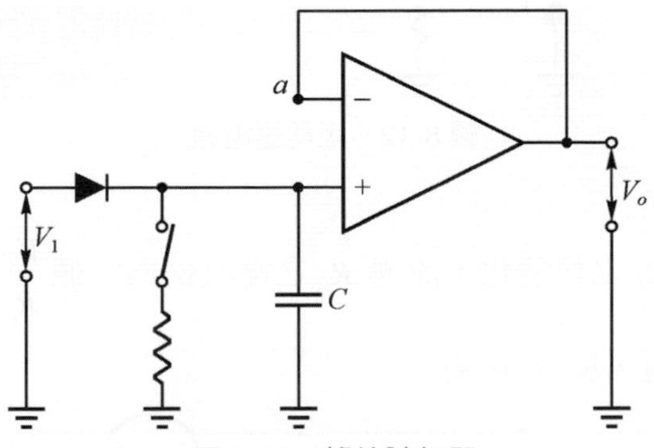

圖 8-11 峰值隨耦器

(4) 應用例：經本電路檢測輸入電壓之峰值後，可對該信號進行「正規化(Normalization)」。

11. 定電壓電源

(1) 即使輸入電壓變動(在一定範圍之內)，仍可得到電壓為 V_Z 值之輸出(但須 $V_1 \geq V_Z$)。

(2) a 點的電位$= V_Z$。

(3) $V_o = V_Z$。

(4) 以電晶體為調壓元件：$V_o = V_1 - V_{CE}$。若輸出電壓低於 V_Z，則 a 點的電位低於 V_Z，使得運算放大器之 V_i (兩輸入端之電位差)變大故輸出變大，運算放大器之輸出將電晶體推向飽和端，則電晶體之 V_{CE} 變小，從而使 V_o 變大。若輸出電壓 V_o 高於 V_Z，則以與上述相反的方向變動使 V_o 變小。故輸出可維持在定值。

[Note：V_1 必須大於 V_Z]

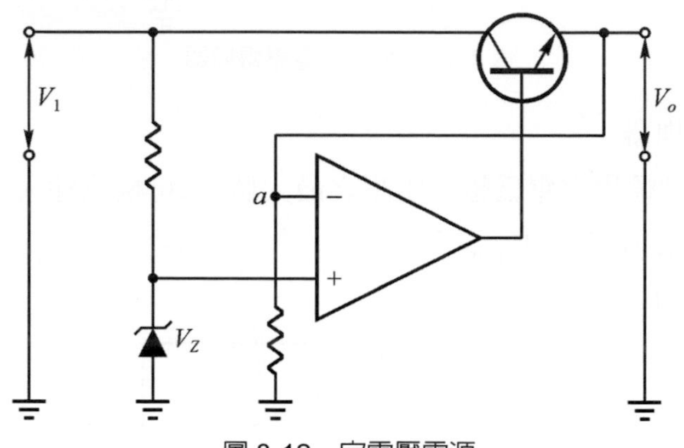

圖 8-12　定電壓電源

12. 定電流電源

(1) 即使 R_L 之值變化，流過 R_L 之電流仍為定值 $\frac{V_Z}{R_o}$，且該電流值由 R_o 決定，與 R_L 無關。

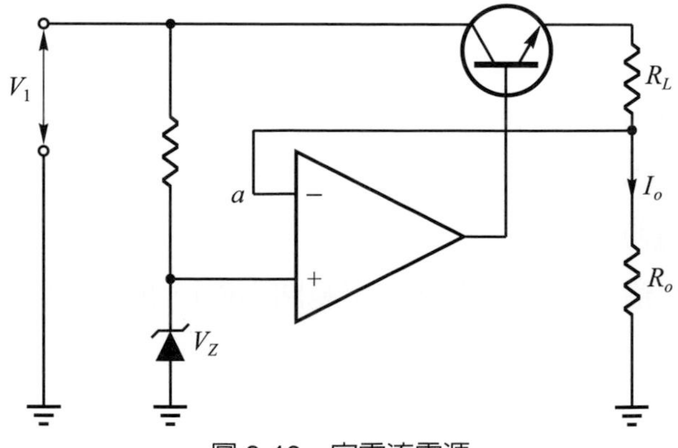

圖 8-13　定電流電源

(2) a 點的電位$=V_Z$。

(3) $I_o=\dfrac{V_Z}{R_o}$。

8.2 比較器(Comparator)

運算放大器經常用來作電壓比較之用，即將放大器接成開環路形式，一輸入端接輸入信號，一輸入端接參考電壓。

1. 零位檢測器(Zero-level detection)

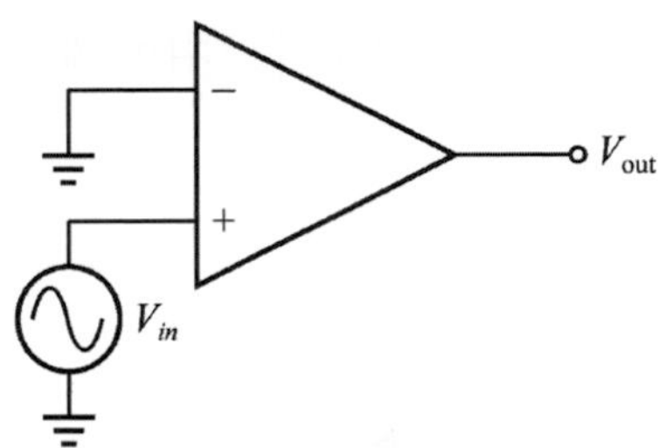

圖 8-14 零位檢測器

因運算放大器之開環路電壓增益非常大，只要 V_{in} 不爲零，則輸出即被推至最大值。故零位檢測器亦可作爲方波產生器，將正弦波輸入，變爲方波輸出。

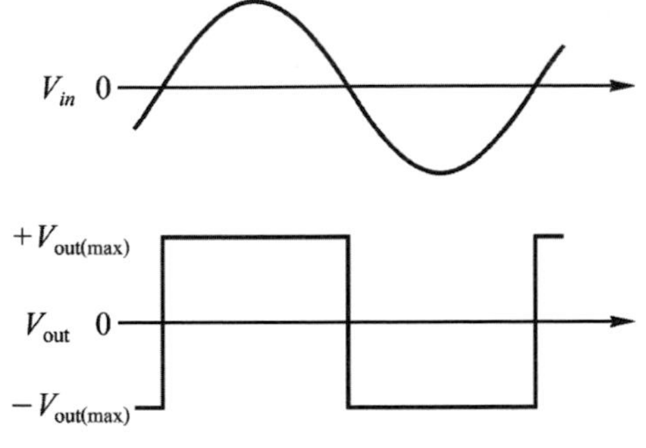

圖 8-15 零位檢測器之方波輸出

2. 非零位檢測器(Nonzero-level detection)

因零位檢測器僅能與零值比較，若欲與某非零之參考電壓比較則須使用非零位檢測器，如圖 8-16 所示。

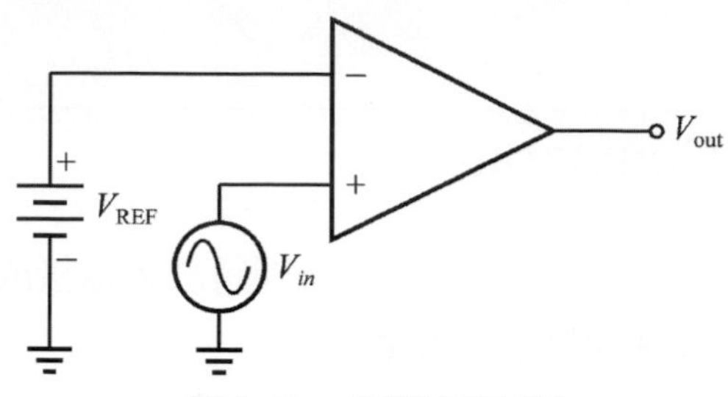

圖 8-16 非零位檢測器

非零位檢測器之參考電壓亦可以由可調式分壓器電路產生，如圖 8-17 所示。

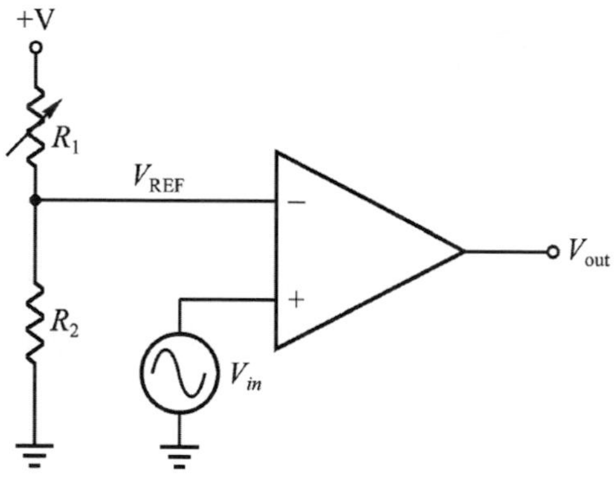

圖 8-17 可調式分壓器之非零位檢測器

非零位檢測器之輸出波形如圖 8-18 所示。

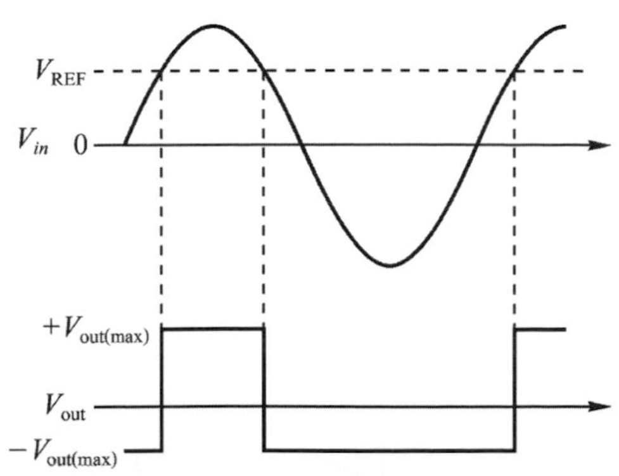

圖 8-18　非零位檢測器之輸出波形

3. 雜訊的影響

因運算放大器之開環路電壓增益非常大，若兩輸入端之電位差爲正則輸出爲正的最大值；反之，若兩輸入端之電位差爲負則輸出爲負的最大值。故信號在穿越參考電壓值時會因爲雜訊之變動而在參考電壓上下變動，因而造成雜訊輸出，如圖 8-19 所示。

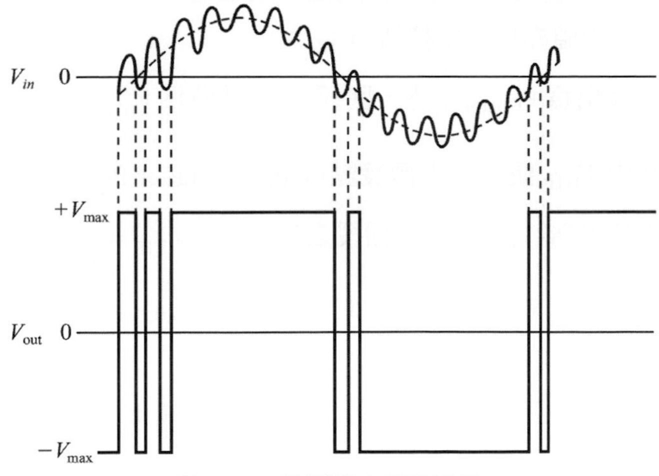

圖 8-19　檢測器之雜訊輸出

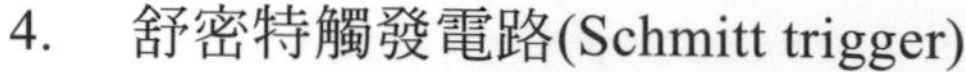

4. 舒密特觸發電路(Schmitt trigger)

為了解決檢測器之雜訊輸出的問題，舒密特觸發電路以變動比較器參考電壓值的方式，使信號在穿越參考電壓值時不會有雜訊輸出的現象。舒密特觸發電路如圖 8-20 所示。

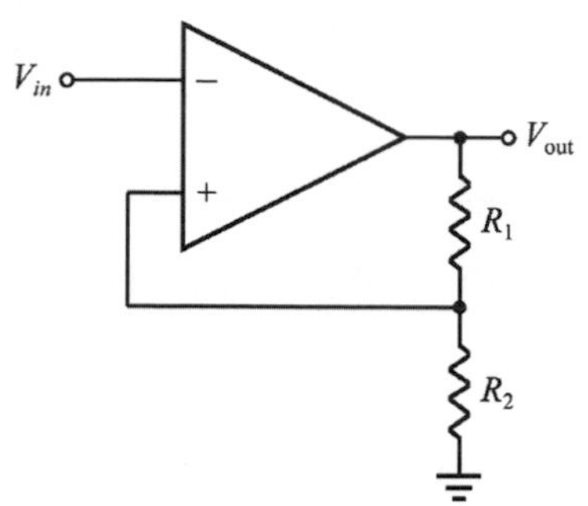

圖 8-20　舒密特觸發電路

因舒密特觸發電路中之運算放大器僅有$+V_{out(max)}$(當兩輸入端之電位差為正值時)及$-V_{out(max)}$ (當兩輸入端之電位差為負值時)兩種情形，故回授之參考值亦只有兩種情形：

(1) 當輸出為$+V_{out(max)}$時，回授之參考值為 $V_{UTP} = \dfrac{R_2}{R_1 + R_2} \times V_{out(max)}$，

其中 V_{UTP} 稱為「上激發點(Upper Trigger Point)」。

(2) 當輸出為$-V_{out(max)}$時，回授之參考值為 $V_{LTP} = \dfrac{R_2}{R_1 + R_2} \times [-V_{out(max)}]$，

其中 V_{LTP} 稱為「下激發點(Lower Trigger Point)」。

舒密特觸發電路的動作說明如下：

(1) 當輸出為$+V_{out(max)}$時，回授之參考值為 V_{UTP}，若信號小於 V_{UTP} 則兩輸入端之電位差為正值，輸出維持在$+V_{out(max)}$；一旦信號大於 V_{UTP} 則兩輸入端之電位差為負值，輸出變化成$-V_{out(max)}$，而回授之參考值立刻變為 V_{LTP}。故雜訊在 V_{UTP} 處跳動並不會使輸出轉態。如圖 8-21 所示。

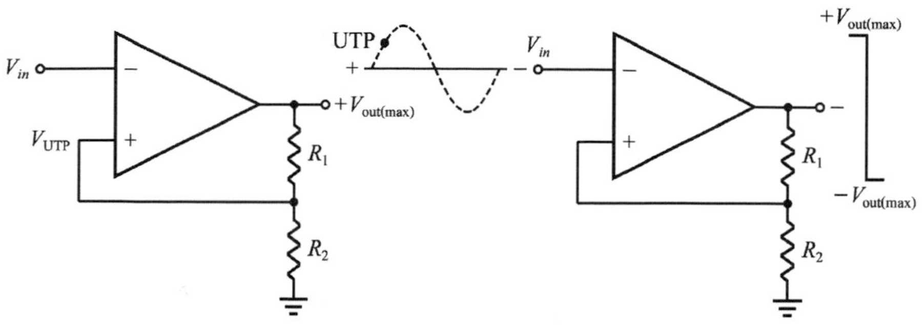

圖 8-21　舒密特觸發電路-輸出為 $+V_{out(max)}$

(2) 當輸出為 $-V_{out(max)}$時，回授之參考值為 V_{LTP}，若信號大於 V_{LTP} 則兩輸入端之電位差為負值，輸出維持在 $-V_{out(max)}$；一旦信號小於 V_{LTP} 則兩輸入端之電位差為正值，輸出變化成 $+V_{out(max)}$，而回授之參考值立刻變為 V_{UTP}。故雜訊在 V_{LTP} 處跳動並不會使輸出轉態。如圖 8-22 所示。

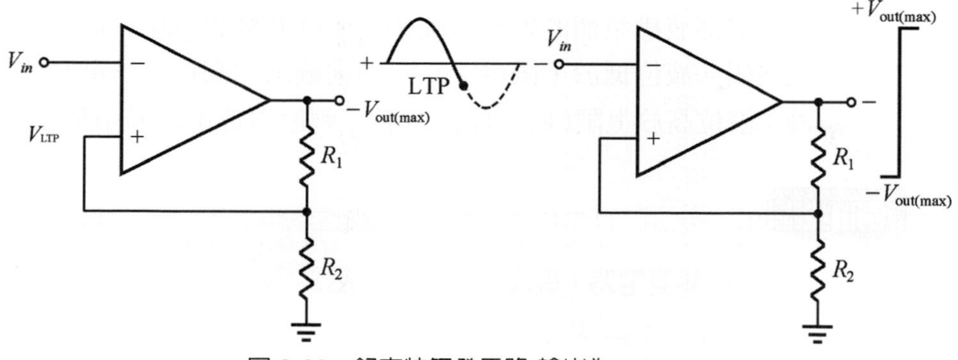

圖 8-22　舒密特觸發電路-輸出為$-V_{out(max)}$

(3) 故只有在信號觸及 V_{UTP} 或 V_{LTP} 時輸出才會轉態，如圖 8-23 所示。

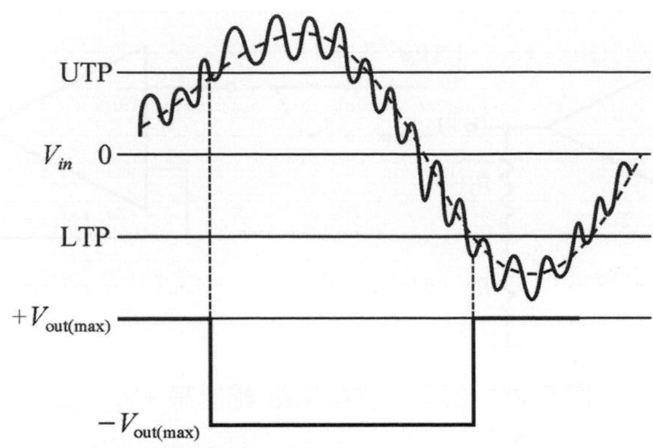

圖 8-23 只有在信號觸及 V_{UTP} 或 V_{LTP} 時輸出才會轉態

(4) V_{UTP} 與 V_{LTP} 間之區域稱為磁滯量(Hysteresis)：V_{HYS}

$V_{HYS}=V_{UTP}-V_{LTP}$

(5) 應用例：將液位檢測器輸出之電壓信號送入舒密特觸發電路，可操縱儲液槽泵浦的啓動與關閉，使儲液槽的液位介於上、下限之間。液位低於下限($V_{in}<V_{LTP}$)則輸出為高電位啓動泵浦注液；液位高於上限($V_{in}>V_{UTP}$)則輸出轉態為低電位關閉泵浦。

例 8-2

如圖 8-20 之舒密特觸發電路，假設 $R_1=R_2=100\text{k}\Omega$、$+V_{out(max)}=5\text{V}$、$-V_{out(max)}=-5\text{V}$ 求 V_{UTP}、V_{LTP} 及 V_{HYS} 之值？

<Sol>

$$V_{UTP}=\frac{R_2}{R_1+R_2}\times V_{out(max)}=\frac{100\text{k}}{100\text{k}+100\text{k}}\times 5=2.5(\text{V})$$

$$V_{LTP}=\frac{R_2}{R_1+R_2}\times[-V_{out(max)}]=\frac{100\text{k}}{100\text{k}+100\text{k}}\times(-5)=-2.5(\text{V})$$

$$V_{HYS}=V_{UTP}-V_{LTP}=2.5-(-2.5)=5(\text{V})$$

5. 輸出之限制(Output bounding)

在某些應用上，常須使比較器之輸出電壓比放大器飽和輸出電壓為低，意即具截波之功能。圖 8-24 所示為正值之輸出限制電路：當輸入信號為正時，輸出為負(由反相輸入端輸入)，故稽納二極體之兩端電壓左高右低為順偏，因而兩端電壓維持在 0.7V；當輸入信號為負時，輸出為正(由反相輸入端輸入)，故稽納二極體之兩端電壓右高左低為逆偏，因而兩端電壓維持在 V_Z。

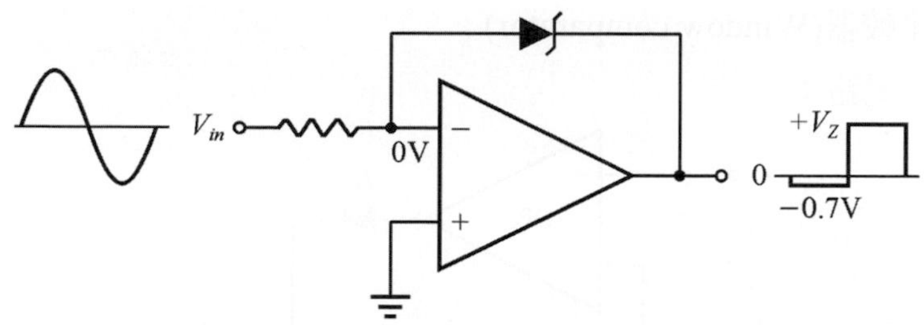

圖 8-24　正值之輸出限制電路

將圖 8-24 中之稽納二極體反向則成負值之輸出限制電路，如圖 8-25 所示。

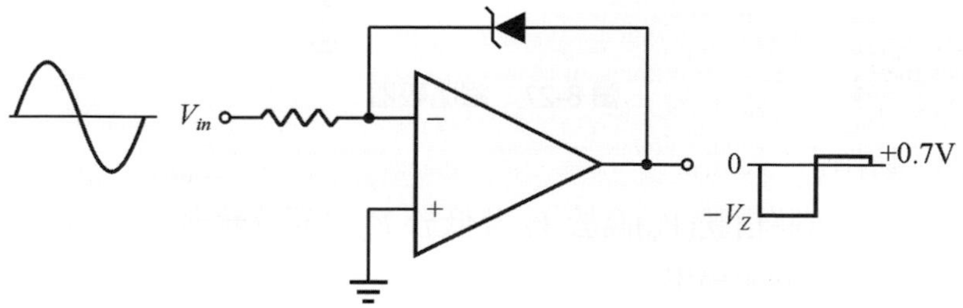

圖 8-25　負值之輸出限制電路

使用兩個稽納二極體串聯則成正、負值雙向之輸出限制電路，如圖 8-26 所示。

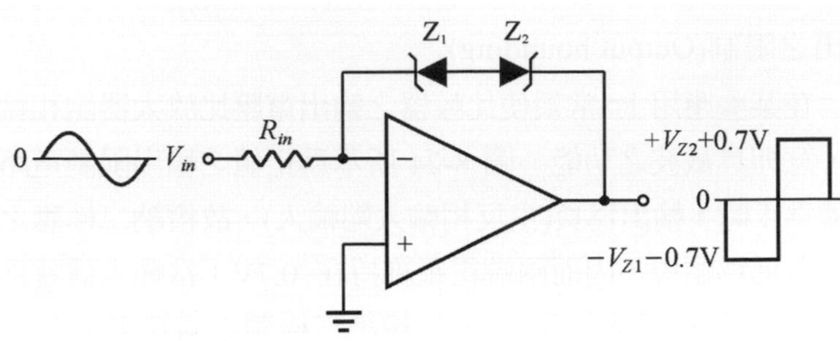

圖 8-26　雙向之輸出限制電路

6. 窗比較器(Window comparator)

(1) 電路：

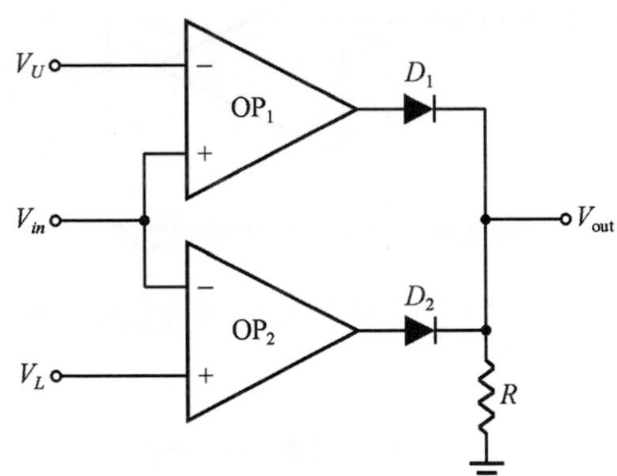

圖 8-27　窗比較器

(2) 動作：

① 可將信號(V_{in})高於 V_U 及低於 V_L 之部分輸出。V_U～V_L 之部分均爲 0 值輸出。

② 當 $V_{in}>V_U$，則 OP_1 被推向飽和輸出，D_1 順偏、D_2 逆偏。V_{out}= High。

③ 當 $V_{in}<V_L$，則 OP_2 被推向飽和輸出，D_1 逆偏、D_2 順偏。V_{out}= High。

④ 當 $V_U>V_{in}>V_L$，則 D_1、D_2 均逆偏，而 $V_{out}=0$。

(3) 輸出波形：

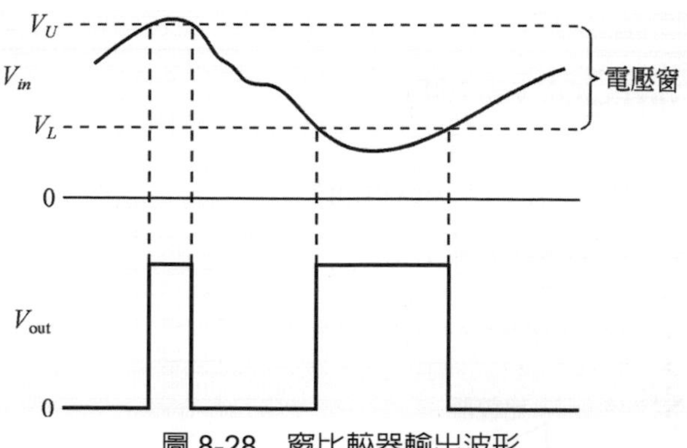

圖 8-28　窗比較器輸出波形

(4) 應用例：配合溫度感測器，可監控某裝置之操作溫度是否介於規定範圍，超出(高於或低於)範圍則比較器輸出為高電位，可驅動警示裝置(警示燈或警報器等)。

7. 超溫感測電路(Over-temperature sensing circuit)

(1) 電路：

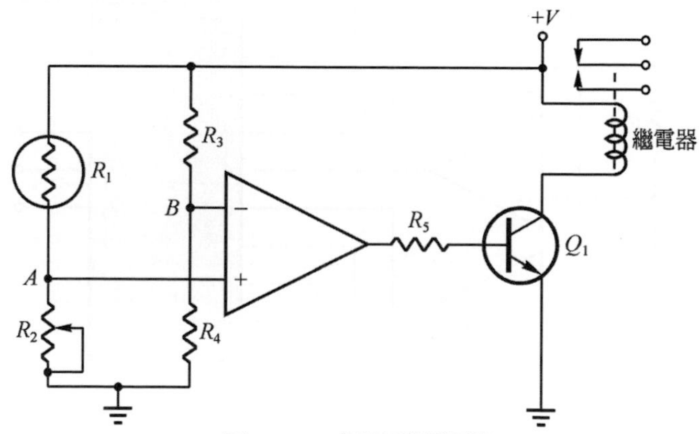

圖 8-29　超溫感測電路

(2) 動作：

① 感測器 R_1 為NTC型之熱敏電阻(Thermistor)，溫度愈高阻值愈小。

② 取 $R_3=R_4$，則 $V_B=\frac{1}{2}V$，$V_A=\frac{R_2}{R_1+R_2}\times V$

若溫度 T 高於設定值(由 R_2 設定)，則 $V_A>V_B$，使 OP 輸出至高電位而作動 Q_1。

③ Q_1 導通則可作動繼電器(Relay)，使接點換向。

8.3 轉換器(Converter)

1. 類比至數位轉換器(*A*/*D* converter)

   (1) 電路：如圖 8-30 所示。

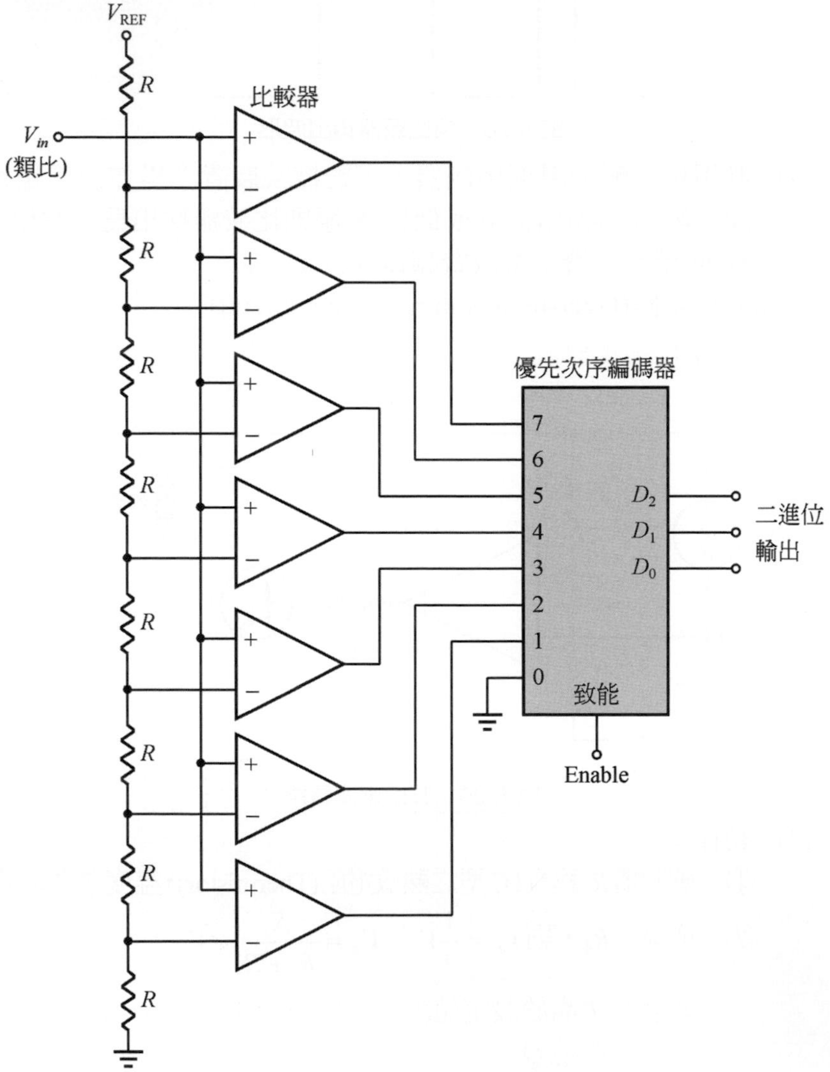

圖 8-30　類比至數位轉換器電路

① 8 個電阻 R 將 V_{REF} 等分成 8 個等級。

② 優先次序編碼器(Priority encoder)可依致能脈衝(Enable pulse)而作動，於致能脈衝爲 High edge 時取樣(Sample，請見本書第 13 章)，將 0～7 之輸入編成 3 位(D_0～D_2)之二進位輸出，並保持(Hold)至下一個 High edge。

③ n 位輸出需 2^n-1 個比較器。

④ 缺點：多位輸出需多個比較器。
優點：轉換(conversion)速度很快。

(2) 動作：如圖 8-31 所示。

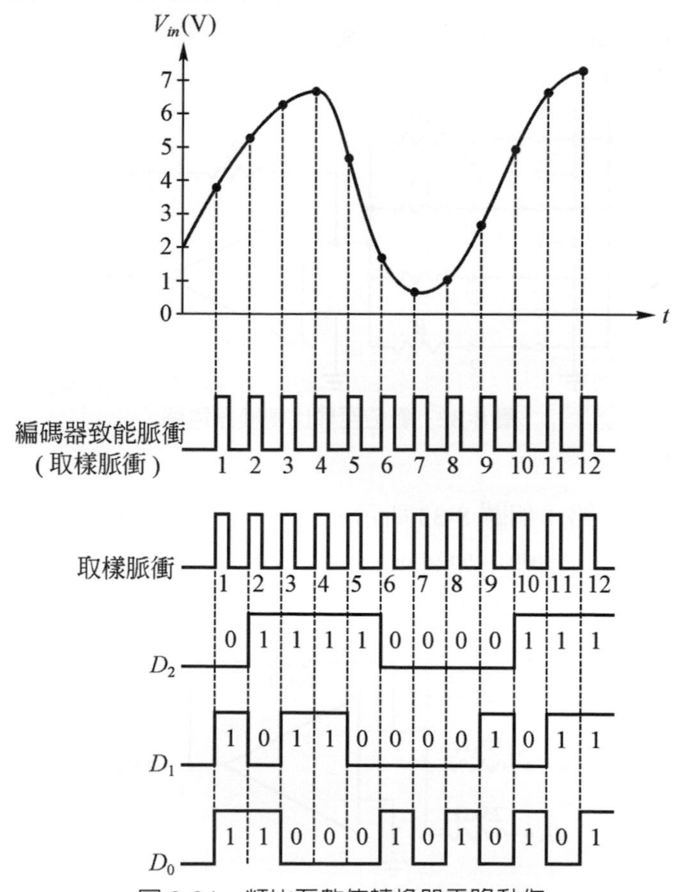

圖 8-31　類比至數位轉換器電路動作

① 第一點：$V_{in}=3.8V$，設轉換器之 $V_{REF}=8V$，編碼器輸入為 3；二進位輸出為 011，i.e. $D_2=0$，$D_1=D_0=1$。

② 第二點：$V_{in}=5.5V$，編碼器輸入為 5；二進位輸出為 101，$D_2=1$，$D_1=0$，$D_0=1$。

③ 此例之編碼器輸入電壓至少需變化 1V，才能使輸出之 LSB(Least Significant Bit)變化。

2. 數位至類比轉換器(*D*/*A* converter)

(1) 電路：如圖 8-32 所示。

① 此為四位(4-digit)之加權二進碼電阻式 *D*/*A* 轉換器。

② 其中之開關應為電晶體。

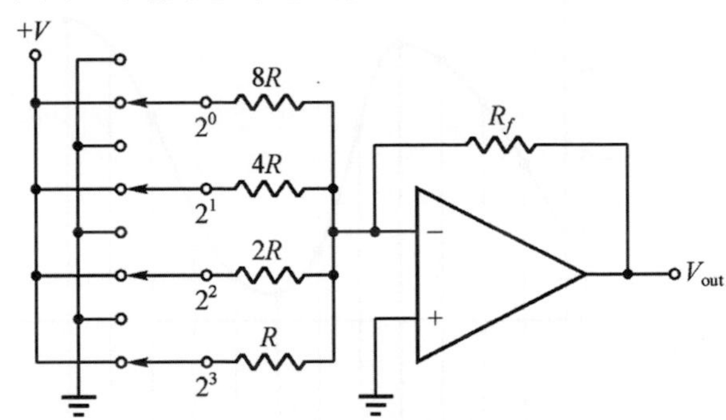

圖 8-32　數位至類比轉換器電路

(2) 例子

① 電路：如圖 8-33 所示。

② 輸入信號：如圖 8-34 所示。

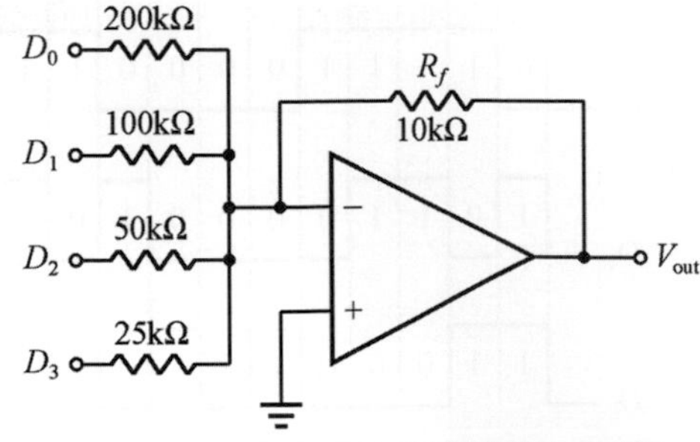

圖 8-33　數位至類比轉換器例子電路

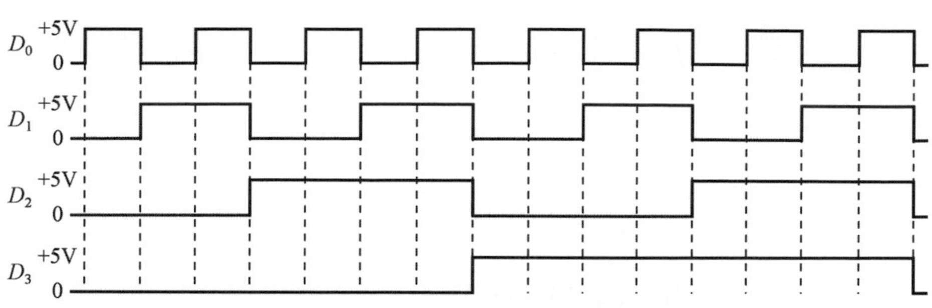

圖 8-34　數位至類比轉換器例子之輸入信號

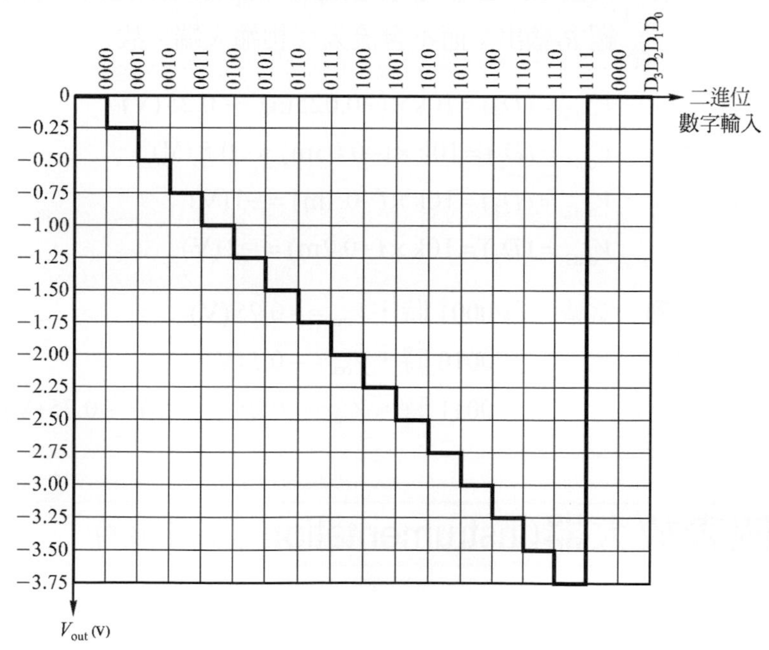

圖 8-35　數位至類比轉換器例子之輸出信號

③　說明

❶　因 OP 之正負輸入端爲虛接地，故各輸入端爲 High 時，以 5V 除以各電阻值，即爲流經各輸入電阻之電流。

$$I_0 = \frac{5}{200\text{k}} = 0.025\,\text{m(A)}$$
$$I_1 = \frac{5}{100\text{k}} = 0.05\,\text{m(A)}$$
$$I_2 = \frac{5}{50\text{k}} = 0.1\,\text{m(A)}$$
$$I_3 = \frac{5}{25\text{k}} = 0.2\,\text{m(A)}$$

❷ 又因 OP 之輸入阻抗(Input impedance)甚高，故電流會流經 R_f輸出，而不會流入反相輸入端。故

$$V_{\text{out0}} = (D_0) = 10\text{k} \times (-0.025\text{m}) = -0.25\,(\text{V})$$
$$V_{\text{out1}} = (D_1) = 10\text{k} \times (-0.05\text{m}) = -0.5\,(\text{V})$$
$$V_{\text{out2}} = (D_2) = 10\text{k} \times (-0.1\text{m}) = -1\,(\text{V})$$
$$V_{\text{out3}} = (D_3) = 10\text{k} \times (-0.2\text{m}) = -2\,(\text{V})$$

❸ 當輸入爲 0001 時，$V_{\text{out}} = -0.25\,(\text{V})$
0010 時，$V_{\text{out}} = -0.5\,(\text{V})$
0011 時，$V_{\text{out}} = -0.25 + (-0.5) = -0.75\,(\text{V})$

8.4 儀表放大器(Instrumentation amplifier)

1. 電路：
   (1) 由三個 OP Amp 及數個電阻所組成。
   (2) 其中 A_1 及 A_2 爲非反相放大器，具甚高之輸入阻抗，A_3 爲單位增益之減法器，輸出阻抗極低。
   (3) 此電路常製作成單一晶片之 IC，市場上可購得。
   (4) 此電路之特性：
      ① 高輸入阻抗(典型值約 300MΩ)。
      ② 高電壓增益。

③ 高 CMRR(典型值約 1000dB 以上)。

④ 常用於遙測之資料收集系統(Data acquisition system, DAS)。

⑤ 增益設定電阻 R_G 需外接。

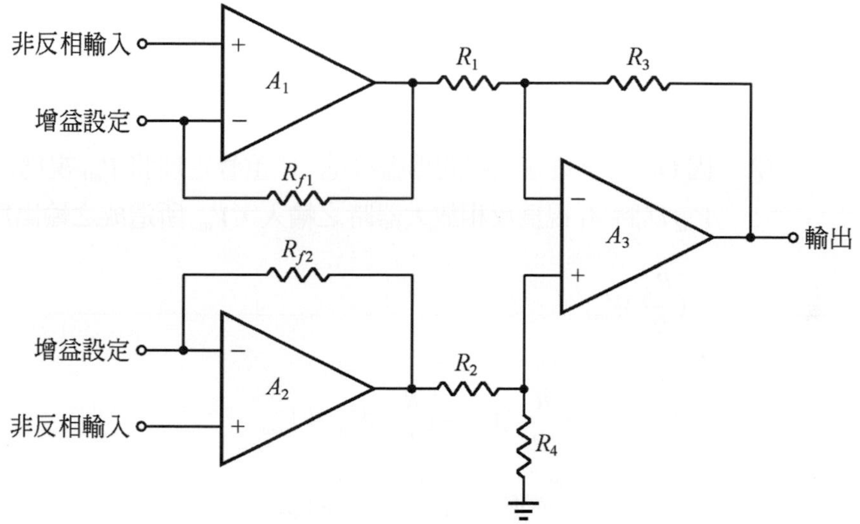

圖 8-36　儀表放大器電路

2. 動作：

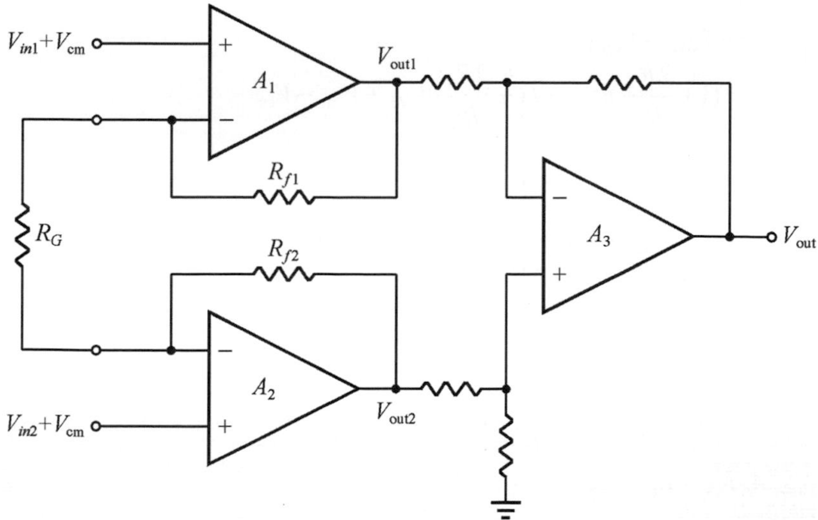

圖 8-37　儀表放大器電路之動作

(1) V_{out1}

① V_{in1}由A_1之非反相輸入端輸入，依重疊定理將V_{in2}視為接地，此時A_1為非反相放大器，V_{in1}所造成之輸出為：

$$(1+\frac{R_{f_1}}{R_G})V_{in1}$$

② 因 OP 之正負輸入端間為虛接地，依重疊定理將V_{in1}視為接地，V_{in2}為將A_1視為反相放大器時之輸入，V_{in2}所造成之輸出為：

$$-(\frac{R_{f_1}}{R_G})V_{in2}$$

③ $\therefore V_{out1}=(1+\frac{R_{f_1}}{R_G})V_{in1}-(\frac{R_{f_1}}{R_G})V_{in2}+V_{cm}$

(2) 同理$V_{out2}=(1+\frac{R_{f_2}}{R_G})V_{in2}-(\frac{R_{f_2}}{R_G})V_{in1}+V_{cm}$

(3) A_3之輸出電壓為 $V_{out2}-V_{out1}$

取 $R_{f1}=R_{f2}=R_f$

$\Rightarrow V_{out2}-V_{out1}$

$=(1+\frac{2R_f}{R_G})V_{in2}-(1+\frac{2R_f}{R_G})V_{in1}+V_{cm}-V_{cm}$

$=(1+\frac{2R_f}{R_G})(V_{in2}-V_{in1})$

(4) 閉環路增益 $A_{cl}=1+\frac{2R_f}{R_G}$

3. 選擇R_G來設定A_{cl}

$\because A_{cl}=1+\frac{2R_f}{R_G}=\frac{R_G+2R_f}{R_G}$

$\therefore A_{cl}R_G=R_G+2R_f$

$$\Rightarrow R_G(A_{cl}-1)=2R_f$$

$$R_G=\frac{2R_f}{A_{cl}-1}$$

例 8-3

LH0036 爲儀表放大器之 IC，假設 $R_{f1}=R_{f2}=25\text{k}\Omega$，若欲使其 $A_{cl}=500$，求外加 R_G 之阻值？

<Sol>

$$R_G=\frac{2R_f}{A_{cl}-1}=\frac{2\times 25\text{k}}{500-1}\cong 100\,(\Omega)$$

4. 應用：

儀表放大器通常用來放大由感測器輸出之信號，而此類信號因經長距離遙測，故通常其差動信號較共模信號還低(i.e. S/N 比甚低)。

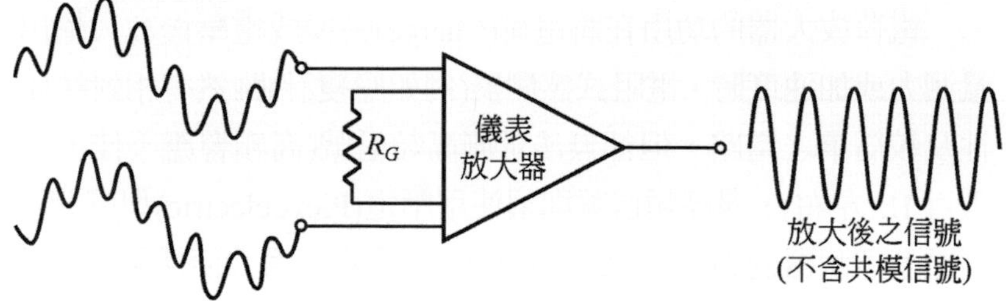

圖 8-38　儀表放大器之應用

8.5 電荷放大器(Charge amplifier)

1. 電路：

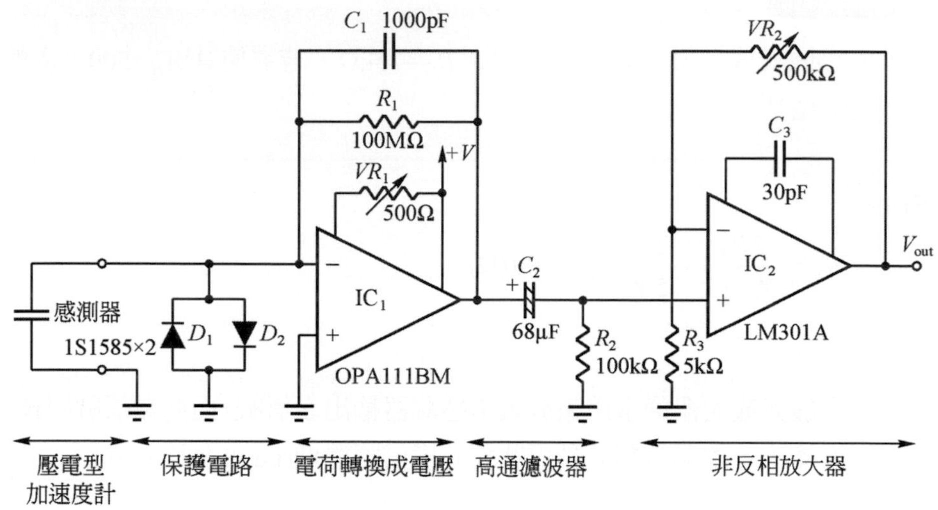

圖 8-39　電荷放大器電路

電荷放大器的功用在將電荷(Charge)轉換成電壓後放大輸出。因在量測力或加速度時，電阻式感測器(例如應變計)雖然有相對較佳之準確性及較簡單之電路，但卻無法量測高頻信號(高頻響應不佳，上限約在數百 Hz 左右)，遇高頻信號則須使用壓電(Piezoelectric)型感測器。然而壓電型感測器受力(加速度)後的輸出爲電荷，爲方便傳輸及後續處理，勢必需要一裝置將電荷轉換爲電壓，電荷放大器的功用即在於此。故電荷放大器雖名爲放大器，但基本上其功用爲一換能器(Transducer)。不過一般在電荷放大器的輸出端會串聯一放大電路，使其確實具有放大的功能。因電荷放大器是爲處理高頻信號時使用壓電型感測器的配合元件，故電荷放大器通常亦配置有高通濾波器以將高頻信號取出、將低頻的雜訊濾除。電荷放大器的電路如圖 8-39 所示，通常將其整合製作成積體電路，市面上可購得。

2. 動作：

(1) IC_1 之輸出電壓經 C_1 回授至反相輸入端，其輸出電壓等於 C_1 兩端之電位差 $V=\dfrac{Q}{C_1}$。

(2) 高通濾波器(High pass filter)：$f_c=\dfrac{1}{2\pi R_2 C_2}$。($X_{C2}=R_2$ 時之頻率)

(3) IC_2 的增益：$A=1+\dfrac{VR_2}{R_3}$。

(4) C_3 作相位補償用。

例 8-4

如圖 8-39，設感測器之靈敏度(Sensitivity)=100 pC/G，若承受 10 $G_{P\text{-}P}$ 之振動則感測器之輸出為 1000p 庫侖，求電荷放大器輸出之電壓值？

<Sol>

$$V=\frac{Q}{C}=\frac{1000\text{pC}}{1000\text{pF}}=1\text{V}$$

設 VR_2=45kΩ

$\Rightarrow A=1+(45\text{k}/5\text{k})=10$

故 $V_{out}=A\times V=10\times 1=10\,(\text{V}_{P\text{-}P})$

8.6 PID 控制器(PID Controller)

1. 比例控制器(Proportional controller)

(1) 時間響應：$c(t)=K_P\times r(t)$，輸出與輸入成定比例關係。

K_P：比例常數(放大倍率)

(2) 特性曲線(以步級函數為輸入所得之響應)

圖 8-40　比例控制器之特性曲線

(3) $C(s)=K_P\times R(s)\Rightarrow TF$(轉移函數)$=\dfrac{C}{R}=K_P$

(4) 電路：

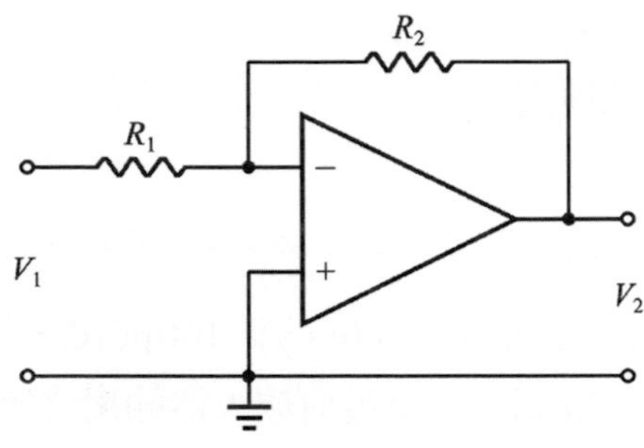

圖 8-41　比例控制器之電路

$$K_P=\frac{R_2}{R_1}\text{，}V_2=-\frac{R_2}{R_1}V_1$$

(5) 比喻成「即知即覺」：一般人的反應(快速，但不精確)、新手。

2. 積分控制器(Integral controller)

(1) 時間響應：$c(t)=K_I\times\int r(t)dt$，輸出為輸入信號對時間之積分。

(輸出與過去某一段時間內輸入之總和成比例)

(2) 特性曲線(以步級函數為輸入所得之響應)

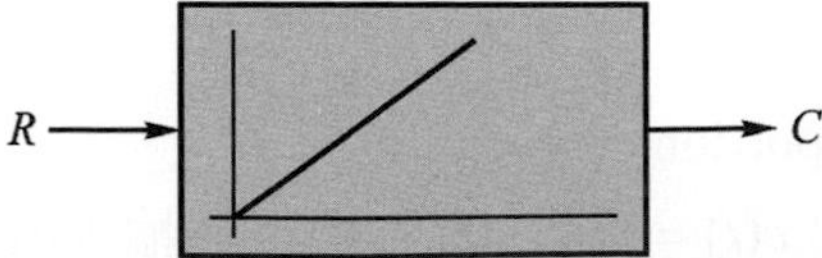

圖 8-42　積分控制器之特性曲線

(3) $C(s)=K_I\times\dfrac{1}{s}R(s)\Rightarrow TF=K_I\times\dfrac{1}{s}$

(4) 電路：

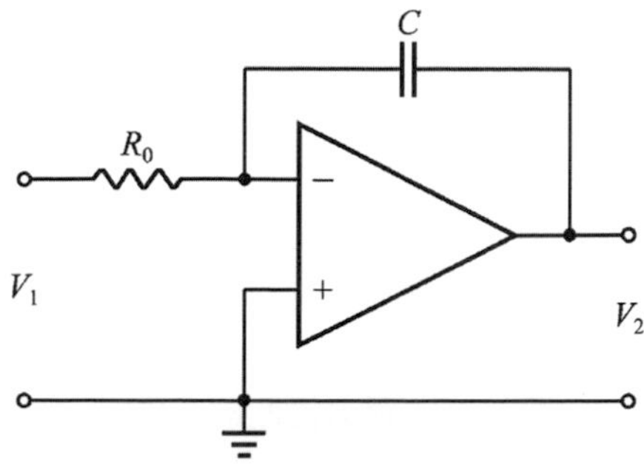

圖 8-43　積分控制器之電路

$$K_I = \frac{1}{R_0C}\text{，}V_2 = -\frac{1}{R_0C}\int V_1(t)dt$$

(5) 比喻成「後知後覺」：精確，累積過去經驗、老手。

3. 微分控制器(Derivative controller)

(1) 時間響應：$c(t) = K_D \times \frac{d}{dt}r(t)$，輸出為輸入信號對時間之微分。

(輸出與輸入之變化率成比例)

(2) 特性曲線(以步級函數為輸入所得之響應)

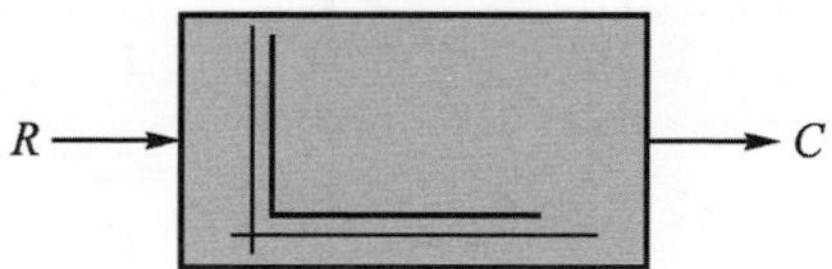

圖 8-44　微分控制器之特性曲線

(3) $C(s) = K_D \times sR(s) \Rightarrow TF = K_D \times s$

(4) 電路：

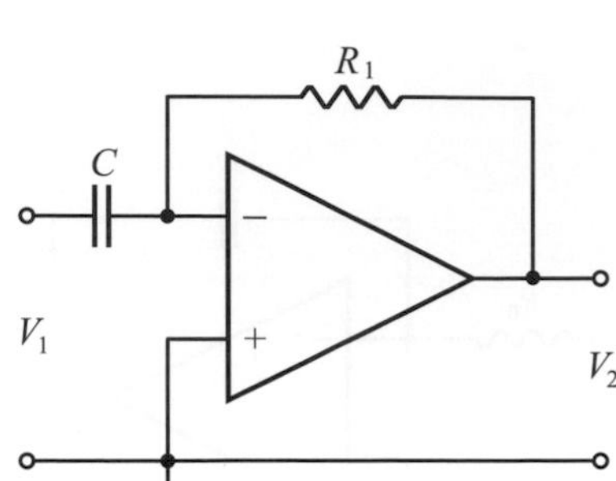

圖 8-45 微分控制器之電路

$$K_D = R_1 \times C \text{，} V_2 = -R_1 C \frac{d}{dt} V_1(t)$$

(5) 比喻成「先知先覺」：預測，遇大干擾先作大調整後再慢慢微調，故一開始有反應，後來就沒了。

4. PI 控制器

(1) 時間響應：$c(t) = K_P r(t) + K_I \int r(t)dt$。

(2) 特性曲線(以步級函數爲輸入所得之響應)。

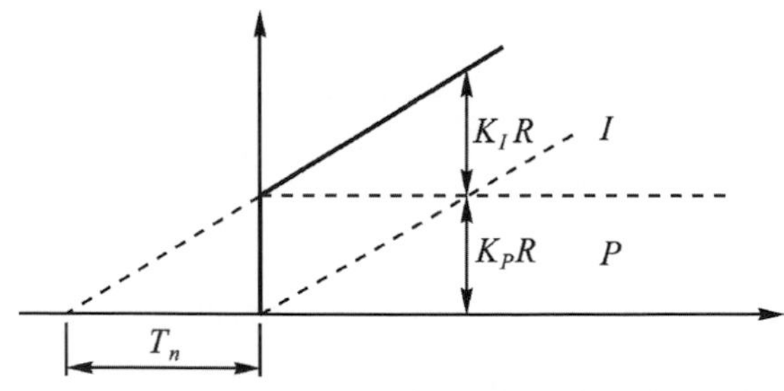

圖 8-46 PI 控制器之特性曲線

T_n：重置時間(Reset Time)，也稱爲「後調整時間」或「積分行爲時間(Integral action time)」(T_n 愈大表積分效應愈不顯著)。

(3) $C(s) = K_P R(s) + \dfrac{K_I}{s} R(s) \Rightarrow TF = K_P + \dfrac{K_I}{s}$

(4) 電路：

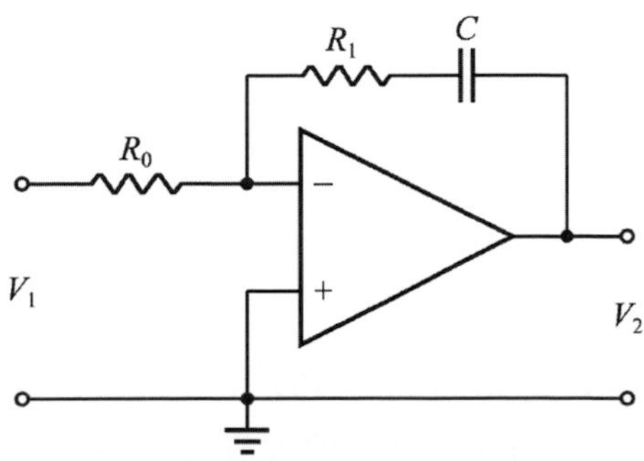

圖 8-47　PI 控制器之電路

$$K_P = \frac{R_1}{R_0}\text{，}K_I = \frac{1}{R_0 C}\text{，}T_n = \frac{K_P}{K_I} = R_1 C$$

$$V_2 = -\frac{R_1}{R_0}V_1 - \frac{1}{R_0 C}\int V_1(t)dt = -K_P V_1 - K_I \int V_1(t)dt$$

5. PD 控制器

(1) 時間響應：$c(t) = K_P r(t) + K_D \frac{d}{dt} r(t)$

(2) 特性曲線

① 以步級函數爲輸入所得之響應(無慣性)

圖 8-48　PD 控制器之特性曲線－以步級函數為輸入所得之響應(無慣性)

② 以步級函數爲輸入所得之響應(有慣性)

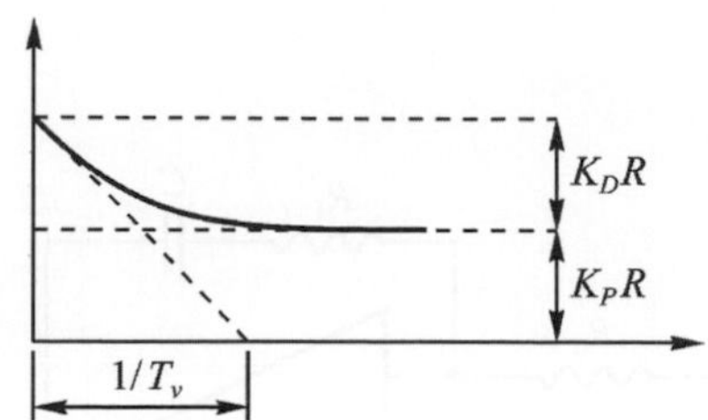

圖 8-49 PD 控制器之特性曲線－以步級函數為輸入所得之響應(有慣性)

$T_v = \dfrac{K_D}{K_P}$ T_v：前置時間，也稱爲「微分行爲時間(Derivative action time)」(T_v 愈大表微分效應愈顯著)

③ 以斜波函數(Ramp function)爲輸入所得之響應

PD 控制器到達 y 的時間較比例控制器提早了 T_v

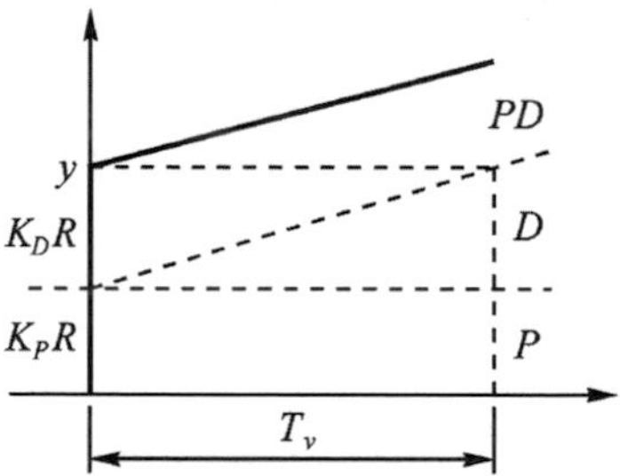

圖 8-50 PD 控制器之特性曲線－以斜坡函數為輸入所得之響應

(3) $C(s) = K_P R(s) + K_D \times sR(s)C(s)$

$\Rightarrow TF = K_P + K_D \times s$

(4) 電路：

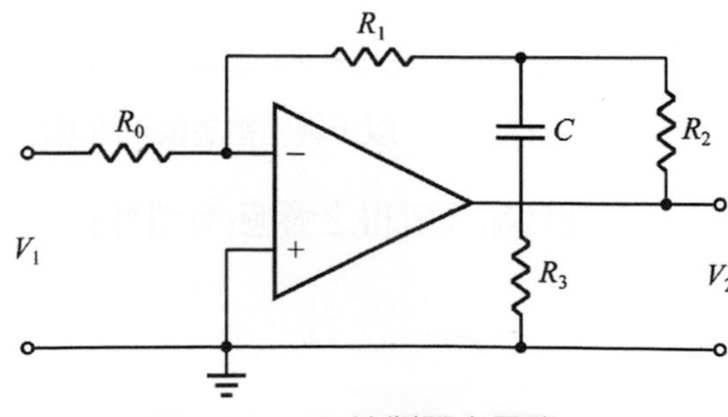

圖 8-51 PD 控制器之電路一

$$K_P=\frac{R_1+R_2}{R_0}\text{，}K_D=\frac{R_1+R_2}{R_0}\times R_2C=K_P\times T_v\text{，}T_v=R_2C_2\text{，}T=CR_3$$

$$V_2=-\frac{R_1+R_2}{R_0}V_1-K_D\frac{d}{dt}V_1(t)$$

或是

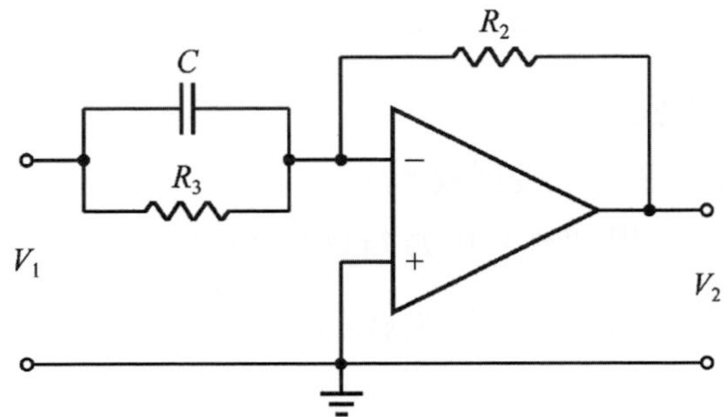

圖 8-52　PD 控制器之電路二

$$K_P=\frac{R_2}{R_3}\text{，}K_D=R_2C\text{，}K_D=K_P\times T_v$$

$$T_v=\frac{K_D}{K_P}=\frac{R_2C}{\frac{R_2}{R_3}}=R_3C\text{，}V_2=-(K_PV_1+K_D\frac{dV_1}{dt})$$

6. PID 控制器

(1) 時間響應：

$$c(t)=K_Pr(t)+K_I\int r(t)dt+K_D\frac{d}{dt}r(t)$$
$$=K_P[r(t)+\frac{1}{T_n}\int r(t)dt+T_v\frac{d}{dt}r(t)]$$

(2) 特性曲線(以步級函數為輸入所得之響應)

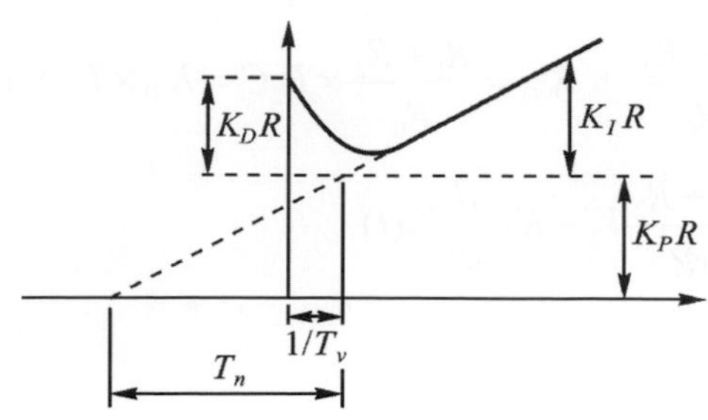

圖 8-53　PID 控制器之特性曲線

① P 先放大。

② D 快速上升後衰減。

③ I 再慢慢調整上升(D 行爲較 I 行爲早)。

(3)　$C(s)=K_P(s)R(s)+\frac{K_I}{s}R(s)+K_DsR(s) \Rightarrow TF=(K_P+\frac{K_I}{s}+K_Ds)$

(4)　電路：

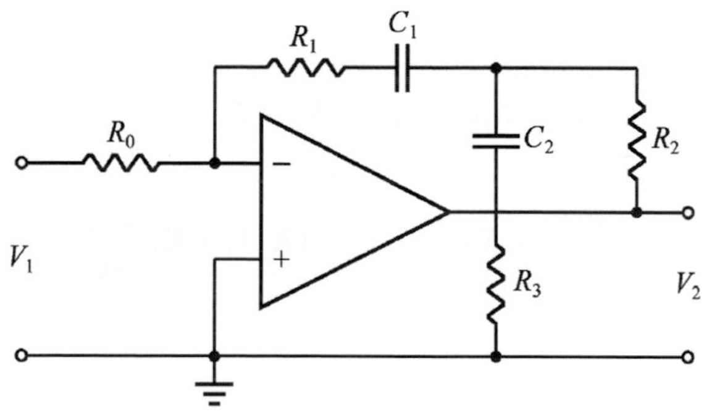

圖 8-54　PID 控制器之電路一

$K_P=\frac{R_1+R_2}{R_0}$，$T_n=\frac{K_P}{K_I}=R_1C_1$，$T_v=R_2C_2$

$T=R_3C_2$(阻尼時間常數)，$R_3=$阻尼電阻(damping)

$K_I=\frac{R_1+R_2}{R_0R_1C}=(\frac{R_1+R_2}{R_0})\times\frac{1}{R_1C}=K_P\times\frac{1}{T_n}$

$K_D=\frac{(R_1+R_2)}{R_0}R_2C_2=K_P\times T_v \Rightarrow V_2=-K_P[V_1+\frac{1}{T_n}\int V_1(t)dt+T_v\frac{d}{dt}V_1(t)]$

或是

$$K_P=\frac{R_2}{R_1}\text{，}K_I=\frac{1}{R_1C_1}\text{，}K_D=C_2R_4$$

$$T_n=\frac{K_P}{K_I}=\frac{\frac{R_2}{R_1}}{\frac{1}{R_1C_1}}=R_2C_1\text{，}T_v=\frac{K_D}{K_P}=\frac{C_2R_4}{\frac{R_2}{R_1}}=\frac{R_1C_2R_4}{R_2}$$

$$V_2=K_PV_1+K_I\int V_1dt+K_D\frac{dV_1}{dt}\text{(正的)}$$

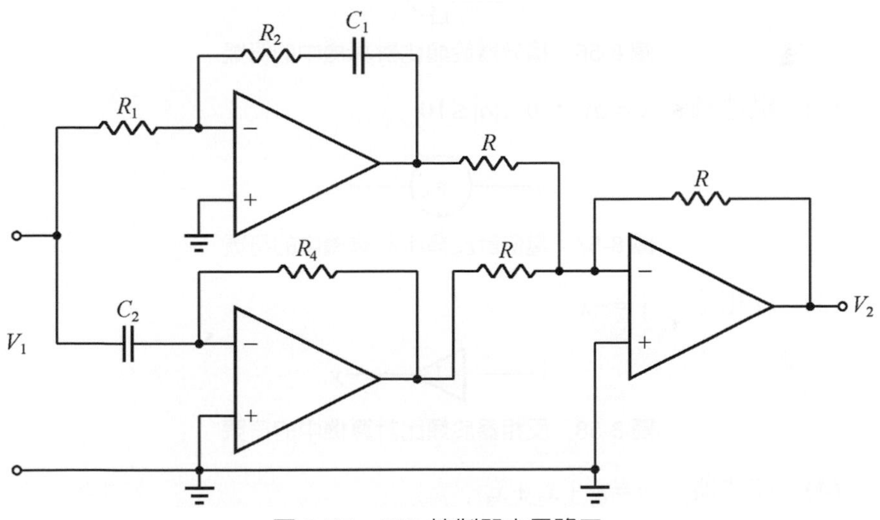

圖 8-55　PID 控制器之電路二

8.7 類比計算機之模擬(Simulation by Analog Computer)

類比計算機是在目前使用甚爲普遍的數位計算機之外，另一種可提供模擬(Simulation)功能的工具。以類比計算機進行模擬有下列優點：

(1) 程式設計簡單

(2) 上機工作簡單

(3) 程式修改容易

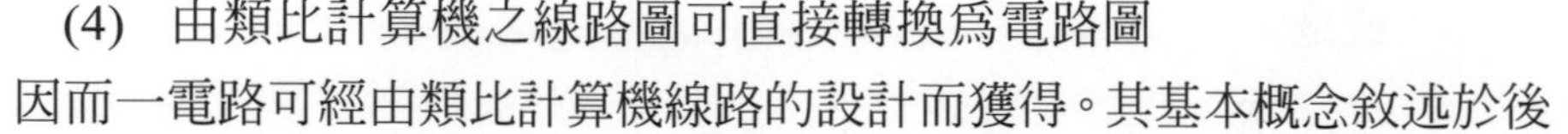

(4) 由類比計算機之線路圖可直接轉換爲電路圖

因而一電路可經由類比計算機線路的設計而獲得。其基本概念敘述於後。

1. 符號

(1) 積分器：$y=\int(x_1+x_2+x_3)dt$，$y=I.C.@t=0$

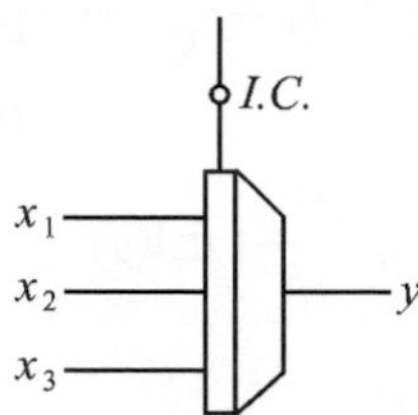

圖 8-56 積分器於類比計算機中的符號

(2) 電位計：$y=ax$，$0\le|a|\le10$

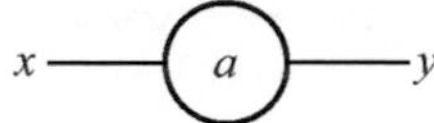

圖 8-57 電位計於類比計算機中的符號

(3) 反相器：$y=-x$

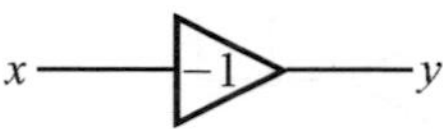

圖 8-58 反相器於類比計算機中的符號

(4) 加法器：$y=x_1+x_2+x_3$

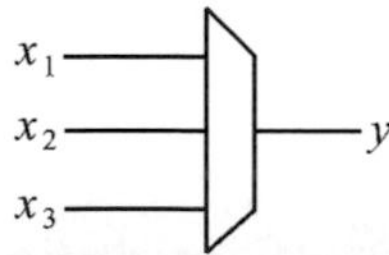

圖 8-59 加法器於類比計算機中的符號

(5) 乘法器：$y=x_1\times x_2$

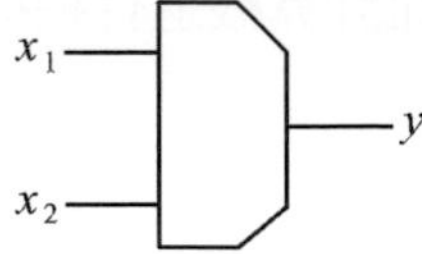

圖 8-60 乘法器於類比計算機中的符號

2. 基本運算

(1) 指數函數：

$$y = e^{-at} \Rightarrow \dot{y} = -ae^{-at} = -ay$$

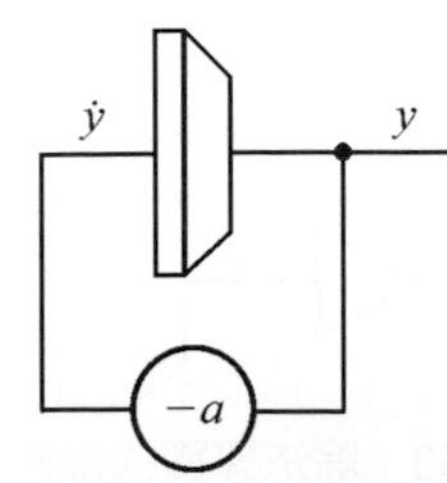

圖 8-61　指數函數的模擬線路

(2) 微分：

$$y = \dot{x} \Rightarrow \int ydt = x \Rightarrow x - \int ydt = 0 \Rightarrow y = x - \int ydt + y$$

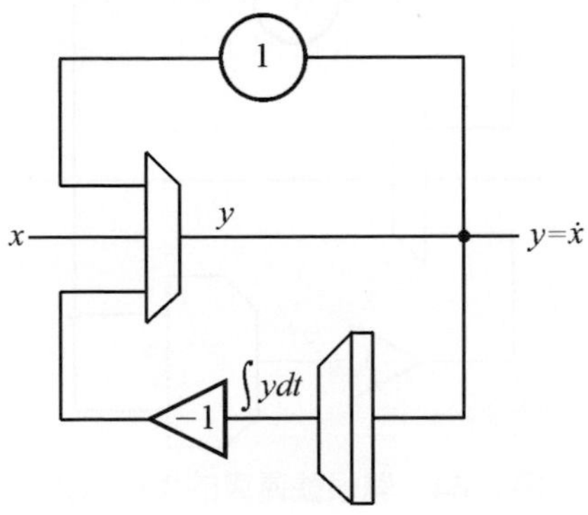

圖 8-62　微分運算的模擬線路

(3) 除法：

$$z = \frac{y}{x} \Rightarrow zx = y \Rightarrow z = y - zx + z$$

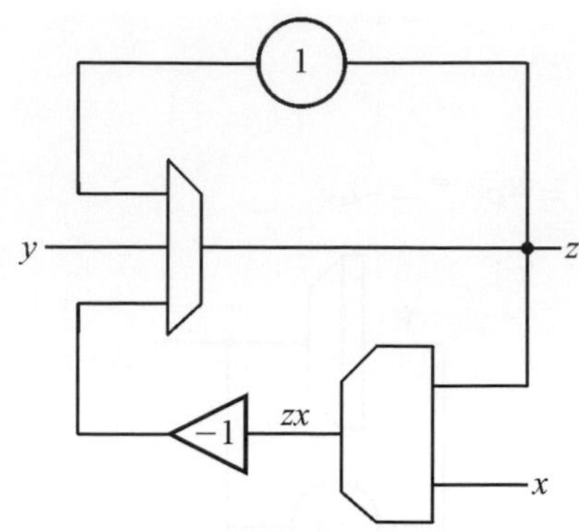

圖 8-63　除法運算的模擬線路

(4) 開根號：

$$y=\sqrt{x}\Rightarrow y^2=x\Rightarrow y=x-y^2+y$$

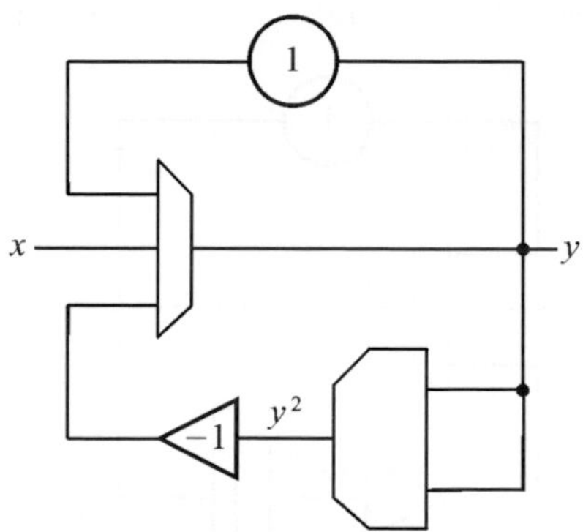

圖 8-64　開根號運算的模擬線路

(5) 對數函數：

$$y=\ln x\Rightarrow \dot{y}=\frac{1}{x}\Rightarrow 1-x\dot{y}=0\Rightarrow \dot{y}=1-x\dot{y}+\dot{y}$$

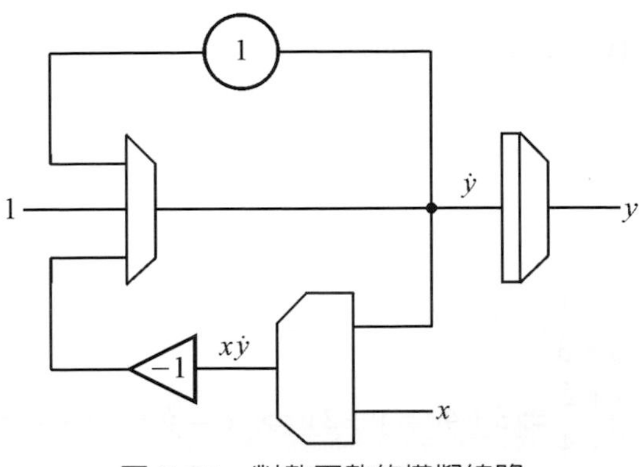

圖 8-65　對數函數的模擬線路

3.　模擬轉移函數

例 8-5

請設計轉移函數：$\dfrac{C}{R}=\dfrac{s^2+3s+2}{s(s^2+7s+12)}$所代表系統之類比計算機模擬線路。

<Sol>

(1)　直接法(Direct method)

$$\frac{C}{R}=\frac{s^2+3s+2}{s(s^2+7s+12)}\times\frac{x}{x}\Rightarrow\begin{cases}c=\ddot{x}+3\dot{x}+2x\\ r=\dddot{x}+7\ddot{x}+12\dot{x}\Rightarrow\dddot{x}=r-7\ddot{x}-12\dot{x}\end{cases}$$

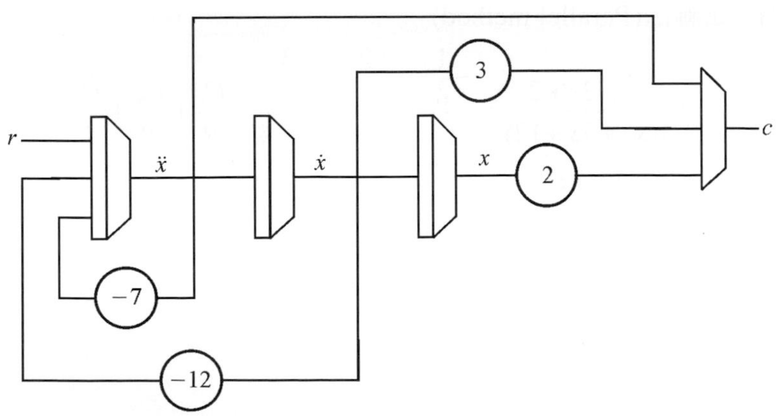

圖 8-66　以直接法完成的轉移函數模擬線路

(2) 串接法(Cascade method)

$$\frac{C}{R}=\frac{s^2+3s+2}{s(s^2+7s+12)}=\frac{(s+1)(s+2)}{s(s+3)(s+4)}=\frac{1}{s}\times\frac{s+1}{s+3}\times\frac{s+2}{s+4}=\frac{X}{R}\times\frac{Y}{X}\times\frac{C}{Y}$$

令 $\frac{X}{R}=\frac{1}{x}\Rightarrow R=sX\Rightarrow r=\dot{x}$

令 $\frac{Y}{X}=\frac{s+1}{s+3}\Rightarrow \dot{y}+3y=\dot{x}+x\Rightarrow \dot{y}=\dot{x}+x-3y\Rightarrow y=x+\int(x-3y)dt$

令 $\frac{C}{Y}=\frac{s+2}{s+4}\Rightarrow \dot{c}+4c=\dot{y}+2y\Rightarrow\quad \dot{c}=\dot{y}+2y-4c\Rightarrow$

$c=y+\int(2y-4c)dt$

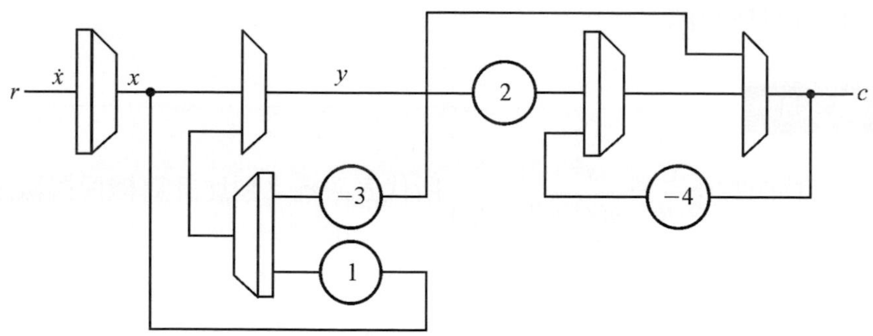

圖 8-67　以串接法完成的轉移函數模擬線路

(3) 並聯法(Parallel method)

$$\frac{C}{R}=\frac{s^2+3s+2}{s(s^2+7s+12)}=\frac{-\frac{1}{6}}{s}+\frac{-\frac{2}{3}}{s+3}+\frac{\frac{3}{2}}{s+4}=\frac{C_1}{R}+\frac{C_2}{R}+\frac{C_3}{R}\Rightarrow$$

$C=C_1+C_2+C_3$

令 $\frac{C_1}{R}=\frac{-\frac{1}{6}}{s}\Rightarrow sC_1=-\frac{1}{6}R\Rightarrow \dot{c}_1=-\frac{1}{6}r$

$$令\ \frac{C_2}{R}=\frac{-\frac{2}{3}}{s+3}\Rightarrow sC_2+3C_2=-\frac{2}{3}R\Rightarrow \dot{c}_2=-\frac{2}{3}r-3c_2$$

$$令\ \frac{C_3}{R}=\frac{\frac{3}{2}}{s+4}\Rightarrow sC_3+4C_3=\frac{3}{2}R\Rightarrow \dot{c}_3=\frac{3}{2}r-4c_3$$

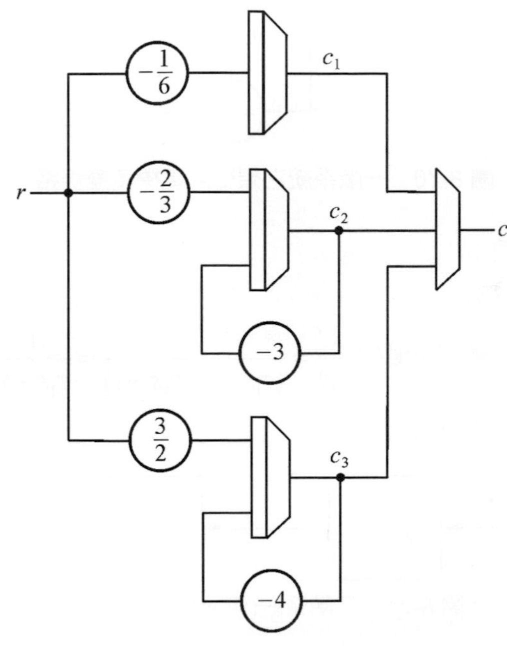

圖 8-68　以並聯法完成的轉移函數模擬線路

4.　模擬系統

(1)　一階系統

①　轉移函數：$\frac{C}{R}=\frac{A}{\tau s+1}$

②　方塊圖：

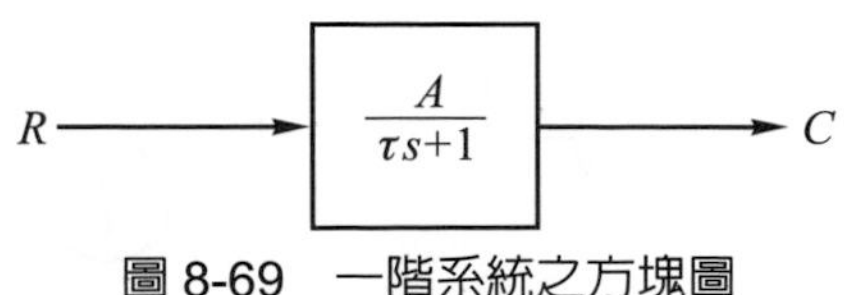

圖 8-69　一階系統之方塊圖

③ 類比計算機模擬線路：

$$\frac{C}{R}=\frac{A}{\tau s+1}\Rightarrow \tau\dot{c}+c=Ar\Rightarrow \dot{c}=\frac{A}{\tau}r-\frac{c}{\tau}$$

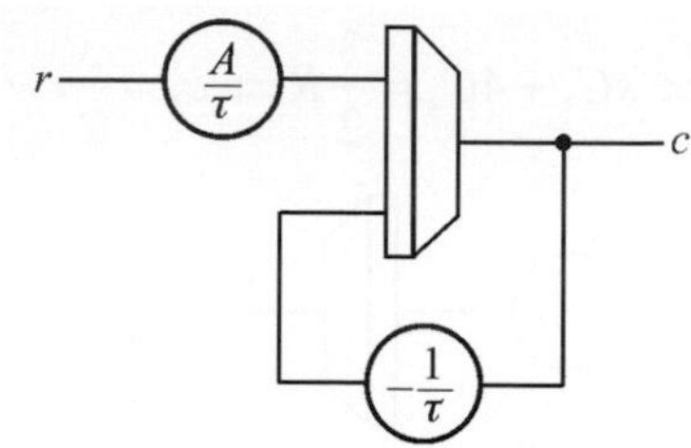

圖 8-70　一階系統之類比計算機模擬線路

(2) 二階系統

① 可分解

❶ 轉移函數：$\frac{C}{R}=\frac{A}{(\tau_1 s+1)(\tau_2 s+1)}=\frac{A_1}{\tau_1 s+1}\times\frac{A_2}{\tau_2 s+1}$

❷ 方塊圖：

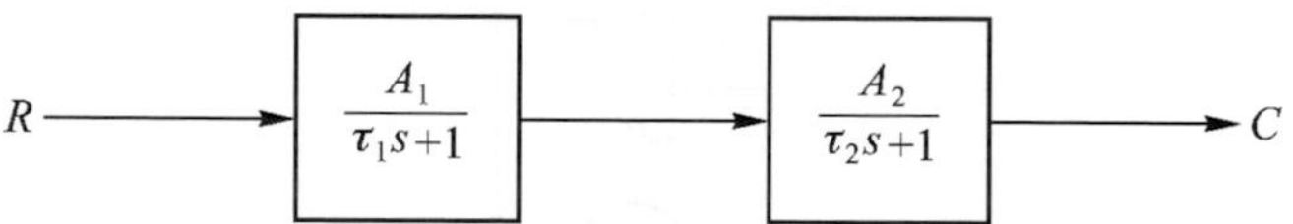

圖 8-71　二階系統(可分解)之方塊圖

❸ 類比計算機模擬線路：

$$\frac{C}{R}=\frac{A}{(\tau_1 s+1)(\tau_2 s+1)}=\frac{A_1}{\tau_1 s+1}\times\frac{A_2}{\tau_2 s+1}$$

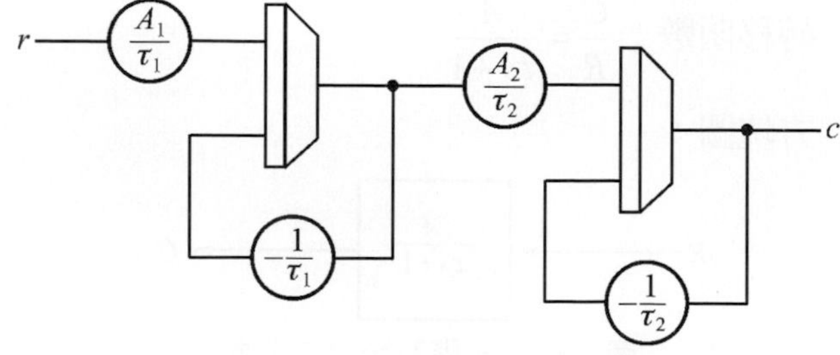

圖 8-72　一階系統(可分解)之類比計算機模擬線路

② 不可分解

❶ 轉移函數：$\frac{C}{R}=\frac{\omega_n^2}{s^2+2\varsigma\omega_n s+\omega_n^2}$

❷ 方塊圖：

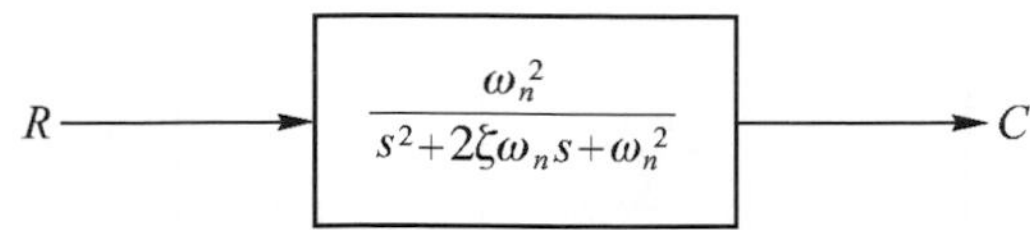

圖 8-73 二階系統(不可分解)之方塊圖

❸ 類比計算機模擬線路：

$$\frac{C}{R}=\frac{\omega_n^2}{s^2+2\varsigma\omega_n s+\omega_n^2}\Rightarrow\ddot{c}+2\varsigma\omega_n\dot{c}+\omega_n^2 c=\omega_n^2 r$$

$$\Rightarrow\ddot{c}=\omega_n^2 r-2\varsigma\omega_n\dot{c}-\omega_n^2 c$$

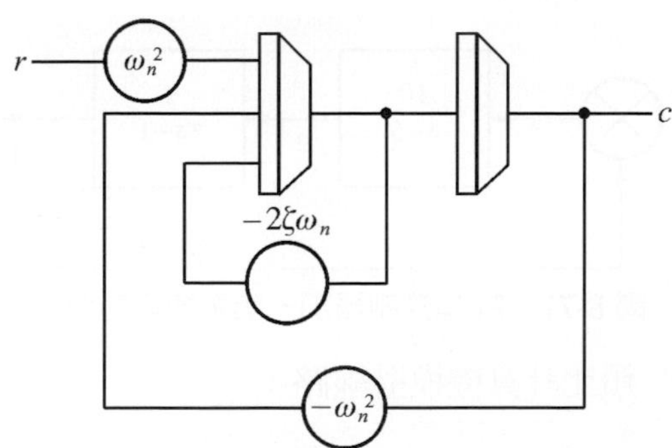

圖 8-74 一階系統(不可分解)之類比計算機模擬線路

(3) 方塊圖

① P 型控制器加一階系統

❶ 方塊圖：

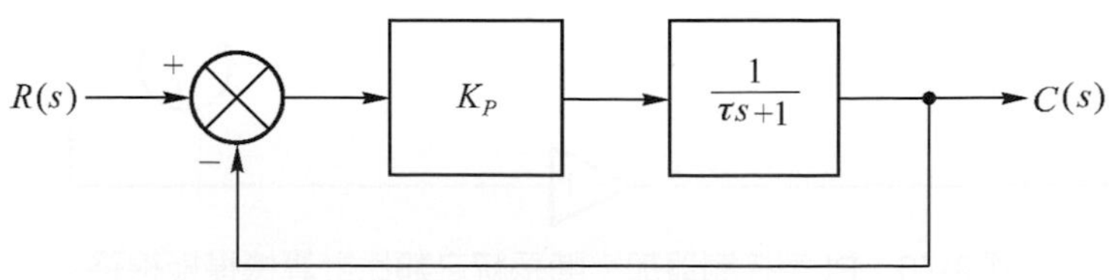

圖 8-75 P 型控制器加一階系統之方塊圖

❷ 類比計算機模擬線路：

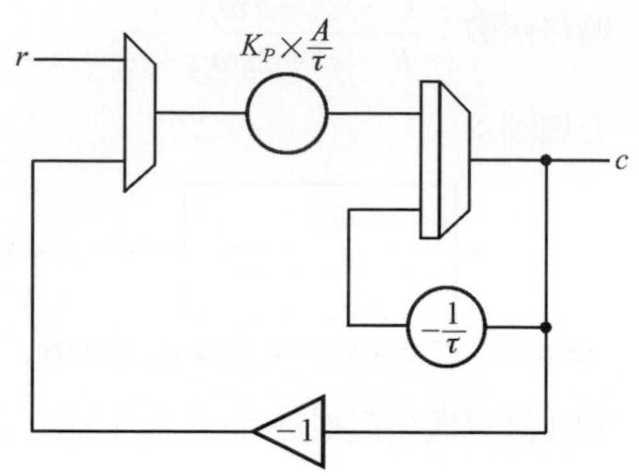

圖 8-76　P 型控制器加一階系統之類比計算機模擬線路

② PI 型控制器(相位落後控制器-Lag controller)加一階系統

❶ 方塊圖：

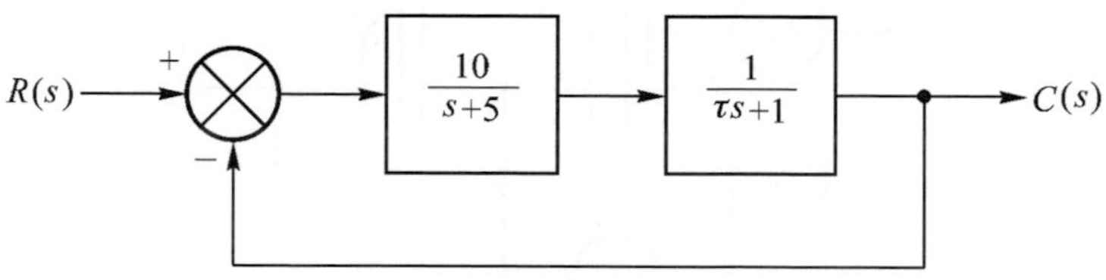

圖 8-77　PI 型控制器加一階系統之方塊圖

❷ 類比計算機模擬線路：

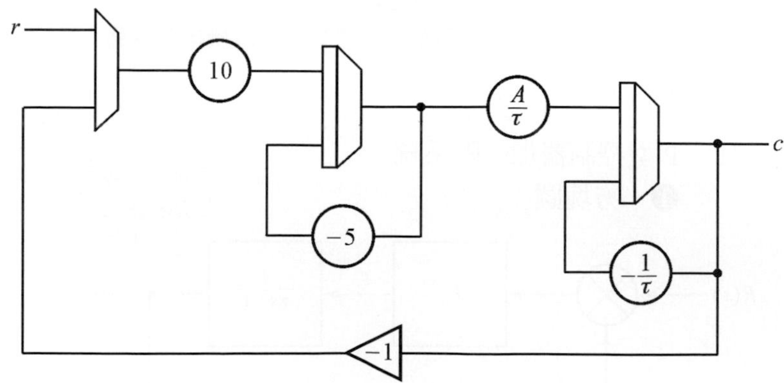

圖 8-78　PI 型控制器加一階系統之類比計算機模擬線路

(4) 控制器

由上述方塊圖的模擬可知，若一系統之方塊圖可得，則可以類比計算機線路模擬之，並進而可以相對應之電路將之實現。控制器當然也包括在內。例 8-6 之比例微分控制器即爲一例。

例 8-6

請針對 PD-Controller，(1)寫出 Transfer function，(2)繪出 Analog computer 的模擬線路，(3)繪出以 OP-amp 構成之電路圖？

<Sol>

(1) Transfer function：$\dfrac{C}{R} = K_P + K_D s$

(2) $c = K_P r + K_D \dot{r}$

Analog computer 的模擬線路：

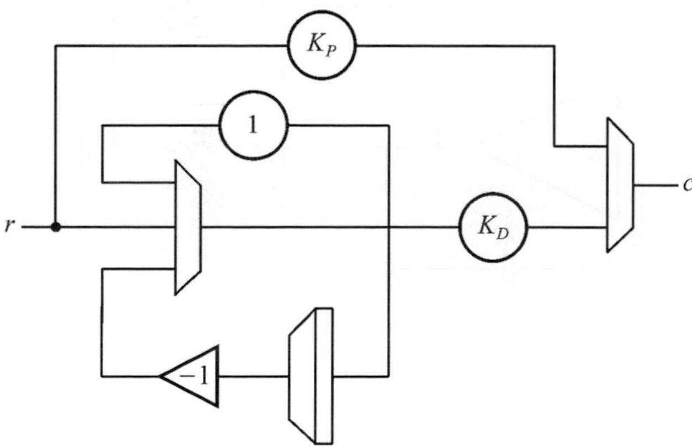

圖 8-79　PD 控制器之類比計算機模擬線路

[**Note**：若依 $c = K_P r + K_D \dot{r}$ 而繪成如下線路是錯的！！

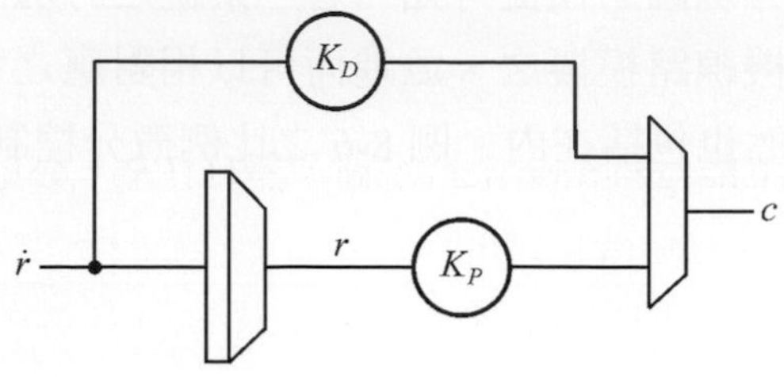

圖 8-80　錯誤的 PD 控制器之類比計算機模擬線路]

(3) 以 OP-amp 構成之電路圖：

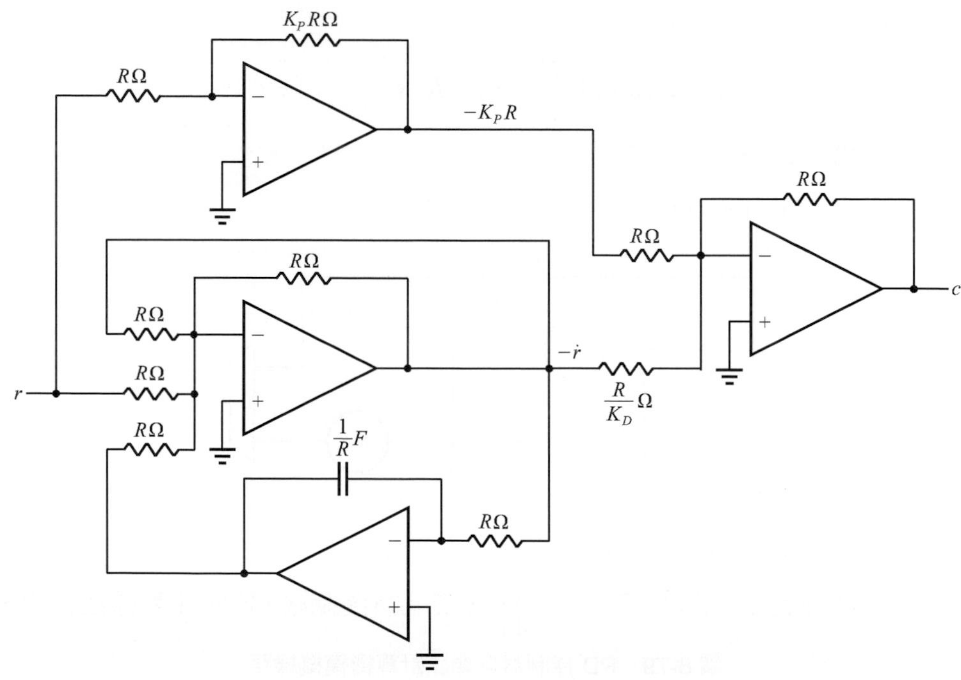

圖 8-81　以 OP-amp 構成之電路圖

習　題

EXERCISE

1. 請繪出下列電路：(1)舒密特觸發電路，(2)定電流電源。
2. 電荷放大器(Charge amplifier)如圖。設(1)VR_2=45kΩ，(2)感測器靈敏度(sensor sensitivity) = 100pC/G。求：(1)說明電路(a)～(e)之功能，(2)IC_2之放大倍率，(3)濾波器之截止頻率？(4)若感測器承受 10 $G_{P\text{-}P}$之振動，則 V_{out}=？

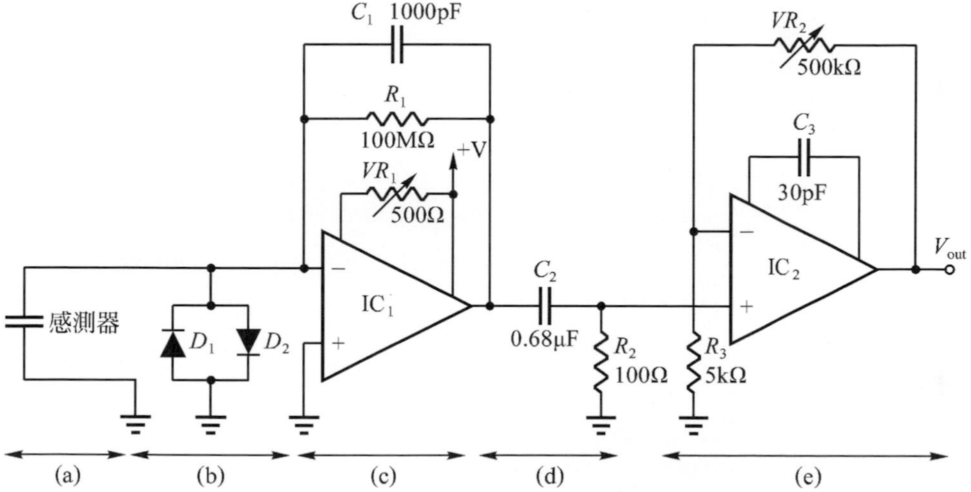

3. 儀表放大器(Instrumentation amplifier)，若(1) $R_{f1}=R_{f2}$=25kΩ，(2) A_{cl}=500。求：(1)繪出電路，(2)決定各元件(電阻)值。
4. PID 控制器。求：(1)繪出以 OP 構成之模擬電路，各元件需標注符號，(2)寫出其時域之輸出輸入關係式及其轉移函數，(3)繪出其特性曲線，標註各特性值，(4)以電路中之符號表示(a)K_P，(b)K_I，(c)K_D，(d)T_v，(e)T_n。
5. 請分別繪出 P、I、D 控制器的 OP 電路並寫出相對應的轉移函數。
6. 以類比計算機元件之符號繪出：(1) $z=\dfrac{y}{x}$，(2) $y=\ln x$。

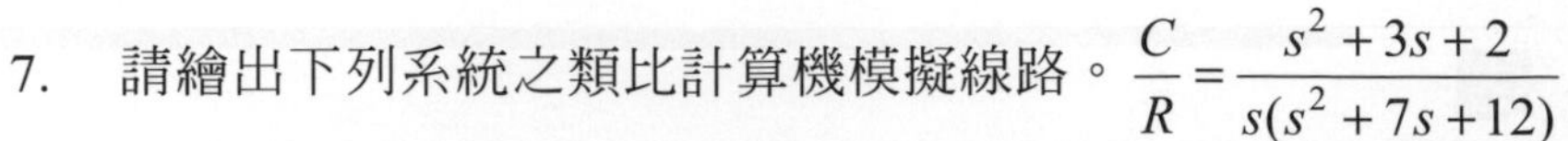

7. 請繪出下列系統之類比計算機模擬線路。$\dfrac{C}{R}=\dfrac{s^2+3s+2}{s(s^2+7s+12)}$

8. 請繪出下列電路，並推導其輸出與輸入之關係式。(1)有三組不同輸入，且每組之增益均不相同之加法器，(2)積分器，(3)峰值隨耦器，(4)減法器，(5)電壓對電流轉換器，(6)舒密特觸發電路。

9. 舒密特觸發電路，(1)請繪出電路，(2)求上、下激發點電壓。

Electronics

9

主動濾波器

9.1 被動及主動濾波器

1. 被動濾波器(Passive filter)：僅由 RC 網路所組成之濾波器。
2. 主動濾波器(Active filter)：由電晶體或運算放大器及被動 RC 網路所組成之濾波器，較被動式濾波器具較佳之
   (1) 電壓增益：信號不衰減。
   (2) 匹配阻抗：不受負載影響。
3. 選擇性(Selectivity)：網路能使某頻率範圍內之信號在輸入與輸出端間暢行無阻(即有大的有效輸出)，而使此頻率範圍外之信號衰減(輸出為無效)。此特性稱為該網路之選擇性。
4. 主動濾波器之基本型式：
   (1) 低通(Low-pass)。
   (2) 高通(High-pass)。
   (3) 帶通(Band-pass)。
   (4) 帶止(Band-stop)。

   又因電路零件值不同，各基本型式又可分為：
   (1) 巴特沃(Butterworth)。
   (2) 契比雪夫(Chebyshev)。
   (3) 貝索(Bessel)。

   等三種不同響應之濾波器。

9.2 基本濾波器之頻率響應

1. 低通濾波器
   (1) 通帶(Passband)範圍：0Hz～f_c。

(f_c 截止頻率：Cut-off frequency，輸出衰減至最大值之 $\frac{1}{\sqrt{2}}=0.707$ 時之頻率)

(2) 頻率響應圖：

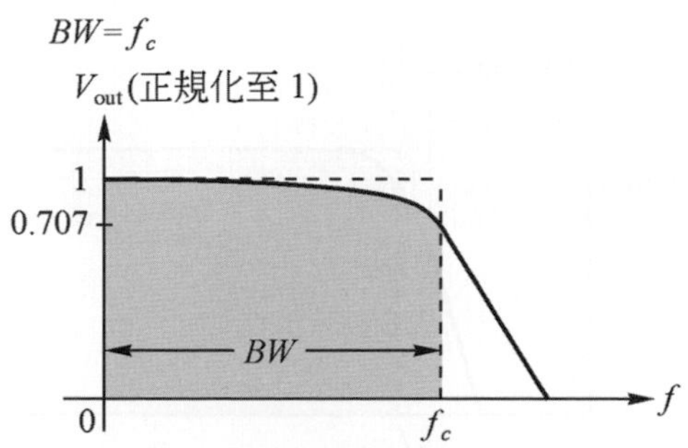

圖 9-1　低通濾波器的頻率響應圖

虛線爲理想之低通濾波器，但不可得。

(3) 實際之頻率響應：

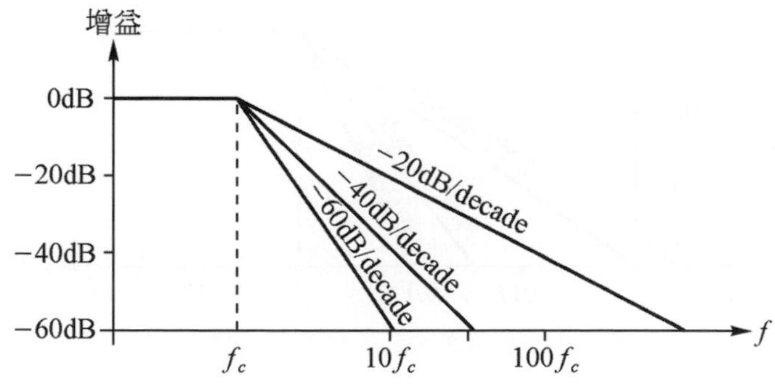

圖 9-2　低通濾波器的實際頻率響應圖

① 下降斜率(Roll-off rate)爲 −20dB/decade，可由一簡單 RC 網路而得。其臨界頻率爲當 $X_c=R$ 時之頻率(9.3 節中有詳細推導)，i.e.

$$f_c=\frac{1}{2\pi RC}$$

② 欲得更高下降斜率者，需接更多同型網路才可獲得。

2. 高通濾波器：

(1) 通帶 (Passband)：$f_c \sim \infty$ (電晶體或 OP-Amp 的極限頻率)。

(2) 頻率響應圖：

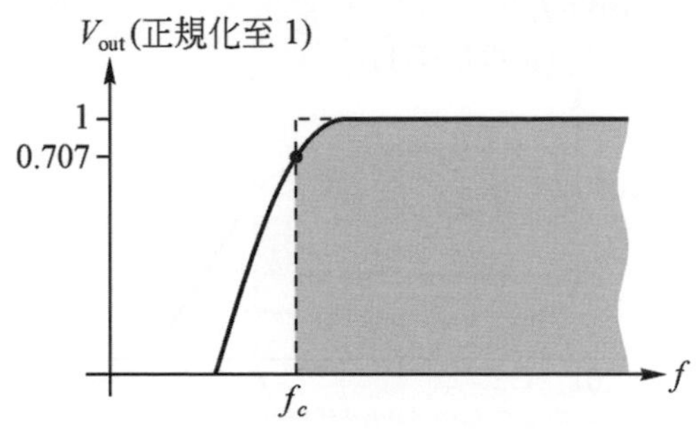

圖 9-3　高通濾波器的頻率響應圖

(3) 實際之頻率響應：

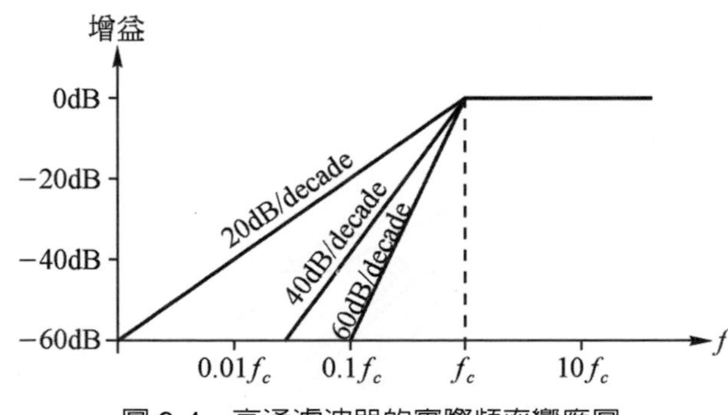

圖 9-4　高通濾波器的實際頻率響應圖

① 一個 RC 網路可得 20dB/decade 之衰減斜率曲線。

② $f_c = \dfrac{1}{2\pi RC}$ 。

3. 帶通濾波器

(1) 通帶 (Passband)：$f_{c2} - f_{c1}$(此即爲帶通濾波器之頻寬)

f_{c1}：下截止頻率，f_{c2}：上截止頻率。

(2) 頻率響應圖：

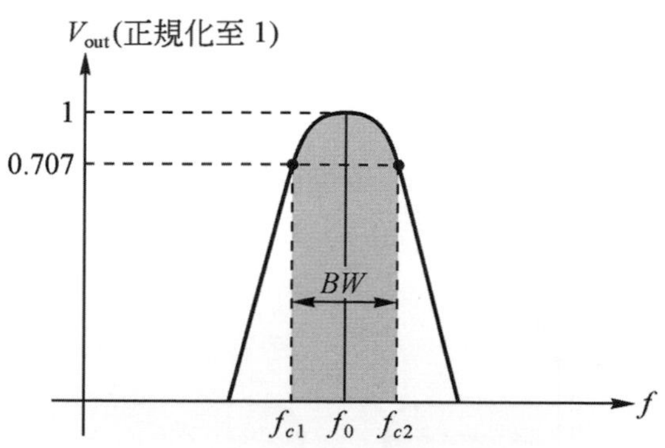

圖 9-5 帶通濾波器的頻率響應圖

(3) f_0：中間頻率(Center frequency)，或共振頻率(Resonant frequency)。

$f_0 = \sqrt{f_{c_1} \times f_{c_2}}$

(4) 頻寬(Bandwidth, BW)：$f_{C2} - f_{C1}$。

(5) $Q = \dfrac{f_0}{BW}$，Q：品質因素(Quality factor)。

(6) 窄帶(Narrow band)帶通濾波器：$Q \geqq 10$。
寬帶(Wide band)帶通濾波器：$Q < 10$。

(7) $Q = \dfrac{1}{DF}$，DF：濾波器的阻尼因數(Damping factor)。

例 9-1

某帶通濾波器之 f_0=15kHz，BW=1kHz，求：(1)Q 值，(2)該濾波器爲窄帶或寬帶(Narrow band or Wide band)，(3)DF 值？

<Sol>

(1) $Q = \dfrac{f_0}{BW} = \dfrac{15\text{kHz}}{1\text{kHz}} = 15$

(2) ∵$Q \geqq 10$，∴為窄帶濾波器

(3) $DF=\dfrac{1}{Q}=\dfrac{1}{15}$

4. 帶止濾波器

(1) 通帶(Passband)：(0Hz～f_{c_1}) 及 (f_{c_2}～∞)。

(2) 頻率響應圖：

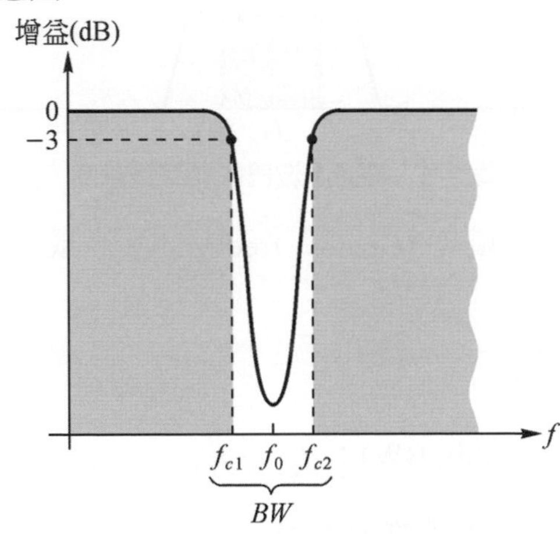

圖 9-6　帶止濾波器的頻率響應圖

(3) 又稱陷波(notch)濾波器，或帶拒(band-Rejection)濾波器，或帶消(band-elimination)濾波器。

9.3 濾波器之響應特性

1. 三種特性：由濾波器之電容、電阻值來決定。

(1) 巴特沃(Butterworth)響應：

① 每極點下降斜率為 −20dB/decade。

② 在帶通範圍有著極平的響應曲線，故又稱最平響應。

③ 相位響應為非線性，相位移隨頻率而變。

④ 通常使用在對帶通範圍內各頻率皆相同之場合。

⑤ 因具高而平坦的輸出響應，故最被廣為採用。

(2) 契比雪夫(Chebyshev)響應：

① 每極點下降斜率大於 –20dB/decade。

② 可使用較少極數得到較大下降斜率，故電路較簡單。

③ 在帶通範圍有漣波產生。

④ 相位響應曲線較巴特沃(Butterworth)更非線性。

(3) 貝索(Bessel)響應：

① 每極點下降斜率小於 –20dB/decade。

② 相位響應為線性，亦即相位移隨頻率增加呈線性增加。因此特性不會使方波產生失真現象，故常用來作方波濾波器。

③ 其截止頻率為最大相位移一半處之頻率。

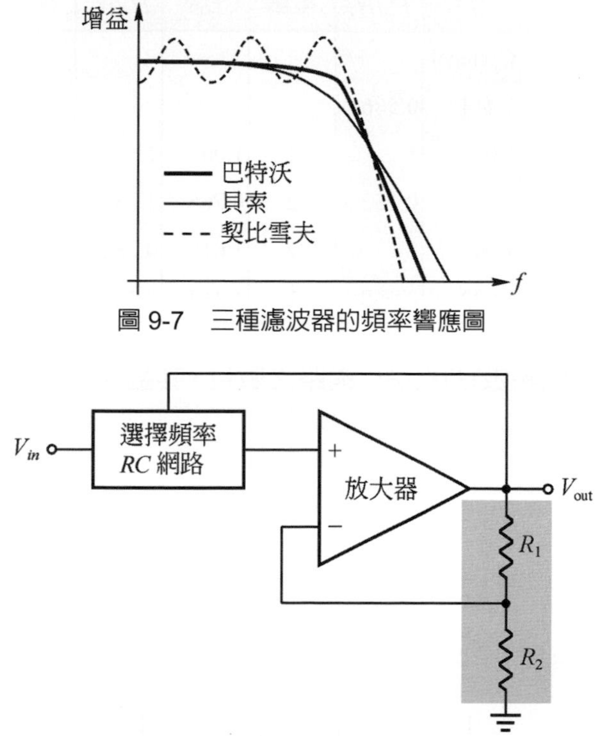

圖 9-7　三種濾波器的頻率響應圖

圖 9-8　主動濾波器的電路

2. 阻尼因數(Damping factor)

(1) 一般主動濾波器電路：如圖 9-8 所示。

① 放大器爲非反相(Non-inverting)放大電路。

② 分壓電路提供負回授信號以及決定放大器電壓增益。

(2) 阻尼因數：$DF = 2 - \dfrac{R_1}{R_2}$。

(3) 在不同階數下，可得最平坦巴特沃響應之阻尼因數值已經由前人推導得如下表。

表 9-1 巴特沃響應之阻尼因數值

階數	下降率 dB/decade	第一級			第二級			第三級		
		極點	*DF*	R_1/R_2	極點	*DF*	R_1/R_2	極點	*DF*	R_1/R_2
1	20	1	Optional							
2	40	2	1.414	0.586						
3	60	2	1.00	1	1	1.00	1			
4	80	2	1.848	0.152	2	0.765	1.235			
5	100	2	1.00	1	2	1.618	0.382	1	1.618	1.382
6	120	2	1.932	0.068	2	1.414	0.586	2	0.518	1.482

(4) 階數(極點數)乃指 RC 網路之數目，其臨界頻率 f_c 爲 $f_c = \dfrac{1}{2\pi RC}$。

<Proof>：

RC 網路的輸入電壓：$V_{in}(s)$，輸出電壓：$V_{out}(s) = \dfrac{\frac{1}{Cs}}{R + \frac{1}{Cs}} \times V_{in}(s)$

轉移函數：$\dfrac{V_{out}(s)}{V_{in}(s)} = \dfrac{1}{RCs + 1} = G(s)$

$$G(j\omega) = \frac{1}{1 + j\omega RC} \Rightarrow \left|G(j\omega)\right| = \frac{1}{\sqrt{1 + \omega^2 R^2 C^2}}$$

$$\left|G(j\omega)\right|_{\max}=\left|G(j\omega)\right|_{\omega=0}=\frac{1}{\sqrt{1}}=1$$

根據截止頻率之定義：

$$\left|G(j\omega)\right|_{\omega=\omega_c}=\frac{1}{\sqrt{1+\omega_c^{\ 2}R^2C^2}}=\frac{1}{\sqrt{2}}\left|G(j\omega)\right|_{\max}=\frac{1}{\sqrt{2}}\times 1=\frac{1}{\sqrt{2}}$$

$$\Rightarrow\ 1+\omega_c^{\ 2}R^2C^2=2$$

$$\Rightarrow\ \omega_c=\frac{1}{RC}$$

$$\Rightarrow\ 2\pi f_c=\frac{1}{RC}\ \Rightarrow\ f_c=\frac{1}{2\pi RC}$$

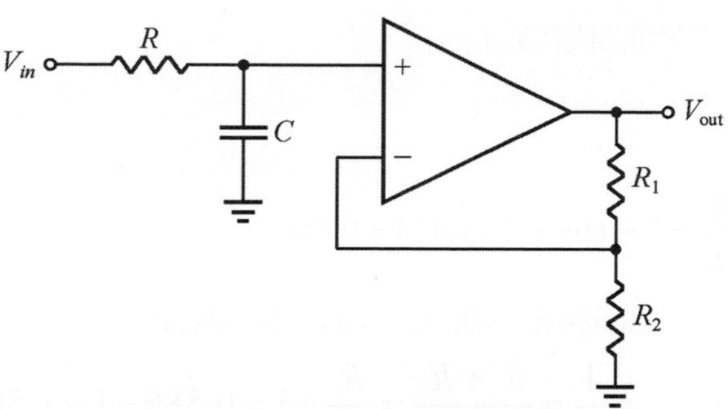

圖 9-9　濾波器的階數(極點數)

如圖 9-9，RC 網路之阻抗為：$Z_{RC}=\sqrt{\left(X_{\mathrm{C}}\right)^2+R^2}$ ，

在電壓源作用下 RC 網路之電流為：$i=\dfrac{V}{Z_{RC}}=\dfrac{V}{\sqrt{\left(X_{\mathrm{C}}\right)^2+R^2}}$ ，

當 $X_C=0$時(i.e. 低通時 C 為開路、高通時 C 為短路)，

最大電流 $i_{\max}=\dfrac{V}{R}$ ，最大功率(實功率) $P_{\max}=i_{\max}{}^2R$ 。

在頻率 $f_c=\dfrac{1}{2\pi RC}$ 作用下，電容器之容抗值為：

$$X_C=\frac{1}{2\pi f_C C}=\frac{1}{2\pi\left(\dfrac{1}{2\pi RC}\right)C}=R\ ,$$

此時 RC 網路之阻抗爲：$Z_{RC}=\sqrt{(X_C)^2+R^2}=\sqrt{(R)^2+R^2}=\sqrt{2}R$，

電流爲：$i=\dfrac{1}{\sqrt{2}}\dfrac{V}{R}=\dfrac{1}{\sqrt{2}}i_{\max}$，故 f_c 符合截止頻率之定義；

實功率爲：$P_c=\left(\dfrac{1}{\sqrt{2}}i_{\max}\right)^2R=\dfrac{1}{2}{i_{\max}}^2R=\dfrac{1}{2}P_{\max}$，故 f_c 又稱半功率頻率。

例 9-2

一個二階主動濾波器中之 R_2=10kΩ，求(1)可得最平巴特沃響應之 R_1 值，(2)非反相放大器之閉環路增益 $A_{cl(NI)}$？

<Sol>

① $\dfrac{R_1}{R_2}=2-DF=2-1.414=0.586$

$\therefore R_1=0.586R_2=0.586\times 10\text{k}=5860\ (\Omega)$

② $A_{cl(NI)}=\dfrac{1}{B}=\dfrac{R_1+R_2}{R_2}=\dfrac{R_1}{R_2}+1=0.586+1=1.586$

3. 濾波器串聯

(1) 高階濾波器可由低階串聯而得。

(2) 串接排列中每一濾波器稱爲一級(Stage)或一節(Section)。

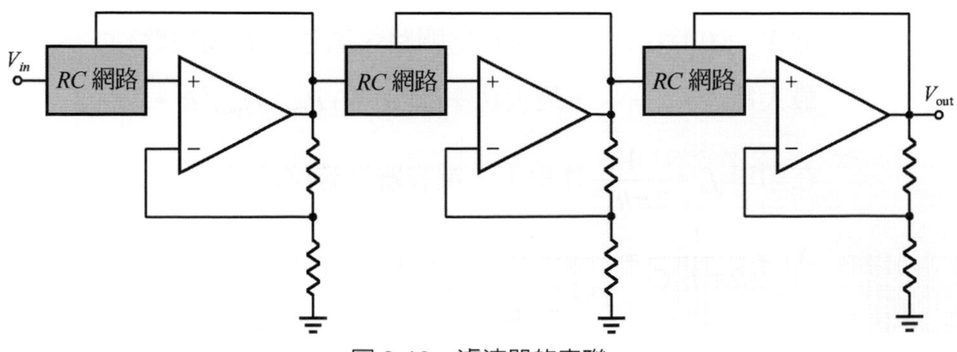

圖 9-10　濾波器的串聯

9.4 主動低通濾波器(Active low-pass filter)

1. 單一極點濾波器(Single-pole filter)

(1) 電路及頻率響應：

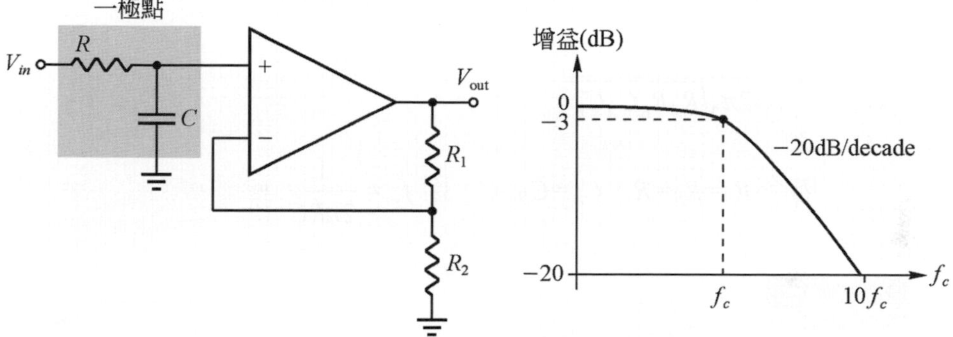

圖 9-11　主動低通濾波器的電路及頻率響應圖

(2) $f_c = \dfrac{1}{2\pi RC}$ 。

(3) $A_{cl(NI)} = 1 + \dfrac{R_1}{R_2}$ 。

2. 沙倫-慼低通濾波器(Sallen-Key low-pass filter)

(1) 電路：

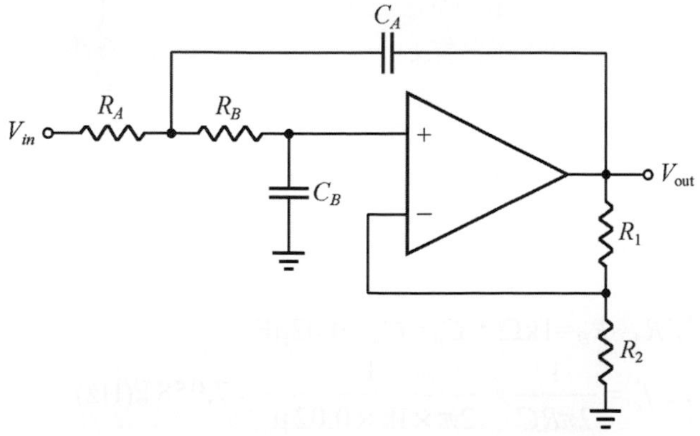

圖 9-12　主動沙倫-慼低通濾波器的電路圖

(2) 爲二階(Two pole)濾波器之組態，提供(–40dB/decade)的下降率(Butterworth 響應)。

(3) 亦被稱爲「電壓控制電源濾波器(Voltage Controlled Voltage Source filter，VCVS)」。

(4) 二 RC 網路爲 R_AC_A 及 R_BC_B，其臨界頻率爲：

$$f_c = \frac{1}{2\pi\sqrt{R_AR_BC_AC_B}}$$

若令 $R_A=R_B=R$，$C_A=C_B=C$，則 $f_c = \dfrac{1}{2\pi RC}$。

例 9-3

一電路如圖，求(1)該濾波器之 f_c，(2)可得最平巴特沃響應之 R_1 值？

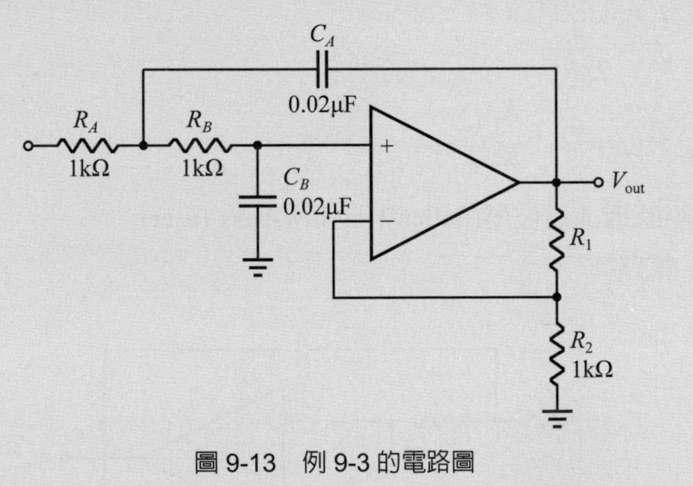

圖 9-13 例 9-3 的電路圖

<Sol>

① $\because R_A=R_B=1\text{k}\Omega$，$C_A=C_B=0.02\mu\text{F}$

$$\therefore f_c = \frac{1}{2\pi RC} = \frac{1}{2\pi\times 1\text{k}\times 0.02\,\mu} = 7.958\ \text{k(Hz)}$$

② 查表得二階之 $\frac{R_1}{R_2}=0.586$

$\therefore R_1=0.586R_2=0.586\times 1\text{k}=586\,(\Omega)$

3. 濾波器串接可得高下降率(Cascade filters achieve a higher roll-off rate)，三極點濾波器可以二極點串接一極點而得，以此類推。

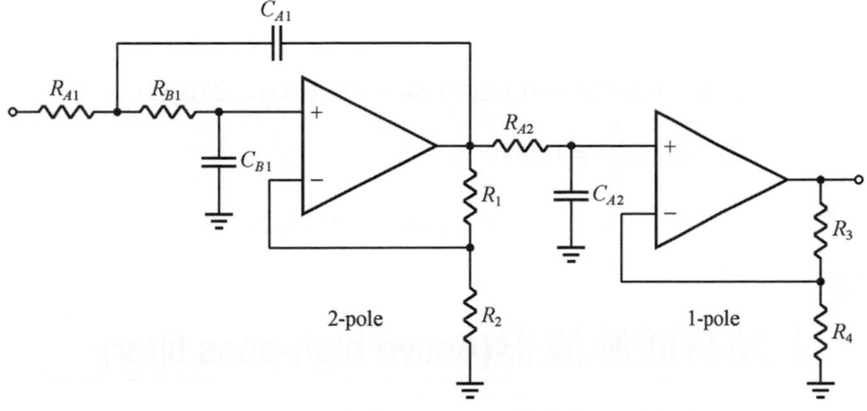

圖 9-14 三極點濾波器可以二極點串接一極點而得

例 9-4

一電路如圖，若 f_c=2,680Hz，$R_{A1}=R_{B1}=R_{A2}=R_{B2}=1.8\,\text{k}\Omega$，求(1)電容值，(2)$R_3$ 及 R_4 值？

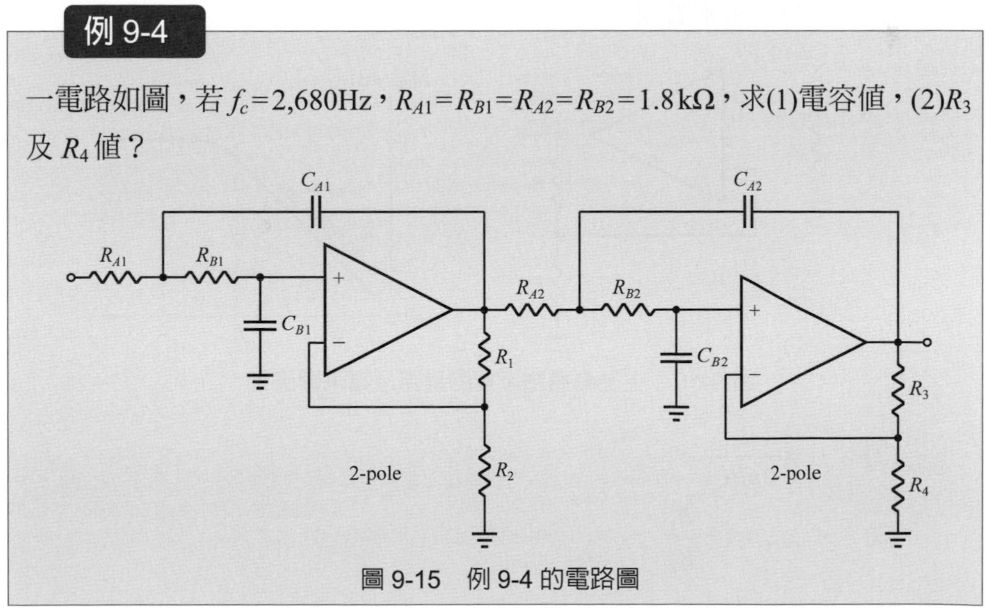

圖 9-15 例 9-4 的電路圖

<Sol>

① 設 $C_{A1}=C_{B1}=C_{A2}=C_{B2}=C$

則 $f_c=\dfrac{1}{2\pi RC}=\dfrac{1}{2\pi\times 1.8\text{k}\times C}=2,680\,(\text{Hz})\Rightarrow C=0.032\,\mu\text{F}$

② 選 $R_2=R_4=1.8\text{ k}\Omega$，查表得第一級巴特沃(Butterworth)響應

$\dfrac{R_1}{R_2}=0.152$

$\therefore R_1=0.152R_2=0.152\times 1.8\text{k}=273.6\,(\Omega)\Rightarrow 270\,(\Omega)$

第二級之 $\dfrac{R_3}{R_4}=1.235$

$\Rightarrow R_3=1.235R_4=1.235\times 1.8\text{k}=2.223\,\text{k}(\Omega)\Rightarrow 2.2\,\text{k}(\Omega)$

9.5 主動高通濾波器(Active high-pass filter)

1. 單一極點濾波器

(1) 電路及頻率響應：

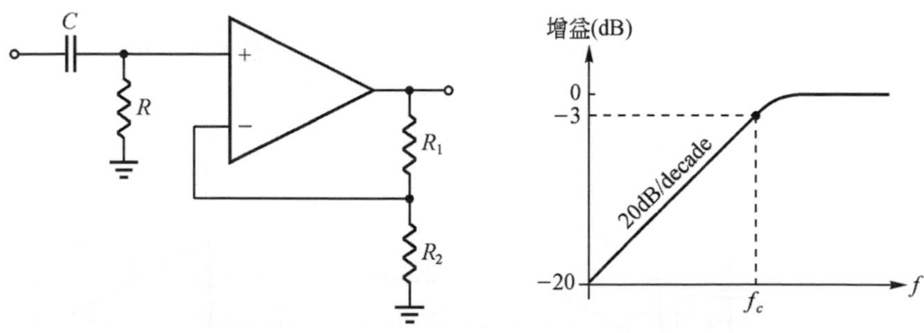

圖 9-16 主動高通濾波器的電路及頻率響應圖

(2) $f_c=\dfrac{1}{2\pi RC}$

(3) $A_{cl(NI)}=1+\dfrac{R_1}{R_2}$

(4) 理想頻寬：$f_c\sim\infty$

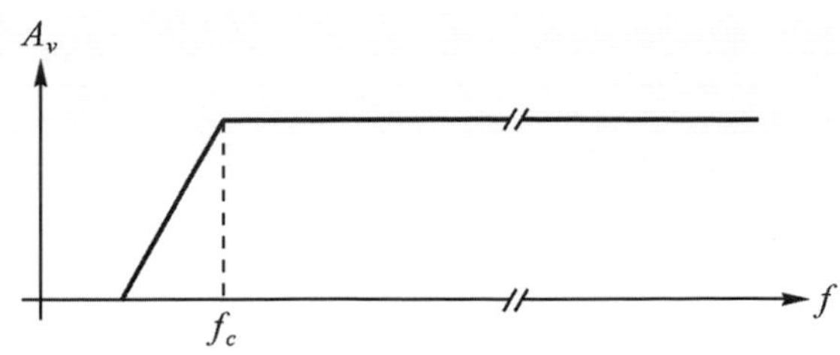

圖 9-17　主動高通濾波器的理想頻寬

(5) 實際頻寬：f_c～OP 之頻率上限，類似一帶通濾波器。

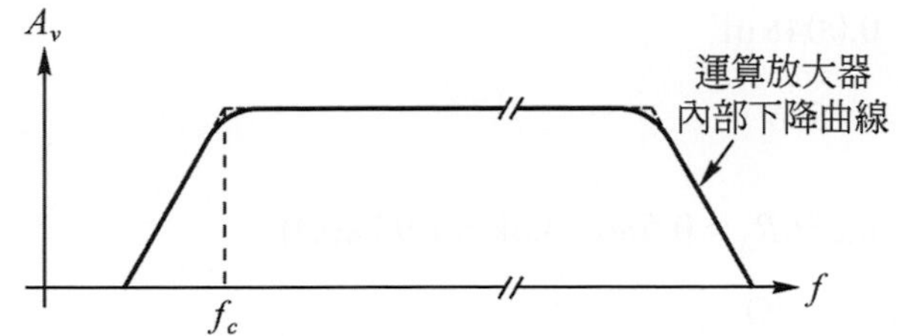

圖 9-18　主動高通濾波器的實際頻寬

2. 沙倫-威高通濾波器

(1) 電路：

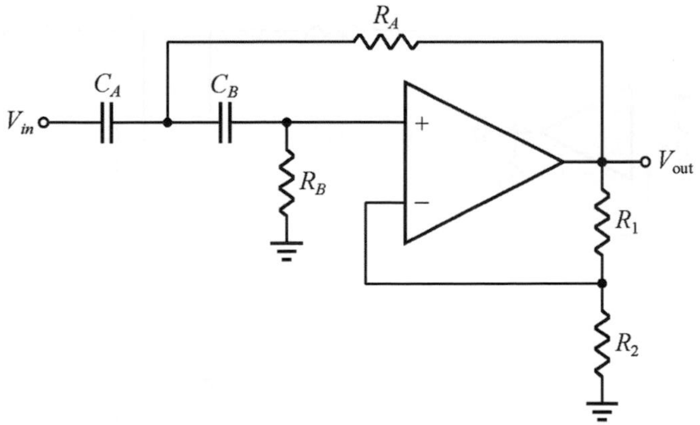

圖 9-19　主動沙倫-威高通濾波器的電路圖

(2) 將電阻與電容位置對調即成為沙倫-威高通濾波器。

(3) $f_c = \dfrac{1}{2\pi\sqrt{R_A R_B C_A C_B}}$ 。

例 9-5

一電路如圖 9-19，若 f_c=10kHz，求各元件值以實現一個二階巴特沃響應。

<Sol>

選 $R_A=R_B=R_2=3.3\,\text{k}\Omega$，且 $C_A=C_B=C$

$$\Rightarrow f_c=\frac{1}{2\pi\times 3.3\text{k}\times C}=10\,\text{k}$$

$$\Rightarrow C=0.0048\,\mu\text{F}$$

$$\because \frac{R_1}{R_2}=0.586$$

$$\therefore R_1=0.586R_2=0.586\times 3.3\text{k}=1.93\,\text{k}(\Omega)$$

若選 R_1=3.3kΩ

$$則 R_2=\frac{R_1}{0.586}=\frac{3.3\text{k}}{0.586}=5.63\,\text{k}(\Omega)$$

3. 串接高通濾波器

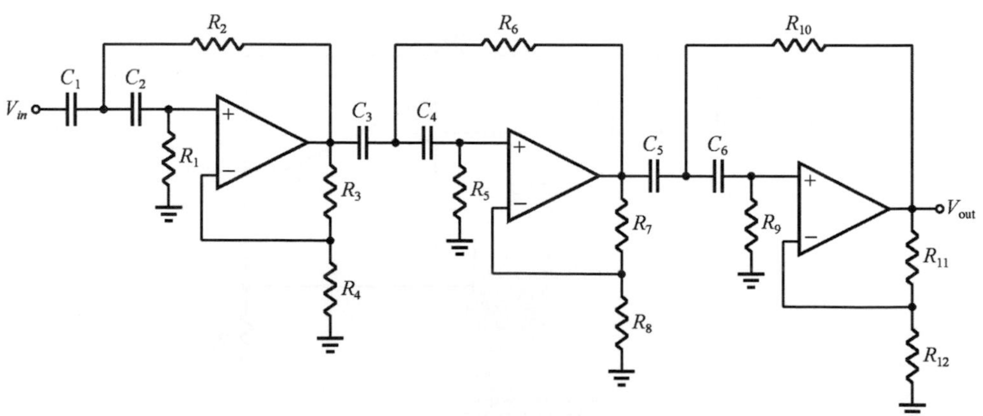

圖 9-20 串接高通濾波器(6-pole, 下降率：－120dB/decade)

9.6 主動帶通濾波器(Active band-pass filter)

1. 高通與低通串接之帶通濾波器

 (1) 電路：

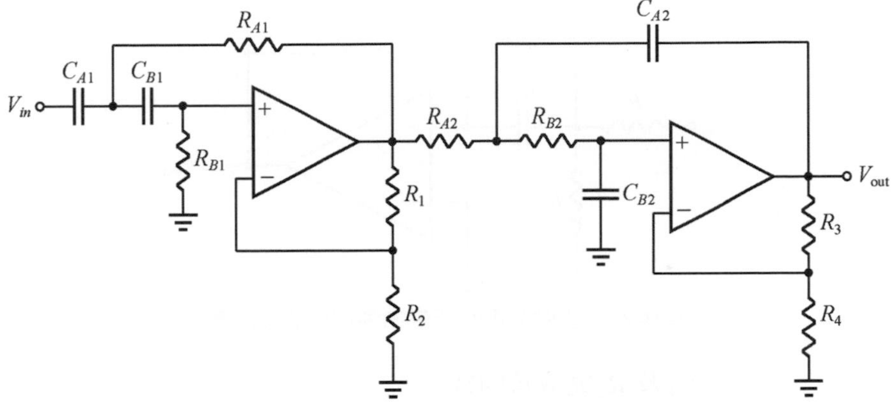

圖 9-21 高通與低通串接之帶通濾波器的電路圖

 (2) 頻率響應：

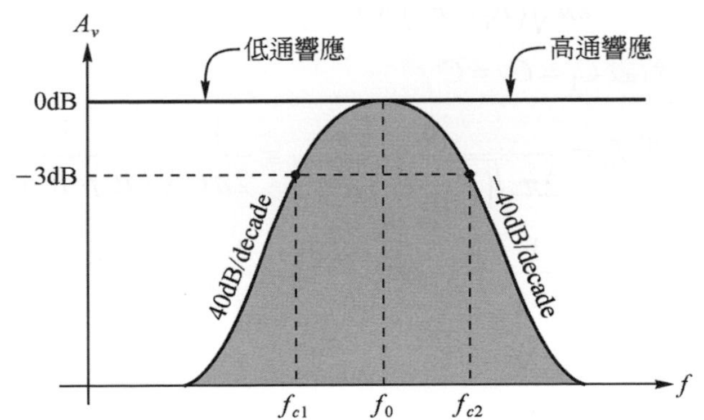

圖 9-22 主動高通與低通串接之帶通濾波器的頻率響應圖

 (3) $f_{c_1} = \dfrac{1}{2\pi\sqrt{R_{A1}R_{B1}C_{A1}C_{B1}}}$(由高通濾波器(High-pass filter)決定)

 (4) $f_{c_2} = \dfrac{1}{2\pi\sqrt{R_{A2}R_{B2}C_{A2}C_{B2}}}$(由低通濾波器(Low-pass filter)決定)

(5) $f_0 = \sqrt{f_{c_1} \times f_{c_2}}$

2. 多重回授帶通濾波器(Multiple–feedback band-pass filter)

(1) 電路：

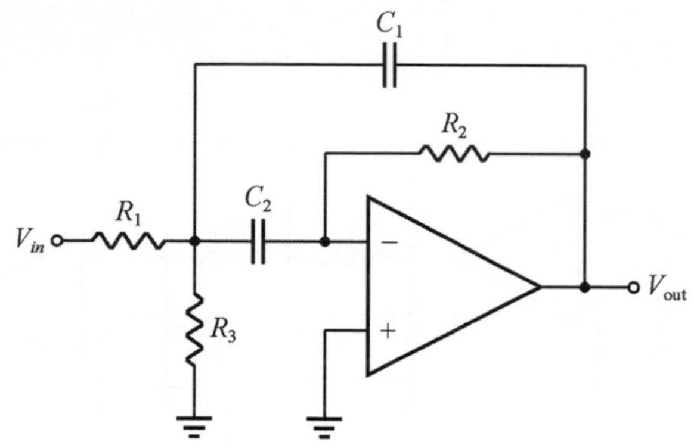

圖 9-23　主動多重回授帶通濾波器的電路圖

① 經 C_1 及 R_2 完成負回授。

② R_1 與 C_1 爲低通響應，R_2 與 C_2 爲高通響應。

③ $$f_0 = \frac{1}{2\pi\sqrt{(R_1 // R_3) R_2 C_1 C_2}} \quad \text{(共振頻率)}$$

若設 $C_1 = C_2 = C$

則 $$f_0 = \frac{1}{2\pi\sqrt{(R_1 // R_3) R_2 C_2}} = \frac{1}{2\pi C}\sqrt{\frac{1}{(R_1 // R_3) R_2}}$$

$$= \frac{1}{2\pi C}\sqrt{\frac{1}{R_2} \times \frac{R_1 + R_3}{R_1 R_3}} = \frac{1}{2\pi C}\sqrt{\frac{R_1 + R_3}{R_1 R_2 R_3}}$$

④ 電阻的選擇

$R_1 = \dfrac{Q}{2\pi f_0 C A_0}$，其中 $Q = \dfrac{f_0}{BW}$ (品質因數)，A_0：最大增益

$$R_2 = \frac{Q}{\pi f_0 C}$$

$$R_3 = \frac{Q}{2\pi f_0 C(2Q^2 - A_0)}$$

⑤ 求 A_0

由 R_1：$Q = 2\pi f_0 C A_0 R_1$，由 R_2：$Q = \pi f_0 C R_2$

$$\Rightarrow 2\pi f_0 C A_0 R_1 = \pi f_0 C R_2 \Rightarrow 2A_0 R_1 = R_2 \Rightarrow A_0 = \frac{R_2}{2R_1}$$

⑥ 增益的限制

由 R_3 知，$2Q^2 - A_0 > 0 \Rightarrow 2Q^2 > A_0$

例 9-6

一電路如圖，求 f_0、A_0、Q、BW。

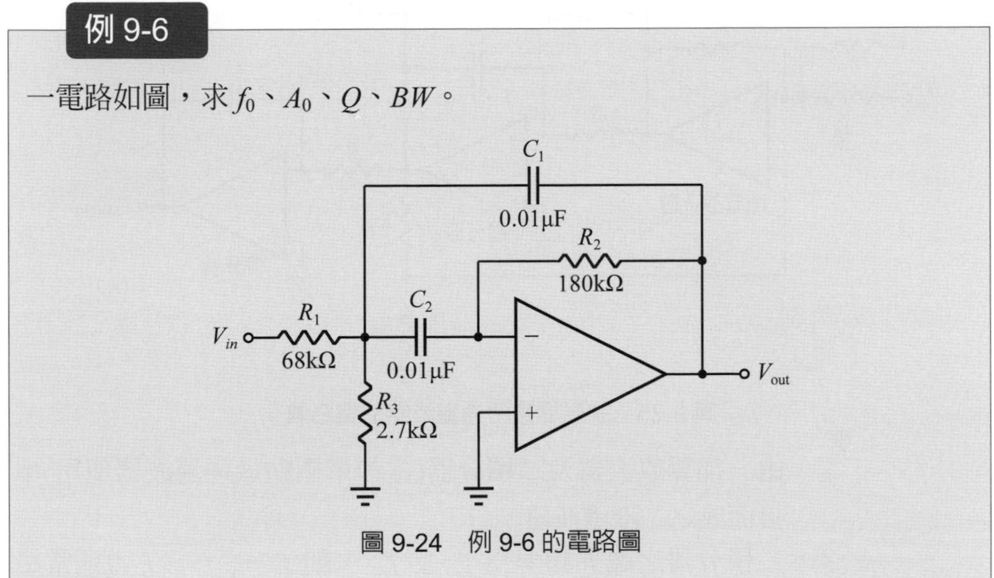

圖 9-24　例 9-6 的電路圖

<Sol>

① $$f_0 = \frac{1}{2\pi C}\sqrt{\frac{R_1 + R_3}{R_1 R_2 R_3}} = \frac{1}{2\pi \times 0.01\mu}\sqrt{\frac{68\text{k} + 2.7\text{k}}{68\text{k} \times 180\text{k} \times 2.7\text{k}}} = 736\ (\text{Hz})$$

② $$A_0 = \frac{R_2}{2R_1} = \frac{180\text{k}}{2 \times 68\text{k}} = 1.32$$

③ $$Q = \pi f_0 C R_2 = \pi \times 736 \times 0.01\mu \times 180\text{k} = 4.16$$

④ $$BW = \frac{f_0}{Q} = \frac{736}{4.16} = 176.9\ (\text{Hz})$$

(檢驗：$2Q^2 = 2 \times 4.16^2 = 34.6 > A_0 = 1.32$)

(2) 設計步驟：

① 開濾波器之規格 f_0、A_0 及 Q(一般選 Q 小於 10)，可決定 BW。

② 選擇一適當 C 值。

③ 根據公式，決定 R_1、R_2 及 R_3 值。

3. 狀態變數帶通濾波器(State-variable band-pass filter)

(1) 電路：

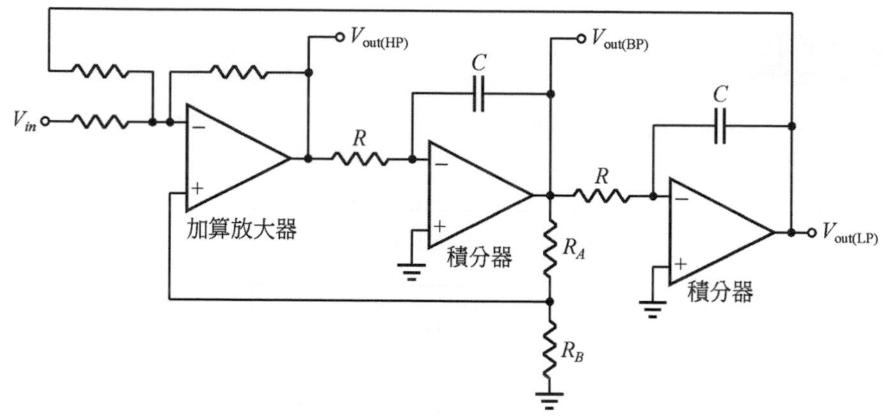

圖 9-25 狀態變數帶通濾波器的電路圖

① 由一加算放大器及二積分器(當作單極點低通濾波器使用)串接而成之二階濾波器。

② 二積分器之臨界頻率為 f_{c_1} 及 f_{c_2}，則 $f_0 = \sqrt{f_{c_1} \times f_{c_2}}$ (通常令 $f_{c_1} = f_{c_2} = f_c$，則 $f_0 = f_c$)。

③ 雖主要作帶通(BP)，但亦提供高通(HP)及低通(LP)輸出。

(2) 頻率響應：

① 全頻輸入(V_{in})，經二級低通濾波器，故 V_{out} 處僅餘低於 f_c 之信號。故 V_{out} 為 LP 輸出。

② V_{out} 信號係與 V_{in} 信號反相(相差 180°)，故 V_{in}、V_{out} 兩信號經加算放大器相加後，所有低於 f_c 之信號均被消掉，故加算放大器之輸出為 HP。

③ 第一積分器之輸出即為 HP 及 LP 之重疊地帶(BP)。

(3) $Q = \frac{1}{3}(\frac{R_A}{R_B} + 1)$

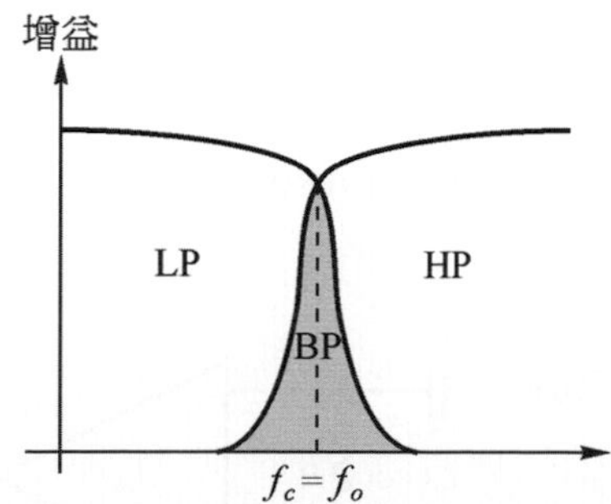

圖 9-26　主動狀態變數帶通濾波器的頻率響應圖

例 9-7

一電路如圖，求 f_0、Q、BW。

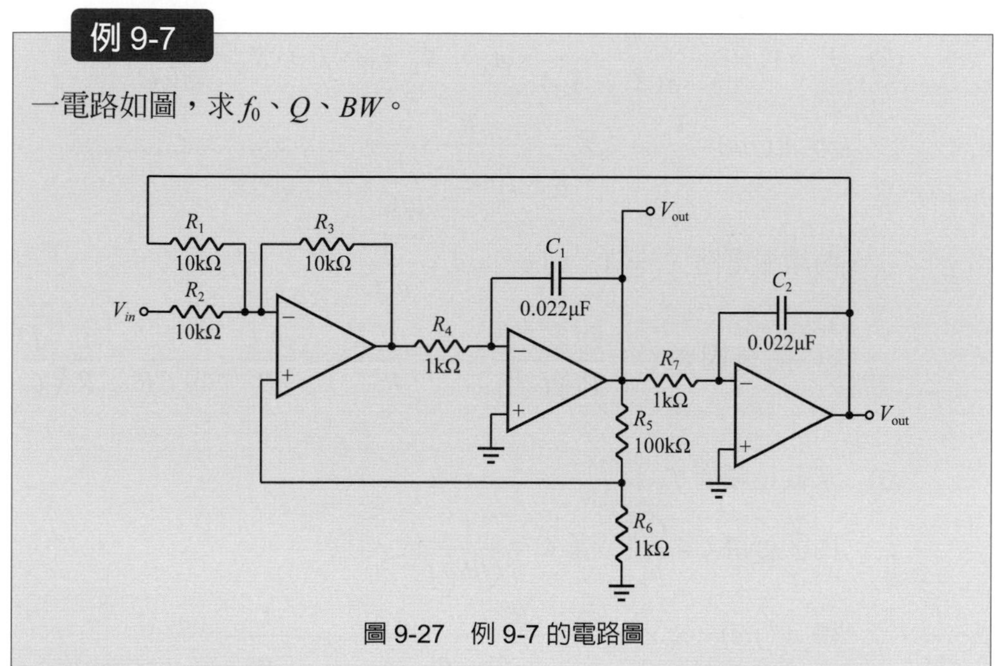

圖 9-27　例 9-7 的電路圖

<Sol>

① $f_c = \frac{1}{2\pi R_4 C_1} = \frac{1}{2\pi R_7 C_2} = \frac{1}{2\pi \times 1\text{k} \times 0.022\mu} = 7.23\,\text{k(Hz)}$

$f_0 = f_c = 7.23\ \text{KHz}$

② $Q=\frac{1}{3}(\frac{R_5}{R_6}+1)=\frac{1}{3}(\frac{100k}{1k}+1)=33.67$

③ $BW=\frac{f_0}{Q}=\frac{7.23k}{33.67}=214.7\,(Hz)$(需令 $R_1=R_2=R_3$)

4. 主動諧振帶通濾波器(Active resonant band-pass filter)

(1) 電路：

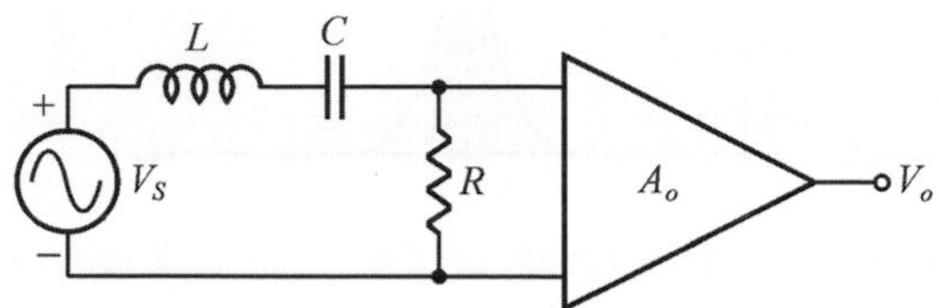

圖 9-28　主動諧振帶通濾波器的電路圖

(2) $V_o=V_S\times\frac{R}{R+j(X_L-X_C)}\times A_0$，$X_L=\omega\times L$，$X_C=\frac{1}{\omega\times C}$

$\Rightarrow A_v(j\omega)=\frac{V_o}{V_s}=A_0\times\frac{R}{R+j(\omega L-\frac{1}{\omega C})}$ ....①

而諧振電路 $X_L=X_C$，i.e. $\omega_r L=\frac{1}{\omega_r C}$

$\Rightarrow$ 品質因數 $Q=\frac{\text{Q(虛功)}}{P\text{(實功)}}=\frac{X_L\text{ 或 }X_C}{R}=\frac{\omega_r L}{R}=\frac{1}{\omega_r CR}=\frac{1}{R}\sqrt{\frac{L}{C}}$

....②

(3) 求截止頻率 f_{c_1} 及 f_{c_2}

由②可得 $L=\frac{QR}{\omega_r}$ 以及 $C=\frac{1}{QR\omega_r}$ 代入①，

得 $A_v(j\omega)=A_0\times\frac{R}{R+jQR\left(\frac{\omega}{\omega_r}-\frac{\omega_r}{\omega}\right)}=\frac{A_0}{1+jQ\left(\frac{\omega}{\omega_r}-\frac{\omega_r}{\omega}\right)}$

$$|A_v(j\omega)| = \frac{A_0}{\sqrt{1+Q^2\left(\frac{\omega}{\omega_r}-\frac{\omega_r}{\omega}\right)^2}}$$ …magnitude .... ③

$$\phi(\omega) = -\tan^{-1} Q\left(\frac{\omega}{\omega_r}-\frac{\omega_r}{\omega}\right)$$ …phase Angle

設 $\omega_1 < \omega_r$，$\omega_2 > \omega_r$ 分別代表下、上截止頻率，

i.e. $|A_v(j\omega_1)| = |A_v(j\omega_2)| = \frac{A_0}{\sqrt{2}}$ (下降 3dB)

代入③可得

$$\left(\frac{\omega_1}{\omega_r}-\frac{\omega_r}{\omega_1}\right)^2 = \left(\frac{\omega_2}{\omega_r}-\frac{\omega_r}{\omega_2}\right)^2 \Rightarrow {\omega_r}^2 = \omega_1\omega_2$$ (或 $f_r = \sqrt{f_{c_1} \times f_{c_2}}$)

(4) 求 BW

$$\because |A_v(j\omega_2)| = \frac{A_0}{\sqrt{2}}$$

$$\therefore Q^2\left(\frac{\omega_2}{\omega_r}-\frac{\omega_r}{\omega_2}\right)^2 = 1 \Rightarrow Q\left(\frac{\omega_2}{\omega_r}-\frac{\omega_r}{\omega_2}\right) = 1$$

$$\Rightarrow \frac{Q}{\omega_r}\left(\omega_2-\frac{{\omega_r}^2}{\omega_2}\right) = 1 \Rightarrow \frac{\omega_r}{Q} = \omega_2-\frac{{\omega_r}^2}{\omega_2} \Rightarrow \omega_r = Q\left(\omega_2-\frac{{\omega_r}^2}{\omega_2}\right)$$

$$BW = \frac{f_r}{Q} = \frac{1}{2\pi}\frac{\omega_r}{Q} = \frac{1}{2\pi}\left(\omega_2-\frac{{\omega_r}^2}{\omega_2}\right)$$

或由②得 $BW = \frac{1}{2\pi} \times \frac{\omega_r}{\frac{\omega_r L}{R}} = \frac{1}{2\pi}\frac{R}{L}$

(5) 此為窄帶(Narrow band)濾波器。

9.7 主動帶止濾波器(Active band-stop filter)

1. 多重回授帶止濾波器

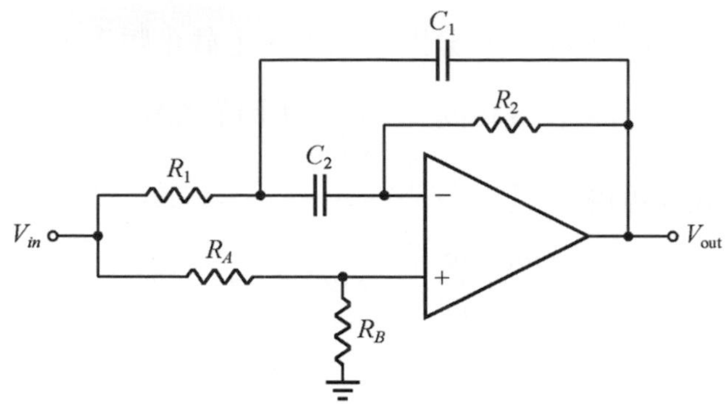

圖 9-29　多重回授帶止濾波器的電路圖

(1) 與多重回授帶通濾波器之不同之處：省略 R_3，加上 R_A，R_B。

(2) $f_r=\dfrac{1}{2\pi\sqrt{R_1R_2C_1C_2}}$，若 $C_1=C_2=C$，則 $f_r=\dfrac{1}{2\pi C\sqrt{R_1R_2}}$。

(3) $BW=\dfrac{1}{\pi R_2C}$。

(4) $Q=\dfrac{f_r}{BW}=\dfrac{R_2}{2\sqrt{R_1R_2}}=0.5\sqrt{\dfrac{R_2}{R_1}}$。

例 9-8

一電路如圖 9-29，設 $R_1=1.8\text{k}\Omega$，$R_2=220\text{k}\Omega$，$C_1=C_2=0.01\mu\text{F}$，$R_A=1.5\text{k}\Omega$，$R_B=91\text{ k}\Omega$，求 f_r、Q、BW。

<Sol>

① $f_r=\dfrac{1}{2\pi C\sqrt{R_1R_2}}=\dfrac{1}{2\pi(0.01\,\mu)\sqrt{1.8\text{k}\times 220\text{k}}}=800\,(\text{Hz})$

② $BW=\dfrac{1}{\pi R_2 C}=\dfrac{1}{\pi\times 220\text{k}\times 0.01\mu}=145\,(\text{Hz})$

③ $Q=0.5\sqrt{\dfrac{R_2}{R_1}}=0.5\sqrt{\dfrac{220\text{k}}{1.8\text{k}}}=5.5$

2. 諧振帶止濾波器

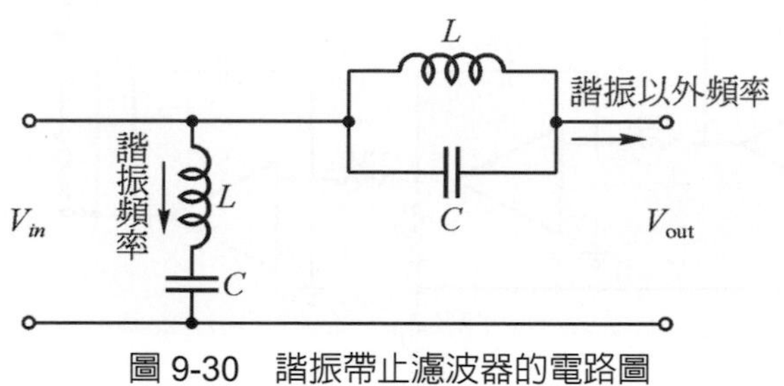

圖 9-30 諧振帶止濾波器的電路圖

3. 狀態變數帶止濾波器

將狀態變數帶通濾波器中 LP 及 HP 之輸出相加後反相。例：可消除 60Hz 交流哼聲。

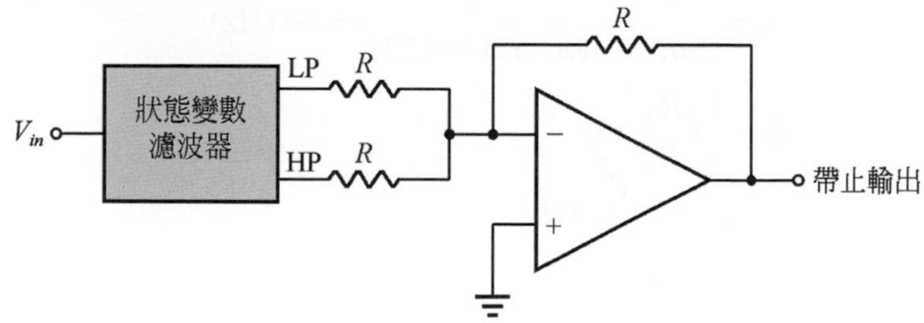

圖 9-31 狀態變數帶止濾波器的電路

例 9-9

一電路如圖，證明 f_r=60Hz，並且完成它使 Q=30。

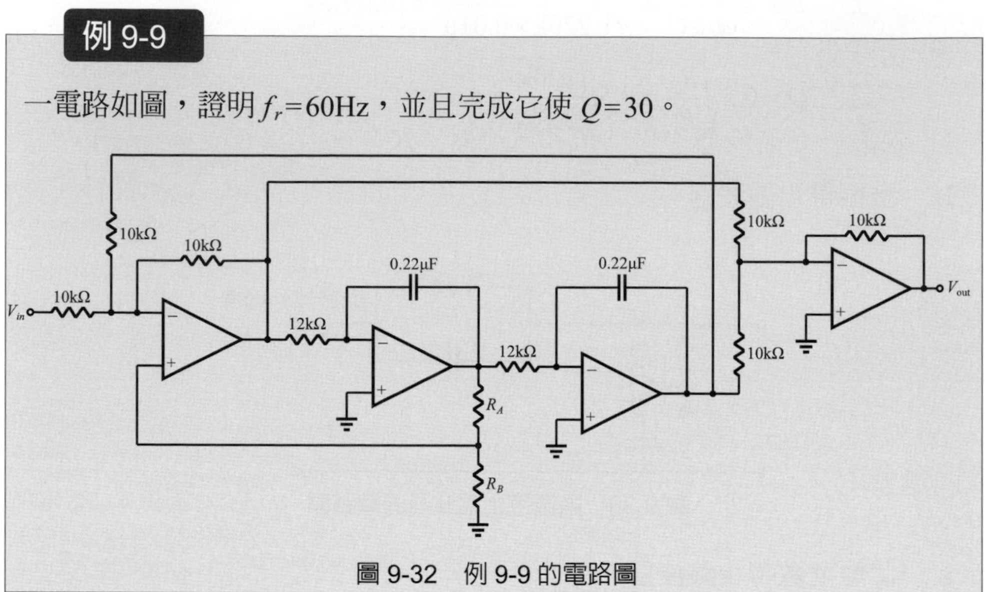

圖 9-32 例 9-9 的電路圖

<Sol>

① $f_0 = \dfrac{1}{2\pi RC} = \dfrac{1}{2\pi \times 12\text{k} \times 0.22\,\mu} = 60\ (\text{Hz})$

② $Q = \dfrac{1}{3}(\dfrac{R_A}{R_B} + 1)$

$\Rightarrow R_A = (3Q - 1)R_B$

令 $R_B = 1\ \text{k}\Omega$

$\Rightarrow R_A = (3 \times 30 - 1) \times 1\text{k} = 89\ \text{k}\Omega$

習　題 EXERCISE

1. 請設計一高低通串接之帶通濾波器，設(1)通帶 = 5kHz～10kHz，(2)高低通濾波器均為二極點型式，(3)巴特沃響應。求：(1)繪出電路，(2)決定各元件值，(3)共振頻率 f_0。

階數	下降率 dB/decade	第一級			第二級			第三級		
		極點	*DF*	R_1/R_2	極點	*DF*	R_1/R_2	極點	*DF*	R_1/R_2
1	20	1	Optional							
2	40	2	1.414	0.586						
3	60	2	1.00	1	1	1.00	1			
4	80	2	1.848	0.152	2	0.765	1.235			
5	100	2	1.00	1	2	1.618	0.382	1	1.618	1.382
6	120	2	1.932	0.068	2	1.414	0.586	2	0.518	1.482

2. 多重回授帶通濾波器(Multiple-feedback band-pass filter)如圖。求：(1)共振頻率 f_0，(2)最大增益 A_0，(3)品質因數 Q，(4)頻寬 BW。

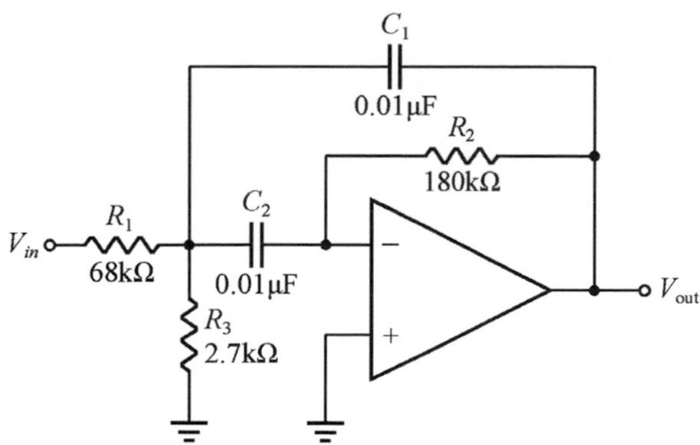

Electronics

10

功率放大器

10.1 何謂功率放大器

10.2 *A* 類放大器(Class *A* amplifier)

10.3 *B* 類放大器(Class *B* amplifier)
或稱推挽放大器(Push-pull amplifier)

10.4 *C* 類放大器(Class *C* amplifier)

10.1 何謂功率放大器

1. 功率放大器(Power amplifier)是一種大信號放大器，其在放大信號時，使用的負載線區域較小信號放大器為寬。小信號放大器的交流信號只在交流負載線的一個小範圍內變動，若輸出信號的振幅變動接近交流負載線的邊界，則屬於大信號(Large-signal)類型，其功用是為提供功率而不是電壓給負載。
2. 功率放大器常是放大器電路之最後一級，用來推動喇叭或是發射機，故常被稱為「後級放大器」(前級放大器乃指小信號之信號放大器)。
3. 功率放大器依對輸入信號之線性放大區域不同，分成 *A* 類，*B* 類和 *C* 類三種。

10.2 *A* 類放大器(Class *A* amplifier)

1. 特性：
   (1) 對輸入信號有全週期 360°的線性放大作用。
   (2) 輸出是輸入的放大複製，沒有失真。
   (3) 可為反相或非反相放大。

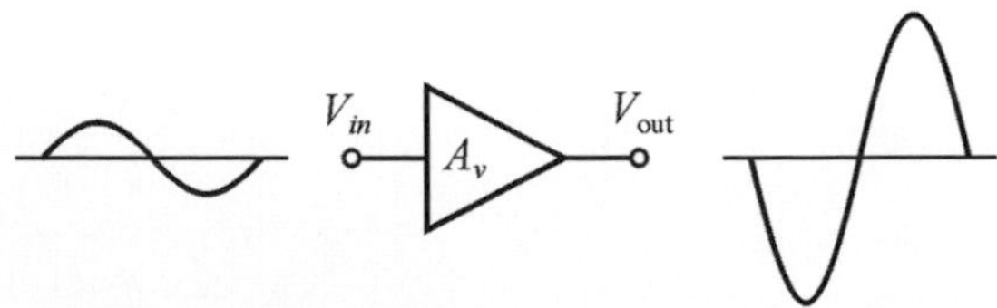

圖 10-1 *A* 類放大器對輸入信號全週期線性放大

2. Q點位置不同之放大與失真：

(1) Q點位於負載線中央：可得最大放大輸出信號。

① 若輸入信號大小適中，則無失真。

② 若輸入信號過大，則產生失真。

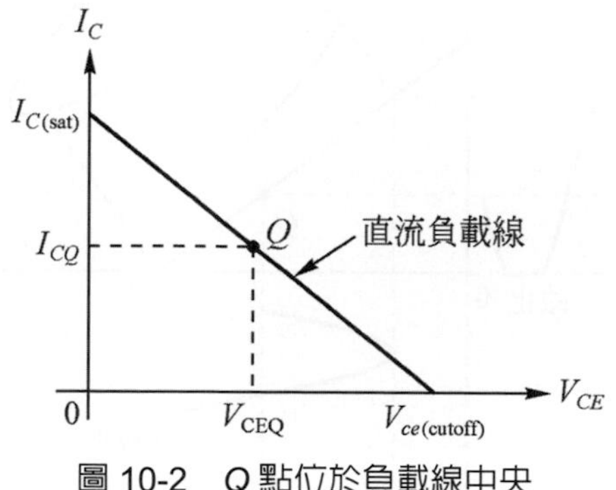

圖 10-2 Q點位於負載線中央

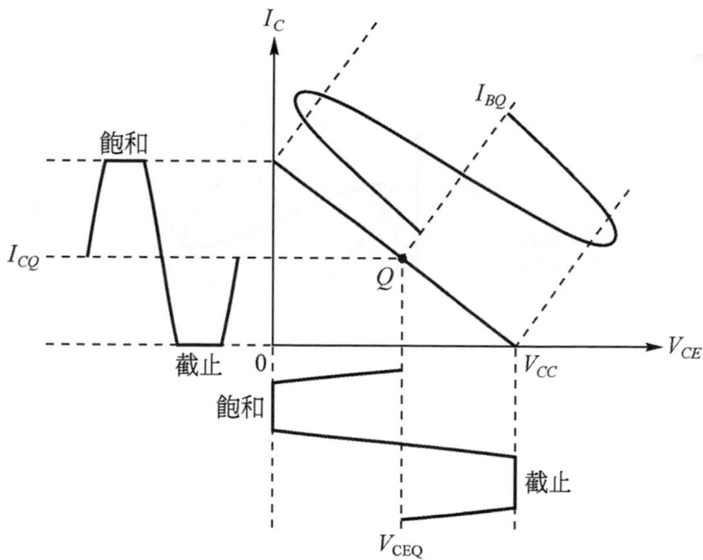

圖 10-3 Q點位於負載線中央，但輸入信號過大，則產生失真

(2) 非中央 Q 點之放大

① Q 點近截止點：

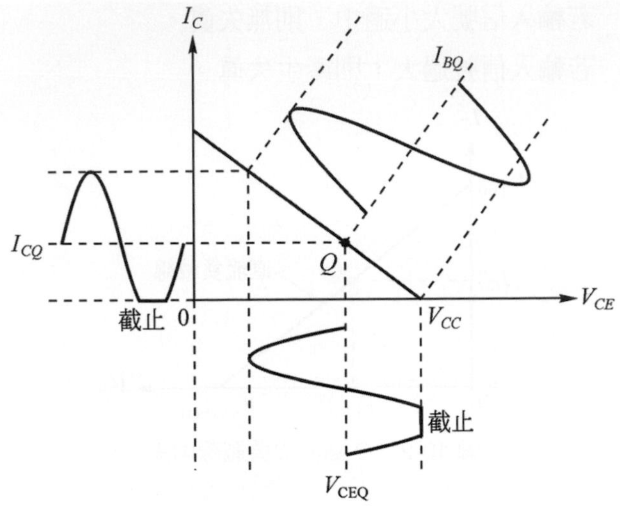

圖 10-4　*A* 類放大器 *Q* 點近截止點

② Q 點近飽和點：

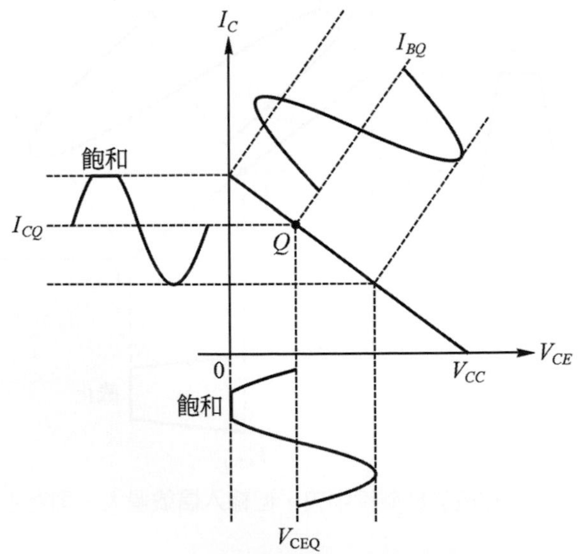

圖 10-5　*A* 類放大器 *Q* 點近飽和點

3. 交流負載線(大信號負載線)

(1) 一共射放大電路如下：

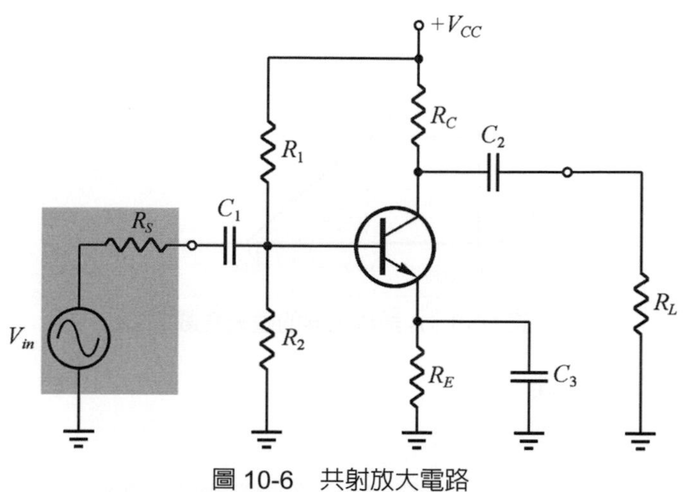

圖 10-6　共射放大電路

(2) 其直流等效電路(分壓器偏壓電路，請見本書第 5 章)如下：

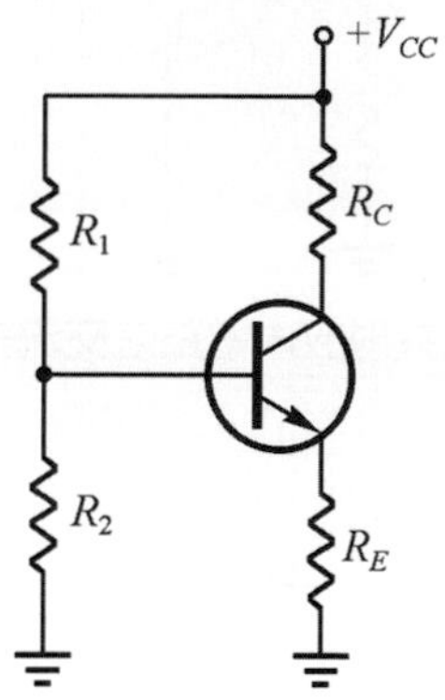

圖 10-7　共射放大電路之直流等效電路

① 計算其負載線：

$$I_{C(\text{sat})} \cong \frac{V_{CC}}{R_C + R_E}$$

$$V_{CE(\text{cut-off})} \cong V_{CC}$$

② 故其直流負載線如下：

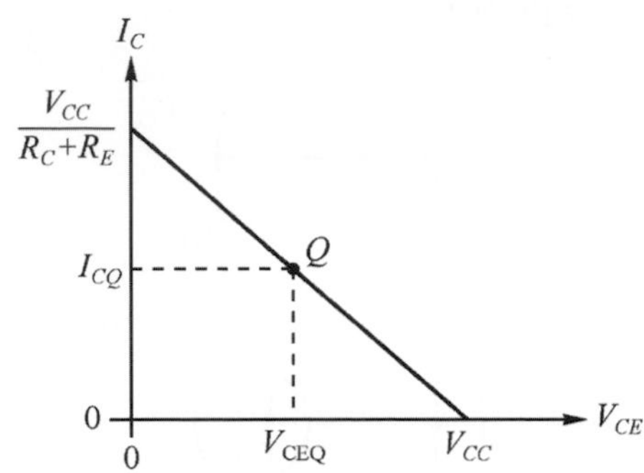

圖 10-8　*A* 類放大器的直流負載線

(3) 交流負載線

① 交流等效電路：

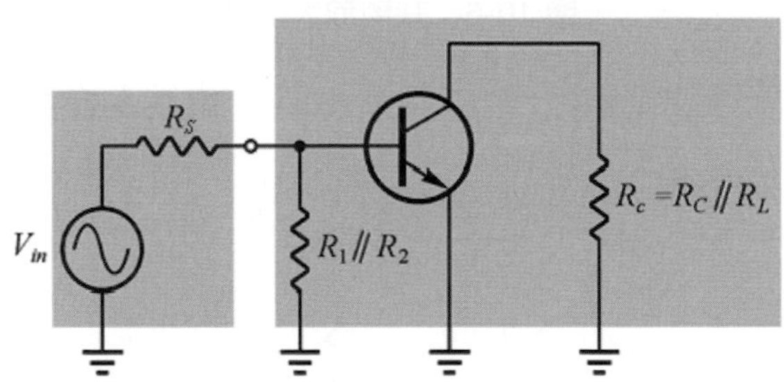

圖 10-9　共射放大電路之交流等效電路

② 計算其負載線：

$\because Q$ 點至飽和點，$\Delta V_{CE} = V_{CEQ}$ ，$\therefore \Delta I_C = \dfrac{\Delta V_{CE}}{R_C // R_L}$ (圖 10-9 交流輸出迴路的克希荷夫電壓方程式)

$\Rightarrow \Delta I_C = \dfrac{V_{CEQ}}{R_c}$　　(R_c：C 極交流等效電阻)

$\therefore I_{c(\text{sat})} = I_{CQ} + \Delta I_C = I_{CQ} + \dfrac{V_{CEQ}}{R_c}$

又 Q 點至截止點，$\Delta V_{CE} = (\Delta I_C) \times R_c = I_{CQ} R_c$ ，

$\therefore V_{ce(\text{cut-off})} = V_{CEQ} + I_{CQ} R_c$

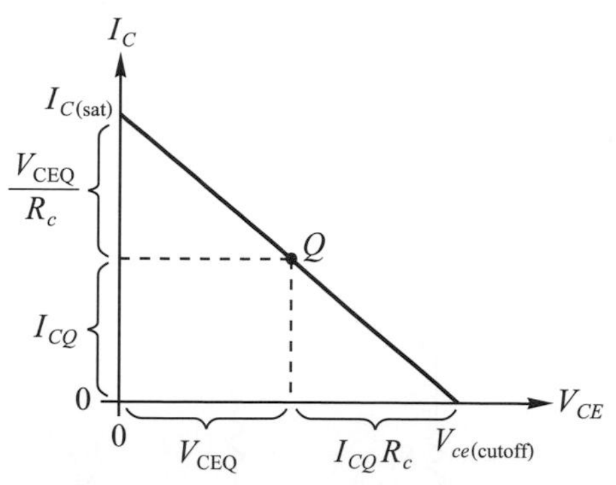

圖 10-10　交流負載線

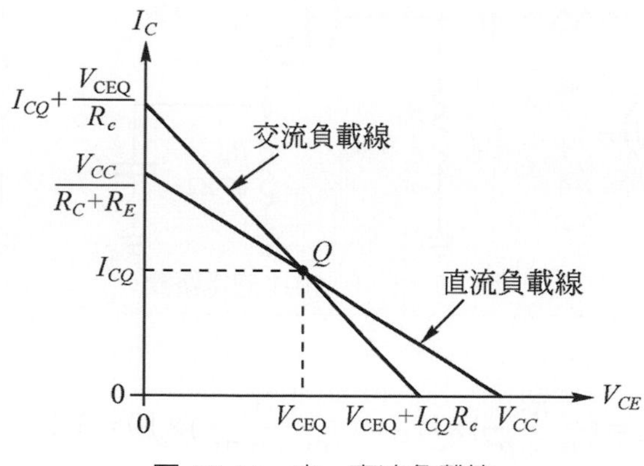

圖 10-11　交、直流負載線

例 10-1

一電路如圖 10-12，求：(1)Q 點，(2)直流負載線，(3)交流負載線，(4)最大輸出變化量，(5)若將 Q 點移至中點，則最大變化量爲何？設 $X_{C1}=X_{C2}=X_{C3}=0$。

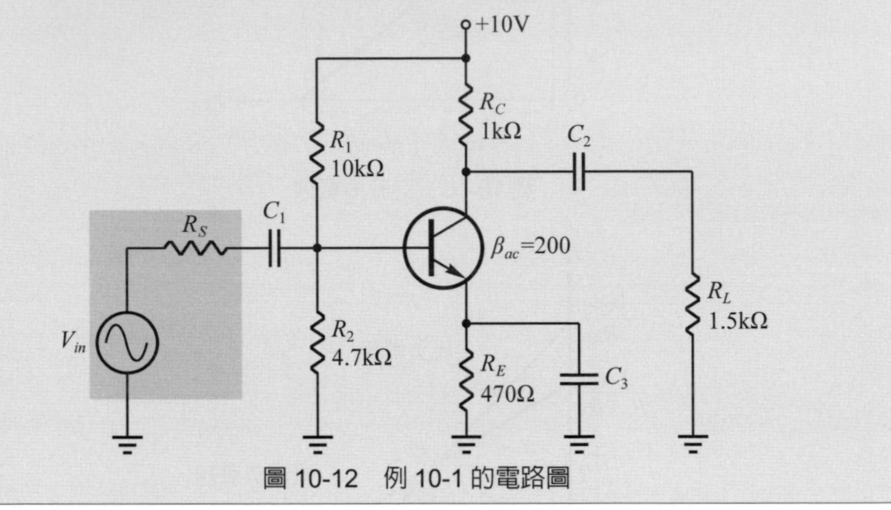

圖 10-12　例 10-1 的電路圖

<Sol>

$$(1)\quad V_{BQ}=(\frac{R_2}{R_1+R_2})\times V_{CC}=(\frac{4.7\text{k}}{10\text{k}+4.7\text{k}})\times 10=3.2\,(\text{V})$$

[**Note：** 電晶體之分壓器偏壓電路，

$$R_{\text{in}(B)}=\beta_{dc}R_E=200\times 470=20\times 4.7\text{k}>10R_2$$ 。]

$$I_{EQ}=\frac{V_{EQ}}{R_E}=\frac{V_{BQ}-0.7}{R_E}=\frac{3.2-0.7}{470}=5.3\text{m(A)}\cong I_{CQ}$$

$$V_{CQ}=V_{CC}-I_{CQ}R_C=10-(5.3\text{m})\times 1\text{k}=4.7\,(\text{V})$$

$$\Rightarrow V_{CEQ}=V_{CQ}-V_{EQ}=4.7-2.5=2.2\,(\text{V})$$

$\therefore Q$ 點位於 $I_{CQ}=5.3\text{mA}$，$V_{CEQ}=2.2\text{ V}$

(2) 直流飽和點：$I_{C(\text{sat})} = \dfrac{V_{CC}}{R_C + R_E} = \dfrac{10}{1\text{k} + 470} = 6.8\,\text{m(A)}$

直流截止點：$V_{CE(\text{cut-off})} = V_{CC} = 10\,\text{V}$

(3) 交流飽和點：$I_{c(\text{sat})} = I_{CQ} + \dfrac{V_{CEQ}}{R_c}(V_{ce(\text{sat})} \approx 0)$

$$R_c = R_C \,//\, R_L = \frac{1\text{k} \times 1.5\text{k}}{1\text{k} + 1.5\text{k}} = 600\ (\Omega)$$

$$\Rightarrow I_{c(\text{sat})} = 5.3\text{mA} + \frac{2.2\text{V}}{600\Omega} = 8.97\ \text{mA}$$

交流截止點：$V_{ce(\text{cut-off})} = V_{CEQ} + I_{CQ}R_c \qquad (I_{C(\text{cut-off})} \approx 0)$

$$= 2.2\text{V} + (5.3\text{mA}) \times (600\Omega) = 5.38\,\text{V}$$

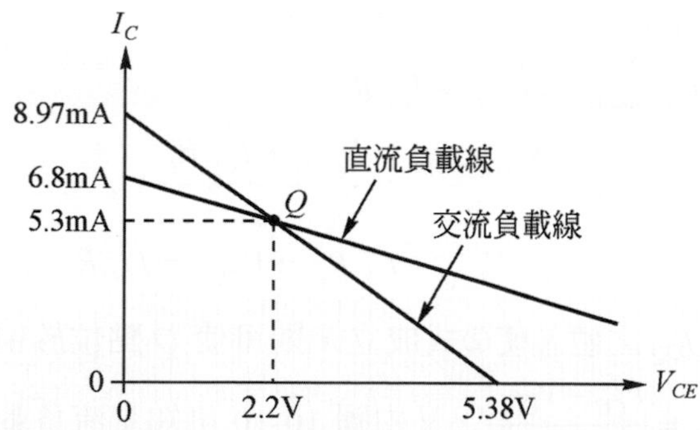

圖 10-13　例 10-1 的交、直流負載線(Q 點並不在負載線正中央！)

(4) 最大輸出變化量

$$\Delta I_C = I_{c(\text{sat})} - I_{CQ} = 8.97 - 5.3 = 3.67\ \text{m(A)}$$

$$\Delta V_{CE} = V_{CEQ} - 0 = V_{CEQ} = 2.2\ \text{V}$$

(5) 若 Q 點移至中央，則

$$\Delta I_C = \frac{I_{c(\text{sat})}}{2} = \frac{8.97}{2} = 4.49\text{m(A)} = \text{此時之} I_{CQ}$$

$$\Delta V_{CE} = \frac{V_{ce(\text{cut-off})}}{2} = \frac{5.38}{2} = 2.69\text{(V)} = \text{此時之} V_{CEQ}$$

4. 將 Q 點設定在交流負載線中央

由以上的討論可得下述結論：

(1) A 類放大器之線性工作範圍乃取決於交流負載線，而非直流負載線。

(2) 若 Q 點位於交流負載線中央，則可得最大不失真之對稱輸出信號。

故應選擇適當元件值，以使 Q 點被設定在中央。

$$\because I_{c(\text{sat})} = I_{CQ} + \frac{V_{CEQ}}{R_c}$$

$$\therefore I_{CQ(\text{middle})} = \frac{I_{c(\text{sat})}}{2} = \frac{I_{CQ} + \frac{V_{CEQ}}{R_c}}{2}$$

同理 $V_{ce(\text{cut-off})} = V_{CEQ} + I_{CQ}R_c$

$$\therefore V_{CEQ(\text{middle})} = \frac{V_{ce(\text{cutt-off})}}{2} = \frac{V_{CEQ} + I_{CQ}R_C}{2} \quad \text{..............①}$$

由①式，$2V_{CEQ} = V_{CEQ} + I_{CQ}R_c \Rightarrow V_{CEQ} = I_{CQ}R_c$ ....②

(3) 調整 I_{CQ} 之值，使②式成立，則可使 Q 點位於中央。

(4) $\because I_{CQ} = \dfrac{V_{CC} - V_{CEQ}}{(R_C + R_E)}$，又由圖 10-10 可知交流負載線與 R_E 無關(交流信號看不到 R_E)，故可經由改變 R_E(不是改變 R_C)來改變 I_{CQ}，而不改變原來負載線：

① 增加 R_E 可降低 I_{CQ}，可使 Q 點向截止點移動。

② 降低 R_E 可增加 I_{CQ}，可使 Q 點向飽和點移動。

例 10-2

同例題 10-1，欲使 Q 點移至負載線中央，則 R_E 之值爲何？

<Sol>

由例題 10-1 可知(第 5 小題)，Q 點在中央時之 I_{CQ}=4.49 mA

$\therefore I_{CQ}R_c = 4.49\text{mA} \times 600\Omega = 2.69\text{ V}$，

而 $V_{CEQ} = V_{CC} - I_{CQ}(R_C + R_E) = 10 - 4.49\text{m}(1\text{k} + R_E)$

由②式知，Q 點位於中央之條件爲 $V_{CEQ}=I_{CQ}R_c$

$\therefore 10 - 4.49\text{m}(1\text{k} + R_E) = 2.69(\text{V})$

$\Rightarrow R_E = \dfrac{2.82}{4.49\text{m}} = 628\ (\Omega)$

5. 大信號電壓增益(Large-signal voltage gain)

$A_v = \dfrac{V_c}{V_b} = \dfrac{i_cR_c}{V_{\text{signal}}} \cong \dfrac{i_cR_c}{i_er_e'} \cong \dfrac{R_c}{r_e'}$ ，$r_e' = \dfrac{\Delta V_{BE}}{\Delta I_C}$ (平均值)

因功率放大器之交流輸入信號的變化區間很大，係大信號類型，其交流射極電阻 $r_e' = \dfrac{\Delta V_{BE}}{\Delta I_C}$ 會沿著互導曲線上升而變小，i.e.相同的 ΔV_{BE} 於曲線越高處 ΔI_C 越大，如圖 10-14 所示(請參考本書圖 6-17)。故依據 r_e' 平均值只能決定放大器的平均增益。

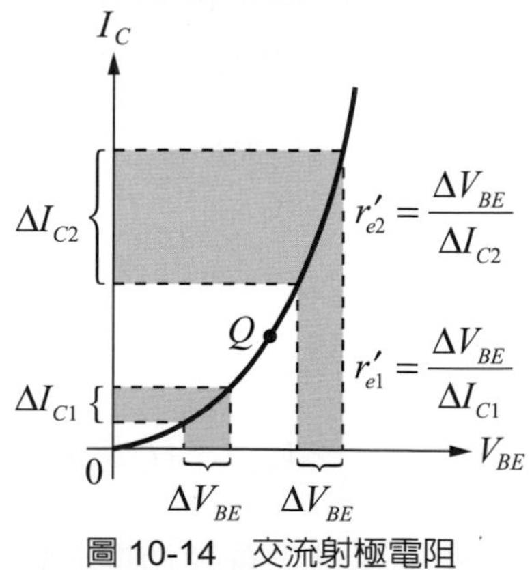

圖 10-14　交流射極電阻

例 10-3

一電路如圖 10-15，設 $r_e'=8\Omega$，求 A_v？

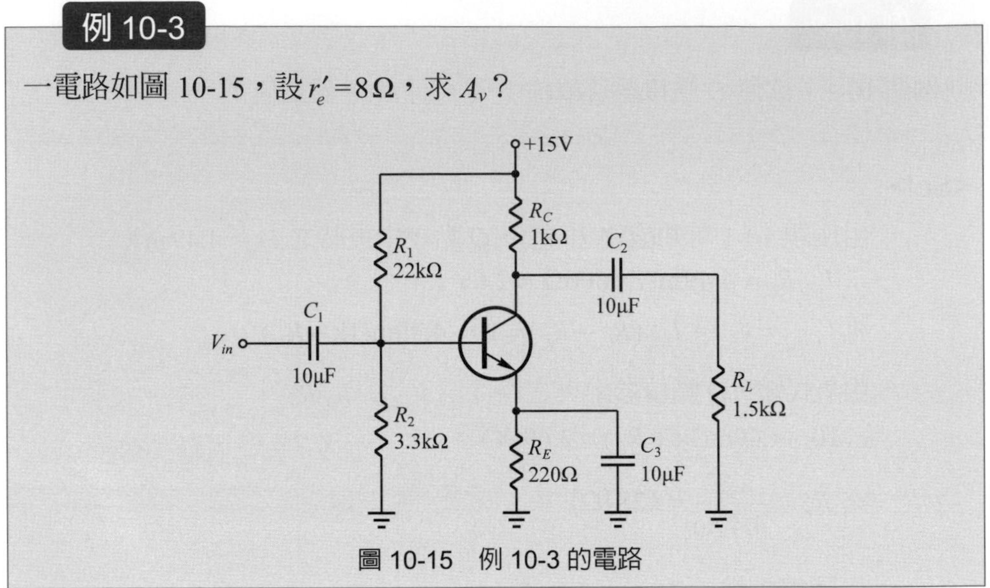

圖 10-15　例 10-3 的電路

<Sol>

$$R_c = R_C // R_L = \frac{1\text{k}\times 1.5\text{k}}{1\text{k}+1.5\text{k}} = 600\ \Omega，\ A_v = \frac{R_c}{r_e'} = \frac{600}{8} = 75$$

6. 功率增益(Power gain)

$$A_P = A_i A_v = \beta_{dc} A_v = \beta_{dc}(\frac{R_c}{r_e'})$$

7. Q 點功率(靜止點功率，Quiescent power)

指電晶體加偏壓後，未加入信號時之功率：

$$P_{DQ}=I_{CQ}V_{CEQ} \qquad (Q\text{ 點逸散功率})$$

8. 輸出功率(Output power)

共射極放大器的輸出功率係輸出電流均方根值與輸出電壓均方根值的相乘積，i.e.

$$P_{\text{out}} = I_c V_{ce} = \frac{1}{\sqrt{2}}\Delta I_C \times \frac{1}{\sqrt{2}}\Delta V_{CE} \qquad (I_c\text{ 及 }V_{ce}\text{ 最大可變化量的有效值})$$

[Note：交流信號的輸出功率通常指有效功率。]

(1) Q 點位於中央

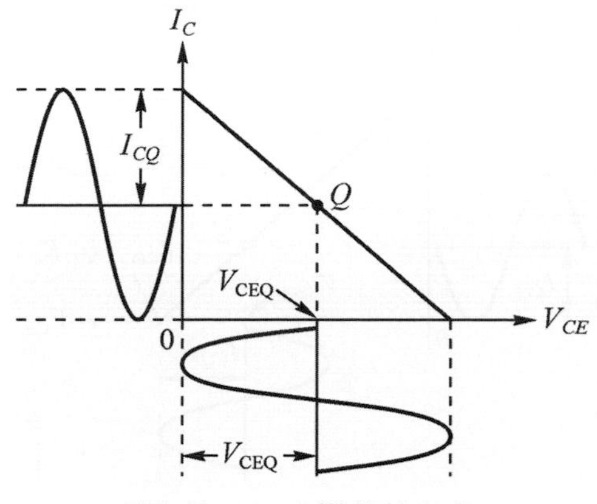

圖 10-16　Q 點位於中央

$$P_{out} = \frac{1}{\sqrt{2}} I_{CQ} \times \frac{1}{\sqrt{2}} V_{CEQ} = 0.5 I_{CQ} V_{CEQ} = 0.5 P_{DQ}$$

(2) Q 點靠近飽和區

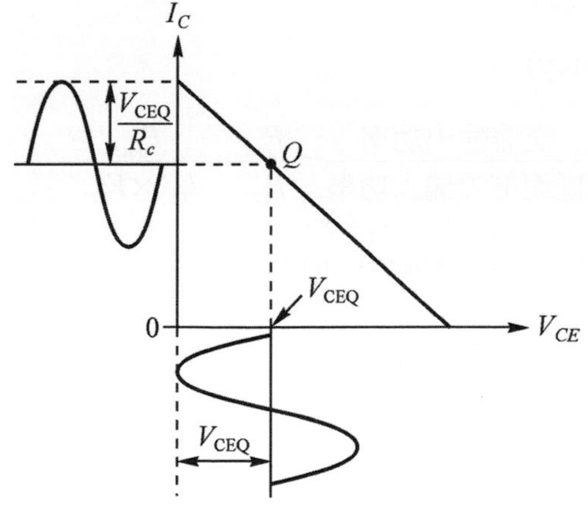

圖 10-17　Q 點靠近飽和區

$$P_{out} = \frac{1}{\sqrt{2}} \Delta I_C \times \frac{1}{\sqrt{2}} \Delta V_{CE} = \left(\frac{1}{\sqrt{2}} \times \frac{V_{CEQ}}{R_c} \right) \times \left(\frac{1}{\sqrt{2}} \times V_{CEQ} \right) = 0.5 \frac{(V_{CEQ})^2}{R_c}$$

(3) Q 點靠近截止區：

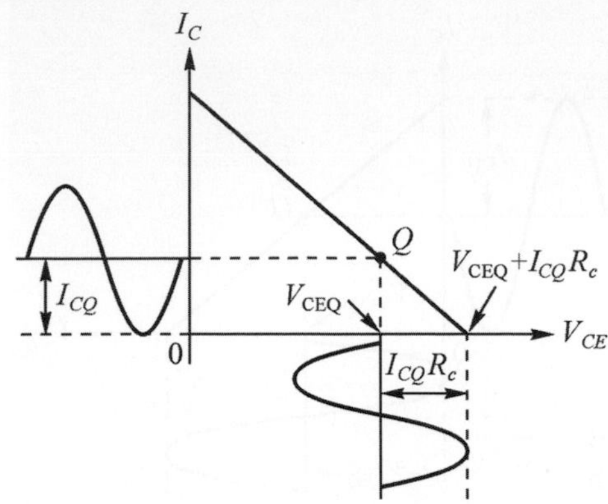

圖 10-18　Q 點靠近截止區

$$P_{out}=\frac{1}{\sqrt{2}}\Delta I_C\times\frac{1}{\sqrt{2}}\Delta V_{CE}=\left(\frac{1}{\sqrt{2}}\times I_{CQ}\right)\times\left(\frac{1}{\sqrt{2}}\times I_{CQ}R_c\right)=0.5(I_{CQ})^2R_c$$

結論：A 類放大器在有輸入信號時之最大輸出功率為 Q 點位於中央時。

9. 效率(Efficiency)

$$效率(\eta)=\frac{交流輸出功率}{直流電源輸入功率}=\frac{P_{out}}{P_{DC}}=\frac{P_{out}}{I_{CC}\times V_{CC}}$$

最高效率發生在 Q 點位於中央時(此時 $I_{CC}=I_{CQ}$，$V_{CC}=2\,V_{CEQ}$)

$$\therefore\eta_{max}=\frac{P_{out}}{P_{DC}}=\frac{0.5I_{CQ}V_{CEQ}}{I_{CC}V_{CC}}=\frac{0.5I_{CQ}V_{CEQ}}{I_{CQ}\times 2V_{CEQ}}=0.25=25\%$$

例 10-4

一電路如圖 10-19，設該放大器有最大輸出信號，求：(1)電晶體最小額定功率(Q 點功率)，(2)交流輸出功率，(3)效率？

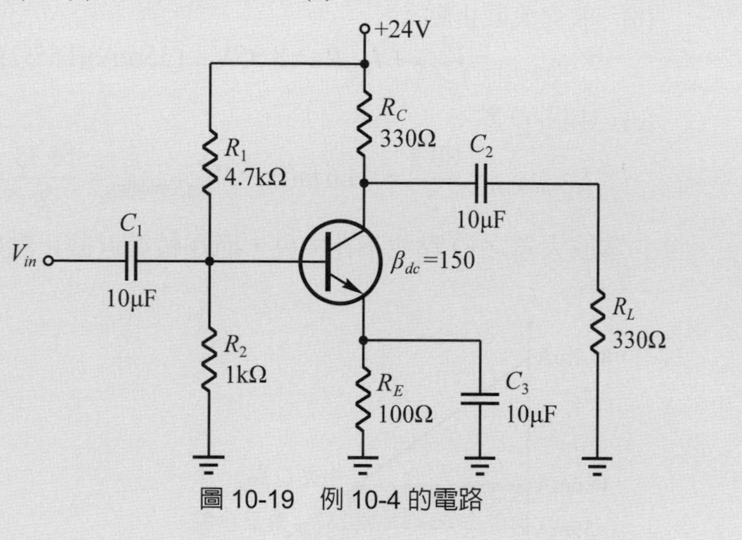

圖 10-19　例 10-4 的電路

<Sol>

先求 Q 點：

$$\because R_{\text{in}(B)} = \beta_{dc} \times R_E = 150 \times 100 = 15\text{k} > 10R_2 = 10 \times 1\text{k}$$

$$\therefore V_B = (\frac{R_2}{R_1 + R_2}) \times V_{CC} = (\frac{1\text{k}}{4.7\text{k} + 1\text{k}}) \times 24 = 4.2\,(\text{V})$$

$$\Rightarrow V_E = V_B - V_{BE} = 4.2 - 0.7 = 3.5\,(\text{V})$$

$$I_E = \frac{V_E}{R_E} = \frac{3.5}{100} = 35\text{m(A)} \cong I_{CQ}$$

$$V_C = V_{CC} - I_{CQ}R_C = 24 - (35m \times 330) = 12.45\,(\text{V})$$

$$V_{CEQ} = V_C - V_E = 12.45 - 3.5 = 8.95\,(\text{V})$$

① Q 點功率 $= P_{DQ} = I_{CQ} \times V_{CEQ} = 35\text{mA} \times 8.95\text{V} = 0.313\,\text{W}$。

② 求交流輸出功率，首先檢查 Q 點是否位於交流負載線中央。

(a) 求交流飽和點：

$$R_c = R_C // R_L = 165\,\Omega$$

$$I_{c(\text{sat})} = I_{CQ} + \frac{V_{CEQ}}{R_c} = 35\text{mA} + \frac{8.95\text{V}}{165\Omega} = 89.2\,\text{mA}$$

(b) 求交流截止點：

$$V_{ce(\text{cut-off})} = V_{CEQ} + I_{CQ}R_c = 8.95\text{V} + (35\text{mA})(165\Omega) = 14.73\,\text{V}$$

(c) 中間 Q 點：

$$I_{cQ(\text{middle})} = \frac{89.2}{2} = 44.6\ \text{m(A)}，V_{ceQ(\text{middle})} = \frac{14.73}{2} = 7.37\ \text{(V)}$$

∴本放大器之 Q 點並不在中央，而在較靠近截止點處！

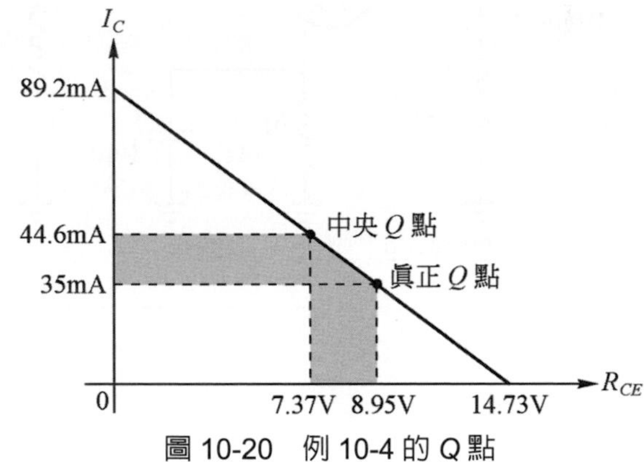

圖 10-20　例 10-4 的 Q 點

(d) $P_{\text{out}} = 0.5(I_{cQ})^2 R_c = 0.5(35\text{mA})^2 \times 165 = 101\ \text{m(W)}$

③ $$\eta = \frac{P_{\text{out}}}{P_{DC}} = \frac{P_{\text{out}}}{I_{CC} \times V_{CC}} = \frac{P_{\text{out}}}{I_{CQ} \times V_{CC}}$$

$$= \frac{101\text{mW}}{35\text{mA} \times 24\text{V}} = 0.12 = 12\% < 25\%$$

10. 最大負載功率(Maximum load power)

(1) A 類放大器之最大負載功率發生在 Q 點位於中央時。

(2) 設耦合輸出電容之壓降可忽略，則

$$P_L = \frac{{V_L}^2}{R_L} = \frac{1}{R_L}(\frac{1}{\sqrt{2}}V_{CEQ})^2 = \frac{1}{R_L} \times 0.5 \times (V_{CEQ})^2$$

例 10-5

求例 10-4 電路之最大負載功率。

<Sol>

$$V_{CEQ(\text{middle})} = 7.37\text{ V}$$

$$P_{L(\max)} = \frac{0.5(V_{CEQ})^2}{R_L} = \frac{0.5\times(7.37)^2}{330} = 82.3\text{ m(W)}$$

10.3 B 類放大器(Class B amplifier)或稱推挽放大器(Push-pull amplifier)

1. 特性：
   (1) 放大器加上偏壓後僅能在輸入訊號週期中的 180° 範圍內工作，而另 180° 截止，即為 B 類放大器。

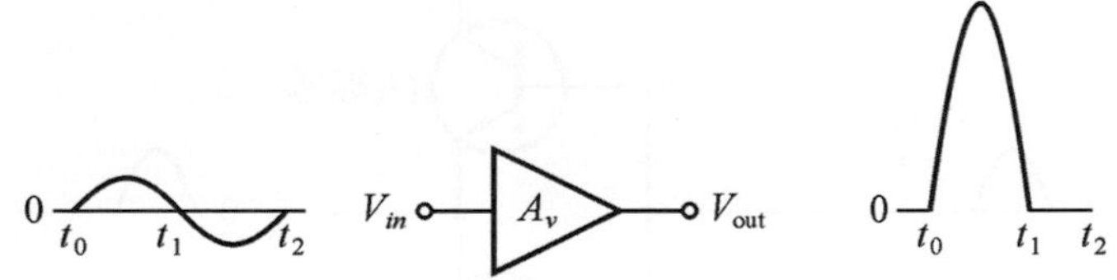

圖 10-21　B 類放大器僅能在輸入訊號週期中的 180°範圍內工作

   (2) 當輸入電壓一定時，B 類放大器之輸出功率較 A 類為高，亦即效率較高。
   (3) 其缺點是以較複雜電路來達到線性放大的目的。
   (4) 此型放大器無基極偏壓($V_B=0$)，故其 Q 點位於截止點處，i.e. $I_{CQ}=0$，$V_{CEQ}=V_{CE(\text{out-off})}$。
   (5) 電晶體導通乃靠信號電壓來推動。
   (6) 屬射極隨耦電路(CC-共集電路)。

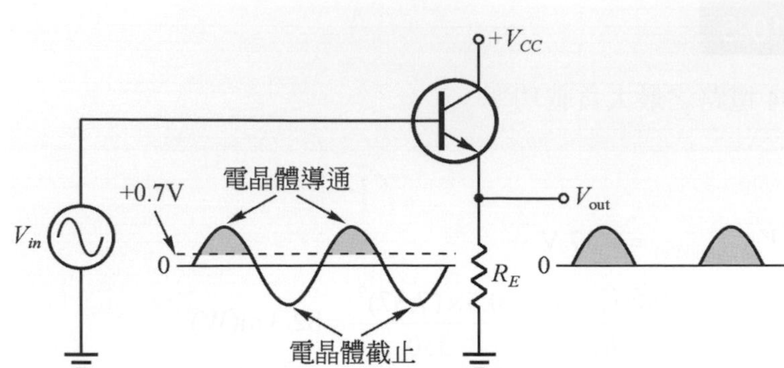

圖 10-22　*B* 類放大器的電路

2. 推挽動作(Push-pull operation)

 (1) 由兩個電晶體 Q_1、Q_2 其一爲 npn，另一爲 pnp 之射極隨耦器所組成之互補型放大器。

 (2) 信號正半週導通 Q_1，負半週導通 Q_2。

 正半週：

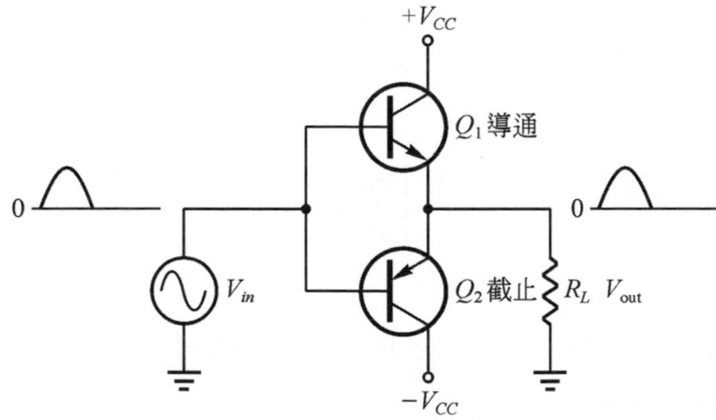

圖 10-23　*B* 類放大器的推挽動作-正半週

負半週：

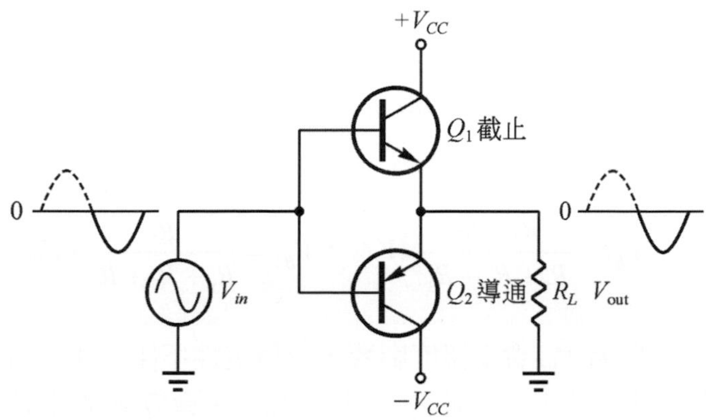

圖 10-24　*B* 類放大器的推挽動作-負半週

(3)　交越失真

因 Q_1 及 Q_2 之導通係由 V_{in} 驅動，而 V_{in} 需大於 V_{BE} 方能導通(i.e. Q 點在截止點之下的截止區中)，故在信號的正負半週交變之間(Zero-crossing)兩只電晶均會有一段截止時期，造成輸出信號失真，此失真即稱「交越失真(Crossover distortion)」。

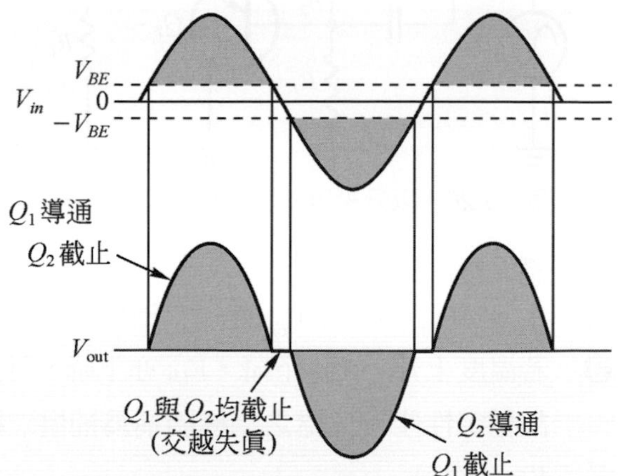

圖 10-25　*B* 類放大器的交越失真

(4) 消除交越失真的偏壓方法

欲消除交越失真，則需使電晶體在無輸入信號時，Q 點即在工作區的最低點(i.e. 截止點)，而不在截止區($V_B - V_E \approx V_{BE}$)。此種電路亦稱為 AB 類放大器(Class AB amplifier)。

① 分壓器法：

$$V_{B1} = \frac{R_2 + R_3}{R_1 + R_2 + R_3} \times V_{CC}\text{，}V_{B2} = \frac{R_3}{R_1 + R_2 + R_3} \times V_{CC}$$

但因 V_{BE} 會受溫度影響，故穩定性不佳。(Thermal runaway，溫度上升 1℃則 V_{BE} 下降 2.2mV，會導致 I_C 上升。)

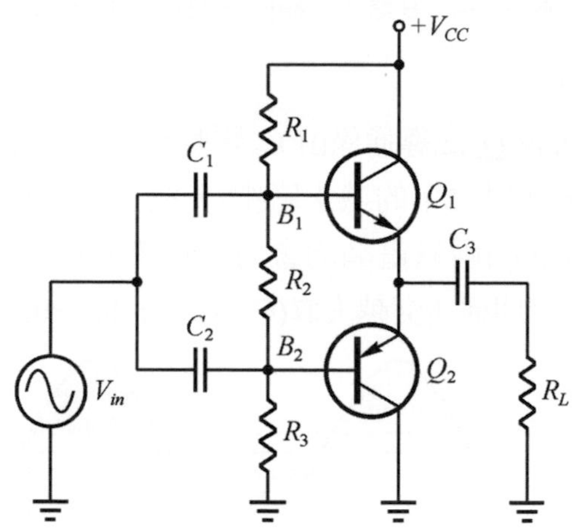

圖 10-26 以分壓器消除交越失真的電路

② 二極體偏壓法：

❶ D_1 與 V_{BE1}，D_2 與 V_{BE2} 的二極體特性曲線需互相配合。

❷ 若溫度上升，V_{BE1} 下降，V_{D1} 亦下降，可使 $V_B - V_E \approx V_{BE}$，故穩定性佳。(此處之二極體稱為補償二極體，$V_{D1} = V_{BE1}$，$V_{D2} = V_{BE2}$)

❸ 直流等效電路

$$I_T R_1 + V_{D1} + V_{D2} + I_T R_2 = V_{CC}$$

若 $R_1 = R_2$，$V_{D1} = V_{D2}$，則 $V_A = \frac{V_{CC}}{2}$

而 $V_E = V_A + V_{D1} - V_{BE1}$，又 $\because D_1 = V_{BE1}$

$\therefore V_E = V_A = \frac{V_{CC}}{2}$，$I_{CQ} \approx 0$。

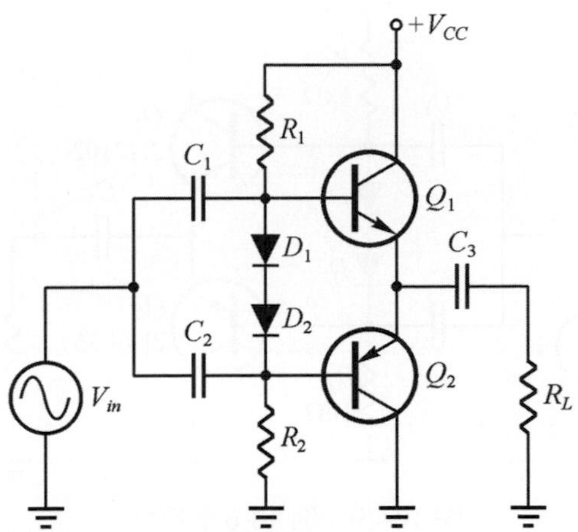

圖 10-27　以二極體偏壓消除交越失真的電路

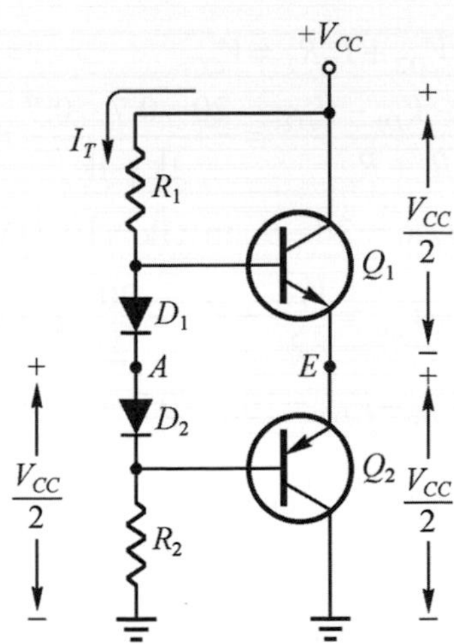

圖 10-28　二極體偏壓法的直流等效電路

例 10-6

電路如圖 10-29，求：(1)Q_1 和 Q_2 的基極直流電壓，(2)Q_1 和 Q_2 的 V_{CEQ}。設 $V_{D1}=V_{D2}=V_{BE}=0.7\text{V}$。

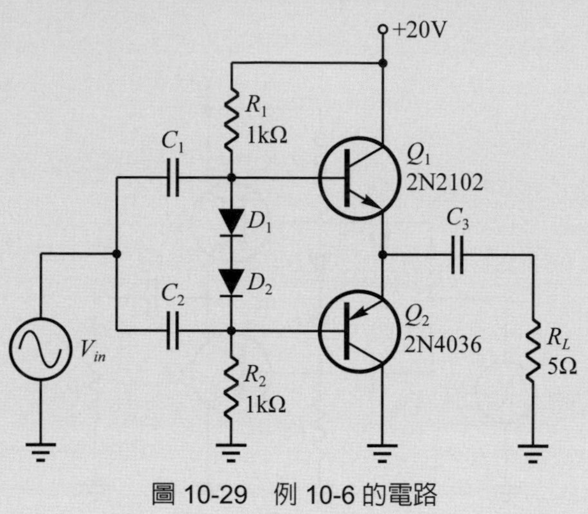

圖 10-29　例 10-6 的電路

<Sol>

① $I_T R_1 + V_{D1} + V_{D2} + I_T R_2 = V_{CC}$

$$\Rightarrow I_T = \frac{V_{CC} - V_{D1} - V_{D2}}{R_1 + R_2} = \frac{20 - 0.7 - 0.7}{1\text{k} + 1\text{k}} = 9.3\,\text{m(A)}$$

$$V_{B1} = V_{CC} - I_T R_1 = 20 - 9.3\text{m} \times 1\text{k} = 10.7\,\text{(V)}$$

$$(\text{或}\, V_{B1} = V_A + V_{D1} = \frac{V_{CC}}{2} + V_{D1} = \frac{20}{2} + 0.7 = 10.7\,\text{(V)})$$

$$V_{B2} = V_{B1} - V_{D1} - V_{D2} = 10.7 - 0.7 - 0.7 = 9.3\,\text{(V)}$$

② $V_{CEQ1} = \dfrac{V_{CC}}{2} = 10\text{V} = V_{CEQ2}$

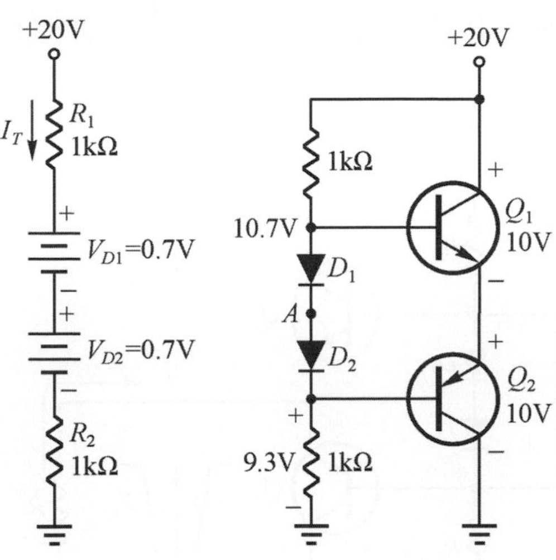

圖 10-30　例 10-6 直流等效電路的電路

(5) 交流動作(AC operation)

① 信號正半週：Q_1 的 V_E (i.e. V_{R_L}，輸出電壓)由 Q 點($\frac{V_{CC}}{2}$)開始，隨信號變化而增加至 V_{CC}，再降至 $\frac{V_{CC}}{2}$。I_C 由零增加至 $I_{C(sat)}$ 再降爲零。Q_2 爲截止。

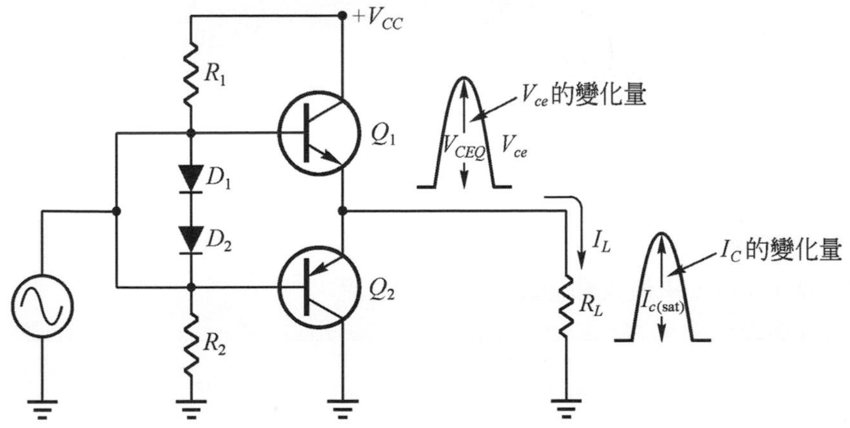

圖 10-31　*B* 類放大器正半週的交流動作

② 信號負半週：Q_2的 V_E 由 Q 點($\frac{V_{CC}}{2}$)開始隨信號變化降至零，再回到 Q 點。I_C 由零增加到負的 $I_{C(sat)}$再回到零。Q_1 截止。

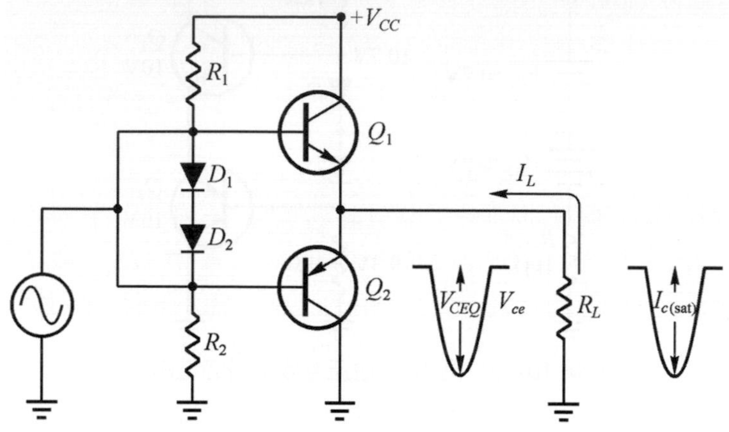

圖 10-32　*B* 類放大器負半週的交流動作

③ 每個電晶體的交流電壓變化最大值：

$$V_{CEQ} = \frac{V_{CC}}{2}$$

每個電晶體的交流電流變化最大值：

$$I_{c(\text{sat})} = \frac{V_{CEQ}}{R_L}$$

例 10-7

電路如圖 10-33，求最大峰值輸出電壓、電流。

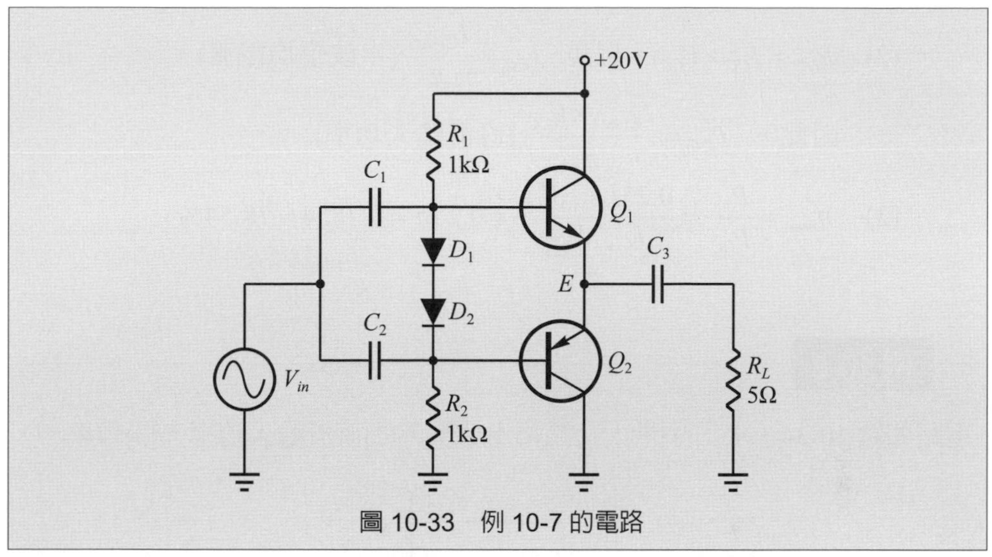

圖 10-33 例 10-7 的電路

<Sol>

$$V_{\text{out}(peak)} = V_{CEQ} = \frac{V_{CC}}{2} = \frac{20}{2} = 10\,(\text{V})$$

$$I_{\text{out}(peak)} = I_{C(\text{sat})} = \frac{V_{CEQ}}{R_L} = \frac{10}{5} = 2\,(\text{A})$$

[Note： 此二值均為 AC 信號，係以 Q 點為中心上下變化的幅度。因經 C_3 耦合輸出，故直流部分不作用在 R_L 上。**]**

3. 功率及效率

(1) $$P_{\text{out, rms(max)}} = I_{\text{out(rms)}} V_{\text{out(rms)}} = \left[\frac{1}{\sqrt{2}} I_{\text{out}(peak)}\right] \times \left[\frac{1}{\sqrt{2}} V_{\text{out}(peak)}\right]$$

$$= \left[\frac{1}{\sqrt{2}} I_{C(\text{sat})}\right] \times \left[\frac{1}{\sqrt{2}} V_{CEQ}\right] = 0.5 I_{C(\text{sat})} \times V_{CEQ}$$

$$= 0.5 I_{C(\text{sat})} \times \left(\frac{V_{CC}}{2}\right)$$

$$= 0.25 I_{C(\text{sat})} V_{CC}$$ ……最大輸出功率

[Note： 交流信號的輸出功率通常指有效功率，此處係指有效輸出功率的最大值。**]**

(2) $P_{DC}=I_{CC}\times V_{CC}$，但是 $I_{CC}=\dfrac{I_{C(\text{sat})}}{\pi}$(半波平均電流)，

因此， $P_{DC}=\dfrac{I_{C(\text{sat})}\times V_{CC}}{\pi}$(直流輸入功率)

(3) $\eta_{\max}=\dfrac{P_{\text{out}}}{P_{DC}}=\dfrac{0.25I_{C(\text{sat})}V_{CC}}{\dfrac{I_{C(\text{sat})}V_{CC}}{\pi}}=0.25\pi=0.7854=78.54\%$

例 10-8

電路如圖 10-34，求：(1)最大交流輸出功率，(2)直流輸入功率，(3)效率。

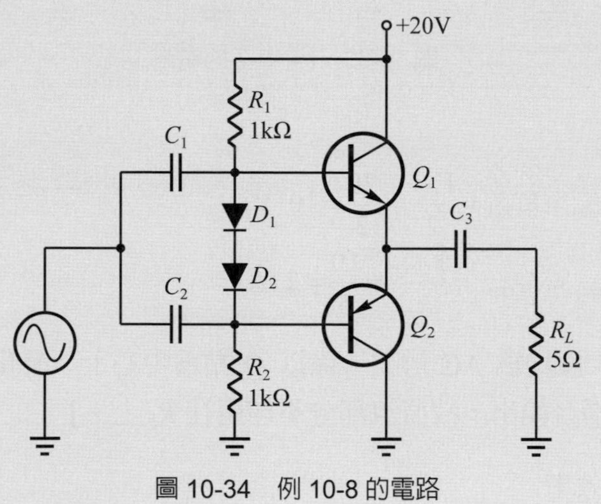

圖 10-34　例 10-8 的電路

<Sol>

① $I_{C(\text{sat})}=\dfrac{V_{CEQ}}{R_L}=\dfrac{10\text{V}}{5\Omega}=2\text{ A}$

$P_{out(\max)}=0.25I_{C(\text{sat})}V_{CC}=0.25\times 2\times 20=10\text{ (W)}$

② $P_{DC}=\dfrac{I_{C(\text{sat})}\times V_{CC}}{\pi}=\dfrac{2\times 20}{\pi}=12.732\text{ (W)}$

③ $\eta_{\max}=\dfrac{P_{\text{out}}}{P_{DC}}=\dfrac{10}{12.732}=78.54\%$

10.4 C 類放大器(Class C amplifier)

1. 特性：

(1) 經加上特殊設計之偏壓後，C 類放大器之導通角度小於信號週期的 180°。

(2) C 類放大器可輸出更大的功率，較 A 或 B 類有更高效率。

(3) 輸出波形有嚴重失真，故通常限用於射頻(Radio frequency，RF)的諧調放大器。

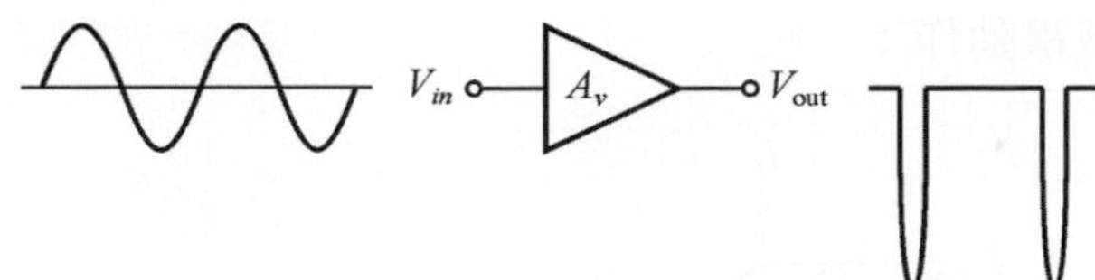

圖 10-35　C 類放大器之導通角度小於信號週期的 180°

2. 基本電路與動作

(1) 有負載(R_C)的 C 類放大器電路(共射極)：

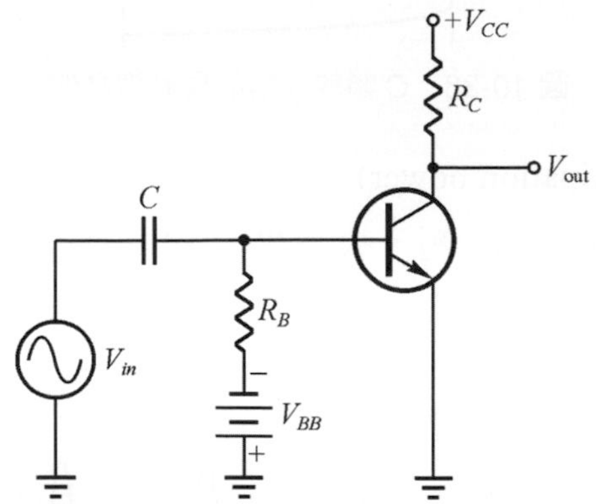

圖 10-36　C 類放大器的電路

(2) 基本動作：

電晶體之 Q 點被電壓源 V_{BB} 偏壓於低於截止點，僅當 V_{in} 電壓大於 $V_{BB}+V_{BE}$ 時才導通。導通時 I_C 增加。

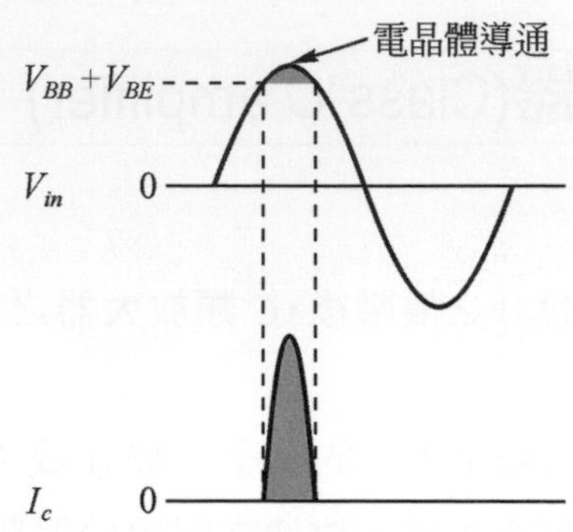

圖 10-37　C 類放大器的交流動作

(3) 負載線動作：

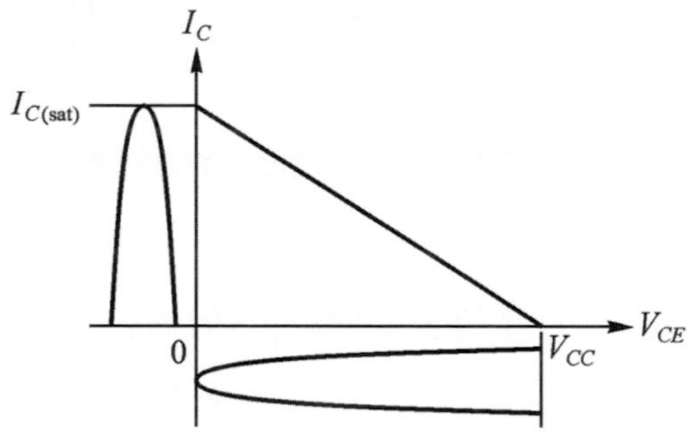

圖 10-38　C 類放大器的負載線動作

3. 逸散功率(Dissipation power)

(1) 因導通時間(t_{on})很短，故其消耗功率很低。

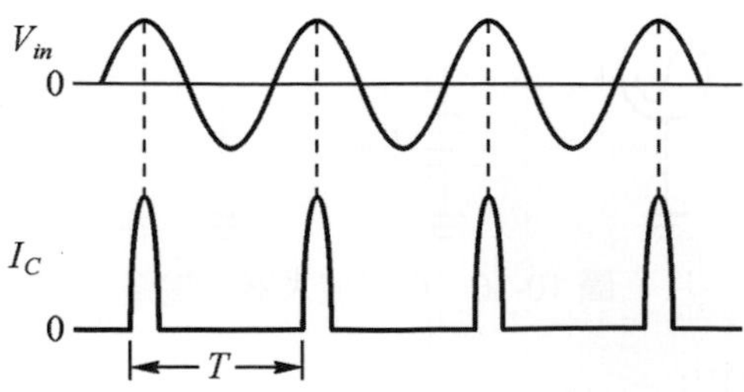

圖 10-39　C 類放大器的導通時間很短

(2) 導通時之逸散功率：

$$P_{D(on)} = I_{c(\text{sat})}V_{ce(\text{sat})}$$

(3) 一週期的平均逸散功率：

① 以理想脈衝來近似之

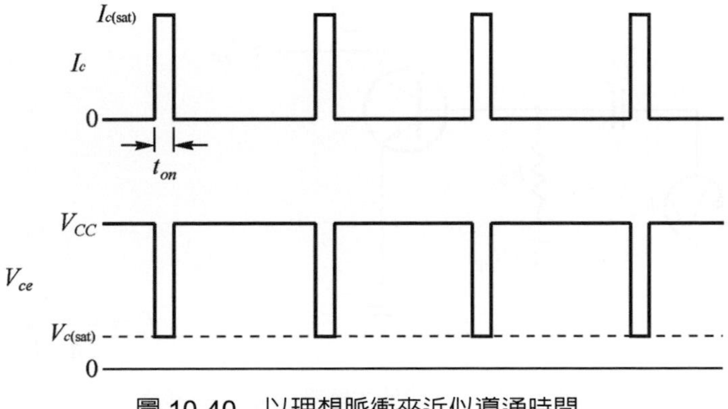

圖 10-40 以理想脈衝來近似導通時間

② $P_{D(AVG)} = \left(\dfrac{t_{on}}{T}\right)P_{D(on)} = \left(\dfrac{t_{on}}{T}\right)I_{c(\text{sat})}V_{ce(\text{sat})}$

例 10-9

C 類放大器的驅動信號頻率為 200kHz，若每週期導通 1 微秒，且此放大器百分之百利用負載線動作，當 $I_{c(\text{sat})}$=100mA 及 $V_{ce(\text{sat})}$=0.2V 時，求其平均逸散功率 $P_{D(avg)}$。

<Sol>

$$T = \frac{1}{f} = \frac{1}{200\text{kHz}} = 5\mu s$$

$$P_{D(AVG)} = (\frac{1\mu s}{5\mu s})\times 100\text{mA}\times 0.2\text{V} = 4\text{mW}$$

4. 調諧動作(Tuned operation)

(1) 基本電路：

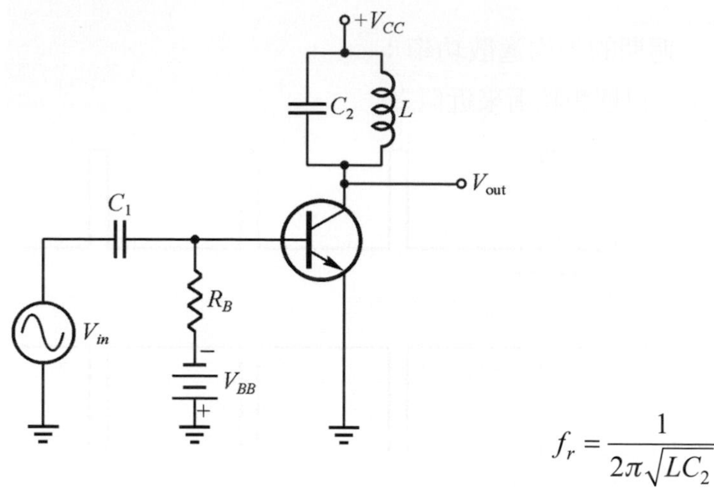

圖 10-41 C 類放大器調諧動作的電路

(2) 動作：

① 電晶體導通時 I_C將 C 充電至 V_{CC}。

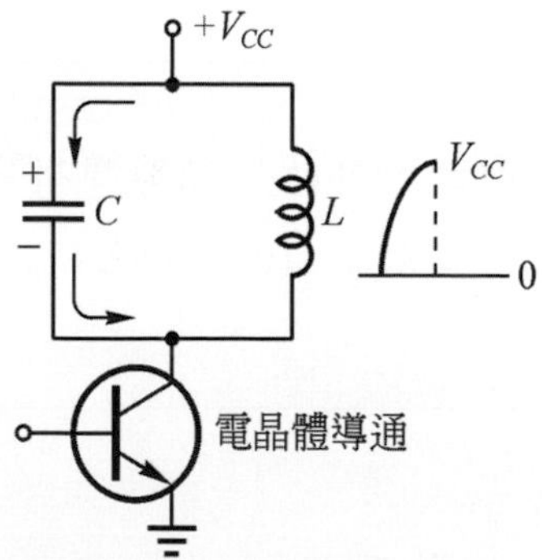

圖 10-42 C 類放大器的調諧動作-電晶體導通時 C 充電至 V_{CC}

② 電晶體截止時，C 向電感器 L 放電使 L 產生感應電壓。

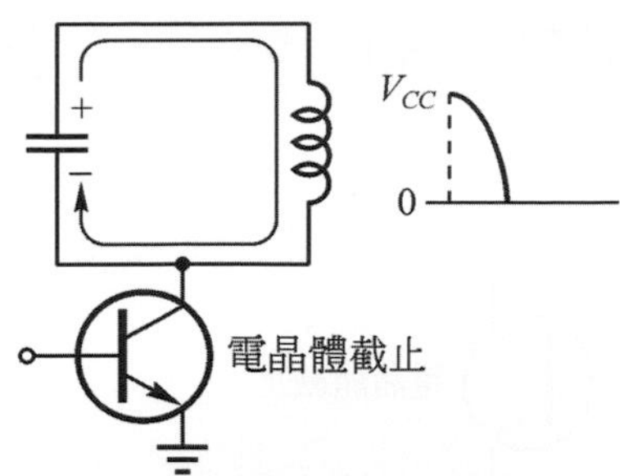

圖 10-43　C 類放大器的調諧動作-電晶體截止時 C 向電感器 L 放電

③ L 之感應電壓向 C 反向充電，將 C 充至 $\approx -V_{CC}$，但因 L 有內阻，故會消耗些許能量。

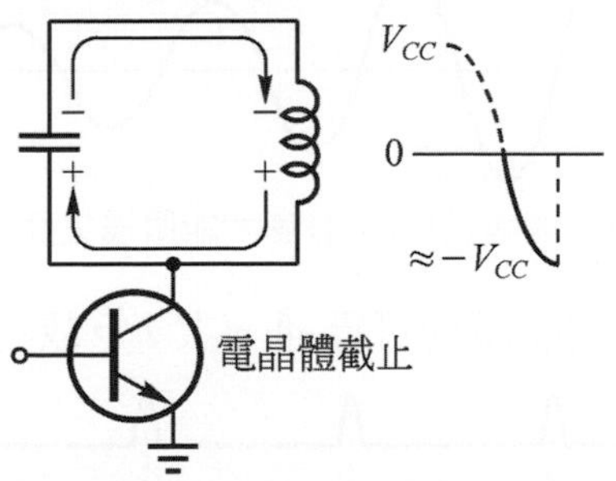

圖 10-44　C 類放大器的調諧動作-向 C 反向充電

④ C 再向 L 放電，L 再度有感應電壓(略低於 $-V_{CC}$)。

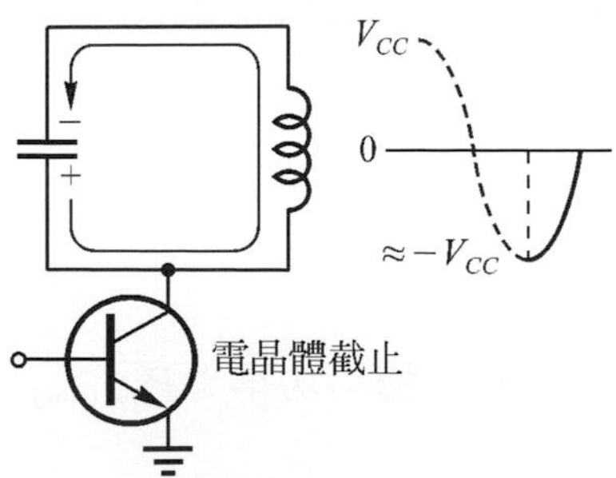

圖 10-45　C 類放大器的調諧動作-C 再向 L 放電

⑤ L 再向 C 反向充電(至略低於 V_{CC})。

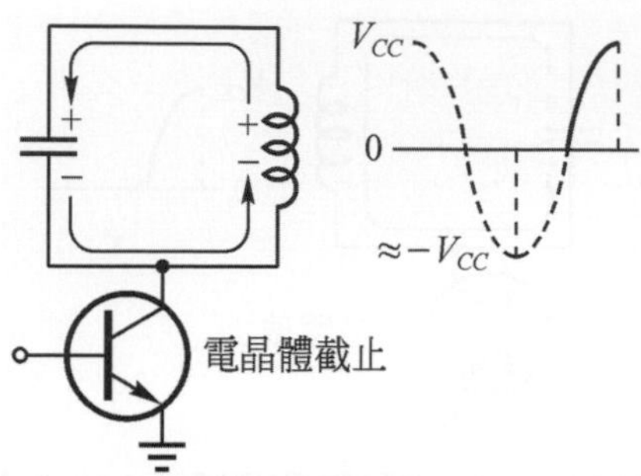

圖 10-46　C 類放大器的調諧動作-L 再向 C 反向充電

(3) 每單一週期的振盪會因能量損失而逐漸衰減。

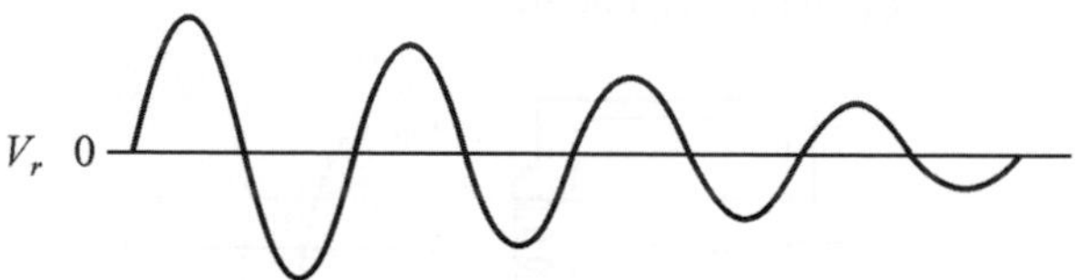

圖 10-47　調諧動作-振盪會因能量損失而逐漸衰減

(4) 但每一週期電晶體均可導通一次 I_c，故可以維持振盪信號輸出。

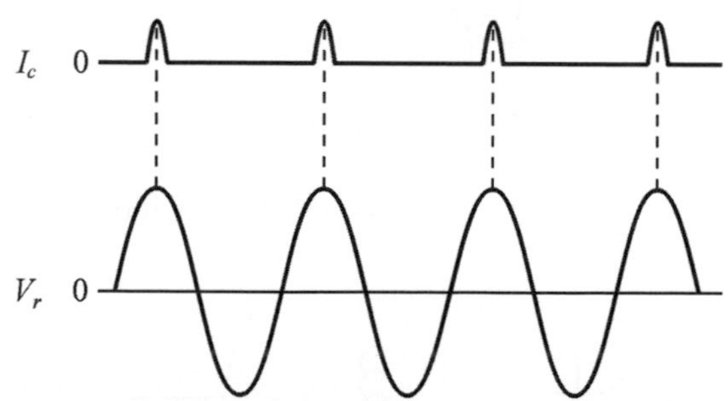

圖 10-48　C 類放大器的調諧動作-可以維持振盪信號輸出

5. 總功率及效率：

(1) 振盪電路之最大有效輸出功率：$P_{\text{out (rms)}}$

$$P_{\text{out (rms)}} = \frac{V_{\text{rms}}^2}{R_c}$$

其中$V_{\text{rms}}=\dfrac{1}{\sqrt{2}}V_P=\dfrac{1}{\sqrt{2}}V_{CC}$

R_c：繞組及負載的並聯等效阻抗(通常很小)

$$\therefore P_{\text{out (rms)}}=\frac{1}{R_c}\left(\frac{1}{\sqrt{2}}V_{CC}\right)^2=\frac{1}{R_c}\times 0.5\times {V_{CC}}^2$$

(2) 總功率＝輸出功率＋逸散功率

$$P_{\text{Total}}=P_{\text{out (rms)}}+P_{D(AVG)}$$

(3) 效率(η)

$$\eta=\frac{P_{\text{out (rms)}}}{P_{\text{out (rms)}}+P_{D(AVG)}}$$

$\therefore$if $P_{\text{out}}>>P_{D(AVG)}\Rightarrow\eta\approx 100\%$

例 10-10

設例 10-9 之 V_{CC}=24V，R_c=100Ω，求效率(η)。

<Sol>

$P_{D(AVG)}$=4mW

$$P_{\text{out (rms)}}=\frac{1}{100}\times 0.5\times (24)^2=2.88\,(\text{W})$$

$$\therefore\eta=\frac{2.88\text{W}}{2.88\text{W}+4\text{mW}}=0.9986=99.86\%$$

[**Note**：若 R_c 變大，對 C 類放大器之 η 的影響爲何？]

6. 定位偏壓式 *C* 類放大器(Clamper bias for a class C amp)

(1) 電路：

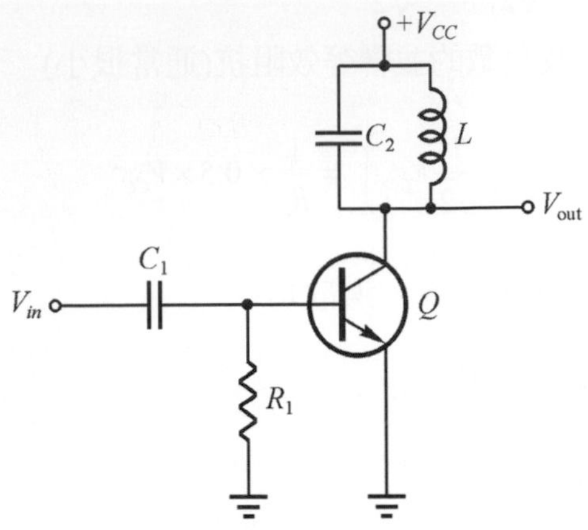

圖 10-49 定位偏壓式 C 類放大器的電路

$R_1C_1>10T$ (C_1 經由 R_1 放電的時間常數要大於信號週期的 10 倍以上，使 C_1 的電壓於放電時間內幾乎不會下降。)

(2) 動作：

① Q 之 BE 接面可視爲一個二極體，V_{in} 之正半波將 C_1 充電至 $V_P-0.7$ V，形成一負定位電路。

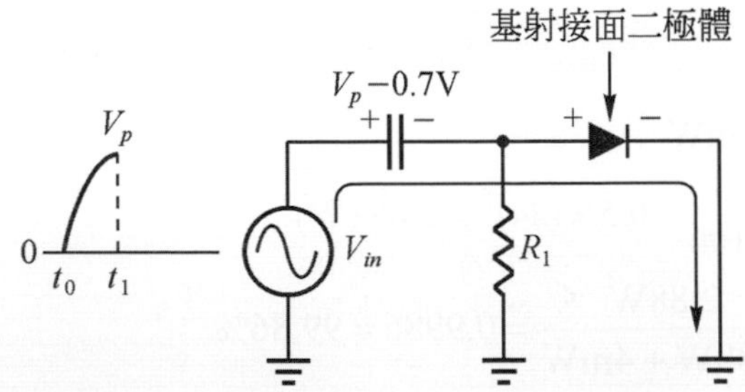

圖 10-50 定位偏壓式 C 類放大器的動作

② 電容器之 $-(V_P-0.7\text{V})$ 電位使 Q 被偏壓於截止區。

③ 僅在 V_{in} 之正峰值電壓附近，基極電壓會略高於 0.7V，使 Q 導通一很短的時間。

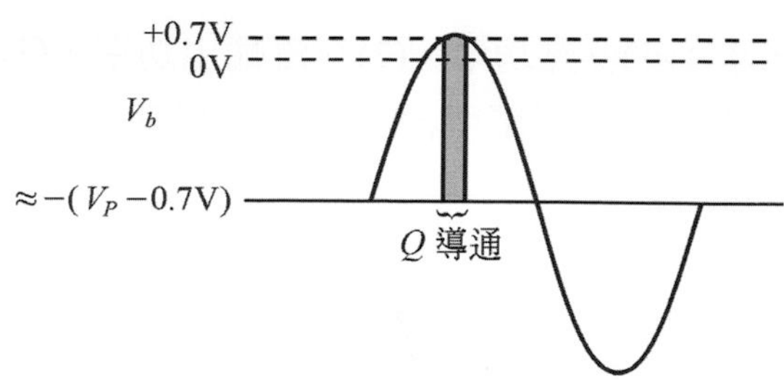

圖 10-51　定位偏壓式 C 類放大器的導通時間很短

(3) 好處

a. 將電晶體之 Q 點偏壓於低於截止點所需的電壓，係由電容器 C_1 提供，不必另提供電壓源 V_{BB}。

b. 定位器(電容器)之電壓會隨電晶體之 BE 接面(障壁)電壓變化而變化，使得 Q 點位置會上下變動，進而使放大器導通時間的長短有些微的變動。

習　題 EXERCISE

1. 電路如圖，求：(1)Q 點，(2)直流飽和點及截止點，(3)交流飽和點及截止點，(4)最大輸出變化量(電壓及電流)，(5)Q 點移至負載線中央時之 R_E 值，(6)Q 點移至負載線中央後之最大輸出電壓變化量。

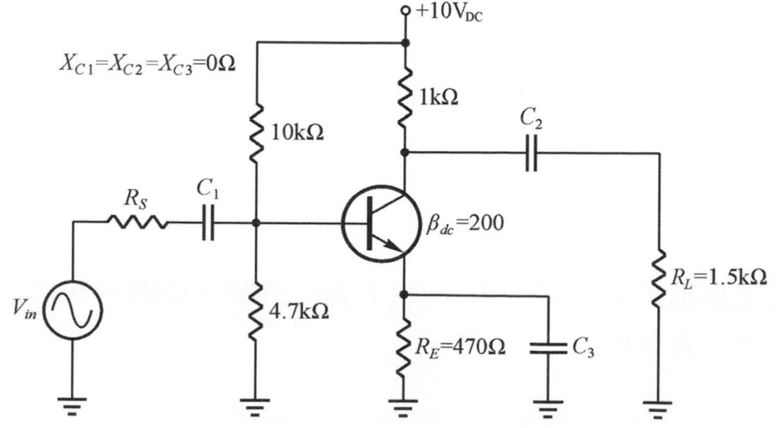

2. 電路如圖，求：(1)Q 點功率，(2)交流輸出功率，(3)效率 η ，(4)最大負載功率，(5)大信號電壓增益，(6)功率增益。

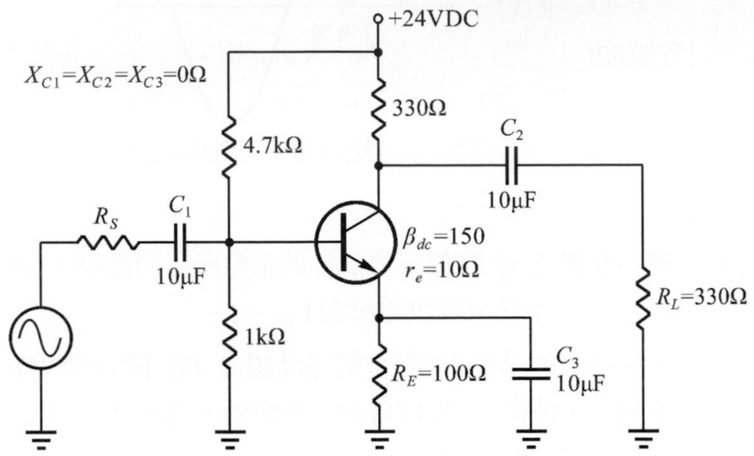

3. 電路如圖，求：(1)Q_1 和 Q_2 的基極直流電壓，(2)Q_1 和 Q_2 的 V_{CEQ}，(3)最大交流輸出功率，(4)直流輸入功率，(5)效率。

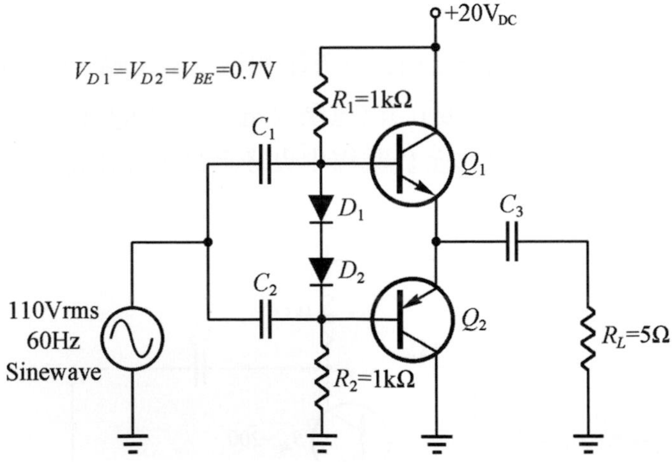

4. 定位偏壓式 C 類放大器。求：(1)繪出電路，(2)推導其總功率，(3)推導其效率 η 。

5. 定位偏壓式 C 類放大器。求：(1)繪出電路，(2)若驅動信號頻率為 200kHz，每週期導通時間為 1μs 且電晶體飽和時之 $I_C=100\text{mA}$，$V_{CE}=0.2\text{V}$，求平均逸散功率，(3)若 $V_{CC}=24\text{V}$，$R_C=100\,\Omega$，求其效率 η 。
6. 請繪出完整的(1)A 類放大器(Class A amplifier)，(2)B 類放大器(Class B amplifier)，(3)C 類放大器(Class C amplifier)電路。

Electronics

11

電壓調整器

11.1 何謂電壓調整器(Voltage regulator)

1. 功用：提供一容許(1)輸入電壓、(2)輸出負載電流、(3)溫度在一定範圍內變動，但輸出與上述因素無關(或說受其影響甚小)之穩定直流輸出電壓，供負載使用。
2. 組成：為電源供應器(Power supply)的一部分，其輸入通常為交流電源(攜帶式電壓調整器之輸入則來自電池)，再經整流與濾波後的直流電壓供應器。
3. 區分：
   (1) 線性調整器
      ① 串聯調整。
      ② 並聯調整。
      根據輸出型式，又分為正電壓輸出、負電壓輸出及雙輸出等三型。
   (2) 交換式調整器
      ① 升壓型。
      ② 降壓型。
      ③ 反相型。
   (3) 電壓調整 IC
      ① 線性式
         ❶ 固定式正輸出型。
         ❷ 固定式負輸出型。
         ❸ 可調式正輸出型。
         ❹ 可調式負輸出型。
      ② 交換式

11.2 電壓調整

1. 線調整(Line regulation)或輸入調整(Input regulation)
   (1) 意義：當輸入電壓改變時，輸出電壓仍可以維持近於固定不變(輸出電壓的變化範圍很小)。
   (2) 電壓調整率：$\frac{(\Delta V_{\text{out}}/V_{\text{out}})}{\Delta V_{\text{in}}}\times 100\%$。

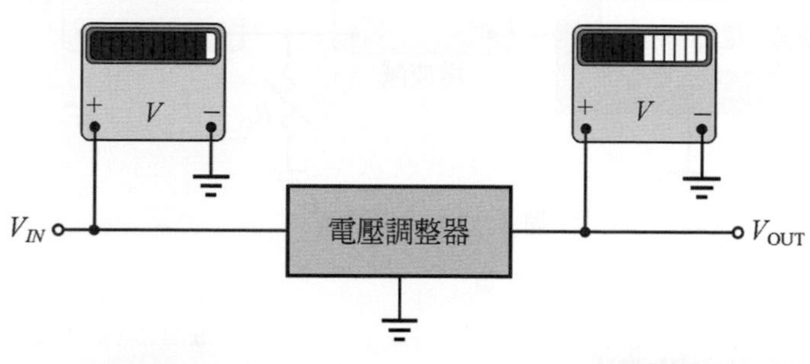

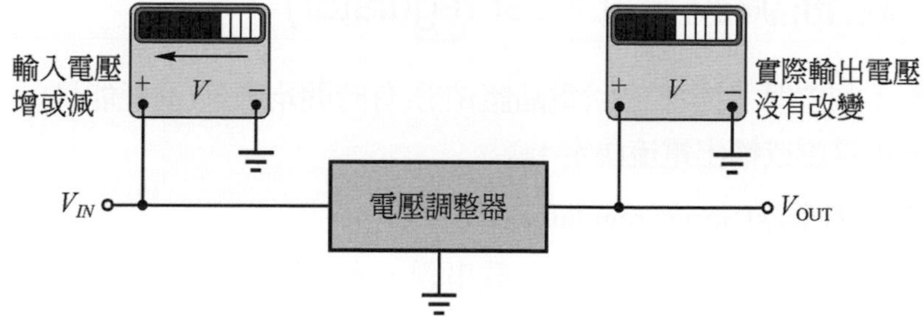

圖 11-1　線調整或輸入調整

2. 負載調整(Load regulation)
   (1) 意義：當負載改變時，輸出電壓仍可以維持近於固定不變。
   (2) 負載調整率：$\frac{(V_{NL}-V_{FL})}{V_{FL}}\times 100\%$

   其中 V_{NL} 爲無載(No Load)電壓，V_{FL} 爲滿載(Full Load)電壓。

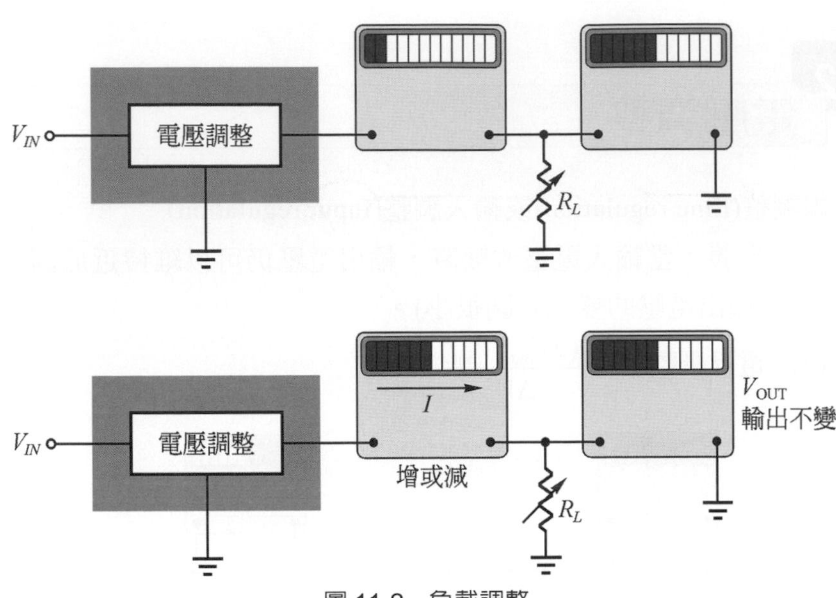

圖 11-2　負載調整

11.3 線性調整器(Linear regulator)

意義：調整器之控制元件(電晶體)在所有時間均導通(消耗能量)，其傳導特性由輸出電壓或輸出電流決定。

1. 串聯調整器(Series regulator)

   (1) 調整器之控制元件與負載串聯，方塊圖如下：

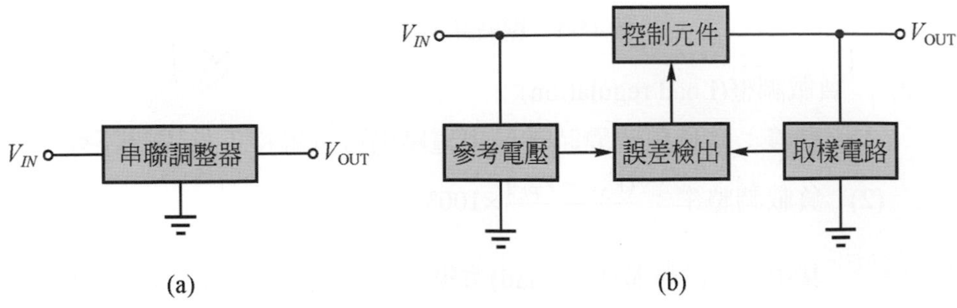

圖 11-3　串聯調整器方塊圖

(2) 基本 OP-Amp 串聯調整器

① 電路(負回授)：

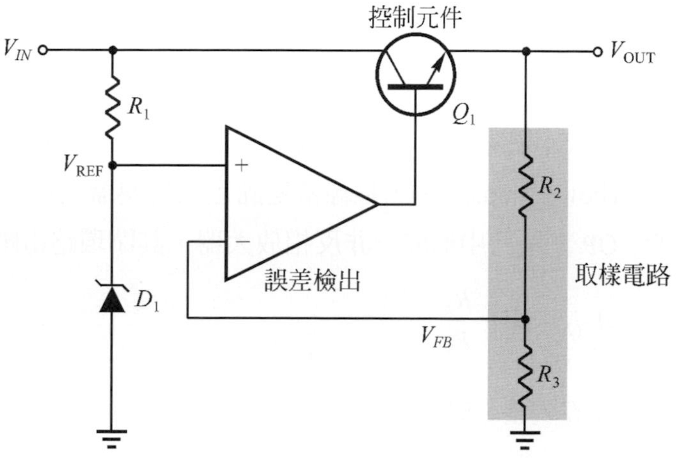

圖 11-4 串聯調整器的電路

② 動作：

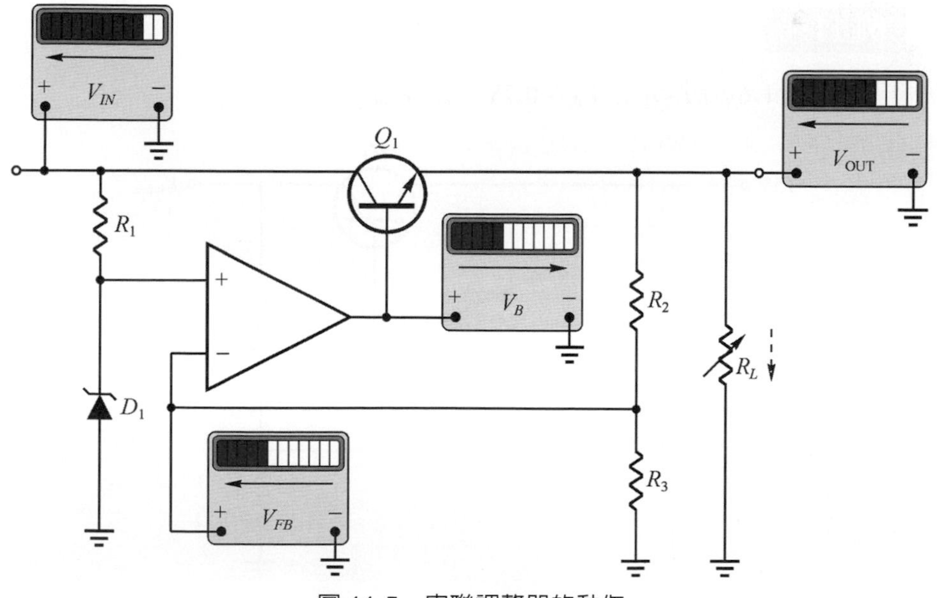

圖 11-5 串聯調整器的動作

❶ 若因 V_{in} 下降或 R_L 減少而使 V_{out} 企圖下降，則 V_{FB} (回授電壓)下降，因 OP 之正端電壓 V_{D1} 爲固定，故使 Q_1 之 V_B 上升，致使 Q_1 之 Q 點往飽和點移動，Q_1 之 V_{CE} 下降，亦即使 V_{out} 上升。

❷ V_{out} 企圖上升則動作相反。

③ 因 Q_1 必須控制流經負載的全部電流，故 Q_1 爲功率電晶體 (Power transistor)，且經常是固定在散熱器上。

④ OP 在電路中形成一非反相放大器，其閉環路電壓增益爲

$$A_{cl(NI)} = 1 + \frac{R_2}{R_3}$$

故經調整之輸出電壓爲

$$V_{out} = V_{D_1} \times A_{cl(NI)} - V_{BE}$$

例 11-1

一電路如圖 11-6，設 Q_1 之 V_{BE}=0.7V，求 V_{out}。

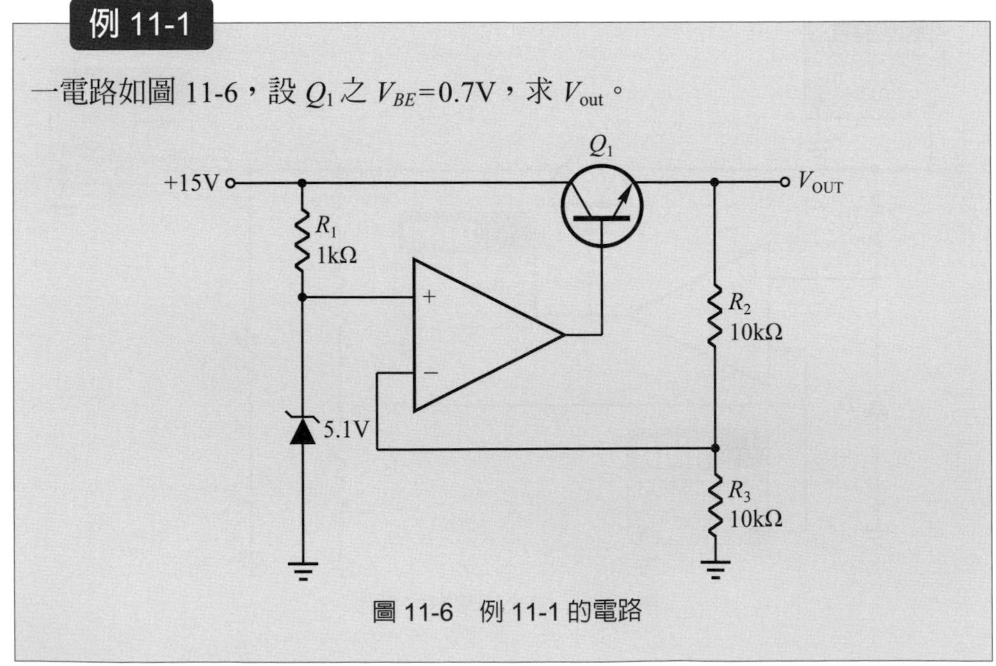

圖 11-6　例 11-1 的電路

<Sol>

$$V_{D1} = 5.1\,\text{V}$$

$$A_{cl(NI)} = 1 + \frac{R_2}{R_3} = 1 + \frac{10\text{k}}{10\text{k}} = 2$$

$$V_{\text{out}} = V_{D1} \times A_{cl(NI)} - V_{BE} = 5.1 \times 2 - 0.7 = 9.5\,(\text{V})$$

⑤ 定電流限制器(Constant current limiter)

❶ 爲防止過大電流燒毀 Q_1，故由 R_4 及 Q_2 構成定電流控制器，以提供短路或過載(Short circuit or Overload)保護。

❷ I_{RL} 增加使 V_{R4} 增加，至 $V_{R4} = V_{BE}$ 時 Q_2 導通，使得 V_{R4} 固定、I_{RL} 固定。

❸ $I_{RL(\max)} = \dfrac{V_{BE}}{R_4}$。

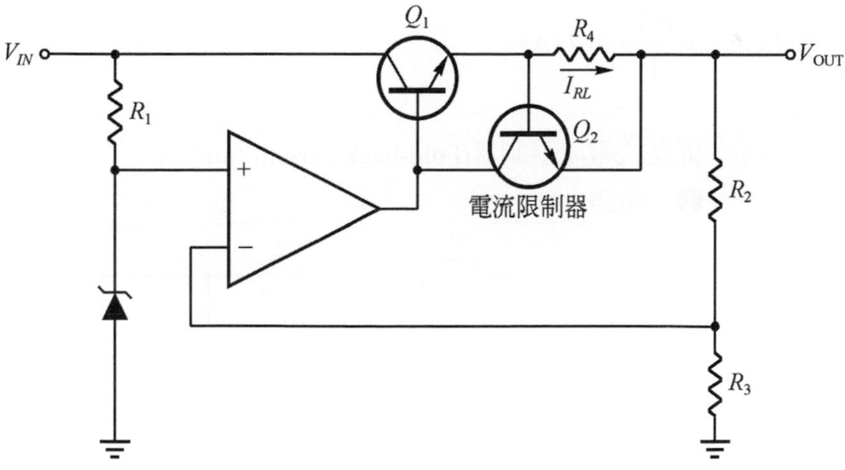

圖 11-7　定電流限制器

例 11-2

一電路如圖，設 Q_2 之 $V_{BE}=0.7\text{V}$，求 $I_{RL(\max)}$。

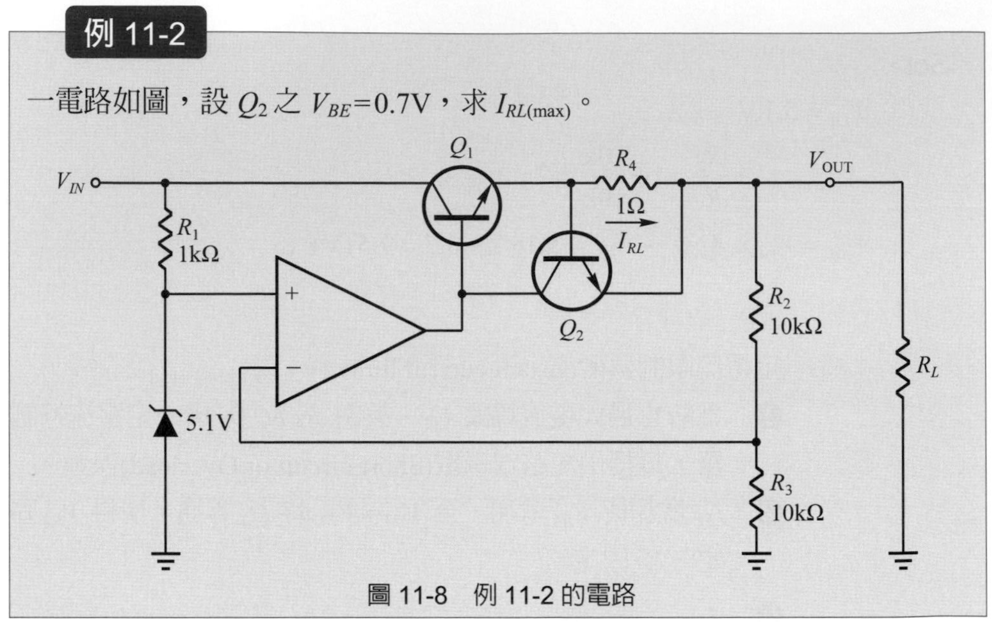

圖 11-8　例 11-2 的電路

<Sol>

$$I_{RL(\max)} = \frac{0.7}{1} = 0.7\,(\text{A})$$

⑥　折反式電流限制器(Fold-back current limiter)

❶　電路：

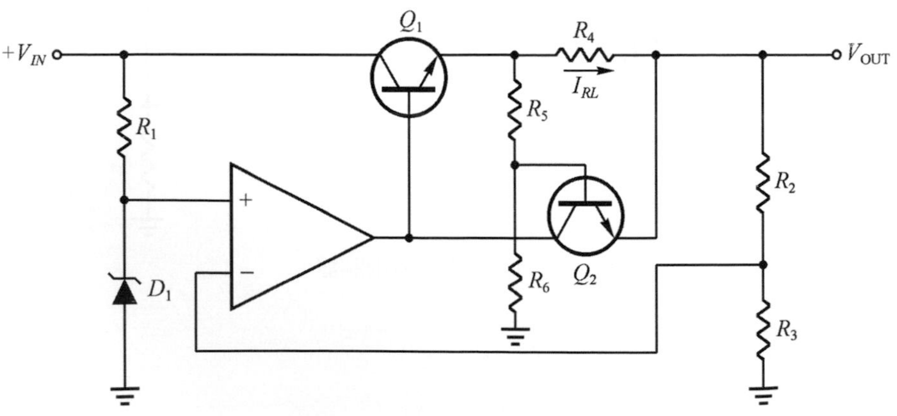

圖 11-9　折反式電流限制器

Q_1之E腳電壓$V_{Q1E}=I_{RL}R_4+V_{out}$

設$\dfrac{R_6}{R_5+R_6}=K$，則$V_{Q2B}=K(I_{RL}R_4+V_{out})$

而$V_{Q2E}=V_{out}$，$\therefore V_{BE(Q2)}=K(I_{RL}R_4+V_{out})-V_{out}$

解得$I_{RL}=\dfrac{V_{BE}+(1-K)V_{out}}{KR_4}$…………………………(*)

若輸出短路(i.e. $V_{out}=0$)，則$I_{RL(\text{short circuit})}=\dfrac{V_{BE}}{KR_4}$。

由(*)式，正常操作時之電流：

$$I_{RL(\max)}=I_{RL(\text{short circuit})}+\frac{(1-K)V_{out}}{KR_4}$$

❷ 特性曲線：

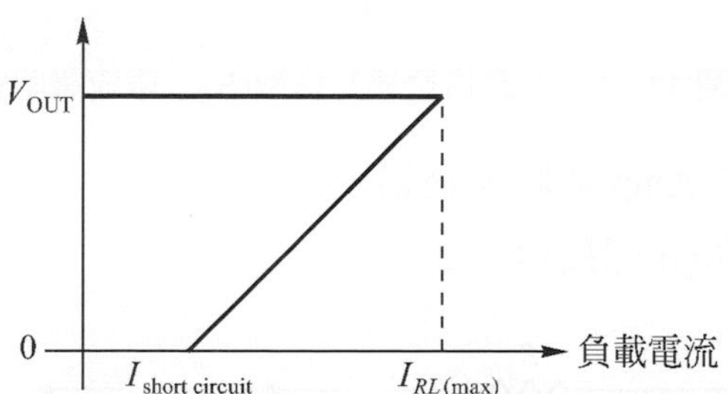

圖 11-10　折反式電流限制器的特性曲線

前述定電流限制器之缺點是當負載短路時，流經Q_1及R_4之電流均一直保持在最大值($I_{RL(\max)}$)，如此會消耗很大功率。然本電路於短路時電流折反降低，亦即消耗功率降低。

2. 並聯調整器(Shunt regulator)

(1) 調整器之控制元件與負載並聯，方塊圖如下：

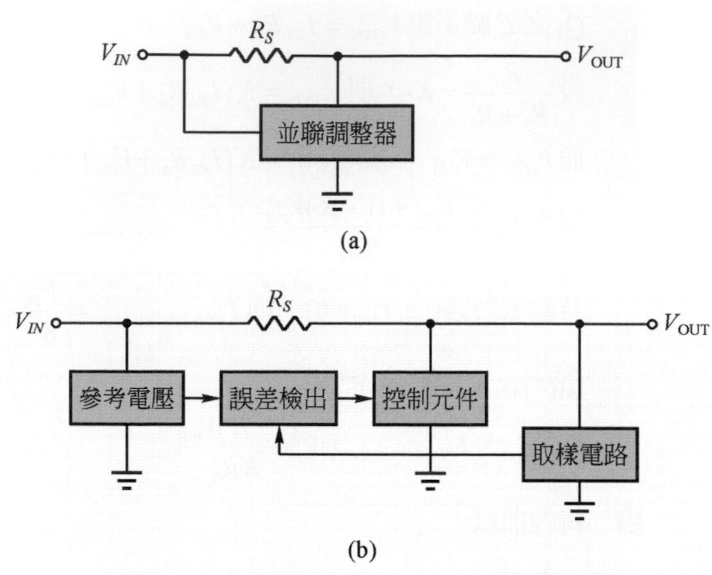

圖 11-11　並聯調整器方塊圖(R_S：限流電阻)

(2) 基本 OP-Amp 並聯調整器

① 電路(正回授)：

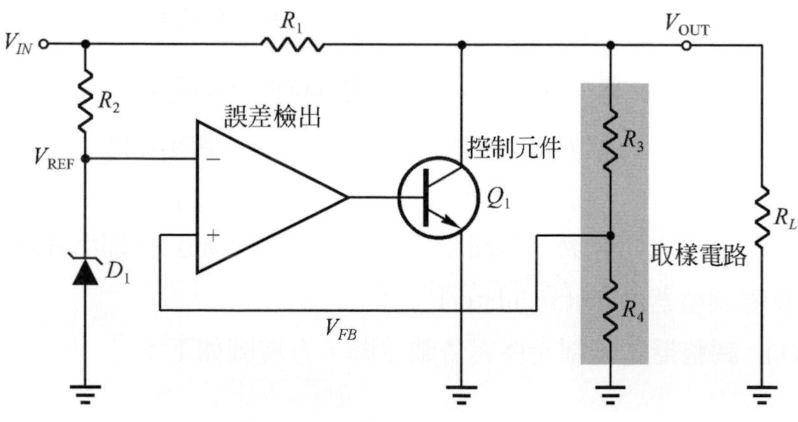

圖 11-12　並聯調整器的電路

② 動作：

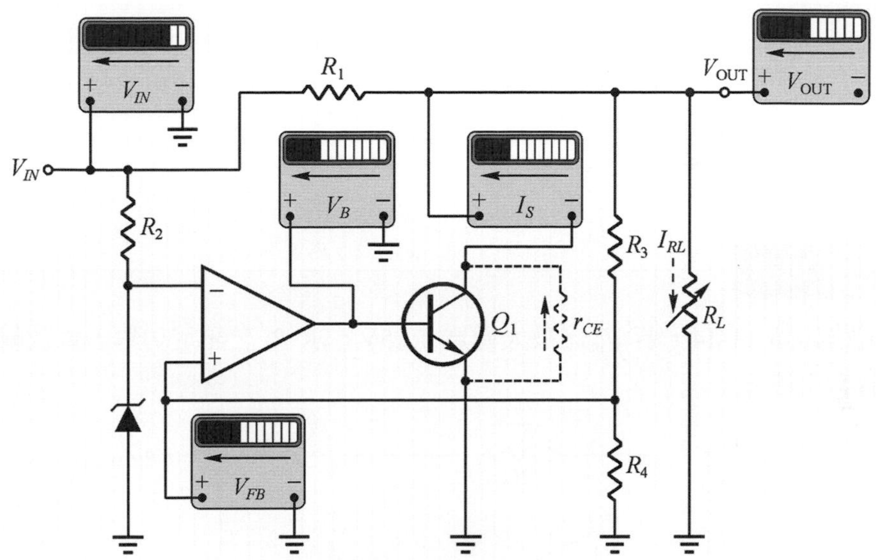

圖 11-13 並聯調整器的動作

❶ 若因 V_{in} 下降或 R_L 減少而使得 V_{out} 企圖減少時，則取樣電路之回授電壓 V_{FB} 下降，使得 OP 之輸出下降，因而使 Q_1 之 V_B 下降，致使 Q_1 向截止點移動，即 Q_1 之 V_{CE} 增加，視同 r_{CE}(CE 間之有效電阻)上升。而 Q_1 與 R_L 係並聯，V_{CE} 增加，V_{RL} 亦隨之上升。(或：因 r_{CE} 上升，故 I_S 下降，I_{RL} 上升，故 V_{RL} 上升；或：因 r_{CE} 與 R_1 串聯，r_{CE} 上升，故 V_{R1} 下降，而 R_1 亦與 R_L 串聯，V_{R1} 下降，故 V_{RL} 上升。)

❷ V_{out} 企圖上升時則動作相反。

③ 若 I_{RL} 與 V_{out} 固定，而 V_{in} 發生變化，則因 R_1 與 Q_1 爲串聯之故，

$$\Delta I_S = \frac{\Delta V_{in}}{R_1}$$

而因 Q_1 與 R_L 並聯，故若 V_{in} 與 V_{out} 固定，I_S 與 I_{RL} 將互爲消長，即

$$\Delta I_S = -\Delta I_{RL}$$

④ 並聯調整器之效率較串聯調整器爲差，但因限流電阻 R_1 之故，其電路本身即具有短路保護之特性。輸出之最大電流

$$I_{RL(\max)} = \frac{V_{\text{in}}}{R_1}$$

例 11-3

一電路如圖 11-14，若 V_{in} 之最大値爲 12.5V，求 R_1 之額定功率，以及輸出之最大電流。

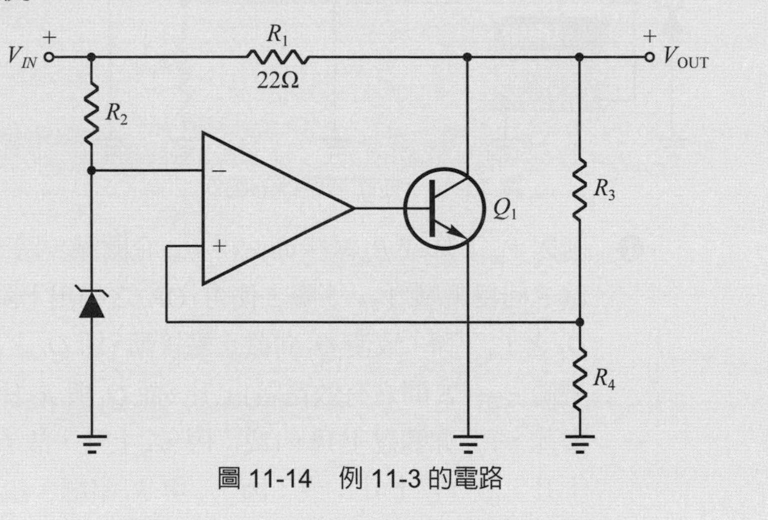

圖 11-14　例 11-3 的電路

<Sol>

$$P_{R1} = \frac{V_{\text{in}}^2}{R_1} = \frac{(12.5)^2}{22} = 7.1\,(\text{W})$$

$$I_{RL(\max)} = \frac{V_{\text{in}}}{R_1} = \frac{12.5}{22} = 0.57\,(\text{A})$$

R_1 最大功率發生在輸出短路時，即 $V_{R1} = (V_{\text{in}} - V_{\text{out}}) = V_{\text{in}}$，此時可採用 10W 之電阻。

11.4 交換式調整器(Switching regulator)

串聯與並聯線性調整器之控制元件—功率晶體—不論是否進行調壓，在所有時間均是導通的，故消耗功率甚大，以致於效率不佳。而交換式調整器之控制元件則為如同開關般之非連續傳導的電晶體，故耗損較少，效率較高，且可提供較線性調整器更大的負載電流，適用於高效率或大電力場合。

1. 降壓組態(Step-down configuration)

   (1) 電路(負回授)－Q_1與R_L串聯：

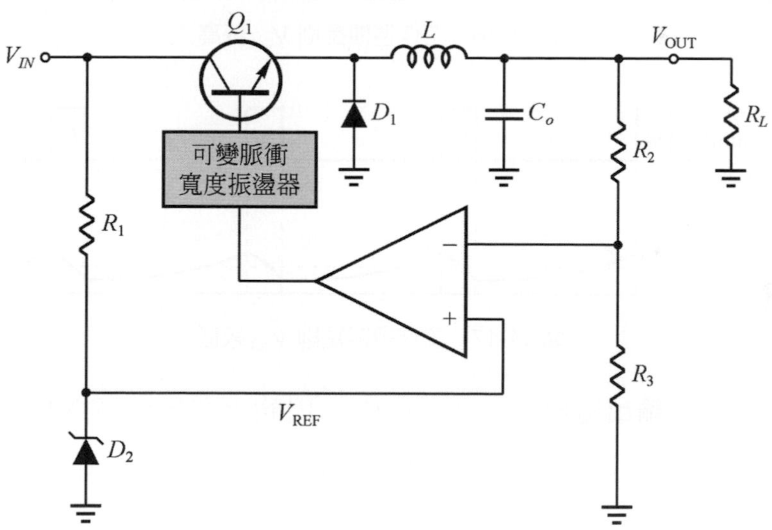

圖 11-15 降壓組態之交換式調整器

① 可變脈衝寬度振盪器之脈衝寬度由輸入該振盪器之電壓來決定，電壓愈高則輸出脈衝寬度愈寬。

② Q_1之作用為一開關，振盪器之信號可將其偏壓在截止(off)及飽和(on)狀態。

③ L及C_o構成 LC 濾波器 (電感輸入式濾波器)。

④ Q_1 on 時C_o充電，Q_1 off 時C_o以$\tau=[(R_2+R_3)//R_L]C_o$放電。

⑤ D_1係用來將LC_o之負電壓接地。

⑥ 振盪器脈衝之週期爲 T，亦即爲電晶體截止與飽和時間之和 $T = t_{\text{on}} + t_{\text{off}}$，$\frac{t_{\text{on}}}{T}$稱工作週期(Duty cycle)。

⑦ 工作週期(Duty cycle)愈長，則C_o充電愈久，亦即V_{RL}愈高。

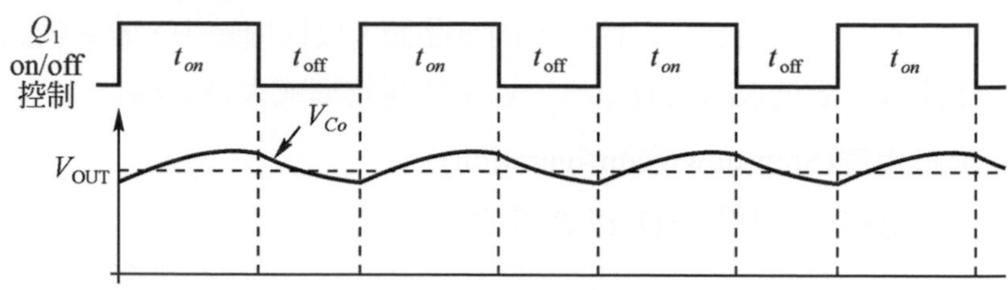

圖 11-16　工作週期長則 V_{out} 較高

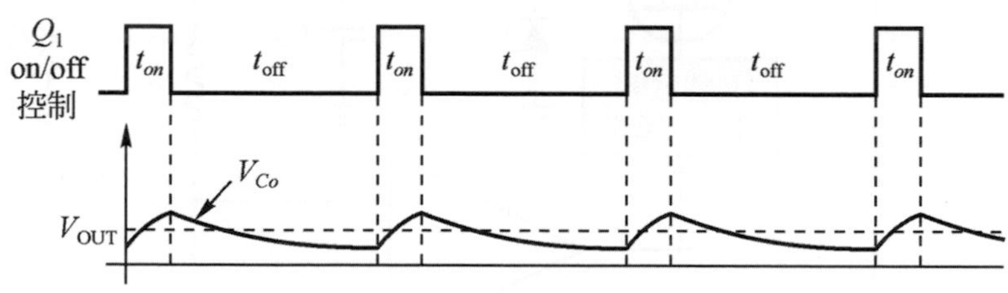

圖 11-17　工作週期短則 V_{out} 較低

⑧ 輸出電壓$V_{\text{out}} = (\frac{t_{\text{on}}}{T}) \times V_{\text{in}}$，因輸出電壓最高爲$V_{\text{in}}$(當$t_{on} = T$時)，若$t_{\text{on}} < T$則輸出電壓小於$V_{\text{in}}$，故稱降壓組態。

(2) 動作：

① 當V_{out}趨降時，$V_{FB}\downarrow$，$V_{\text{COUNT}}\uparrow$，$t_{on}\uparrow$，$V_{Co}\uparrow$，以致使$V_{\text{out}}\uparrow$。

② V_{out}趨升時則反方向動作。

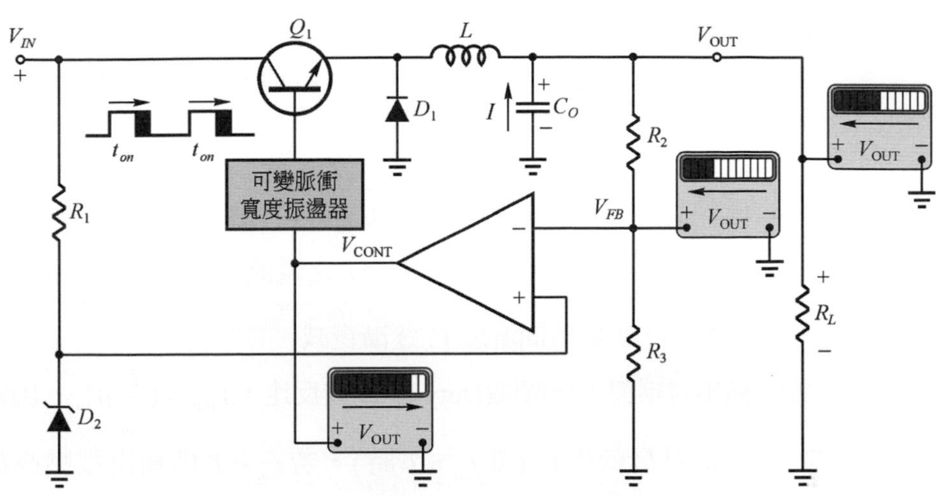

圖 11-18　降壓組態交換式調整器的動作

2.　升壓組態(Step-up configuration)

(1)　電路(正回授)－Q_1 與 R_L 並聯：

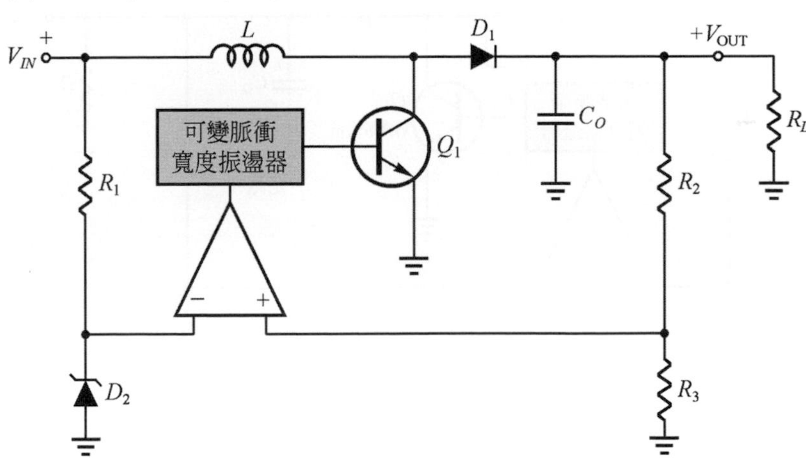

圖 11-19　升壓組態之交換式調整器

① Q_1 off 時 $V_L=0$，故 D_1 順偏，可使 C_o 充電。

② L 與 C_o 構成 LC 濾波器。

③ Q_1 由振盪器之脈衝控制，被偏壓在截止(off)及飽和(on)兩個狀態。

④ 脈衝寬度(Duty cycle)愈寬，則 t_{on} 愈長。

⑤ Q_1 ON 時，因 V_{in} 經 L 至 Q_1 而接地，故 L 兩端之壓降為 $(V_{\text{in}}-V_{CE})$，此亦為 L 之感應電動勢。又因 $V_{CE}\approx 0$，故 D_1 逆偏，使得 C_o 無法充電而放電。故 t_{on} 愈長，則 C_o 將放電至愈低的電壓，亦即 V_{RL} 愈低($C_o//R_L$)。因 L 感應電動勢為 $V_L=-L\dfrac{di}{dt}$，於 Q_1 導通之瞬間，L 之電流突然增加故 $\dfrac{di}{dt}$ 最大，V_L 最高。但隨時間增加 V_L 逐漸衰減。

⑥ 輸出電壓與工作週期(Duty cyde)成反比，$V_{\text{out}}=(\dfrac{T}{t_{on}})V_{\text{in}}$。因輸出電壓最低為 V_{in} (當 $t_{on}=T$ 時)，若 $t_{on}<T$ 則輸出電壓高於 V_{in}，故稱升壓組態。

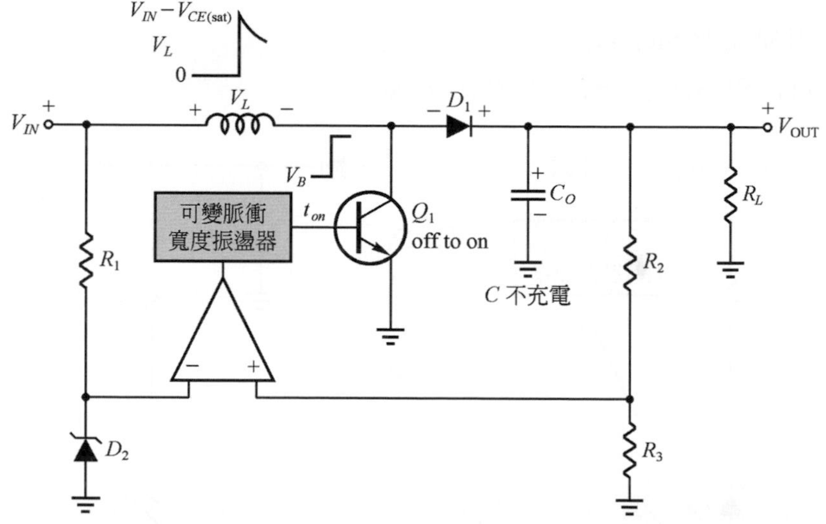

圖 11-20 升壓組態之交換式調整器(當 Q_1 導通)

⑦ 當 Q_1 off 時，L 之電流突然減少，故 L 感應出與 t_{on} 時極性相反之電動勢，$V_L=-L\dfrac{d(-i)}{dt}$，此時 $V_{\text{in}}+V_L$ 使 D_1 順偏而對 C_o 充電，故 V_{out} 會較 V_{in} 為高，然隨著時間增加，V_L 亦逐漸衰減。

⑧ 可見 t_{on} 愈長會使 V_{RL} 降得愈低，但 t_{off} 愈長並不會將 V_{RL} 提得愈高。

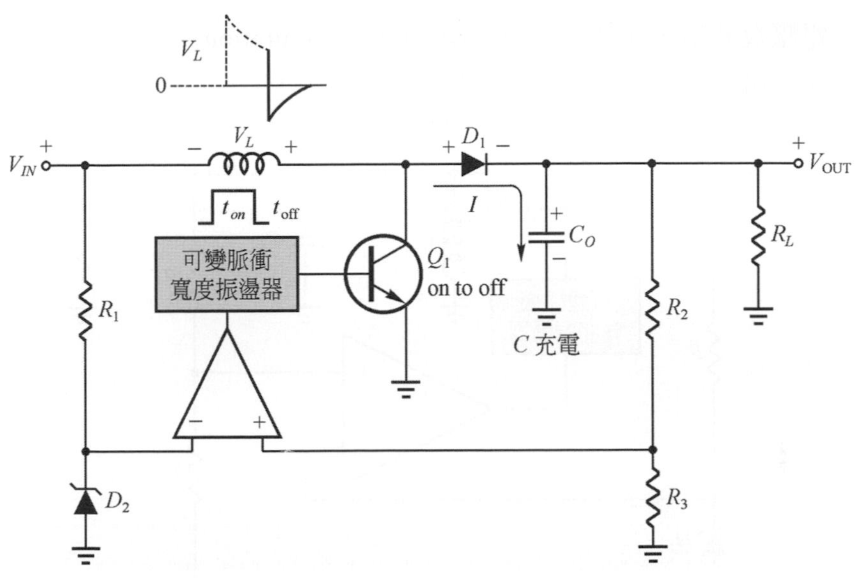

圖 11-21　升壓組態之交換式調整器(當 Q_1 截止)

(2) 動作：

① V_{out} 趨降時，OP 輸出降低，t_{on} 減少，故 V_L↑，V_{Co}↑，V_{RL}↑。

② V_{out} 趨升時則動作相反。

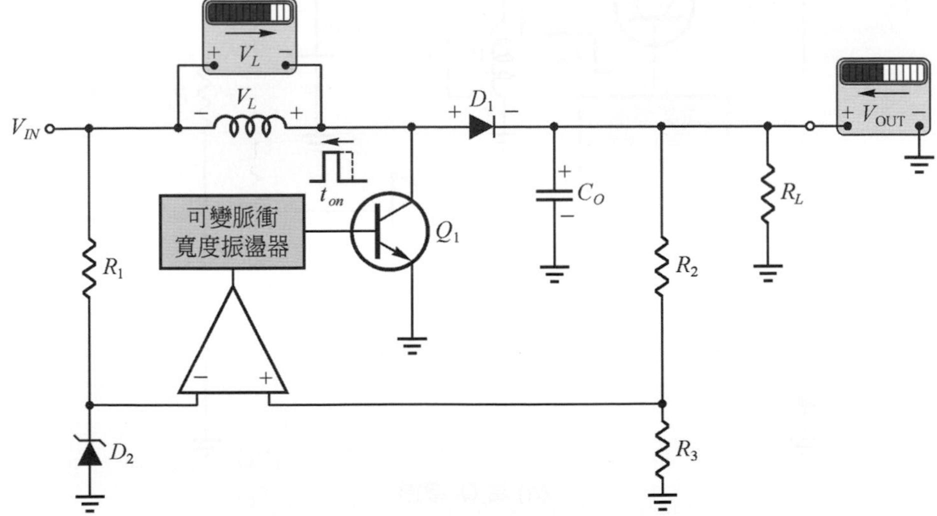

圖 11-22　升壓組態之交換式調整器的動作

3. 電壓反相器型組態(Voltage-inverter configuration)

(1) 電路：

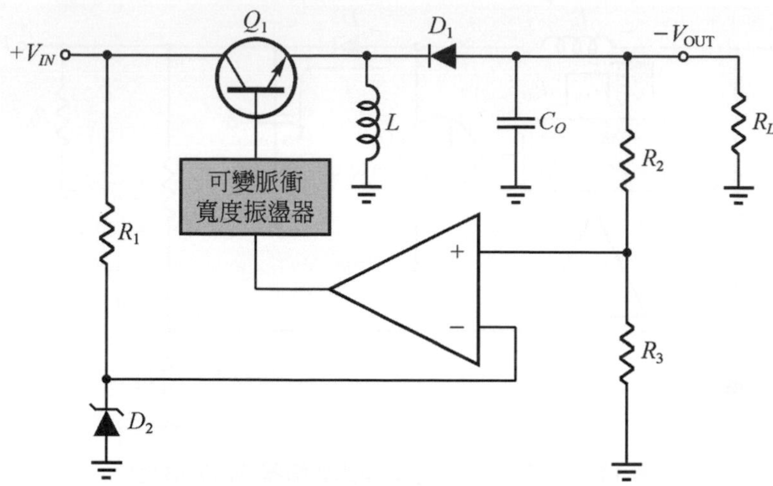

圖 11-23 電壓反相器型組態之交換式調整器

① L 與 C_o 構成 LC 濾波器。

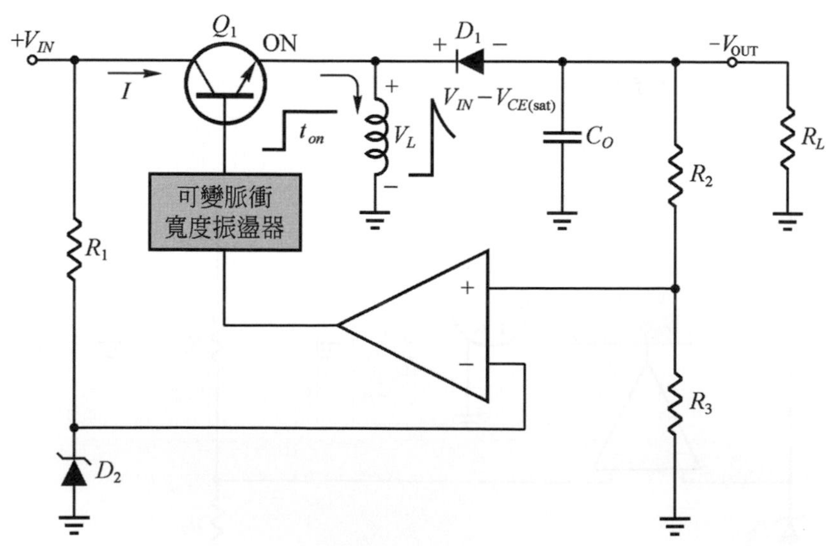

(a) 當 Q_1 導通

圖 11-24 電壓反相器型組態之交換式調整器

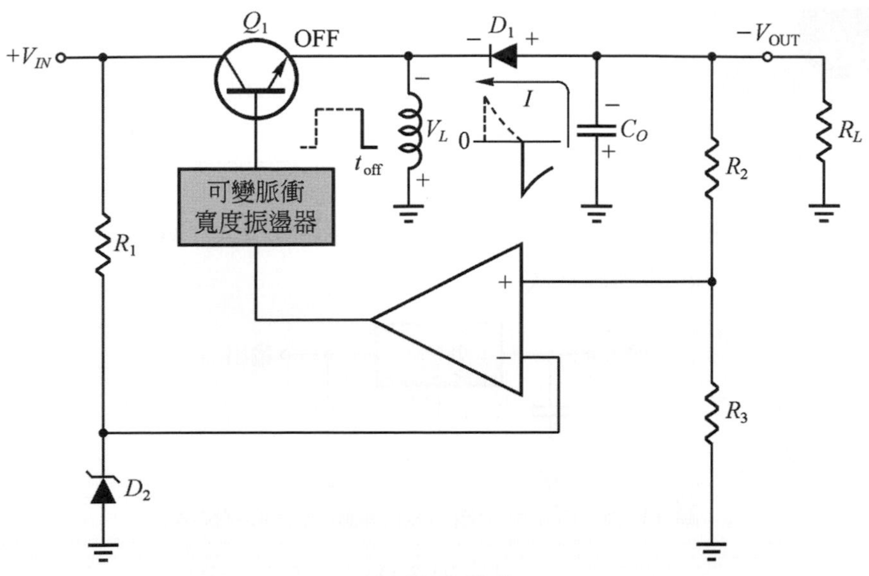

(b) 當 Q_1 截止

圖 11-24　電壓反相器型組態之交換式調整器(續)

② Q_1 由振盪器之脈衝偏壓在截止(off)與飽和(on)兩個狀態。

③ 振盪器脈衝之寬度由 OP 之輸出電壓控制。

④ t_{on} 時，$V_L = V_{\text{in}} - V_{CE}$，此感應電壓使 D_1 逆偏，故無法對 C_o 充電，所以 C_o 爲放電狀態。t_{on} 愈長，C_o 放電至愈低電壓，故 V_{RL} 愈低，係升壓組態。

⑤ t_{off} 時，因 L 之電流突然減少，故感應出與 t_{on} 時反相的電壓致使 D_1 順偏，故由 $C_o \rightarrow D_1 \rightarrow L \rightarrow$ Ground $\rightarrow C_o$ 之迴路對 C_o 充電。所以 V_{RL} 與 V_{in} 極性相反。

⑥ $V_{\text{out}} = -(\frac{T}{t_{on}})V_{\text{in}}$

(2) 效率約爲 90%。

11.5 IC 電壓調整器(Integrated circuit voltage regulator)

1. 固定式正輸出線性電壓調整器(Fixed positive linear voltage regulator)

   (1) 以 7800 系列為代表

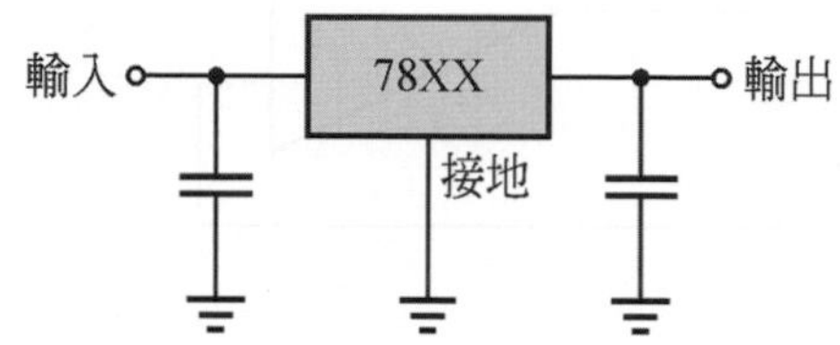

圖 11-25 固定式正輸出線性電壓調整 IC-78XX

① 為三端子元件，其三端子分別為輸入、輸出、接地。

❶ 輸出電容：線性濾波器用以改善輸出之暫態響應。

❷ 輸入電容：消除不必要之振盪(高頻接地)。

② 編號中之後兩碼代表輸出電壓。

型號	輸出電壓
7805	+5.0V
7806	+6.0V
7808	+8.0V
7809	+9.0V
7812	+12.0V
7815	+15.0V
7818	+18.0V
7824	+24.0V

78XX ← 輸出電壓

③ 加上散熱片後，可提供約 1A 之輸出電流。

④ 外觀：

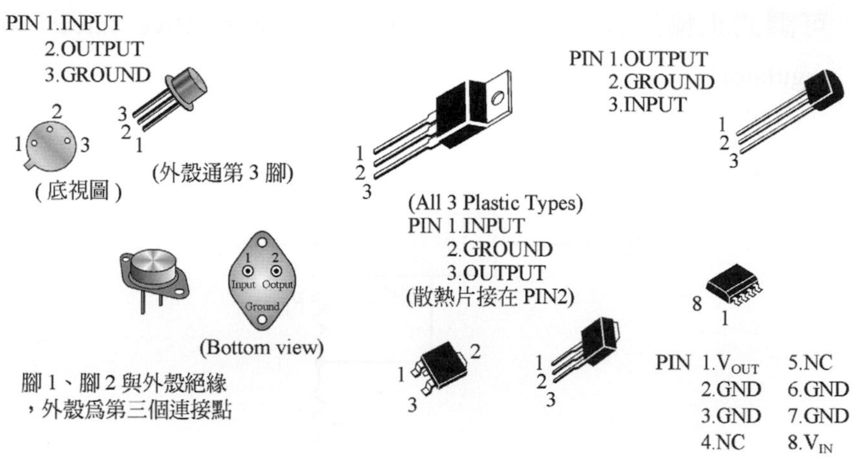

圖 11-26　固定式正輸出線性電壓調整 IC 的外觀

(2) 78L00系列、78M00系列、78T00系列之輸出電流為 100mA、500mA、3A

(3) 輸入電壓需至少比輸出電壓高 2V，方可維持調壓功能。

(4) 輸出誤差約為 2%～4%。

(5) IC 內部具有熱過載(Overheated)及短路電流限制之保護電路。

2. 固定式負輸出線性電壓調整器(Fixed negative linear voltage regulator)

(1) 以 7900 系列為代表，具有與 7800 系列相對應之負電壓輸出。

(2) 結構及編號：

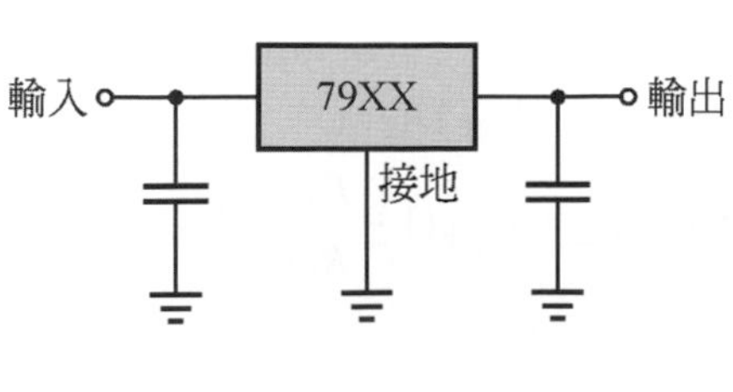

型號	輸出電壓
7905	−5.0V
7905.2	−5.2V
7906	−6.0V
7908	−8.0V
7912	−12.0V
7915	−15V
7918	−18.8V
7924	−24.0V

圖 11-27　固定式負輸出線性電壓調整 IC 的結構及編號

3. 可調式正輸出線性電壓調整器(Adjustable positive linear voltage regulator)

(1) 以 LM317 為代表。

(2) 電路：

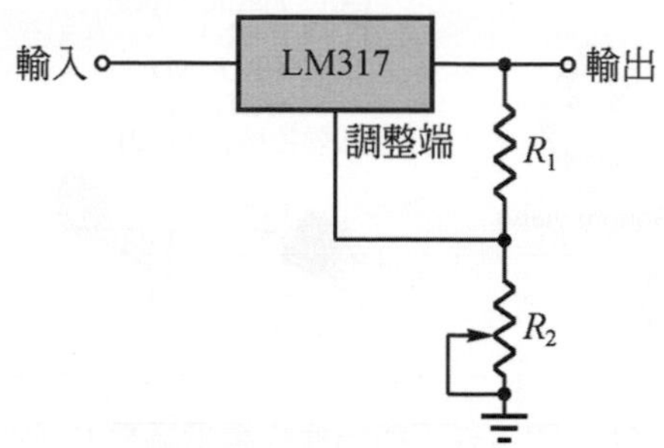

圖 11-28　可調式正輸出線性電壓調整器 IC-LM317

① 三端子分別為輸入、輸出及調整。

② 可視需要加入輸入及輸出電容。

③ 輸出電壓為 1.2V～37V 依外部 R_1 及 R_2 二電阻之比例而決定。

④ 輸出電流為 1.5A。

(3) 動作：

① LM317 之輸出端與調整端間之電壓固定為 1.25V(V_{REF})。

② V_{REF} 產生一固定電流 I_{REF} 流過 R_1 且與 R_2 無關。

$$I_{\text{REF}}=\frac{V_{\text{REF}}}{R_1}=\frac{1.25\text{V}}{R_1}$$

③ LM317 之調整端的電流稱為 I_{ADJ}，約為 50μA。

④ $V_{\text{out}}=V_{R1}+V_{R2}=I_{\text{REF}}R_1+\left(I_{\text{ADJ}}+I_{\text{REF}}\right)R_2$

$$=\frac{V_{\text{REF}}}{R_1}\times(R_1+R_2)+I_{\text{ADJ}}R_2=V_{\text{REF}}(1+\frac{R_2}{R_1})+I_{\text{ADJ}}R_2$$

另若 $V_{\text{REF}}=1.25\,\text{V}$，$I_{\text{ADJ}}=50\,\mu\text{A}$，

則 $V_{\text{out}}=[1.25+(50\mu+\frac{1.25}{R_1})R_2]\,\text{V}$

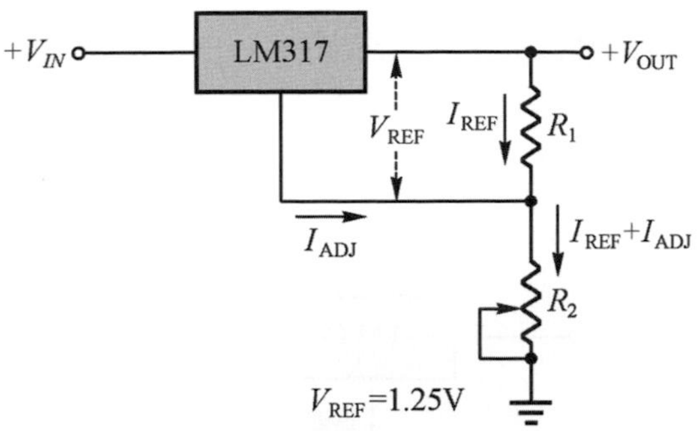

圖 11-29　可調式正輸出線性電壓調整器的動作

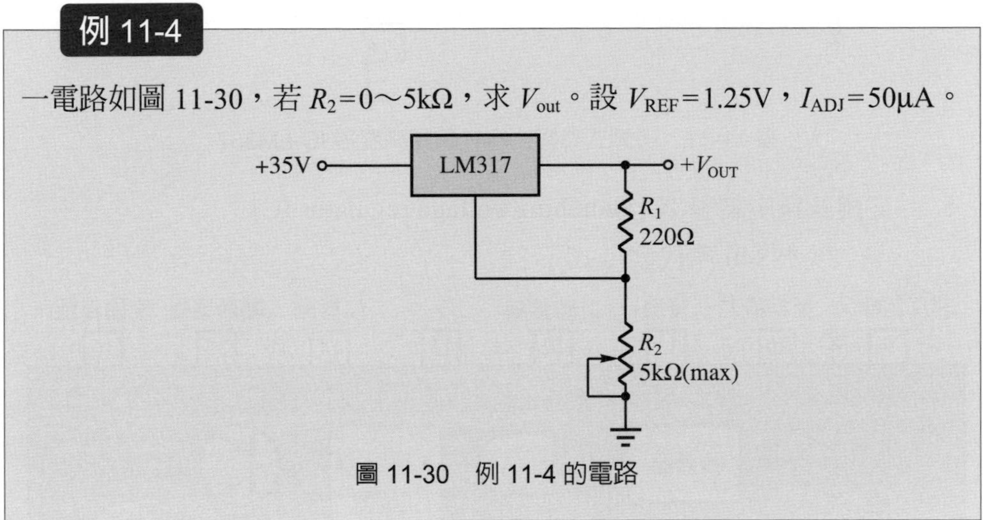

例 11-4

一電路如圖 11-30，若 R_2=0～5kΩ，求 V_{out}。設 V_{REF}=1.25V，I_{ADJ}=50μA。

圖 11-30　例 11-4 的電路

<Sol>

① R_2=5kΩ

$$V_{out}=V_{REF}(1+\frac{R_2}{R_1})+I_{ADJ}R_2=1.25\text{V}(1+\frac{5\text{k}\Omega}{220\Omega})+(50\mu\text{A})5\,\text{k}\Omega$$

$$=29.66\text{V}+0.25\text{V}=29.91\,\text{V}$$

② R_2=0Ω

$$V_{out}=V_{REF}(1+\frac{R_2}{R_1})+I_{ADJ}R_2=1.25\text{V}(1)=1.25\text{V}$$

4. 可調式負輸出線性電壓調整器(Adjustable negative linear voltage regulator)

(1) LM337 爲相對於 LM317 之負輸出的調壓 IC。

(2) $V_{out}=-1.2V\sim-37V$。

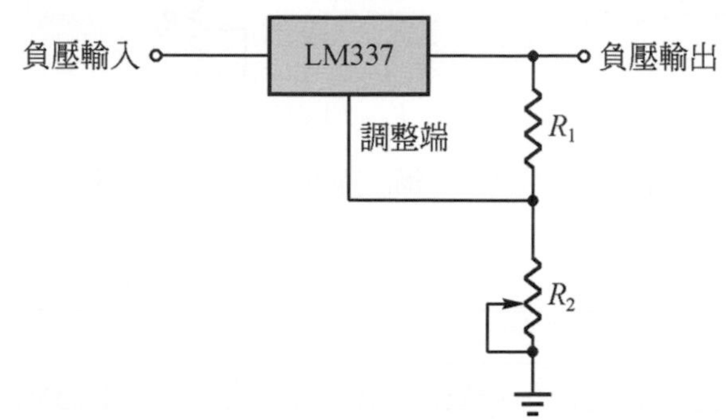

圖 11-31 可調式負輸出線性電壓調整器 IC-LM337

5. 交換式電壓調整 IC(Switching voltage regulator IC)

(1) 以 78S40 爲代表

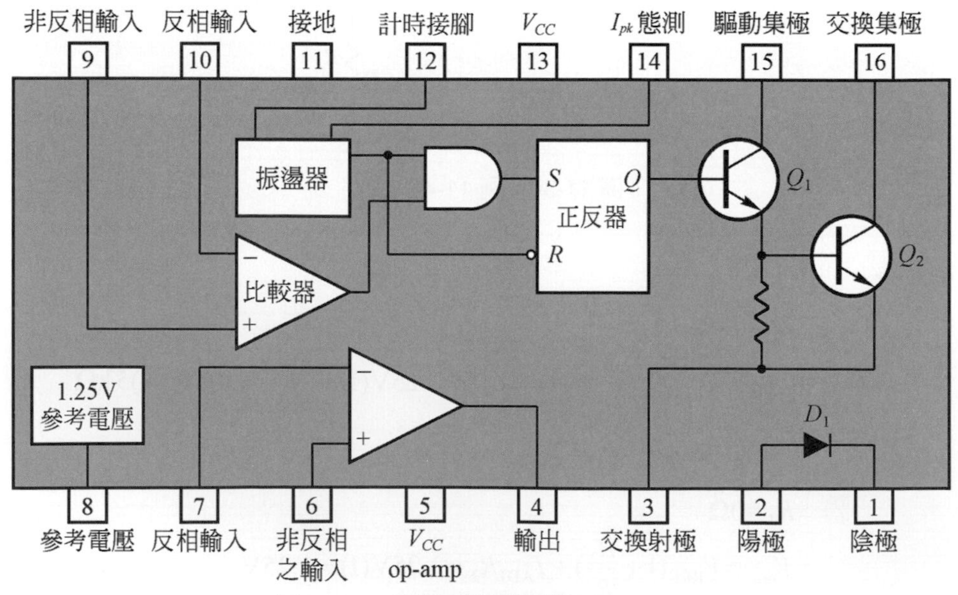

圖 11-32 交換式電壓調整 IC-78S40

(2) 可由外部元件將之跳接成升壓型、降壓型或反相型。

(3) 4、6、7 腳間之 OP amp 於交換電壓調整電路(非 IC)中並不存在，可作其他用途。

11.6 IC 調整器之改良電路

1. 以外部旁路電晶體提高調整器之輸出電流

(1) 若負載所需電流超過調整器所能提供之最大電流，則不足之電流可由外部旁路電晶體提供。

(2) 電路：

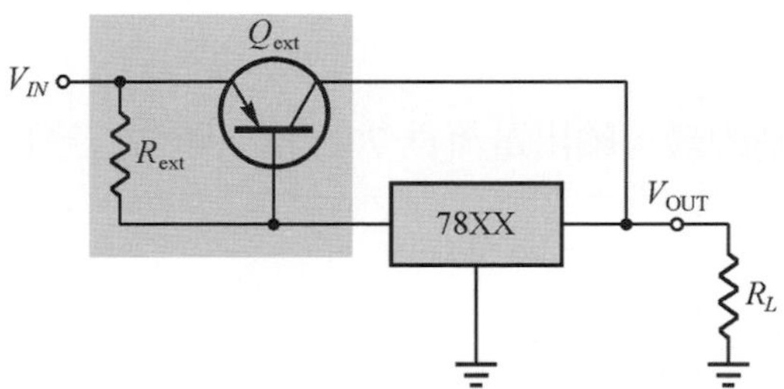

圖 11-33　以外部旁路電晶體提高調整器之輸出電流的電路

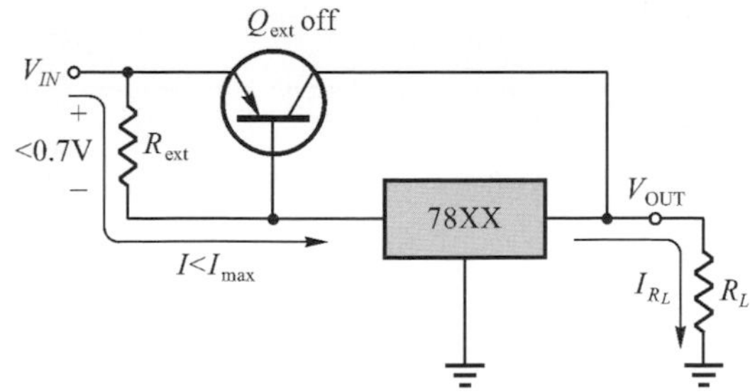

圖 11-34　負載電流小於調整器所能提供之最大電流時的動作

① 設 $R_{ext}=\dfrac{V_{BE}}{I_{max}}$，其中 I_{max} 爲調整器所能提供之最大電流。

② 若負載電流(I_{RL})小於調整器所能提供之最大電流(I_{max})，則 R_{ext} 所產生之壓降不足以導通 Q_{ext}，此時調整器如一般的動作。

③ 若 $I_{R_L} > I_{max}$，則 Q_{ext} 導通，不足的電流則由 Q_{ext} 提供給負載 R_L。

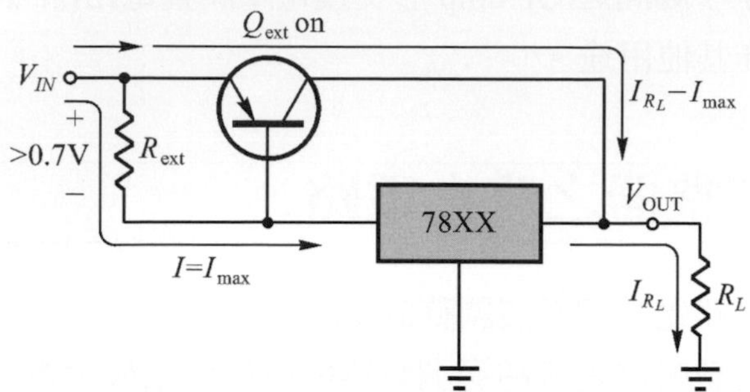

圖 11-35　負載電流大於調整器所能提供之最大電流時的動作

例 11-5

若電壓調整器控制的最大輸出電流為 700mA，則 R_{ext} 應為幾 Ω？

<Sol>

$$R_{ext} = \frac{V_{BE}}{I_{max}} = \frac{0.7\text{V}}{0.7\text{A}} = 1\,\Omega$$

(3) Q_{ext} 為功率晶體，其損耗功率為 $P_{ext} = I_{ext}(V_{in} - V_{out})$

例 11-6

若 V_{in}=30V，R_L=10Ω，I_{max}=700mA，使用之調整器為 7824 求外部旁路電晶體之最小功率額定值。

<Sol>

$$I_{RL} = \frac{V_{out}}{R_L} = \frac{24\text{V}}{10\Omega} = 2.4\text{ A}$$

$$I_{ext} = I_{RL} - I_{max} = 2.4 - 0.7 = 1.7\text{ (A)}$$

$$P_{ext} = I_{ext}(V_{in} - V_{out}) = 1.7(30 - 24) = 10.2\text{ (W)}$$

可選用 15W 之電晶體。

(4) 旁路電晶體的過電流保護：

旁路電晶體的功能雖在提供調整器供應不足的電流，然其本身亦需有過電流保護，以防因負載短路之過大電流而燒毀。

① 電路：

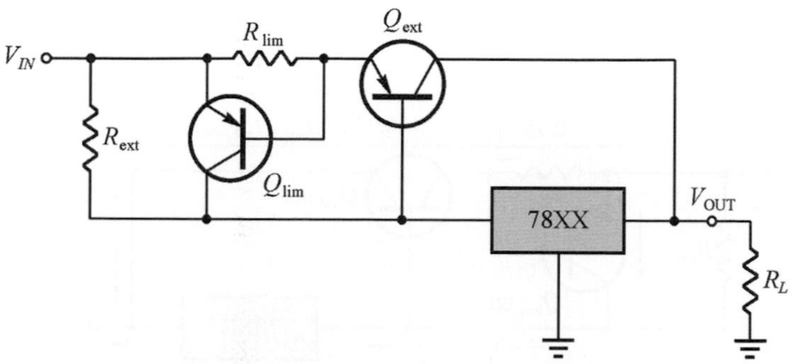

圖 11-36　旁路電晶體的過電流保護電路

❶ $V_{R_{\text{ext}}} = V_{R_{\text{lim}}} + V_{BE(Q_{\text{ext}})}$

$\therefore Q_{\text{ext}}$ 導通的條件：$V_{BE(Q_{\text{ext}})} = (V_{R_{\text{ext}}} - V_{R_{\text{lim}}}) > 0.7\text{ V}$。

❷ Q_{lim} 導通的條件：$V_{R_{\text{lim}}} > 0.7\text{ V}$。

② 動作：

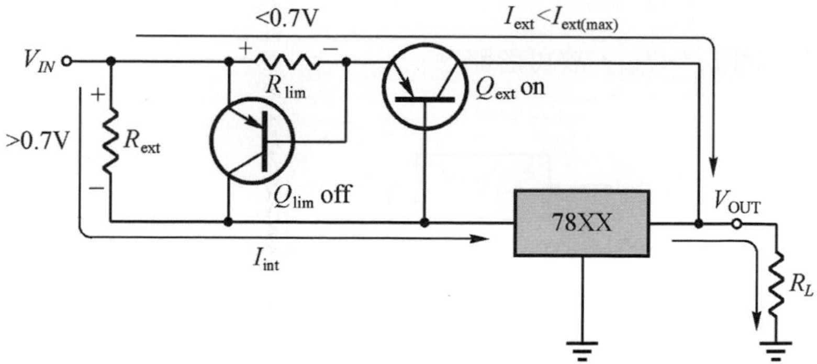

圖 11-37　旁路電晶體過電流保護的動作 1

❶ 設 7800 的最大輸出電流爲 I_{max}，若 $I_{R_L} < I_{max}$ ，則 Q_{ext}、Q_{lim} off。

❷ 若 $I_{R_L} > I_{max}$ 且 $(I_{R_L} - I_{max}) < I_{ext(max)}$ ，則 Q_{ext} on，Q_{lim} off。

❸ 若 $(I_{R_L} - I_{max}) > I_{ext(max)}$ ，則 Q_{lim} on，使得流入 7800 的電流爲 $I_{max} + I_{Q_{lim}}$ ，迫使 7800 因過載而由內建之保護電路將其關閉。

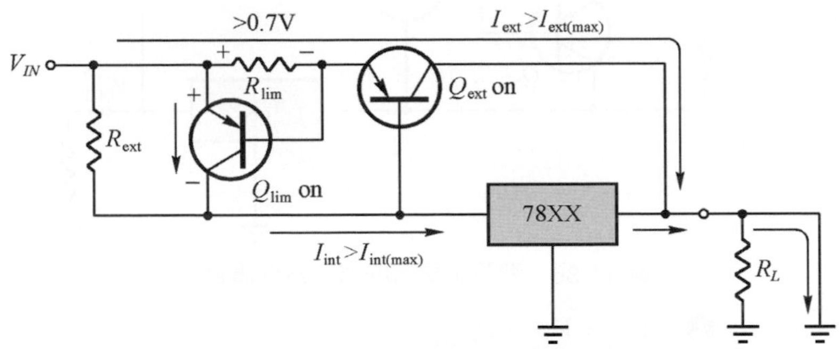

圖 11-38　旁路電晶體過電流保護的動作 2

2. 以三端子調整器作電流源

(1) 因輸出端與接地端間之電壓固定爲 V_{out}，故 $I_L = \frac{V_{out}}{R_1} + I_G$ 。

(2) 因 $I_G << I_{out}$，故可忽略。

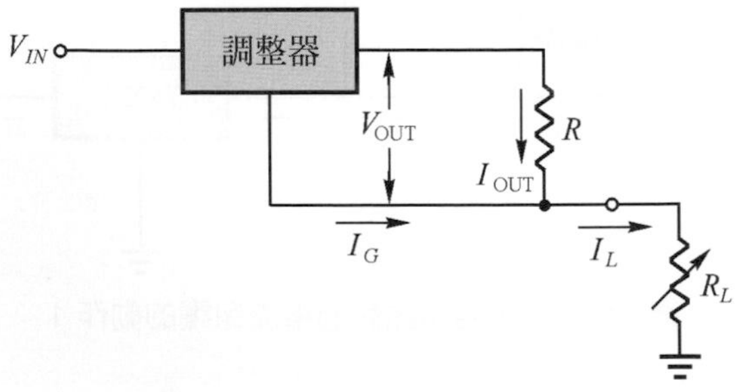

圖 11-39　以三端子調整器作電流源的電路

例 11-7

一電路如圖，以 7805 作出一個 1A 之定電流電源，設 I_G=1.5mA。

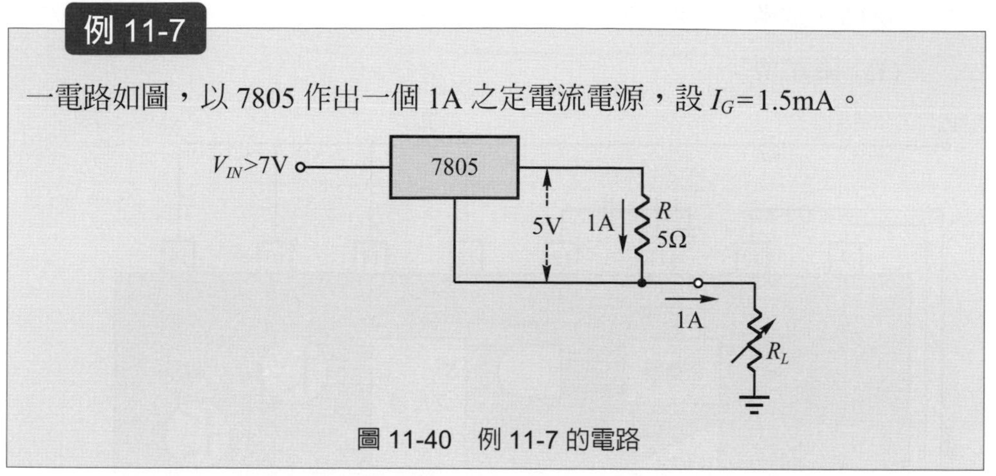

圖 11-40　例 11-7 的電路

<Sol>

$$R = \frac{V_{\text{out}}}{I_{RL}} = \frac{5\text{V}}{1\text{A}} = 5\,\Omega$$

因 7805 可提供 1.3A，故不需外部旁路電晶體。

3. 交換式調整 IC-78S40

(1) 降壓型：

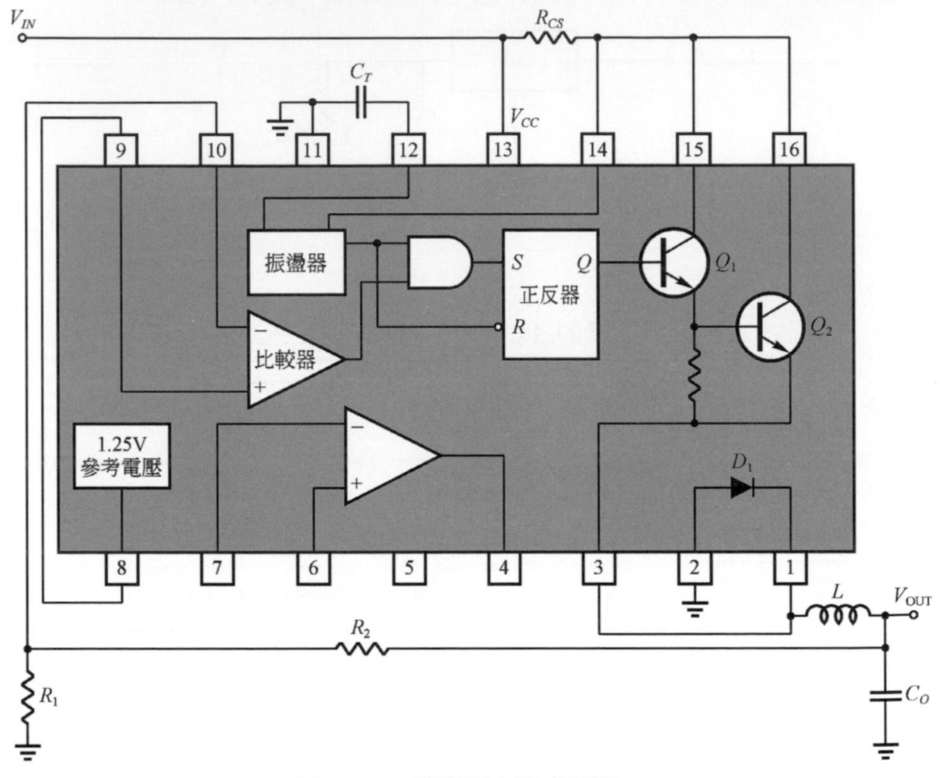

圖 11-41　降壓型交換式調整 IC

(2) 升壓型：

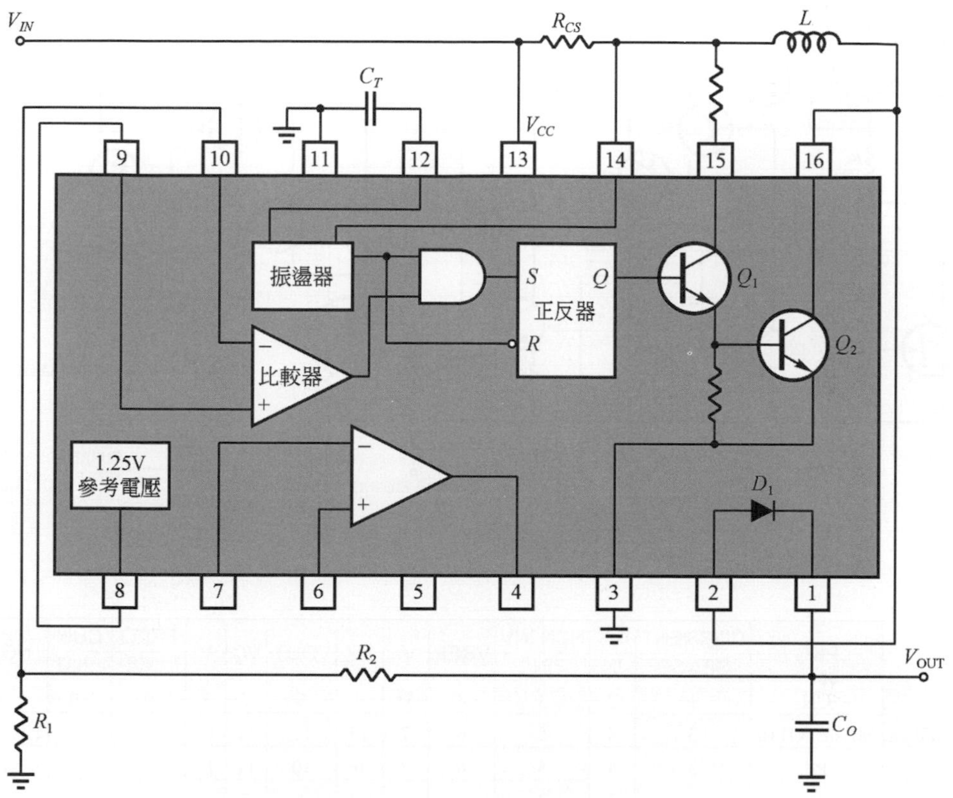

圖 11-42　升壓型交換式調整 IC

① C_T 為計時電容，用來控制振盪器脈波的寬度及頻率，以決定 Q_2 導通的時間。

② R_{CS} 用來控制最大負載電流。

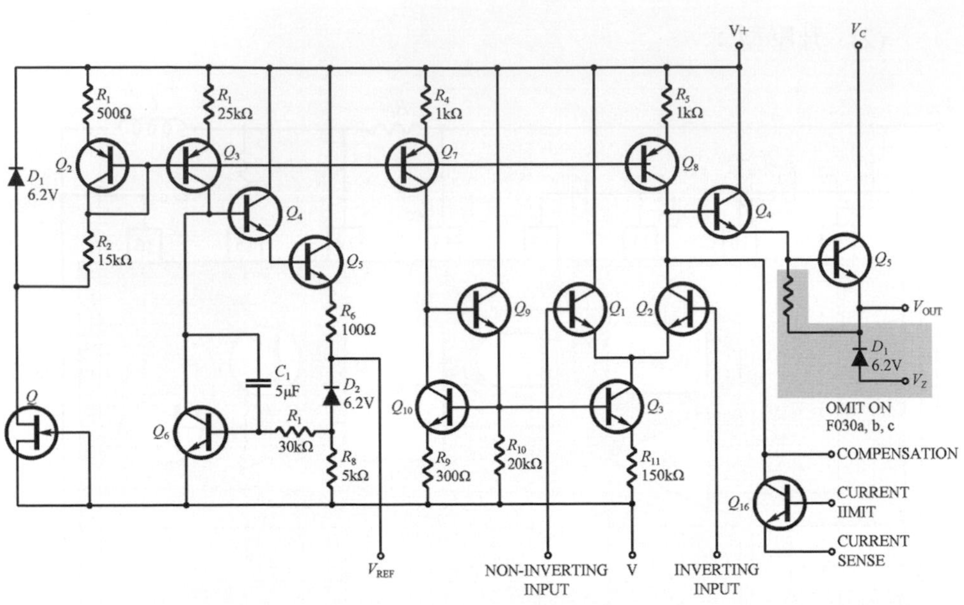

	PKG	CURRENT SENSE	INV IN	NCN INV IN	VREP	V-	VZ	VOUT	VC	V	FREQ COMP	CUR LIMIT	NC
F030, a	CN	1	2	3	4	5*		6	7	8	9	10	
	MP or TO116	3	4	5	6	7	13	12	11	10	9	2	1,8,14
	PP	3	4	5	6	7	0	10	11	12	10	2	1,8,14
F030b	CN	1	2	3	4	5	NA	6	7	8	9	10	NA
F030c	MP	3	4	5	6	7	9	10	11	12	13	2	1,8,14
F030d	MP or FP	3	4	5	6	7	9	10	11	12	13	2	1,14
	FP	1	2	3	4	5		6	7	8	9	10	

* - CONNECTED TO CASE

圖 11-43　電壓調整 IC 的電路

VOLTAGE REGULATORS

IN ORDER OF (1)NOM V OUT (2)MAX INPUT LINE V (3)MAX POWER DISSIPATION (4)TYPE No.

LINE NO.	4 TYPE NO.	1 NOM. VOLT OUT (V)	ADJUSTABLE OUTPUT VOLT. RANGE		2 MAX INPUT LINE VOLT (V)	MIN OUT/IN DIFF (ΔV)	3 MAX POWER DISS. @25˚C (W)	MAX LOAD CUR. (A)	MAX OUTPU TIMP. (Ω)	MAX OUTPUT DRIFT @25˚C (V/˚C)	MAX LINE REG		MAX LOAD REG		MIN RIPPL REJ. (dB)	MAX TRANSIENT RECOVERY		TEMPE CODE −+	DRAWINGS	
			LOW (V)	HIGH (V)							LINE VOLT CHG (ΔV)	OUTPUT VOLT. CHG. (%)	LOAD CUR. CHG. (ΔA)	OUT VOLT. CHG. (%)		@LINE CHG. (s)	@LOAD CHG. (s)		CKT.	OUT-LINE Δ=MO
1	SA723CF	19	2.0	37	40	3.0	800m	150m			28	500m	49m	200m	74+			48	F079a	DL14bn
2	SA723CN	19	2.0	37	40	3.0	800m	150m			28	500m	49m	200m	74+			48	F079a	DL14aw
3	SFC2723C	19	2.0	37	40	3.0	800m	150m		15m%	28	500mΔ	49m	200m	86+			07	F030a	TO100
4	SFC2723M	19	2.0	37	40	3.0	800m	150m		15m%	28	200mΔ	49m	150m	86+			5C	F030a	TO100
5	TBA281	19	2.0	37	40	3.0	800m	50m		15mΔ§	3.0	100m	49m	m	74+			07	F030a	CN10f
6	uA723A	19	2.0	37	40	3.0	800m	150m	50m	15mΔ	28	200m	49m	600m	74+	5.0μ	5.0μ	5C	F030	DL14ao
7	uA723CA	19	2.0	37	40	3.0	800m	4.0m		15mΔ	3.0	100m	49m	150m	74+			07	F079	DL14ao
8	uA723CF	19	2.0	37	40	3.0	800m	150m			28	500m	49m	200m	74+			07	F079a	DL14bn
9	uA723CL	19	2.0	37	40	3.0	800m	150m			28	500m	49m	200m	74+			07	F079b	CN10f
10	uA723CN0	19	2.0	37	40	3.0	800m	150m			28	500m	49m	200m	74+			07	F079a	DL14aw
11	uA723F	19	2.0	37	40	3.0	800m	150m			28	200m	49m	150m	74+			5C	F079a	DL14bn
12	uA723HC	19	2.0	37	40	3.0	800m			15mΔ§	28	500m	49m	200m	74+			07	F079	CN10f
13	uA723HM	19	2.0	37	40	3.0	800m			15mΔ§	28	200m	49m	150m	74+			5C	F079	CN10f
14	uA723L	19	2.0	37	40	3.0	800m	150m			28	200m	49m	150m	74+			5C	F079b	CN10f
15	uA723ML	19	2.0	37	40	3.0	800m	150m			28	200m	49m	150m	74+			5C	F167a	CN10g
16	uA723N	19	2.0	37	40	3.0	800m	150m			28	200m	49m	150m	74+			5C	F079a	DL14aw
17	LM723CJ	19	2.0	37	40	3.0	900m	150m			28	500m	49m	200m	74+			07	F030	DL14cd
18	LM723J	19	2.0	37	40	3.0	900m	150m			28	200m	49m	150m	74+			5C	F030	DL14cd
19	RC723DB	19	2.0	37	40	3.0	900m	150m	50m+	15mΔ	28	500m	49m	200m	74+	5.0μ+	5.0μ+	07	F030	DL14au
20	RC723DC	19	2.0	37	40	3.0	900m	150m	50m+	15mΔ	28	500m	49m	200m	74+	5.0μ+	5.0μ+	07	F030	DL14av
21	RC723T	19	2.0	37	40	3.0	900m	150m		15mΔ	28	500m	49m	200m	74+	5.0μ	5.0μ	07	F030	TO100
22	RM723DC	19	2.0	37	40	3.0	900m	150m	50m+	15mΔ	28	200m	49m	150m	74+	5.0μ+	5.0u+	5C	F030	DL14av
23	RM723T	19	2.0	37	40	3.0	900m	150m		15mΔ	28	200m	49m	150m	74	5.0μ	5.0μ	5C	F030	TO100
24	SFC2723EC	19	2.0	37	40	3.0	900m	150m		15m%	28	500mΔ	49m	200m	86+			07	F030a	TO116
25	SFC2723EM	19	2.0	37	40	3.0	900m	150m		15mΔ%	28	200mΔ	49m	150m	86+			5C	F030a	TO116
26	SG723T	19	2.0	37	40	3.0	900m	150m		15mΔ	18	500m	49m	200m	86+	10μ	6.0μ	5C	F030	TO100
27	CA723CE	19	2.0	37	40	3.0	1.0	150m		15mΔ	28	500m	49m	200m	74+			07	F030	Δ001AB
28	CA723E	19	2.0	37	40	3.0	1.0	150m		15mΔ	28	200m	49m	150m	74+			5C	F030	Δ001AB
29	HA17723G	19	2.0	37	40		1.0	150m			28	500m	50m	200m	74+			27	F167	DL14cs
30	LM304J	19+	35m	30	40	2.0	1.0	20m				10mΔ	20m	5.0mΔ				07	F002	DL14ah
31	LM304N	19+	35m	30	40	2.0	1.0	20m				10mΔ	20m	5.0mΔ				07	F002	DL14bw
32	MB3752C	19	2.0	37	40	3.0	1.0	150m		15mΔ	28	500m	49m	600m	74			07	F160	DL14bh
33	MC1723CG	19	2.0	37	40	3.0	1.0	150m		0.02%	28	.50	49m	.60	74+			07	F030	TO100
34	MC1723G	19	2.0	37	40	3.0	1.0	150m		0.02%	28	.50	49m	.60	74+			5C	F030	TO100
35	SG723CJ	19	2.0	37	40	3.0	1.0	150m		15mΔ	18	500m	49m	200m	86+	10μ	6.0μ	07	F030	TO116
36	SG723J	19	2.0	3.7	40	3.0	1.0	150m		15mΔ	18	500m	49m	200m	86+	10μ	6.0μ	5C	F030	TO116
37	uA723CJ	19	2.0	37	40	3.0	1.0	150m			28	500m	49m	200m	74+			07	F167	DL14ah
38	uA723CN	19	2.0	37	40	3.0	1.0	150m			28	500m	49m	200m	74+			07	F167	DL14bw
39	uA723DC	19	2.0	37	40	3.0	1.0			15mΔ§	28	500m	49m	200m	74+			07	F079	DL14br
40	uA723DM	19	2.0	37	40	3.0	1.0			15mΔ§	28	200m	49m	150m	74+			5C	F079	DL14br
41	uA723MJ	19	2.0	37	40	3.0	1.0	150m			28	200m	49m	150m	74+			5C	F167	DL14ah
42	uA723PC	19	2.0	37	40	3.0	1.0	50m			28	500m	49m	200m				07	F079	DL14bz
43	MC1723CP	19	2.0	37	40	3.0	1.2	150m		0.02%	28	.50	49m	.60	74+			07	F030	DL14az
44	MC1723CL	19	2.0	37	40	3.0	1.5	150m		0.02%	28	.50	49m	.60	74+			07	F030	TO116
45	MC1723L	19	2.0	37	40	3.0	1.5	150m		0.02%	28	.50	49m	.60	74+			5C	F030	TO116
46	MC1569R	19	2.5	37	40	2.7	3.0	600m	80m	2.0m+Δ		15mΔ		1.6mΔ	88+		50n	5C	F193	CN30
47	LM137H	19+	1.2	37	42	5.0	2.0*	500m			37	5.0mΔ	490m	1.0	66			5E	F198	CN38d
48	LM237H	19+	1.2	37	42	5.0	2.0*	500m			37	5.0mΔ	490m	1.0	66			2E	F198	CN38d
49	LM337H	19+	1.2	37	42	5.0	2.0*	500m			37	7.0mΔ	490m	1.5	66			0C	F198	CN38d
50	LM337MP	19+	1.2	37	42	5.0	7.5*	500m			37	7.0mΔ	490m	1.5	66			0C	F198	MT4

圖 11-44　電壓調整 IC 規格表

習　題 EXERCISE

1. 線性串聯折返式電壓調整器(linear series fold back voltage regulator)，求：(1)繪出電路，(2)最大輸出電流 $I_{Load(max)}$，(3)負載短路時之電流 $I_{Load(short\ circuit)}$。

2. 線性串聯電壓調整器如圖。若要求輸出電壓爲 9.3V，求：(1)最大輸出電流 $I_{Load(max)}$，(2)負載短路時之電流 $I_{Load(short\ circuit)}$，(3)稽納二極體之崩潰電壓 V_{ZD}？

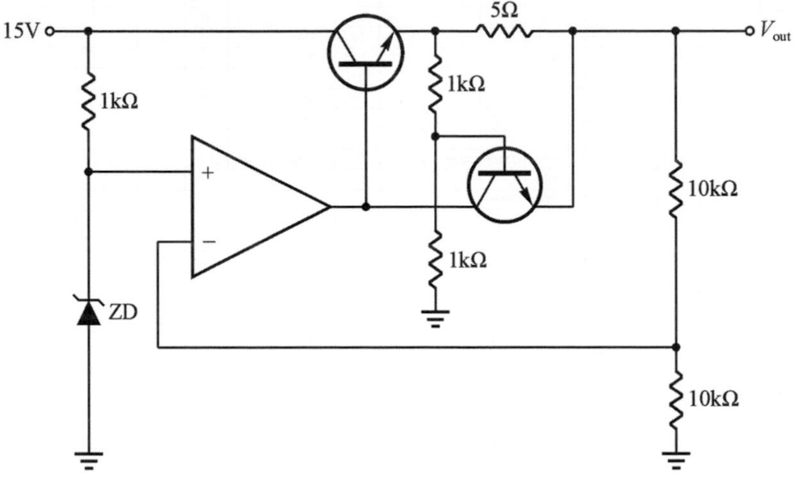

3. 以 LM317($V_{REF}=1.25$V，$I_{ADJ}=50\mu$A)構成之電壓調整電路如圖，求輸出電壓的範圍？

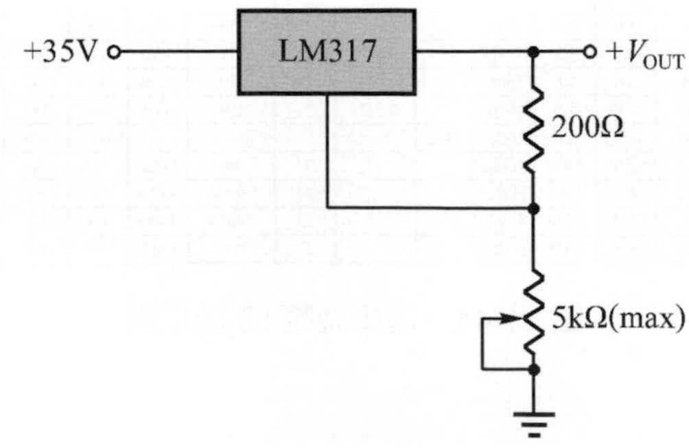

4. 電路如圖，若 7824 之最大輸出電流為 0.7A，求：(1)R_{ext}的電阻值，(2)負載電流，(3)電晶體 Q 的最小功率額定值？

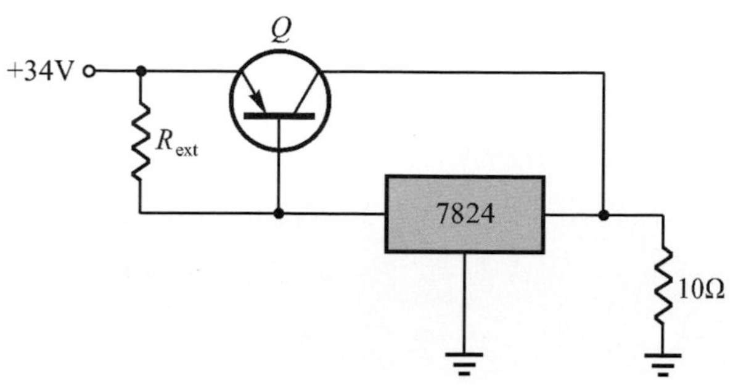

Electronics

12

閘流體與單接面電晶體

閘流體(Thyristor)：由 p 型及 n 型半導體(pnpn)所構成的 4 層元件。

12.1 蕭克萊二極體(Shockley diode)

1. 結構

蕭克萊二極體係一四層之結構，是所有閘流體的母體結構。其它閘流體均由蕭克萊二極體變化而來。

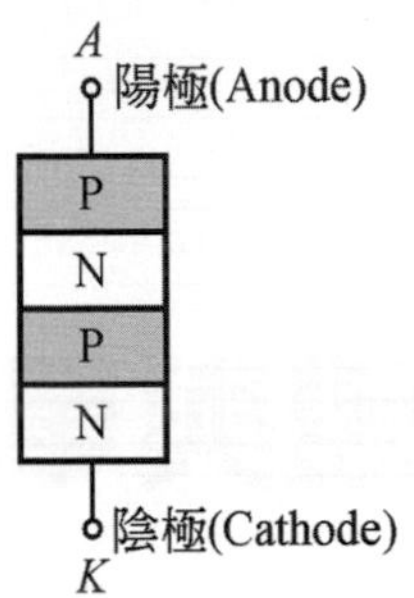

圖 12-1　蕭克萊二極體的結構

2. 符號

圖 12-2　蕭克萊二極體的符號

3. 等效電路

因蕭克萊二極體係一四層之結構，可以由中間兩層對角切開之上下兩個電晶體(一為 pnp、一為 npn)來等效之。

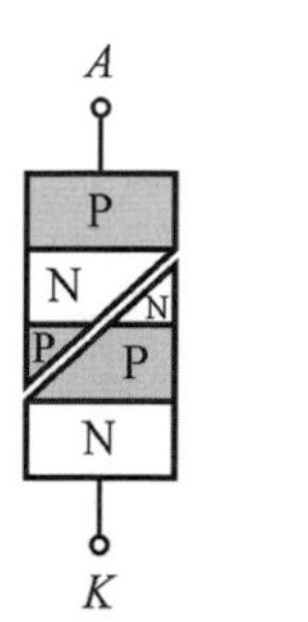

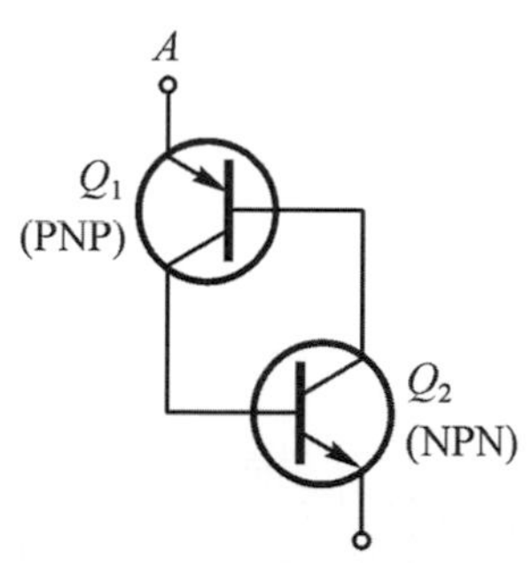

圖 12-3　蕭克萊二極體的等效電路

4. 偏壓接法：*A* 需接比 *K* 爲高之正偏壓。

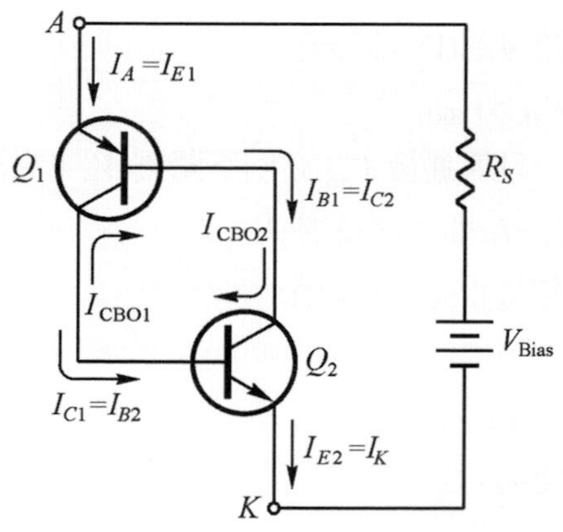

圖 12-4　蕭克萊二極體的偏壓接法

5. 動作原理

(1) 特性曲線：

V_{AK}：*A*、*K* 間電壓。

V_{BRF}：順向轉態電壓(Forward break-over voltage)。

I_H：保持電流(Holding current)。

V_S：導通時 *AK* 間電壓。

V_{BR}：崩潰電壓。

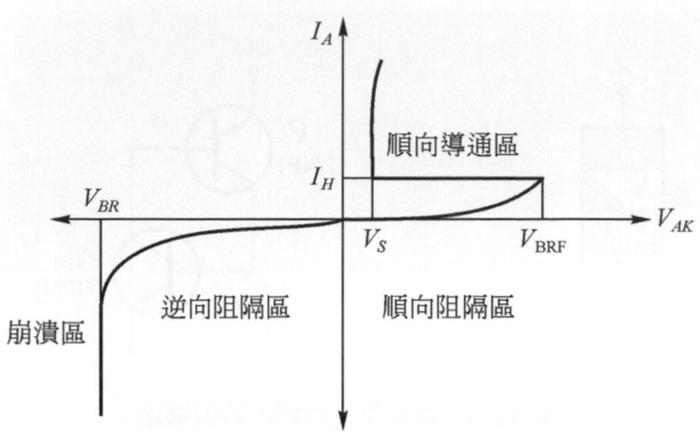

圖 12-5　蕭克萊二極體的特性曲線

(2) 動作：

① 二極體導通(Diode on)

❶ $V_{AK} > V_{BRF}$

❷ 一旦導通後 V_{AK} 立刻下降為 V_S，電流上升。此時只要 $I_A > I_H$ 即可保持導通。

② 二極體截止(Diode off)

可以下列二法達成

❶ 使 $V_K > V_A$

❷ 使 $I_A < I_H$

③ 截止時之 I_A(順向阻隔電流)：$I_A = \dfrac{I_{CBO_1} + I_{CBO_2}}{1-(\alpha_{dc_1} + \alpha_{dc_2})}$

例 12-1

若一蕭克萊二極體之 $V_{AK} = 20\text{V}$，$\alpha_{dc_1} = 0.35$，$\alpha_{dc_2} = 0.45$，$I_{CBO_1} = I_{CBO_2} = 100\text{ nA}$，求該二極體順向阻隔電阻？

<Sol>

$$I_A = \frac{100\text{n} + 100\text{n}}{1-(0.35+0.45)} = 1\,\mu(\text{A})$$

$$R_{AK} = \frac{V_{AK}}{I_A} = \frac{20\text{V}}{1\,\mu\text{A}} = 20\,\text{M}\Omega$$

例 12-2

一電路如圖，若蕭克萊二極體之 V_{BRF}=40V，V_{BE}=0.7V，$V_{CE(\text{sat})}$=0.1V，R_S=1kΩ，$\alpha_{dc1} = \alpha_{dc2} = 0.4$，$I_{CBO1} = I_{CBO2} = 80\,\text{nA}$，求：(1)若 V_{Bias}=30V，則 I_A=？，R_{AK}=？(2)若 V_{Bias}=50V，則 I_A=？，R_{AK}=？

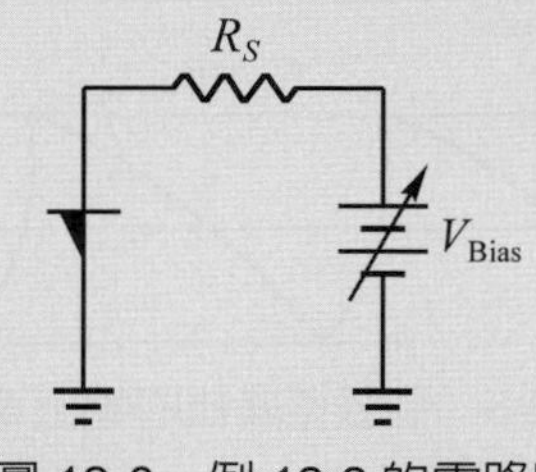

圖 12-6　例 12-2 的電路圖

<Sol>

① $I_A = \dfrac{0.08\mu + 0.08\mu}{1-(0.4+0.4)} = 0.8\,\mu(\text{A})$

$R_{AK} = \dfrac{V_{AK}}{I_A} = \dfrac{30\text{V}}{0.8\mu\text{A}} = 37.5\,\text{M}\Omega$

② $I_A = I_{RS} = \dfrac{V_{RS}}{R_S} = \dfrac{50-(0.7+0.1)}{1\text{k}} = 49.2\,\text{m}(\text{A})$

$R_{AK} = \dfrac{V_{AK}}{I_A} = \dfrac{0.8\text{V}}{49.2\text{mA}} = 16.3\,\Omega$

6.　應用：弛張振盪器

弛張振盪器的電路如圖 12-7 所示，可將一直流電源以一弛一張的方式振盪成交變電勢：當電容器 C 被直流電源經 R_S 充電至 V_{BRF} 時蕭克萊二極體導通，則電容器 C 經蕭克萊二極體快速放電至 V_S 後，蕭克萊二極體關閉，此時電容器 C 可再被直流電源經 R_S 充電。如此反覆進行則可得輸出波形如圖 12-8 所示。

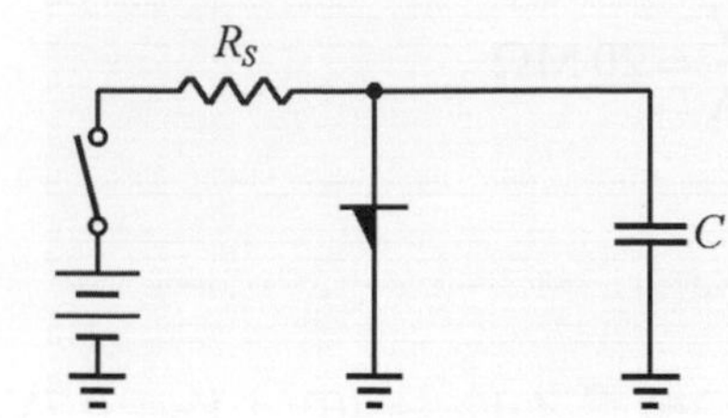

圖 12-7　蕭克萊二極體的應用：弛張振盪器

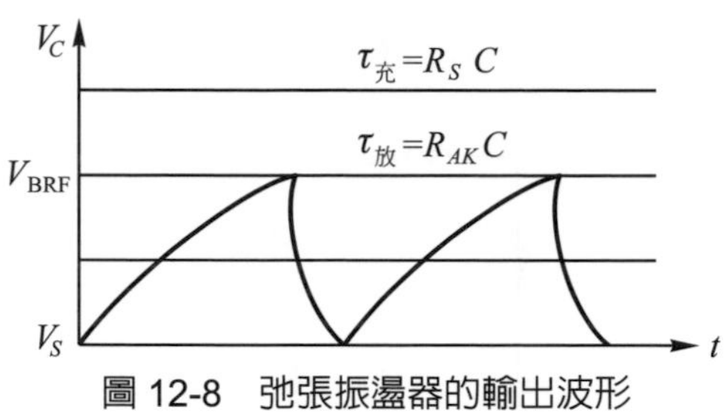

圖 12-8　弛張振盪器的輸出波形

12.2 矽控整流器(Silicon controlled rectifier，SCR)

1. 結構

矽控整流器係將蕭克萊二極體靠陰極之 P 層接出一接腳變化而來，此接腳稱為閘極(Gate)，如圖 12-9 所示。

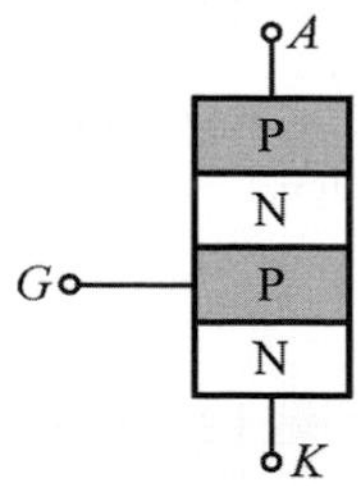

圖 12-9　矽控整流器的結構

2. 符號

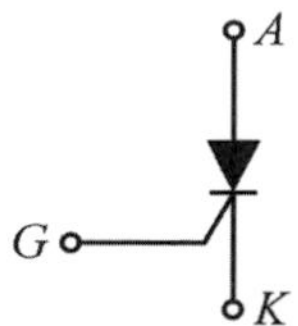

圖 12-10 矽控整流器的符號

3. 等效電路

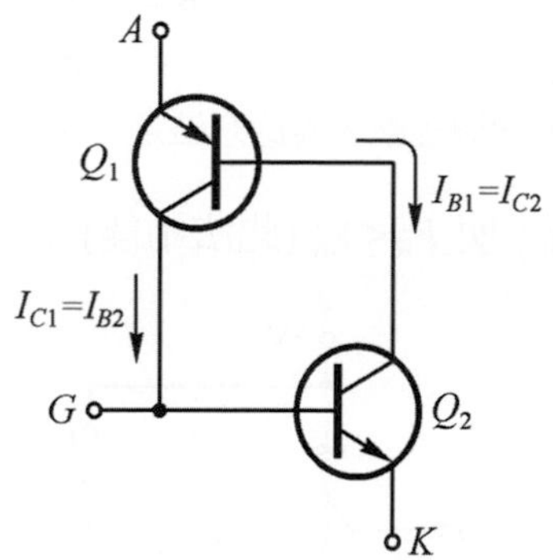

圖 12-11 矽控整流器的等效電路

4. 特性曲線：與蕭克萊二極體相同。

5. 動作

(1) SCR 導通

① 加 $V_{\text{Bias}}>V_{\text{BRF}}$ (因 V_{BRF} 通常為高電壓故此法不佳)

② 加 I_G 使 Q_2 導通(即提供 Q_2 之 G、K 間順向偏壓)，則 Q_1 可被導通。

❶ 此時雖移去 I_G，I_{B2} 仍可由 I_{C1} 提供，故仍可保持導通。

❷ 可使 Q_2 導通之最小 I_G 稱 I_{GT}(Threshold current，門檻電流)。

❸ 欲保持 AK 間導通之最小 I_{AK} 稱 I_H(Holding current，保持電流)。

(2) SCR 截止

① 中斷 A 極電流，使 $I_A<I_H$。

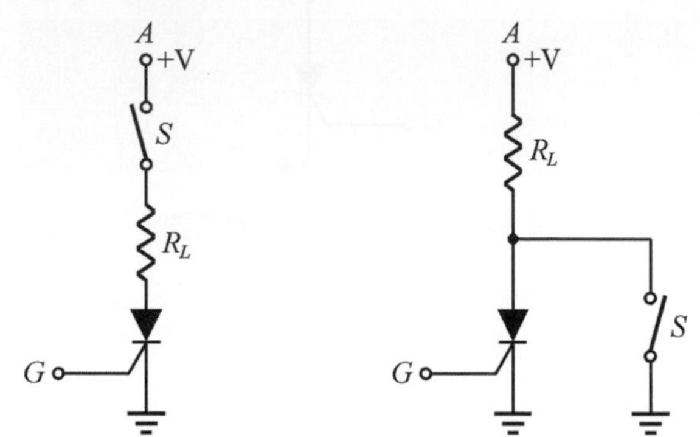

圖 12-12　關閉矽控整流器的方法之一：中斷 A 極電流

② 強迫換向：使 $V_A<V_K$ (此法不佳)

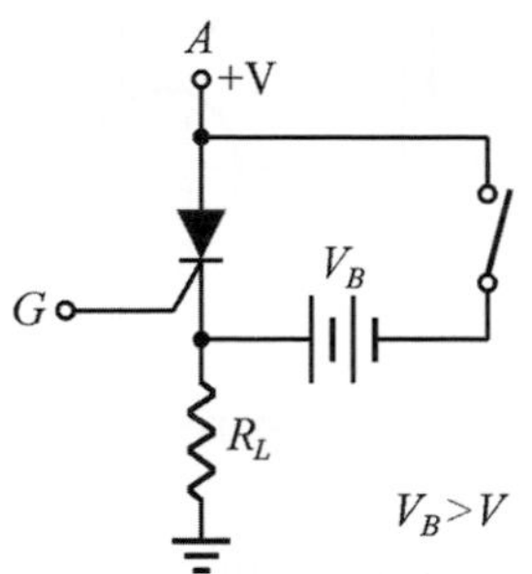

圖 12-13　關閉矽控整流器的方法之二：強迫換向

③ 所需時間約 μs~30μs

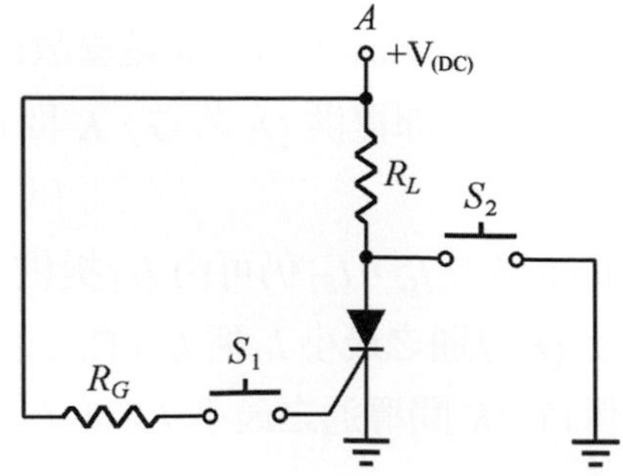

圖 12-14　開關矽控整流器的常用接法

(3) 常用接法

如圖 12-14，開關 S_1 的功用為導通 SCR，開關 S_2 的功用則為關閉 SCR。

6. 控制電路

(1) SCR 的基本控制電路

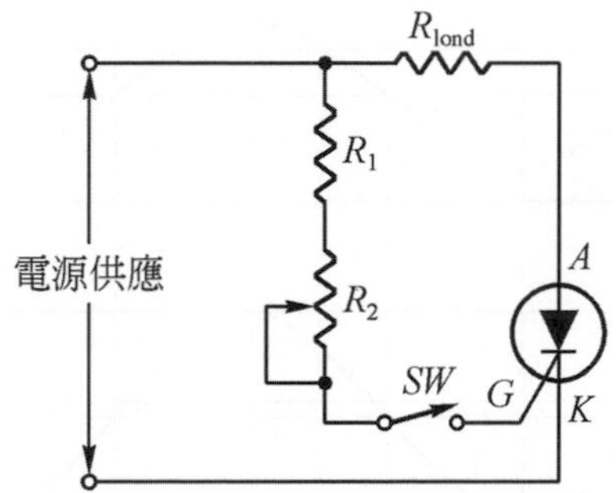

圖 12-15　SCR 的基本控制電路

① 電源為：$V_{ac}=V_m\sin\theta$，閘極電流為：$I_G=\dfrac{V_m\sin\theta-0.7}{R_1+R_2}$

② I_G 何時達到 I_{GT} 可由 R_2 調整。

③ 達到 I_{GT} 時的電源電壓之角度稱導火延遲角(Firing delay angle)。

④ SCR 被導通的總角度稱為導通角(Conduction angle)。

⑤ 導火延遲角+傳導角=180°(半波)。

⑥ R_1 決定最小導火延遲角(i.e. $R_2=0$)，並作限流電阻用。

⑦ R_2 決定最大導火延遲角(i.e. $R_2=R_{2max}$)。

⑧ 導火延遲角愈小(導通角愈大)傳輸功率愈大。

各相關信號間之波形如圖 12-16 所示。

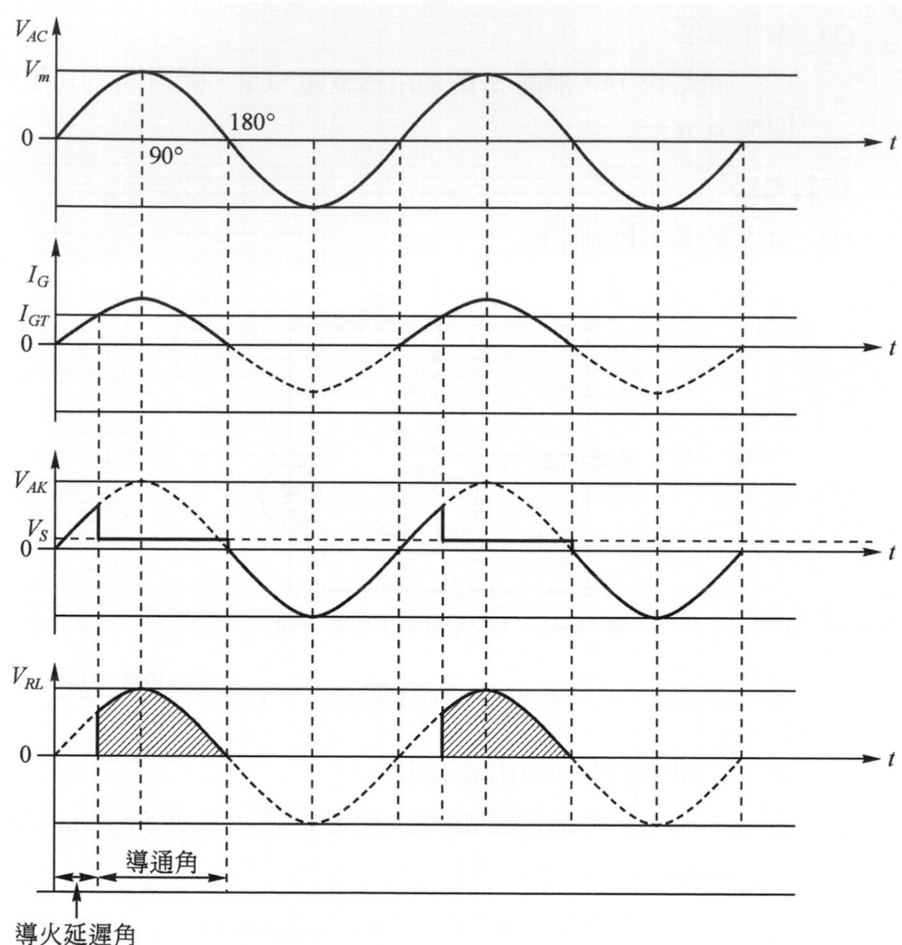

圖 12-16　矽控整流器相關信號間的波形

(2) SCR 的改良控制電路，如圖 12-17

(a)圖： a. 負半波對 C 充電後(SCR off)，正半波作用時需先將負電壓移除方能對 C 充電而啓動 SCR，故會使導火延遲角較無電容的時候延遲。

b. 用於使導火延遲角超過 90°。

c. 延遲時間由 R_2 調整[$\tau = (R_1 + R_2)C$]。

(b)圖： 加入 R_3 可使導火延遲角更延遲。

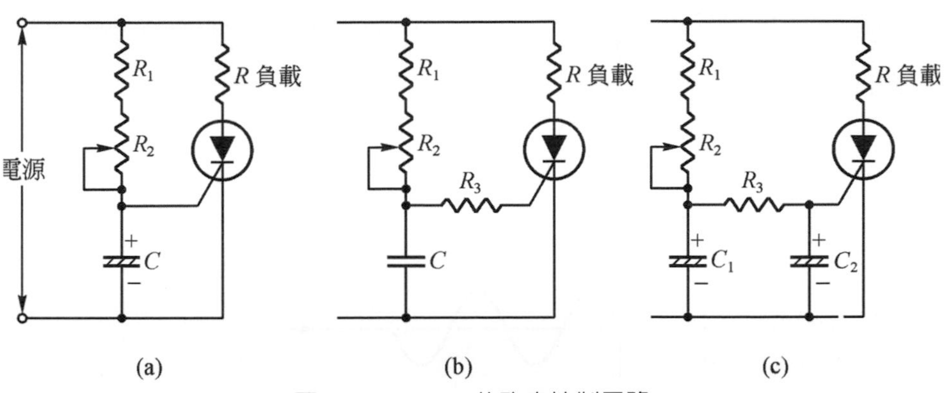

圖 12-17　SCR 的改良控制電路

(c)圖： 再加入 C_2 可使導火延遲角較(b)更延遲(C_2=0.01μF~1μF)。因爲該控制電路中之 R_3 受溫度變化影響，故可由蕭克萊二極體(崩潰電壓與溫度無關)來解決。

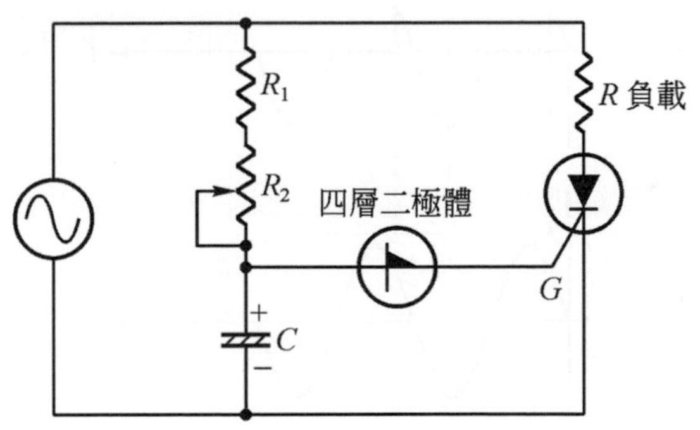

圖 12-18　使用蕭克萊二極體的電路

7. SCR 的應用電路

(1) 半波功率控制

① 閘極電流小，則延遲角大。

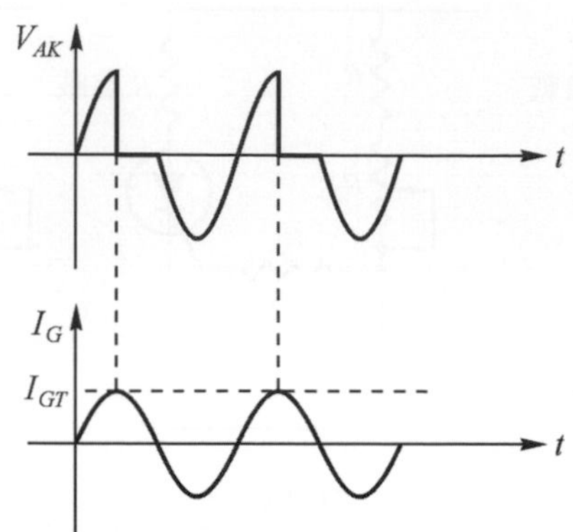

圖 12-19　閘極電流小則延遲角接近 90°

② 閘極電流大，則延遲角小。

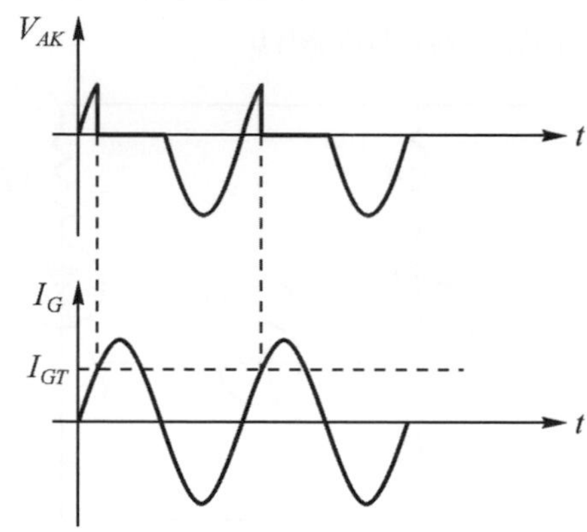

圖 12-20　閘極電流大則延遲角接近 0°

(2) 全波功率控制

① 單向全波控制(兩個 SCR 激發電路)

如圖 12-21，SCR_1 負責導通正半週，SCR_2 則負責導通負半週。波形如圖 12-22 所示。

② 雙向全波控制(一個 SCR 激發電路)

如圖 12-23，由激發電路決定 SCR_1 或 SCR_2 導通。波形如圖 12-24 所示。

③ 橋式雙向全波控制

SCR 雙向全波功率控制亦可採用橋式電路，如圖 12-25(a)、(b) 所示。

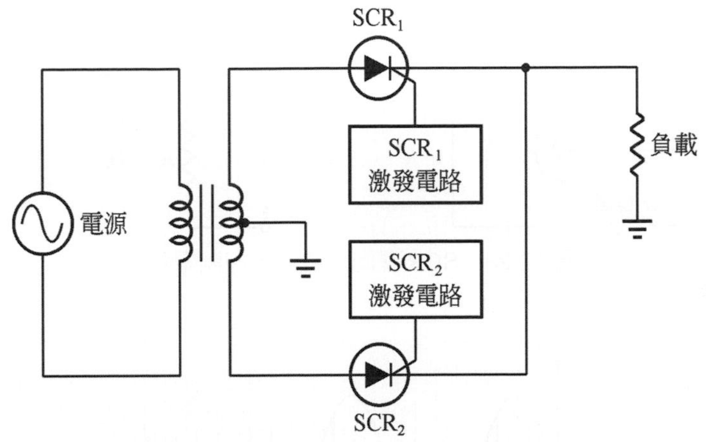

圖 12-21　SCR 單向全波功率控制電路

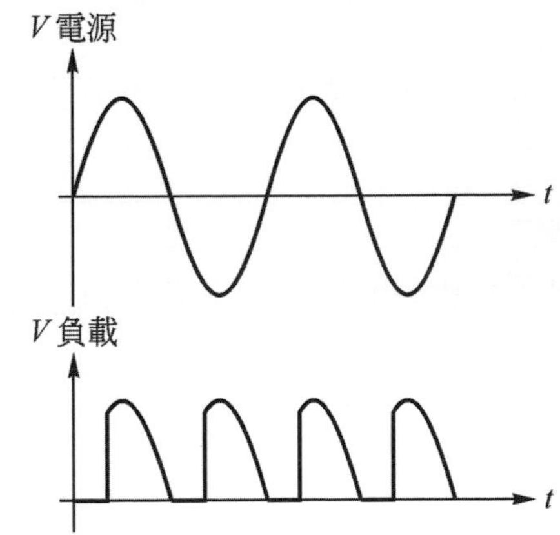

圖 12-22　SCR 單向全波功率控制之波形

(3) SCR 在直流電路上的應用

① 圖 12-26

❶ 激發電路傳送信號給 SCR，則 SCR 導通、電晶體截止、

負載導通。

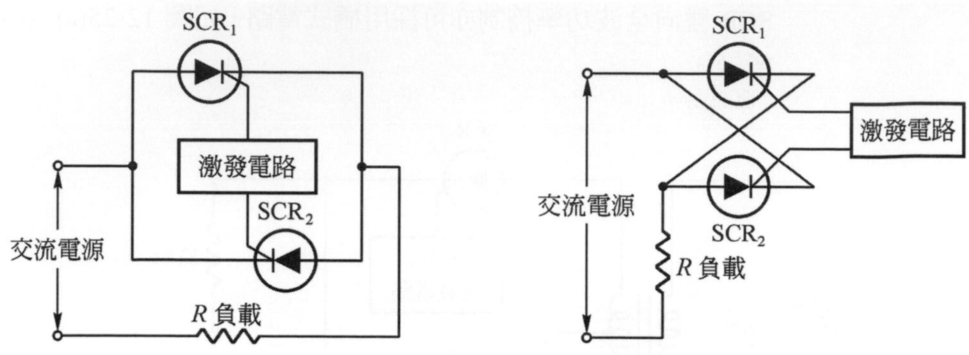

圖 12-23　SCR 雙向全波功率控制電路

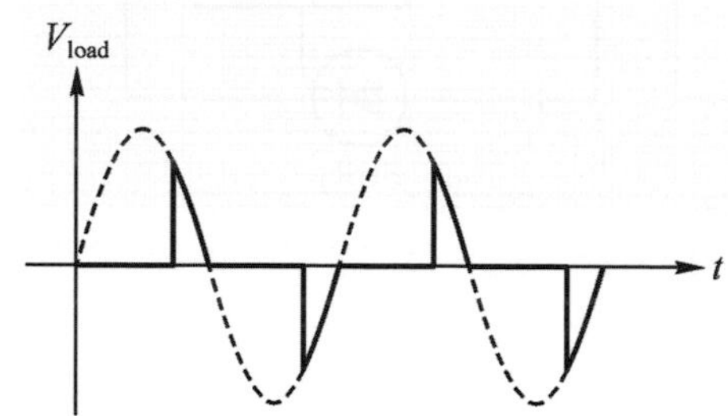

圖 12-24　SCR 雙向全波功率控制之波形

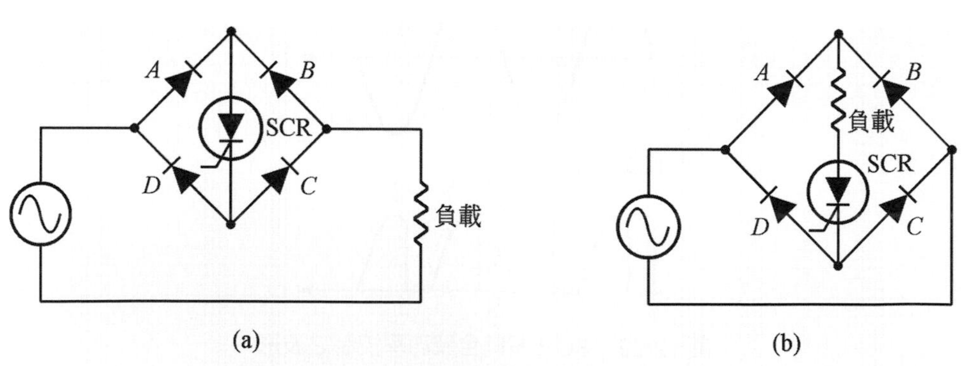

圖 12-25　SCR 橋式雙向全波功率控制電路

❷ 激發電路傳送信號給電晶體，則電晶體飽和，使得 $I_A<I_H$、SCR 截止、負載截止。

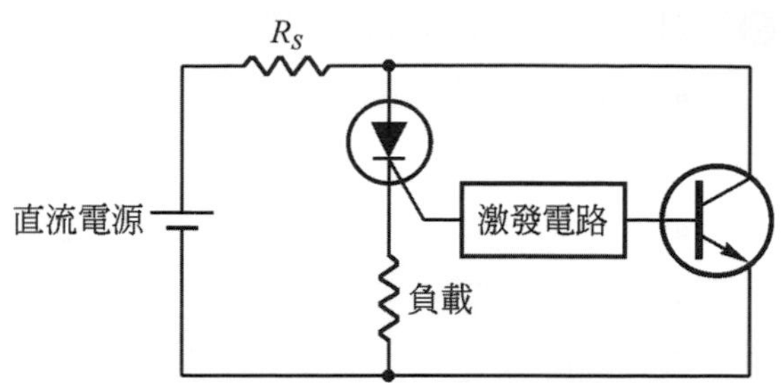

圖 12-26　由激發電路控制 SCR 的動作

② 圖 12-27

❶ 激發電路傳送信號給 SCR，SCR 導通、電晶體截止，則

(ⅰ) 負載 R_L 導通。

(ⅱ) RC 串聯，與 R_S 並聯，C 充電如圖。

❷ 激發電路傳送信號給電晶體，電晶體導通，C 之正端與 SCR 之 K 極等電位，造成 $V_K > V_A$，故 SCR 截止，負載 R_L 截止。

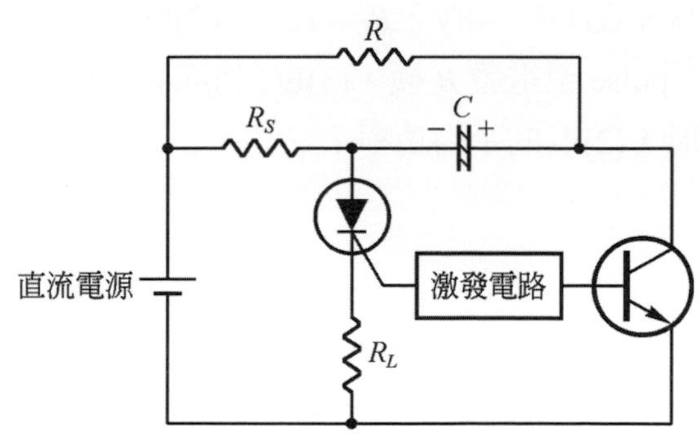

圖 12-27　SCR 控制電路

③ 另一方法(如圖 12-28)：

❶ EC(Excitation circuit，激發電路)送脈波(pulse)使 SCR 導通，則 R_L 導通。

❷ EC 送脈波(pulse)使電晶體導通，則 $I_A < I_H$，SCR 截止，負載截止。

❸ 討論：當 Transistor on 時，

- 因脈波之週期(duration)僅數毫秒，故電晶體僅導通數毫秒隨即截止。
- 此時須計算 I_A 是否遠小於 I_H，以致使 $I_A < I_H$。
- 以前法較佳。

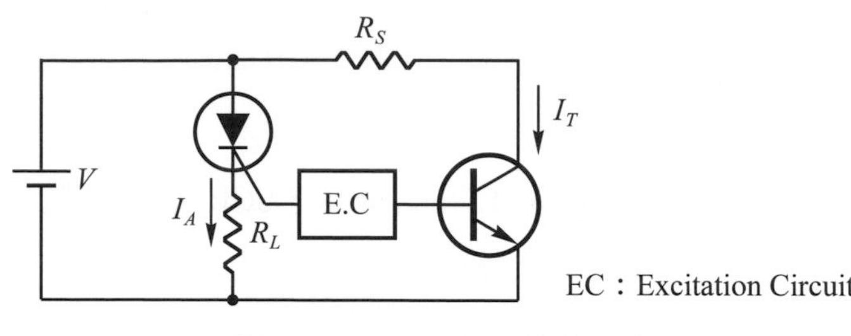

圖 12-28 SCR 另一控制電路

例 12-3

一電路如圖 12-28，設(1)$V = 48$V，$R_L = 12\Omega$，(2)EC 送脈波(pulse)至 SCR 之 G 極 6ms 之後送 pulse 至電體 B 極，(3)EC 送脈波 pulse 之頻率為 125Hz。求：(1)V_{RL} 的波形，(2)R_L 的平均功率？

<Sol>

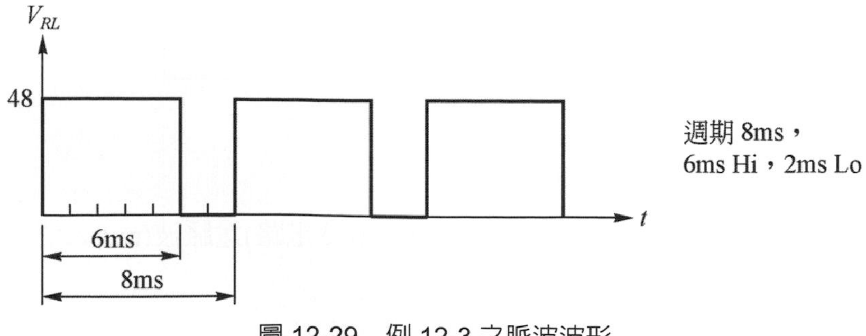

圖 12-29 例 12-3 之脈波波形

① $T = \dfrac{1}{f} = \dfrac{1}{125} = 8\,\text{m(s)}$

② $P_{on} = \dfrac{V^2}{R} = \dfrac{48^2}{12} = 192\ (\text{W})$

$P_{avg} = 192 \times \dfrac{6}{8} = 144\ (\text{W})$

(4) 保護電路

① 過電壓保護電路

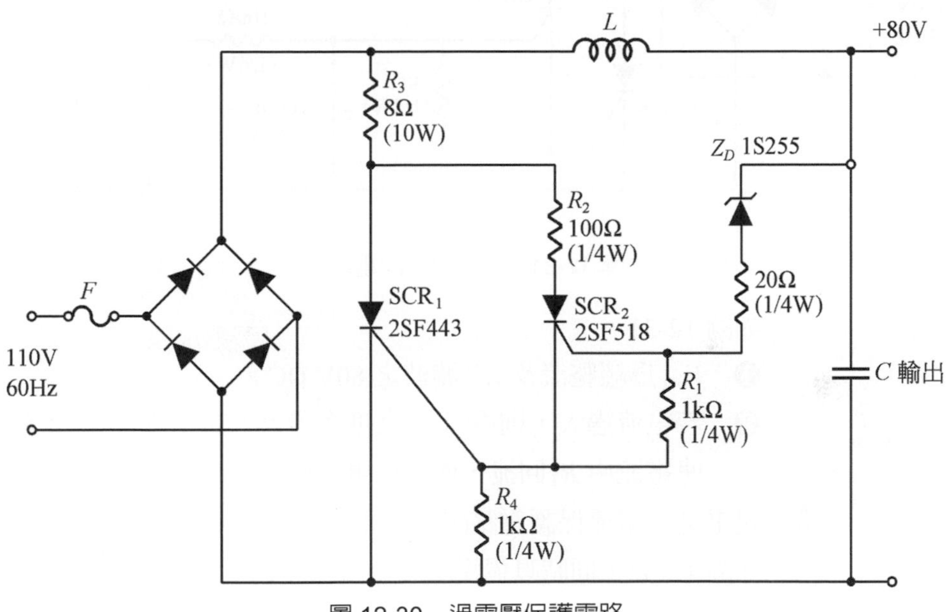

圖 12-30　過電壓保護電路

如圖 12-30，

❶ 橋式全波整流後經 LC 濾波器濾波成 80V DC 輸出。

❷ 若輸出電壓高於設定值(由 Z_D 決定)，則 Z_D 導通，SCR_2 導通導致 SCR_1 導通，使電流流經 R_3、R_2 及 R_4，產生壓降，使 V_{out} 下降。小量過電壓由 SCR_2 分流，大量則由 SCR_2 及 SCR_1 共同分流。

② 過電流保護電路

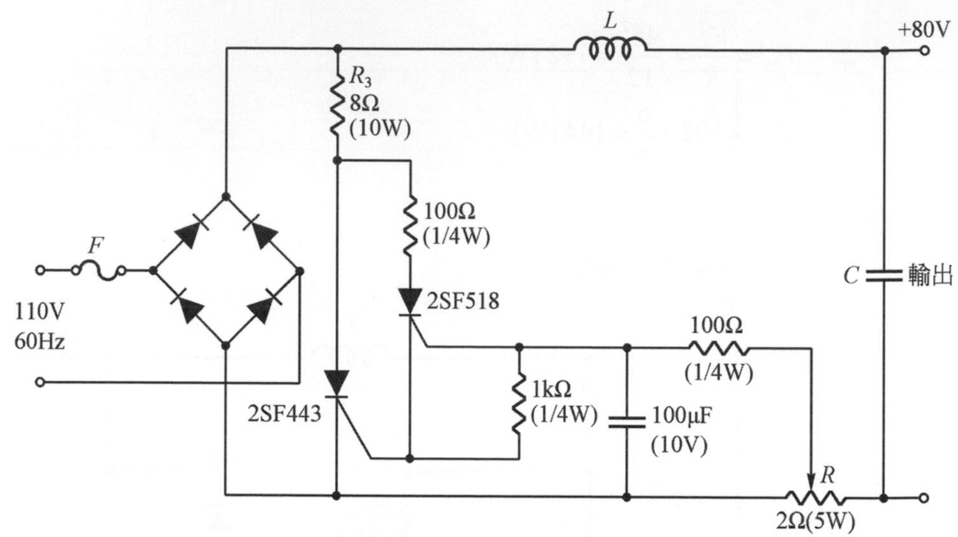

圖 12-31　過電流保護電路

如圖 12-31，

❶ V_{out} 為經整流及 LC 濾波之 80V DC。

❷ 若電流過大，則電阻 R 之壓降變大，該電壓作動 SCR，使電流由 R_3 回流，使輸出電流減小。

③ 過電壓、電流保護電路(電源變化，負載固定)

如圖 12-32，同時具過電壓、電流保護的功能。

④ 過載(Overload)保護電路(電源固定，負載變化)

如圖 12-33，

❶ 過載(Overload)時回流之電流使 V_{R_S} 變大，作動 SCR。

❷ 電流由 R_1 經 SCR 回流。

❸ 由 Reset 開關截止 SCR。

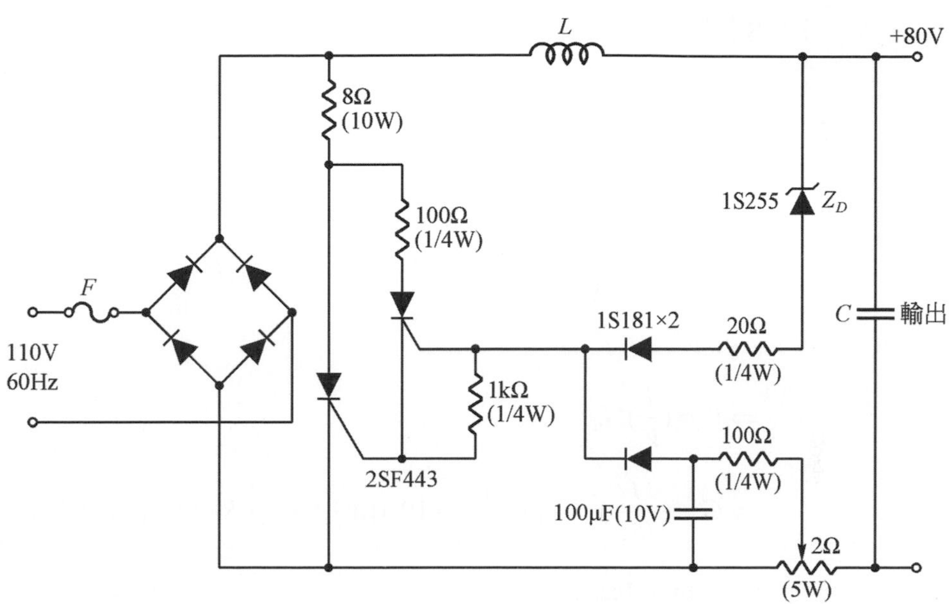

圖 12-32　過電壓、電流保護電路

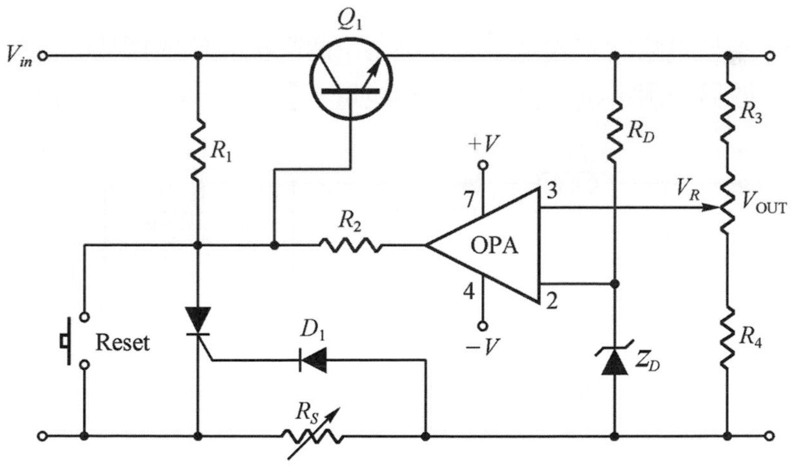

圖 12-33　過載(Overload)保護電路

(5) 點火裝置

如圖 12-34，

① S 打開，SCR 截止，C 充電。

② S 閉合，SCR 導通，C 沿 SCR 向 L_1 放電，使 C 與 L_1 產生諧振。此諧振波經變壓器升壓至 10kV 可用來產生火花點火。

③ C 值的選擇：

$$Q_C = Q_{L_1} \Rightarrow \frac{V^2}{X_C} = I^2 X_{L1} \Rightarrow 2\pi fCV^2 = 2\pi fL_1 I^2$$

$$\Rightarrow CV^2 = L_1 I^2$$

$$\Rightarrow C = (\frac{I}{V})^2 L_1$$

$$\Rightarrow C = (\frac{I}{IR_W})^2 \times L_1 = \frac{L_1}{R_W^{\ 2}} \times 10^6 (\mu F)$$，其中 R_W 為 L_1 之繞線電阻 (Winding Resistance)。

以圖 12-34 為例，$C = \frac{L_1}{R_W^{\ 2}} \times 10^6 = \frac{4m}{2^2} \times 10^6 = 1000\ (\mu F)$

【**Note：**諧振電路的定義是：電路中之一個電抗元件所釋放的能量剛好等於另一個電抗元件所吸收的能量。】

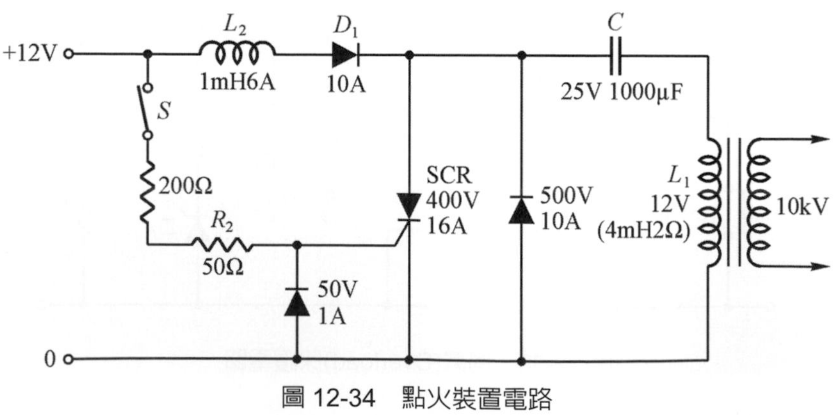

圖 12-34　點火裝置電路

(6) 不斷電照明及充電電路

① 電路：

如圖 12-35，AC 電源供電時，因 SCR 之陰極電壓($V_K = 9.3$V)高於陽極電壓($V_A = 8$V)，故 SCR 截止，此時中間抽頭式全波整流器供應直流電源給燈泡使其點亮同時對 8V 電池充電。若 AC 電源停止供電時，8V 電池經 R_1 及 R_2 提供電流使 SCR 導通，此時由 8V 電池供應直流電源給燈泡使其點亮。

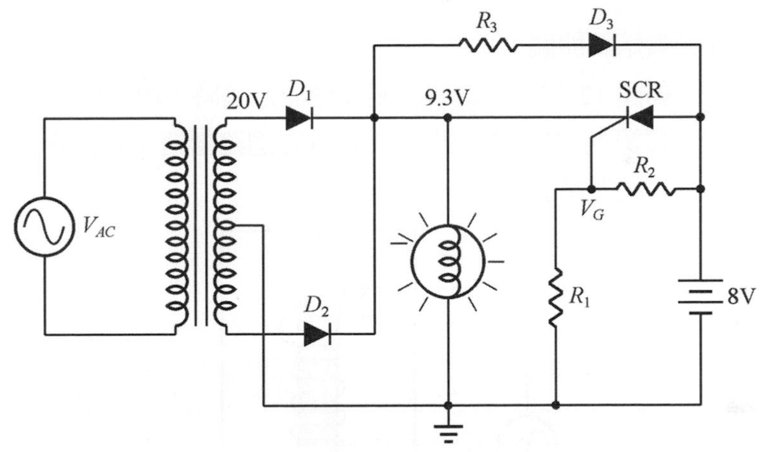

圖 12-35　不斷電照明及充電電路

② 以繼電器控制之停電自動照明：

如圖 12-36，AC 電源供電時，繼電器之線圈(CR)激磁，故繼電器之常閉(*B*)接點跳開，此時照明燈滅，整流濾波器對電池充電。若 AC 電源停止供電時，繼電器之線圈(CR)消磁，故繼電器之常閉(*B*)接點閉合，此時由電池供應直流電源給燈泡使其點亮。

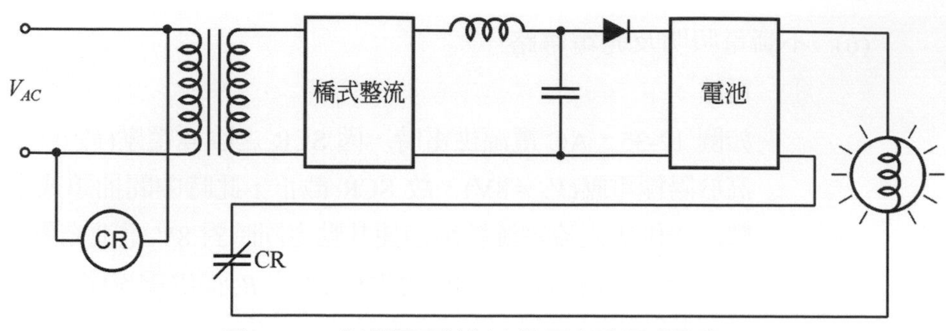

圖 12-36　以繼電器控制之停電自動照明電路

③　無熔絲開關：

如圖 12-37，當負載電流大於額定值時，線圈產生之磁力大於彈簧力，則接點跳開，使負載之迴路斷路，故無熔絲開關爲一過載保護裝置。

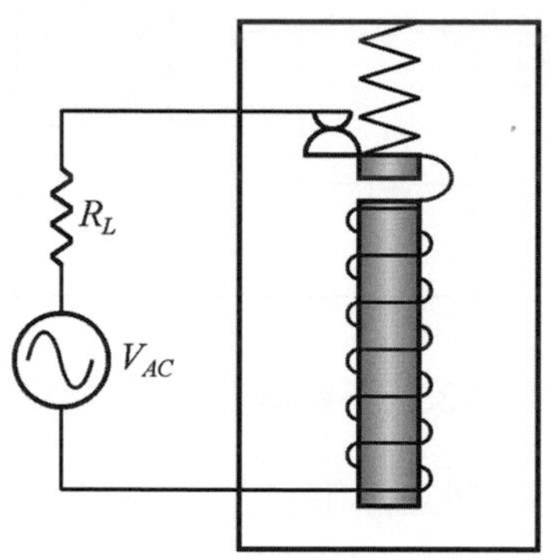

圖 12-37　無熔絲開關之示意圖

12.3 矽控開關(Silicon controlled switch，SCS)

1.　結構：

矽控開關係將蕭克萊二極體靠陰極之 P 層以及靠近陽極之 N 層各接出一接腳變化而來，靠陰極之接腳稱爲陰閘極(G_K)，靠陽極之接腳稱爲陽閘極(G_A)，如圖 12-38 所示。

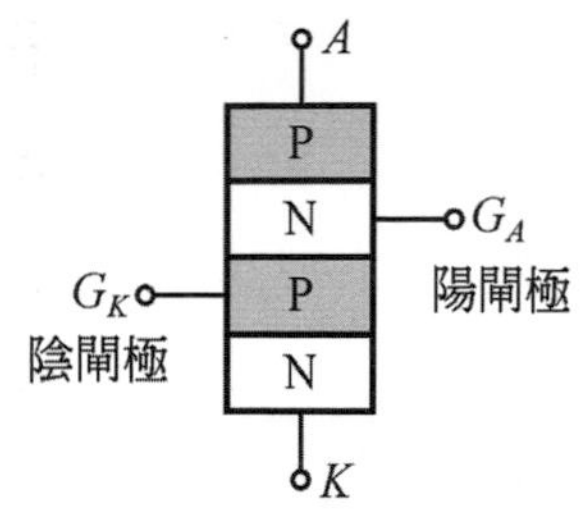

圖 12-38　矽控開關的結構

2. 符號：

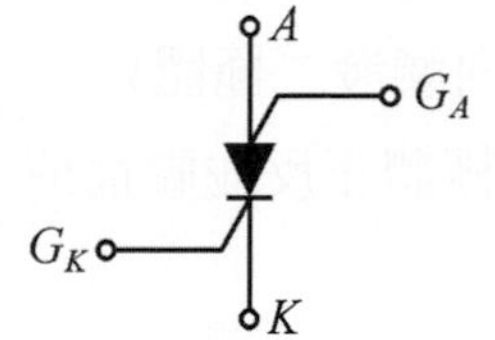

圖 12-39　矽控開關的符號

3. 等效電路：

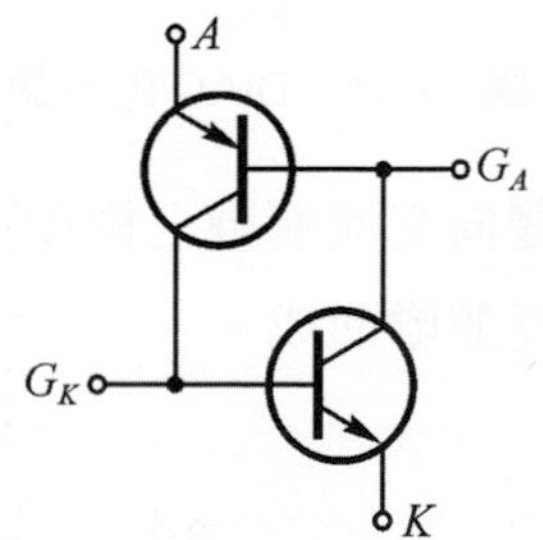

圖 12-40　矽控開關的等效電路

4. 特性曲線：與蕭克萊二極體相同。
5. 動作：
   (1) SCS 導通
      ① G_K輸入正電壓。
      ② G_A輸入負電壓。

(2) SCS 截止

① G_K 輸入負電壓。

② G_A 輸入正電壓。

③ 使 $I_A<I_H$

(3) 切換所需時間較 SCR 短。

12.4 DIAC 及 TRIAC

1. DIAC(雙向開關，雙向觸發二極體)

(1) 由兩個蕭克萊二極體正反並聯而成。

(2) 符號：

圖 12-41 DIAC 的符號

2. TRIAC(三端開關，雙向交流觸發三極體)

(1) 由兩個 SCR 正反並聯而成。

(2) 符號：

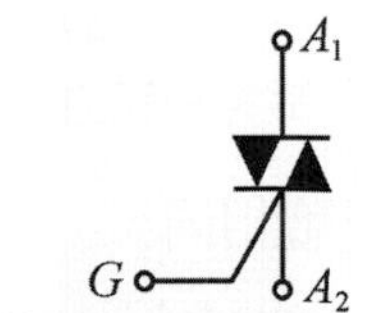

圖 12-42 TRIAC 的符號

(3) 等效電路：如圖 12-43 所示。

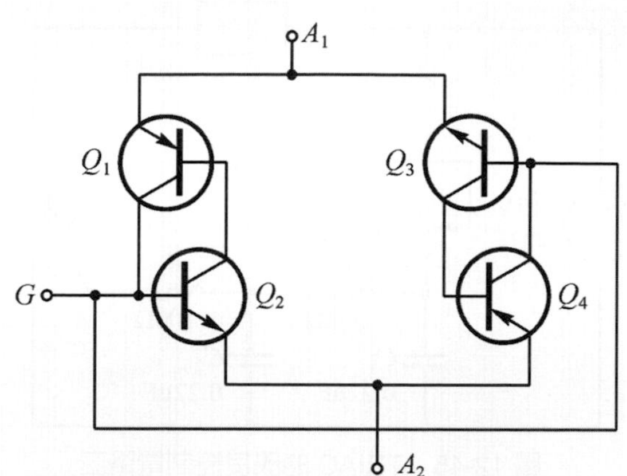

圖 12-43　TRIAC 的等效電路

3. DIAC 和 TRIAC 於正負半波均可導通。
4. DIAC 和 TRIAC 的改良控制電路
   (1) 如圖 12-44，電容 C 可使導火延遲角延遲超過 90°。
   (2) 如圖 12-45，使用兩個電容可使導火延遲角更延遲。
   (3) 因為上述控制電路受溫度變化影響，故可由 DIAC(崩潰電壓與溫度無關)來解決，如圖 12-46。

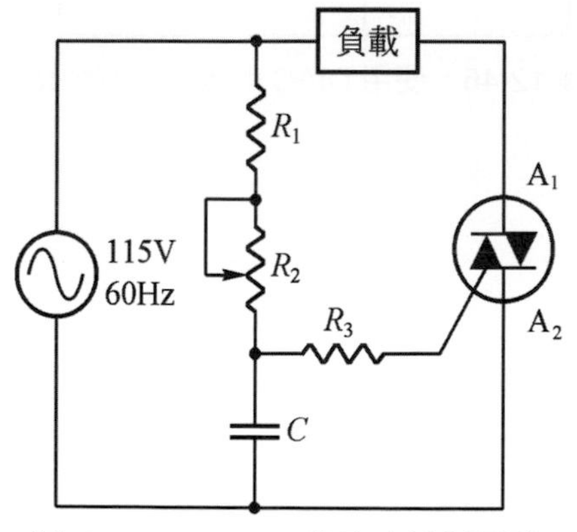

圖 12-44　TRIAC 的改良控制電路一

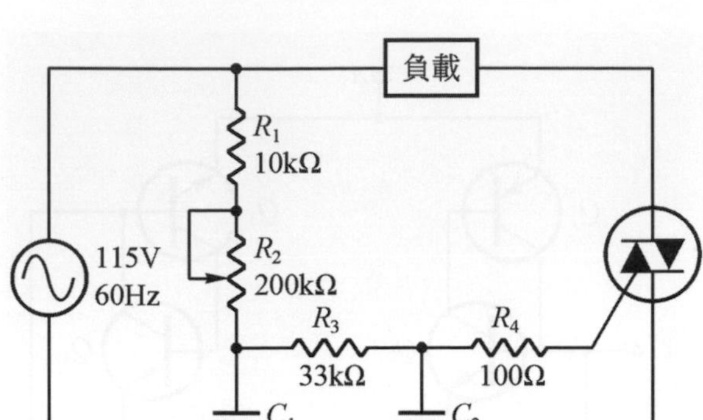

圖 12-45　TRIAC 的改良控制電路二

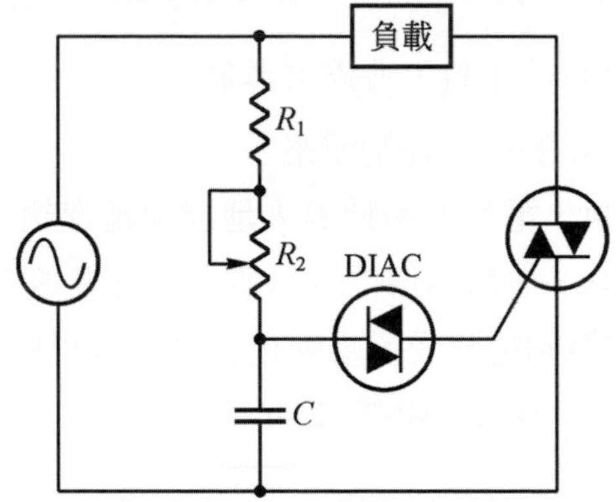

圖 12-46　使用 DIAC 的改良控制電路

12.5 單接面電晶體(Uni-junction transistor，UJT)

1. 結構：

   將一層 p 型半導體置於 n 型半導體中央，但未將 n 型材料上下隔開而仍留有通道，如圖 12-47 所示。由 p 型半導體拉出之接腳稱射極(E)，由 n 型半導體上下各拉出一之接腳，分別稱爲基極 1(B_1)與基極 2(B_2)。

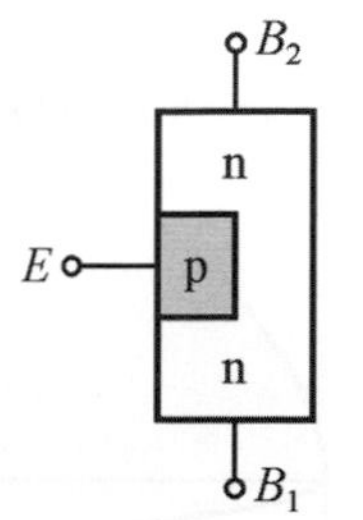

圖 12-47　UJT 的結構

2. 符號：

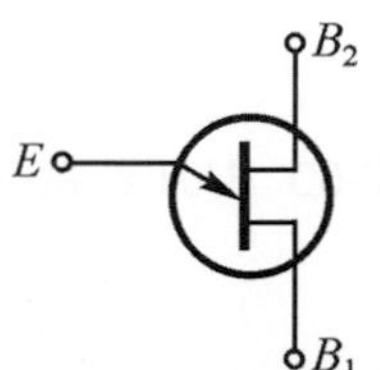

圖 12-48　UJT 的符號

3. 等效電路：

   如圖 12-49，$r_{BB}=r_{B1}+r_{B2}$ 代表 B_1 與 B_2 間之電阻；

   $V_{r_{B1}}=\dfrac{r_{B1}}{r_{BB}}\times V_{BB}=\eta V_{BB}$，其中 η 稱爲本質內分比(Stand-off ratio)。

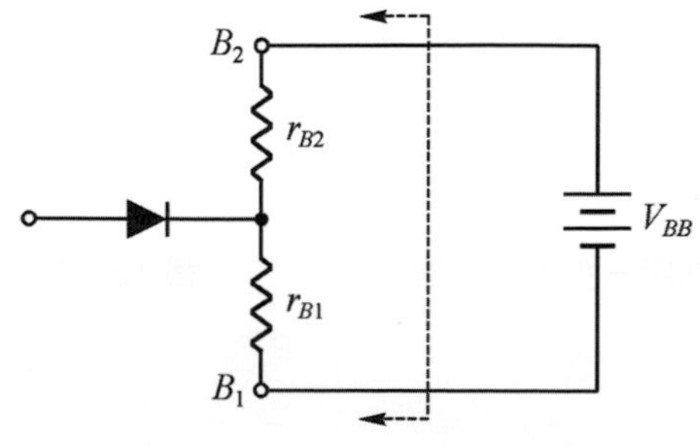

圖 12-49　UJT 的等效電路

4. 特性曲線：

如圖 12-50(a)，E 極(與 B_1 間)電壓逐漸增加至轉態時的電壓稱爲峰值電壓(V_P)，此時之電流稱爲峰值電流(I_P)。轉態後 UJT 導通，E 極(與 B_1 間)電壓下降爲谷值電壓(V_V)，此時之電流稱爲谷值電流(I_V)。將圖 12-50(a)翻轉使峰值電壓朝上即得圖 12-50(b)。

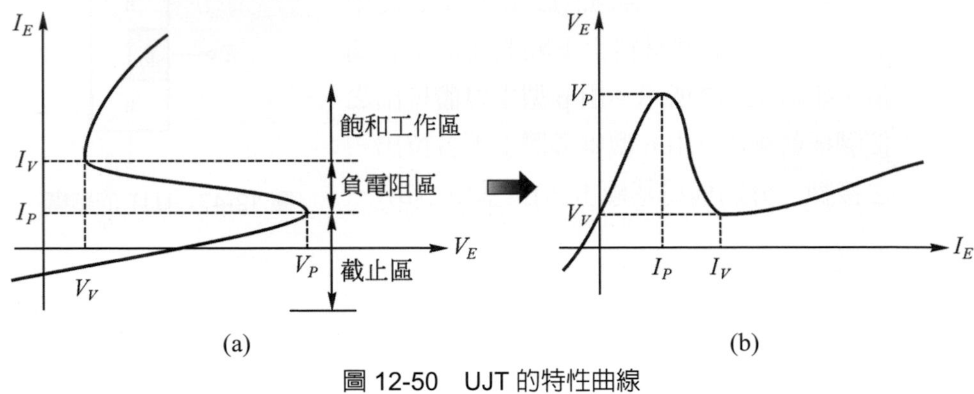

圖 12-50　UJT 的特性曲線

5. 應用：弛張振盪器

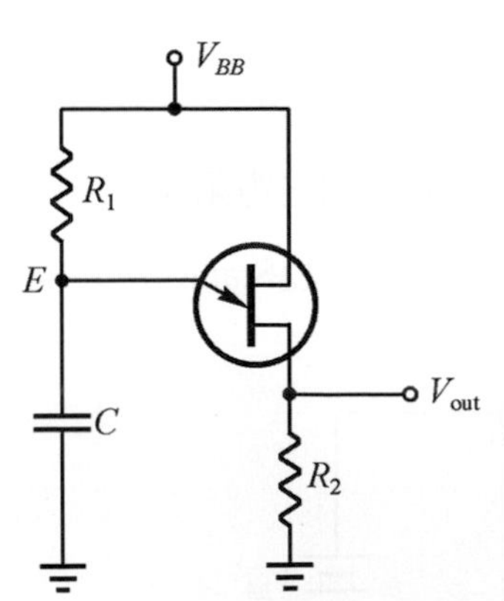

圖 12-51　UJT 的應用－弛張振盪器

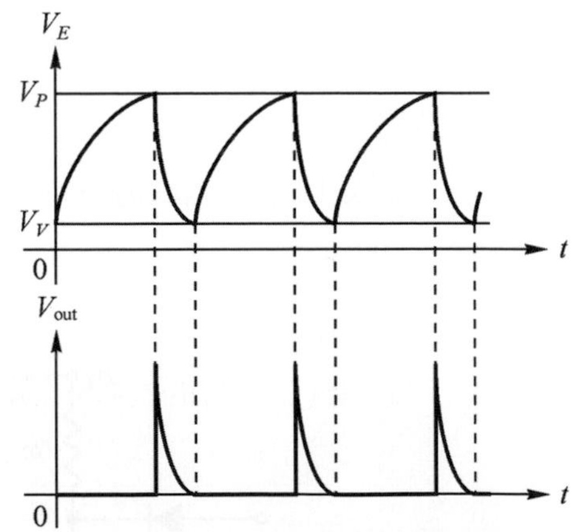

圖 12-52　弛張振盪器的波形

6. R_1值之選擇：

(1) 導通條件：$V_E > V_P \Rightarrow V_{BB} - I_P R_1 > V_P \Rightarrow R_1 < \dfrac{V_{BB} - V_P}{I_P}$

(2) 截止條件：$V_E < V_V \Rightarrow V_{BB} - I_V R_1 < V_V \Rightarrow R_1 > \dfrac{V_{BB} - V_V}{I_V}$

若欲穩定地導通和截止 UJT，則須同時滿足上述導通和截止條件，i.e. $\dfrac{V_{BB} - V_P}{I_P} > R_1 > \dfrac{V_{BB} - V_V}{I_V}$ 。

例 12-4

一電路如圖 12-51，若欲穩定地導通和截止 UJT，求 R_1的範圍？設 $\eta=0.5$，$V_V = 1\text{V}$，$I_V = 10\text{mA}$，$I_P = 20\mu\text{A}$，$V_{BB} = 30\text{V}$。

<Sol>

$V_P = \eta V_{BB} + 0.7 = 0.5 \times 30 + 0.7 = 15.7\,(\text{V})$

同時滿足導通和截止條件：

$\dfrac{30-15.7}{20\mu} > R_1 > \dfrac{30-1}{10\text{m}} \Rightarrow 715\text{k}\Omega > R_1 > 2.9\text{k}\Omega$

7. 應用電路：

(1) UJT 繼電器式計時器

① SW1 閉合，$V_{C_E} = V_P$時，UJT 導通，$(I_{R_2} + I_{R_3})$使 CR 啓動，負載導通。

② τ (充電時間常數) $= (R_{EF} + R_{EV})C_E$

UJT 截止時電容器充電，充電時間 $T_c \approx 3\tau$ (充電時間常數)

設 $R_{EF} + R_{EV} = 500\text{k}\Omega \Rightarrow T_c \approx 3 \times (0.5\text{M} \times 20\mu) = 30\,(\text{s})$

③ τ (放電時間常數) $= (10\text{M}\Omega \times 20\mu\text{F})$

UJT 導通時電容器放電，放電時間 $T_d \approx 3\tau$ (放電時間常數)

$\Rightarrow T_d \approx 3 \times (10\text{M} \times 20\mu) = 600\,(\text{s})$

④ 3τ 係指電容器充放電時，達到目標值(終值)的 95%所需時間。

⑤ 如此，該電路之負載可間歇循環地導通 600 秒、截止 30 秒。

⑥ 負載截止時間長短可經由調整 R_{EV} 而改變，最長 $T_c \approx 3 \times (1.022\text{M} \times 20\mu) = 61.32\ (\text{s})$，最短 $T_c \approx 3 \times (0.022\text{M} \times 20\mu) = 0.4\ (\text{s})$。

⑦ 經由 R_3 提供給 CR 的電流不足以驅動 CR，係為預熱之用，可縮短 UJT 導通後作動 CR 所需的時間。

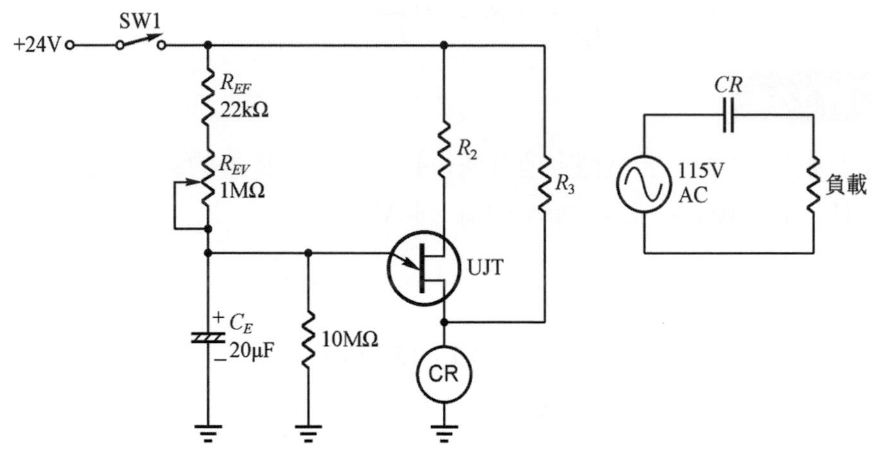

圖 12-53 UJT 的應用－繼電器式計時器

(2) UJT 做為 SCR 的同步激發電路

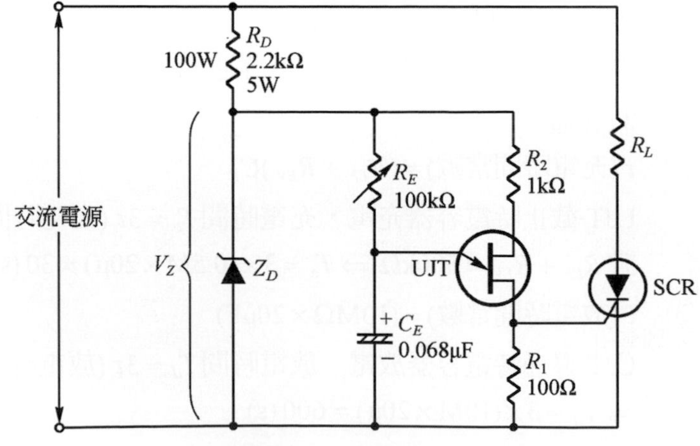

圖 12-54 UJT 的應用－UJT 做為 SCR 的同步激發電路

如圖 12-54，UJT 做為 SCR 的同步激發電路中 V_Z的波形、V_{R1}的波形、負載的波形分別如圖 12-55、圖 12-56、圖 12-57 所示。

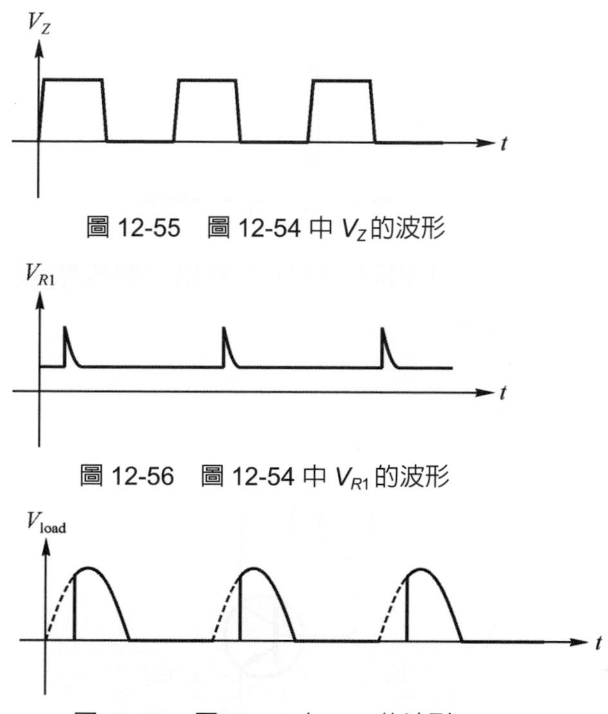

圖 12-55　圖 12-54 中 V_Z的波形

圖 12-56　圖 12-54 中 V_{R1}的波形

圖 12-57　圖 12-54 中 V_{load}的波形

12.6 可程式單接面電晶體(Programmable UJT，PUT)

1. 結構：

　　可程式單接面電晶體係將蕭克萊二極體靠陽極之 N 層拉出一接腳變化而來，此接腳稱為閘極(Gate)，如圖 12-58 所示。

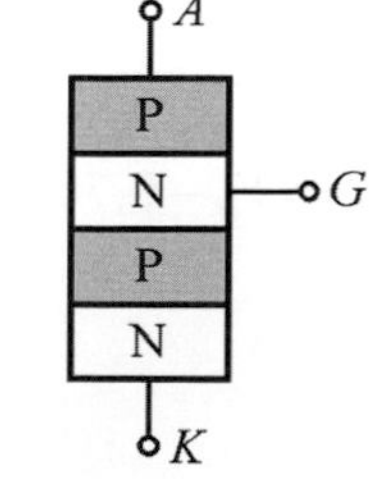

圖 12-58　PUT 的結構

2. 符號：

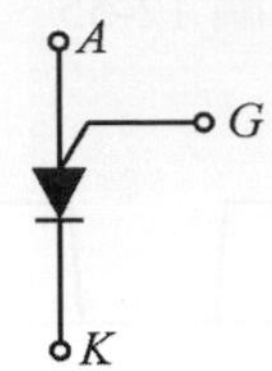

圖 12-59　PUT 的符號

3. 特性曲線：與 UJT 相同。PUT 之結構為閘流體(與 SCR 相近)，但特性與 UJT 相近。

4. 等效電路：

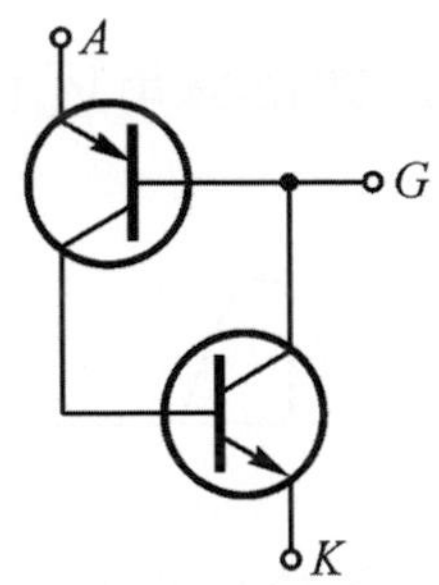

圖 12-60　PUT 的等效電路

5. 偏壓：

如圖 12-61，

$V_G = \dfrac{R_{B1}}{R_{B1}+R_{B2}} \times V_{BB} = \eta V_{BB}$

$V_P = V_G + 0.7\text{V}$

$V_A > V_P \Rightarrow V_A - 0.7 > V_G$ 則導通

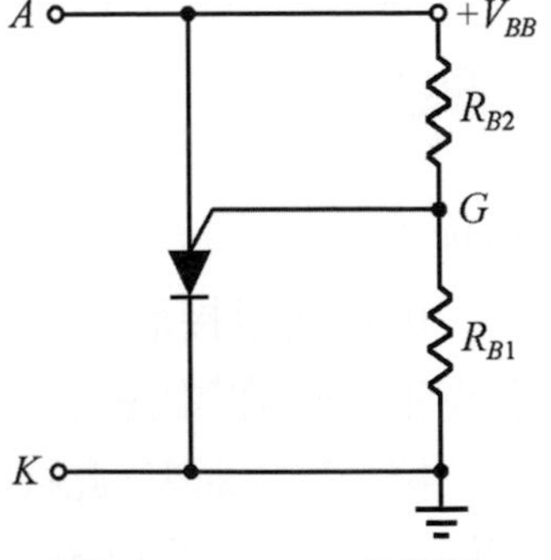

圖 12-61　PUT 的偏壓

例 12-5

爲一矽製 PUT 設計 R_{B1} 及 V_{BB}，設 $\eta=0.8$，$V_P=10.3\text{V}$，$R_{B2}=5\text{k}\Omega$。

<Sol>

$$\eta=\frac{R_{B1}}{R_{B1}+5\text{k}}=0.8 \Rightarrow R_{B1}=20\,\text{k}\Omega$$

$$V_P=\eta V_{BB}+0.7 \Rightarrow 10.3=0.8V_{BB}+0.7 \Rightarrow V_{BB}=12\,\text{V}$$

6. PUT 與 UJT 不同處：η 可由外部改變(R_{B1} 及 R_{B2} 可自選)；
   與 SCR 不同處：在固定 V_{BB} 下，觸發點可由 R_{B1} 及 R_{B2} 決定。

習　題 EXERCISE

1. 繪出蕭克萊二極體(Shockley diode)的(1)等效電路及偏壓，(2)特性曲線，並標註各參數值。
2. 閘流體(Thyristor)共有四種不同的元件，請分別寫出其名稱(中英文皆可)，並繪出其結構及電路符號。
3. 繪出單接面電晶體(UJT)的特性曲線，並標註各參數值。
4. 電路如圖，求：(1)最小導火延遲角，(2)最小導通角，(3)若導通角 = 150°，則此可變電阻 R_2 之阻值應調爲多少 Ω？

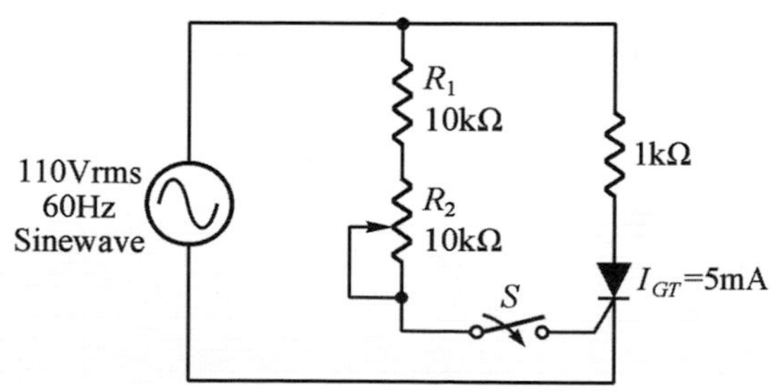

5. 電路如圖，該繼電器係以常開(A)接點開關一燈泡。求：該燈泡以亮 5 分鐘、滅 30 秒的變化反覆進行，則 R_1 及 R_2 之電阻值各為多少歐姆？

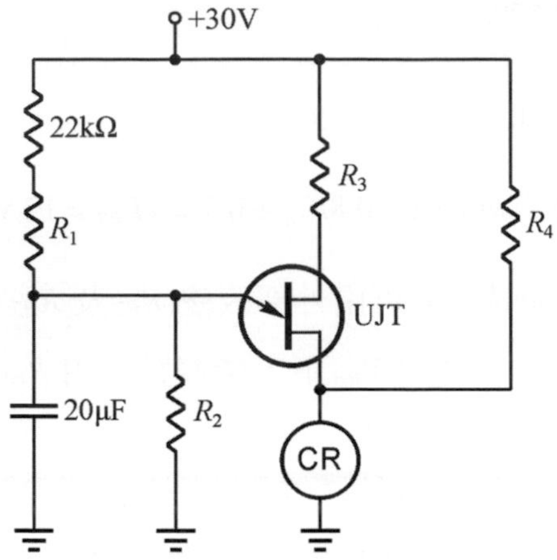

6. 電路如圖，設 $\eta=0.5$，$V_V=1\text{V}$，$I_V=10\text{mA}$，$I_P=20\mu\text{A}$，求：(1)欲穩定地導通並截止 UJT，則 R_1 的阻值範圍為何？(2)V_{out} 的波形為何？

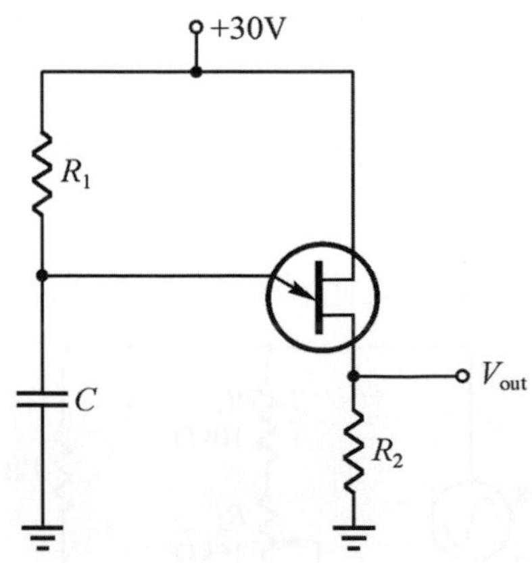

Electronics

13

FET 放大器及開關電路

13.1 共源極放大器(Common-Source Amplifier)

13.2 共汲極放大器(Common-Drain Amplifier)

13.3 共閘極放大器(Common-Gate Amplifier)

13.4 疊接放大器(Cascode Amplifier)

13.5 *D* 類放大器(Class *D* Amplifier)

13.6 MOSFET 類比開關(MOSFET Analog Switching)

13.7 MOSFET 數位開關(MOSFET Digital Switch)

FET 有極高的輸入阻抗以及甚低的雜訊，所以在某些場合，例如：通訊接收器第一階段的信號(電壓位準)放大器，是非常適合的。又因為 FET 的偏壓簡單、效率高、較佳的線性以及較高的增益，所以也適合各類功率放大器及開關電路，特別是在本章即將介紹的 D 類放大器中，始終優於 BJT。

13.1 共源極放大器(Common-Source Amplifier)

1. FET 交流模型
   (1) 完整模型
      a. 如圖 13-1 所示。

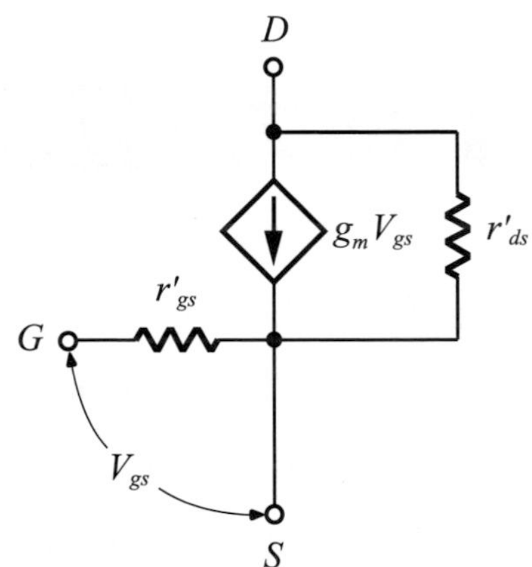

圖 13-1　FET 完整交流等效電路

      b. G、S 間的內部交流阻抗以 r'_{gs} 表示；
      c. D、S 間有一電流源 $g_m V_{gs}$；
      d. D、S 間的內部交流阻抗以 r'_{ds} 表示。

(2) 簡化(理想)模型

a. 如圖 13-2 所示。

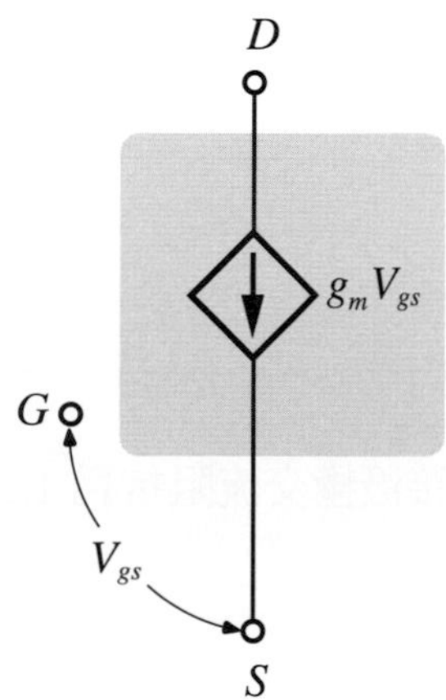

圖 13-2 FET 理想交流等效電路

b. 假設 G、S 間的內部交流阻抗 $r'_{gs}=\infty$，i.e. 閘、源極間爲開路；

c. D、S 間有一電流源 $g_m V_{gs}$；

d. 假設 D、S 間的內部交流阻抗 r'_{ds} 大到可以忽略。

(3) 理想交流電壓增益

a. 如圖 13-3，於理想模型中外接汲極交流電阻 R_d，則
$V_{ds}=I_d\times R_d$，

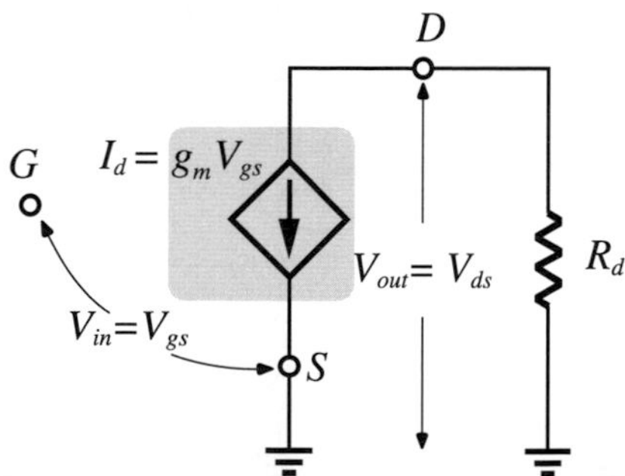

圖 13-3 FET 簡化理想交流等效電路

且因爲 $g_m=\dfrac{I_d}{V_{gs}}$，所以 $V_{gs}=\dfrac{I_d}{g_m}$。

故可得該電路之交流電壓增益為

$$A_v = \frac{V_{\text{out}}}{V_{\text{in}}} = \frac{V_{ds}}{V_{gs}} = \frac{I_d \times R_d}{\frac{I_d}{g_m}} = g_m \times R_d \tag{13-1}$$

例 13-1

某 FET 的 $g_m = 4\text{mS}$，且外接汲極交流阻抗為 1.5kΩ，求理想的電壓增益為何？

<Sol>

$$A_v = g_m \times R_d = 4\text{mS} \times 1.5\text{k}\Omega = 6$$

2. JFET 共源極放大器工作原理

(1) JFET 共源極放大器的電路如圖 13-4 所示。

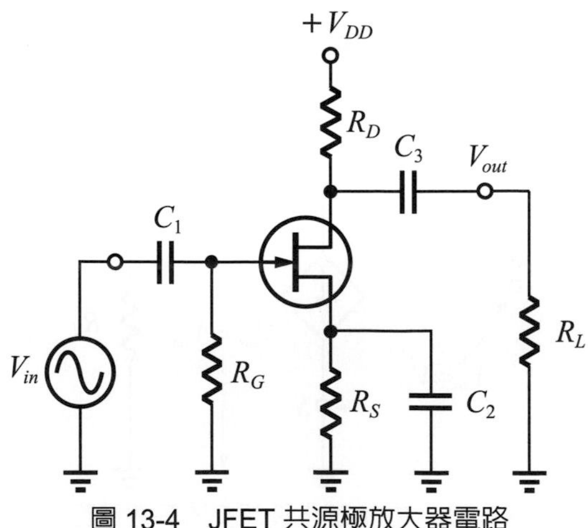

圖 13-4　JFET 共源極放大器電路

(2) 此爲共源極自我偏壓電路。

(3) 交流信號由閘極經 C_1 耦合輸入、由汲極經 C_3 耦合輸出。

(4) 源極經 C_2 呈交流接地。

(5) R_G 的值通常爲數 MΩ，其作用爲：

a. 維持閘極的直流電壓值約爲 0V(因爲 $I_{GSS} \cong 0$)。

b. 避免對交流信號源造成負載效應。

(6) R_S 兩端電壓作爲偏壓(Bias)。

(7) 動作說明(以 n 通道爲例)

a. 輸入信號 V_{in} 使得 V_{gs} 在 Q 點($V_{GS\text{-}Q}$)上下變動。因 V_{in} 爲正則汲極電流(I_d)變大(通道變寬)，V_{R_D} 變大、V_{out} (汲極電壓 V_{ds})變小；反之 V_{in} 爲負則汲極電流(I_d)變小(通道變窄)、V_{R_D} 變小、V_{out} (汲極電壓 V_{ds})變大；造成 I_d 的變動與 V_{gs}(V_{in})的變動同相(In Phase)、V_{out} (汲極電壓 V_{ds})的變動與 V_{gs} 的變動反相(Out of Phase)。如圖 13-5 所示。

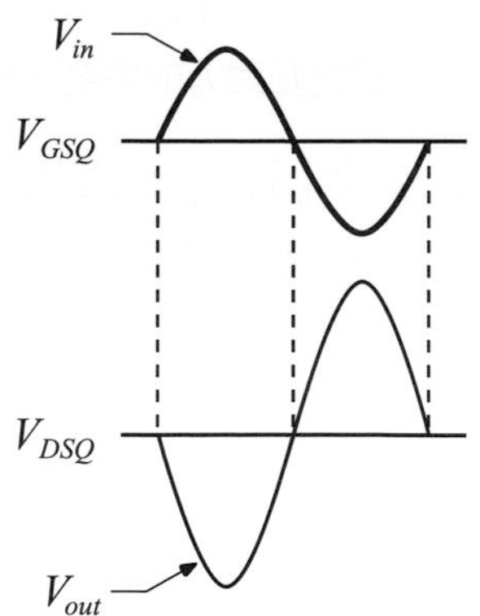

圖 13-5　V_{in} 的變動與 V_{out} 的變動反相

b. 在轉換特性曲線上描述 V_{gs} 的變動與 I_d 的變動關係(同相)，如圖 13-6 所示。

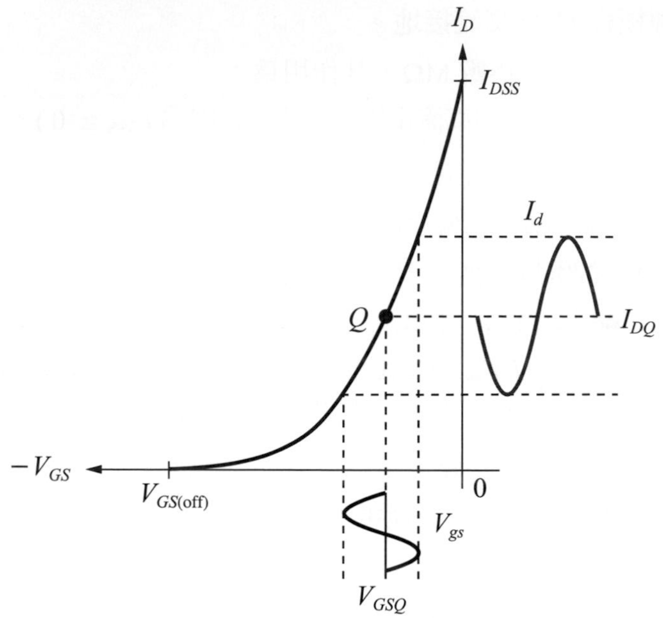

圖 13-6　V_{gs} 的變動與 I_d 的變動關係(同相)

c. 若在汲極特性曲線上描述 V_{gs} 的變動與 I_d 的變動(同相)及 V_{ds} 的變動(反相)關係，則如圖 13-7 所示。

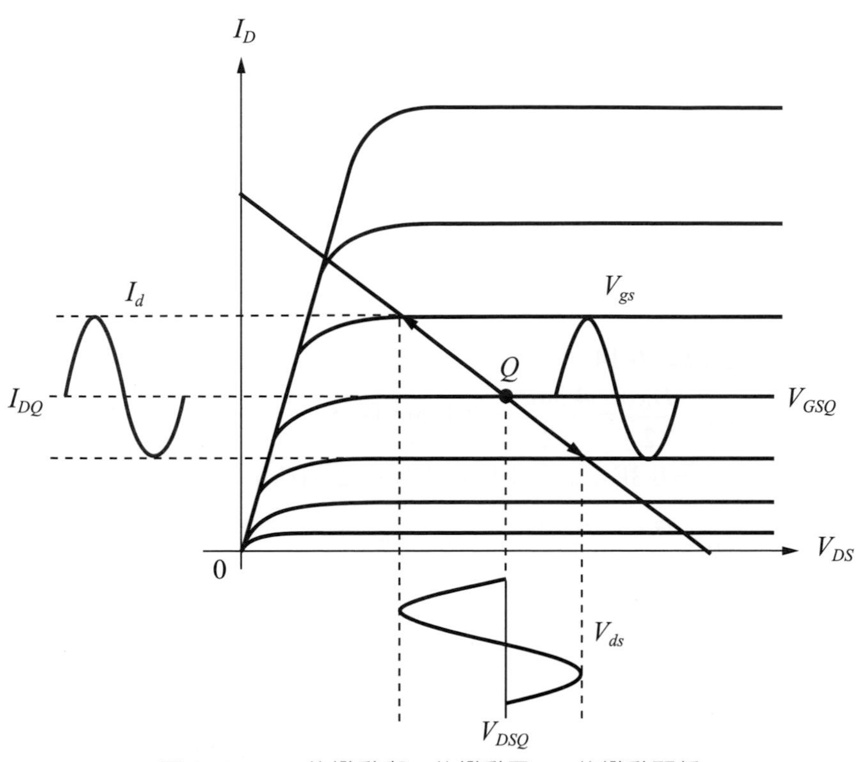

圖 13-7　V_{gs} 的變動與 I_d 的變動及 V_{ds} 的變動關係

3.　直流分析

將圖 13-4 中所有的電容開路，可得 JFET 共源極放大器的直流等效電路，給予各電阻適當阻值後如圖 13-8 所示。該電路的 Q 點可以圖解法(求負載線與特性曲線的交點)或計算法(計算 Q 點座標 I_D 與 V_{GS} 之值)求得。

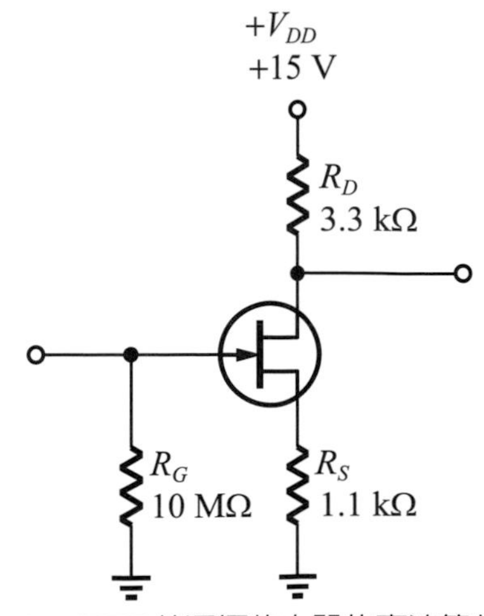

圖 13-8　JFET 共源極放大器的直流等效電路

(1) 圖解法

例 13-2

以圖解法求圖 13-8 放大器的 Q 點，該 FET 之 $I_{DSS} = 4.3\text{mA}$、$V_{GS(\text{off})} = -7.7\text{V}$。

<Sol>

(1) 根據圖 6-14 可求得：

$I_D = \dfrac{I_{DSS}}{2} = \dfrac{4.3\text{mA}}{2} = 2.15\text{mA}$ 時，

$V_{GS} = 0.3V_{GS(\text{off})} = 0.3\times(-7.7) = -2.31(\text{V})$；

$I_D = \dfrac{I_{DSS}}{4} = \dfrac{4.3\text{mA}}{4} = 1.075\text{mA}$ 時，

$V_{GS} = 0.5V_{GS(\text{off})} = 0.5\times(-7.7) = -3.85(\text{V})$，

連同已知之 I_{DSS} = 4.3mA、$V_{GS(\text{off})} = -7.7\text{V}$ 繪於互導曲線上可得圖 13-9。

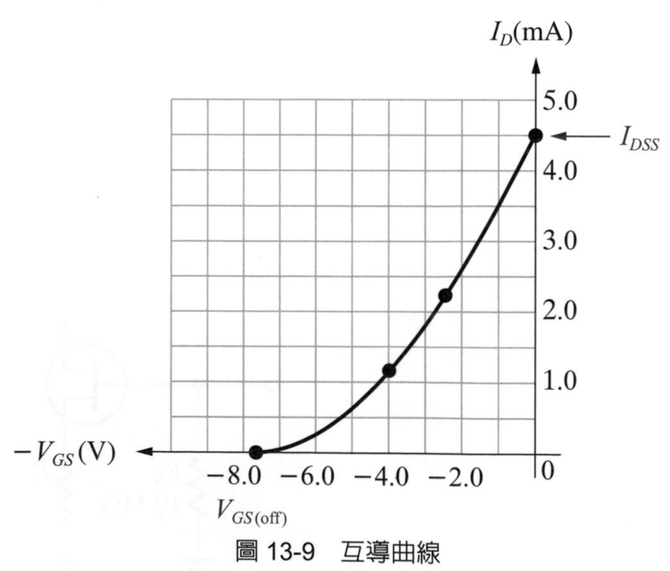

圖 13-9 互導曲線

(2) 負載線的起點爲原點，終點爲($I_D = I_{DSS}$ 、$V_{GS} = V_{GS(\text{off})} = I_{DSS} \times R_S$)。將負載線繪於圖 13-9 上可得圖 13-10，兩線相交之點即爲 Q 點。

(3) 由圖 13-10 可得 Q 點座標 $I_D = 2.2\text{mA}$ 與 $V_{GS} = -2.4\text{V}$ 。

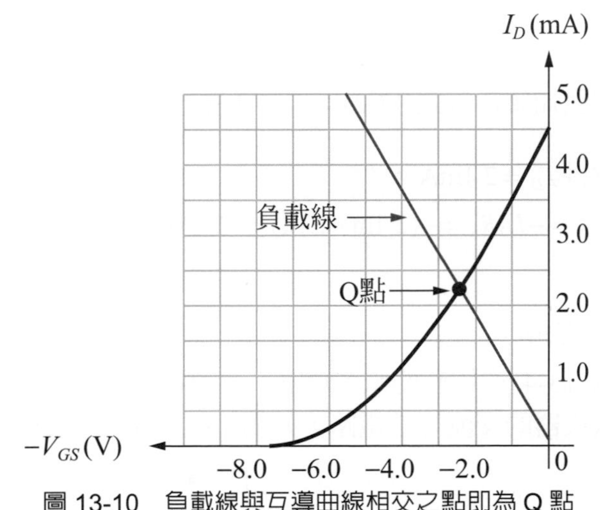

圖 13-10　負載線與互導曲線相交之點即為 Q 點

(2) 計算法

將 $V_{GS} = -I_D R_S$ 代入式(6-1)，可得下式：

$$I_D = I_{DSS}\left(1 - \frac{-I_D R_S}{V_{GS(\text{off})}}\right)^2 \qquad (13\text{-}2)$$

例 13-3

以計算法求圖 13-8 放大器的 Q 點，該 FET 之 $I_{DSS}=4.3\text{mA}$、$V_{GS(\text{off})}=-7.7\text{V}$。

<Sol>

(1) 將已知值代入式(13-2)：$I_D=4.3\text{m}\left(1-\dfrac{-I_D\times 1.1\text{k}}{-7.7}\right)^2$，

解得 $I_D=2.1\text{mA}$，

(2) $V_{GS}=-I_D R_S=-(2.1\text{m}\times 1.1\text{k})=-2.31(\text{V})$

4. 交流等效電路

將圖 13-4 中所有的電容短路、直流電壓源交流接地，可得 JFET 共源極放大器的交流等效電路，如圖 13-11 所示，其中 $R_d=R_D\,//\,R_L$。

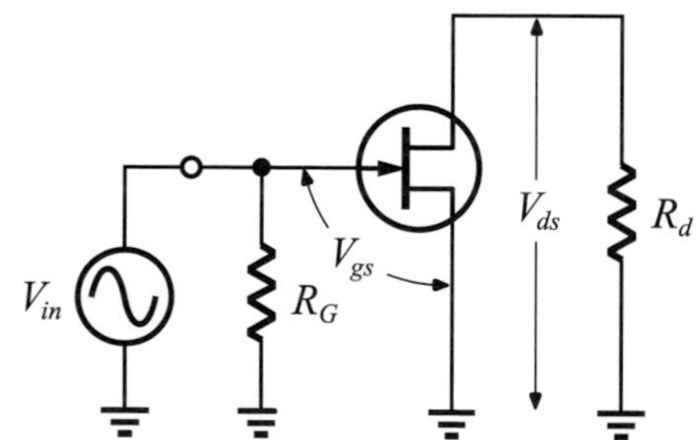

圖 13-11　JFET 共源極放大器的交流等效電路

因爲 FET 的輸入阻抗非常高，所以 $V_{gs}=V_{\text{in}}$。根據交流電壓增益公式(13-1)，可得輸出信號爲：

$$V_{\text{out}}=V_{\text{in}}\times A_v=V_{gs}\times g_m\times R_d$$

例 13-4

求圖 13-12 放大器的無載輸出電壓，該 FET 之 $I_{DSS}=4.3\text{mA}$、$V_{GS(\text{off})}=-2.7\text{V}$。

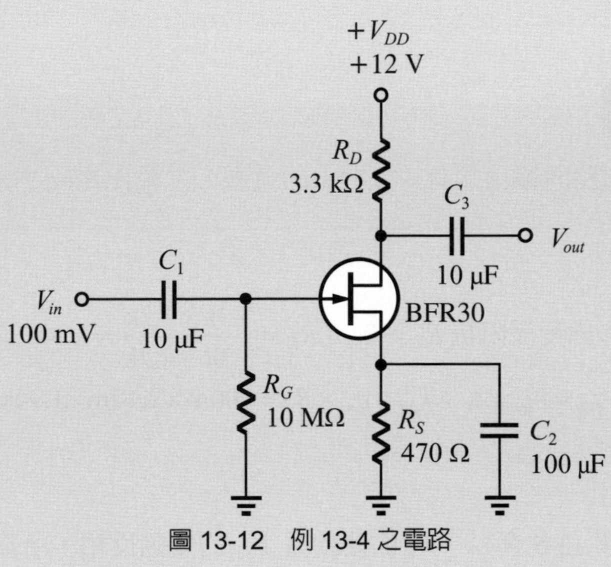

圖 13-12　例 13-4 之電路

<Sol>

(1) 以圖解法或將已知值代入式(13-2)：

$$I_D=4.3\text{m}\left(1-\frac{-I_D\times 470}{-2.7}\right)^2\text{，解得 } I_D=1.91\text{mA}\text{。}$$

(2) $V_D=V_{DD}-I_DR_D=12-(1.91\text{m}\times 3.3\text{k})=5.70(\text{V})$

(3) $V_{GS}=-I_DR_S=-(1.91\text{m}\times 470\text{k})=-0.90(\text{V})$

由式(6-2)，$g_{m0}=\dfrac{2I_{DSS}}{\left|V_{GS(\text{off})}\right|}=\dfrac{2\times 4.3\text{m}}{2.7}=3.18\text{m(S)}$

由式(6-3)，$g_m=g_{m0}\left(1-\dfrac{V_{GS}}{V_{GS(\text{off})}}\right)=3.18\text{m}\times\left(1-\dfrac{-0.90}{-2.7}\right)=2.12\text{m(S)}$

(4) $V_{\text{out}}=V_{\text{in}}\times A_v=V_{gs}\times g_m\times R_d=100\text{m}\times 2.12\text{m}\times 3.3\text{k}=700\text{m(V)}$

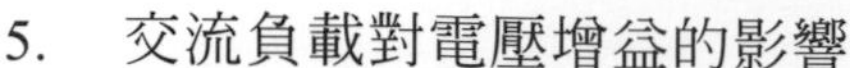

5. 交流負載對電壓增益的影響

因爲汲極交流阻抗 $R_d = R_D \,//\, R_L = \dfrac{R_D \times R_L}{R_D + R_L}$，故加上負載之後的 R_d 會較無載時爲小，因而使得電壓增益下降。

例 13-5

若例題 13-4 電路的輸出端有一 4.7 kΩ的負載，求輸出電壓？

<Sol>

(1) 汲極交流阻抗 $R_d = R_D \,//\, R_L = \dfrac{3.3\text{k} \times 4.7\text{k}}{3.3\text{k} + 4.7\text{k}} = 1.94\text{k}(\Omega)$

(2) $V_{\text{out}} = V_{\text{in}} \times A_v = V_{gs} \times g_m \times R_d = 100\text{m} \times 2.12\text{m} \times 1.94\text{k} = 411\text{m}(\text{V})$

6. 反向作用

如圖 13-5 所示，V_{in}的變動與 V_{out}的變動反相，所以可將 JFET 共源極放大器的交流電壓增益視爲負值($-A_v$)。BJT 的共射極(CE)放大器也有相似特性。

7. 輸入阻抗

由圖 13-4 可知，JFET 共源極放大器的輸入阻抗是 R_G 並聯 JFET 的輸入阻抗。而 JFET 的輸入阻抗 $R_{\text{IN(gate)}}$可以由 V_{GS} / I_{GSS} 求得，其中 I_{GSS} 爲某 V_{GS} 時之逆向漏電流(通常會標示於特性資料表中)。故 JFET 共源極放大器的輸入阻抗

$$R_{\text{in}} = R_G \,//\, R_{\text{IN(gate)}} = R_G \,//\left(\frac{V_{GS}}{I_{GSS}}\right) \tag{13-3}$$

因爲 FET 的輸入阻抗通常很高(JFET 的高輸入阻抗是由 pn 接面的逆向偏壓造成；而 MOSFET 的高輸入阻抗則導因於閘極絕緣結構)，故 $R_{\text{in}} \cong R_G$。

例 13-6

求輸出信號 V_{in} 所看到的輸入阻抗？其中 $V_{GS} = 10V$ 時，$I_{GSS} = 30nA$。

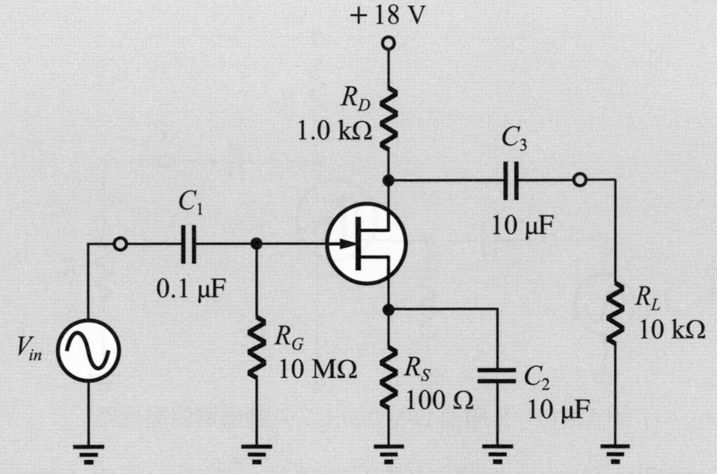

圖 13-13　例 13-6 之電路

<Sol>

(1) JFET 閘極的輸入阻抗 $R_{IN(gate)} = \dfrac{V_{GS}}{I_{GSS}} = \dfrac{10}{30n} = 333M(\Omega)$

(2) V_{in} 所看到的輸入阻抗

$R_{in} = R_G \,//\, R_{IN(gate)} = 10M \,//\, 333M = 9.71M(\Omega)$

8. D-MOSFET 放大器工作原理

n 通道 D-MOSFET 共源極零偏壓電路如圖 13-14 所示。閘極之直流電壓爲 0V 且源極接地，故 $V_{GS} = 0V$。

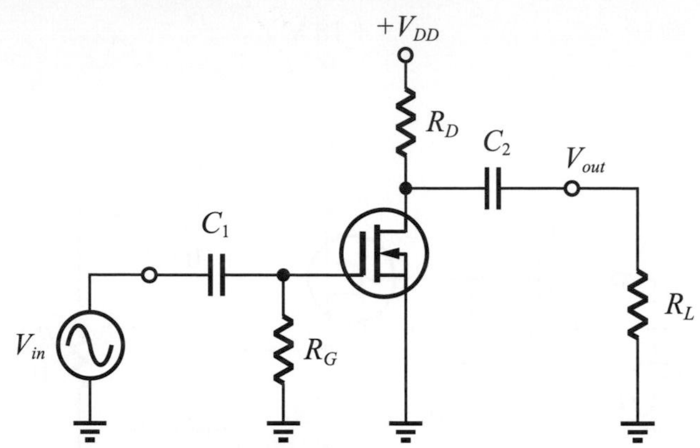

圖 13-14　n 通道 D-MOSFET 共源極零偏壓電路

信號 V_{in} 使得 V_{gs} 在零位準上下變動，導致 I_d 也上下變動：

V_{gs} 爲負，則元件處於空乏模式，I_d 減小；V_{gs} 爲正，則元件處於增強模式，I_d 增大。轉換特性曲線如圖 13-15 所示，其中增強模式位於垂直軸($V_{GS} = 0V$)的右側，空乏模式則在左側。當 $V_{GS} = 0V$ 時 $I_D = I_{DSS}$；且 $V_D = V_{DD} - I_D R_D$。其交流分析與 JFET 放大器相同。

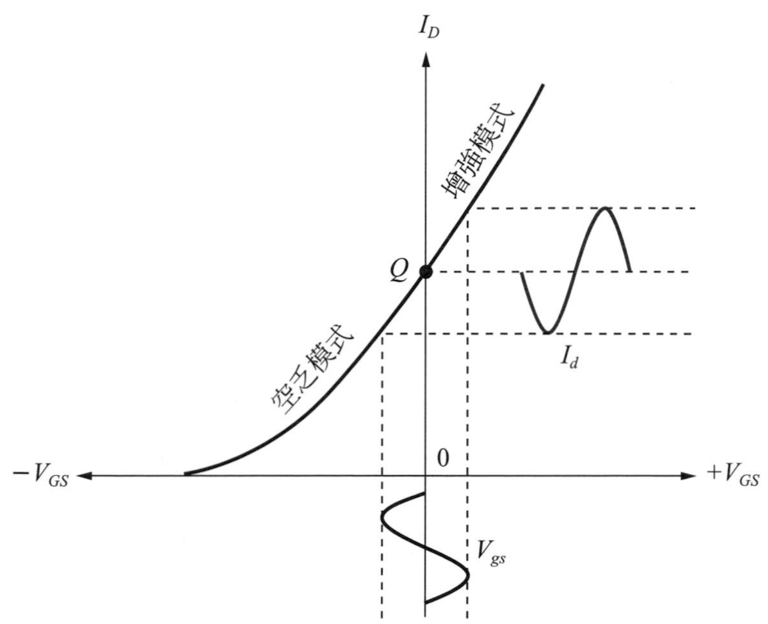

圖 13-15　*n* 通道 D-MOSFET 的轉換特性曲線

9. E-MOSFET 放大器工作原理

圖 13-16 爲分壓器偏壓下的 n 通道 E-MOSFET 共源極電路，閘極電壓爲正且使 $V_{GS} > V_{GS(th)}$ 。

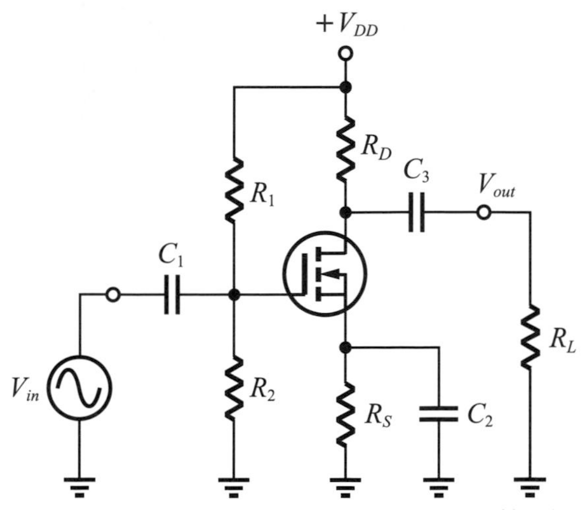

圖 13-16　分壓器偏壓下的 *n* 通道 E-MOSFET 共源極電路

其中：

(1) 信號 V_{in} 使得 V_{gs} 在 Q 點值 V_{GSQ} 上下變動，導致 I_d 也在 Q 點值 I_{DQ} 上下變動。

(2) 因為工作過程只有增強模式，轉換特性曲線位於垂直軸(V_{GS} = 0V)的右側，如圖 13-17 所示。

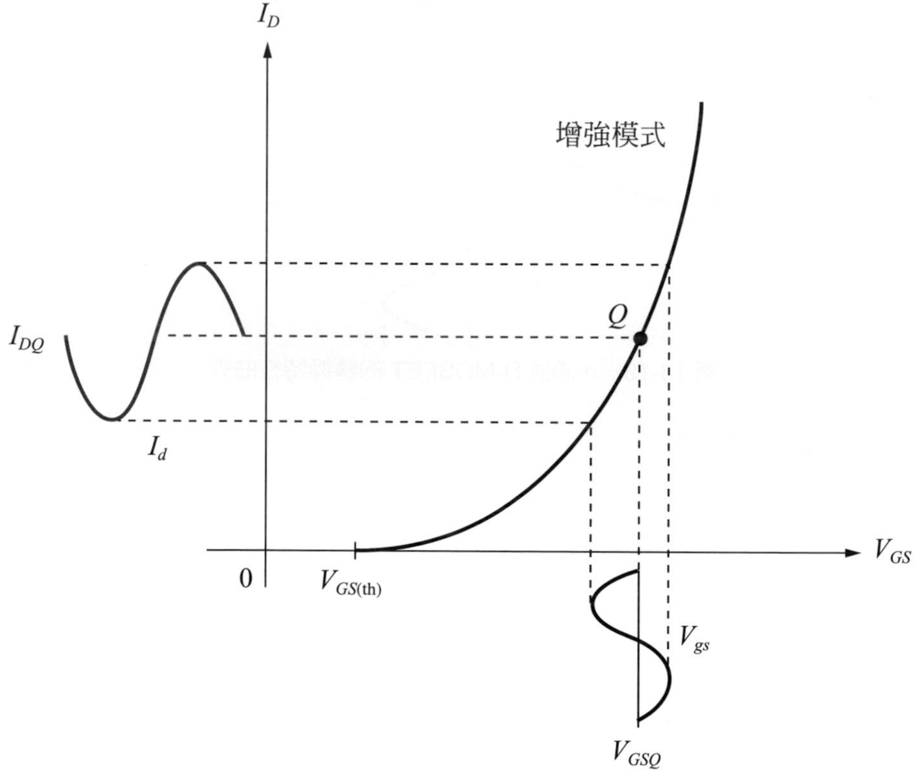

圖 13-17　*n* 通道 E-MOSFET 的轉換特性曲線

例 13-7

圖 13-18(a)、(b)、(c)分別爲 n 通道的 JFET、D-MOSFET 以及 E-MOSFET 的轉換特性曲線。若於每個曲線的 Q 點處 V_{gs} 均發生 ±1V 的變化，請分別求該三曲線 I_d 的峰對峰值。

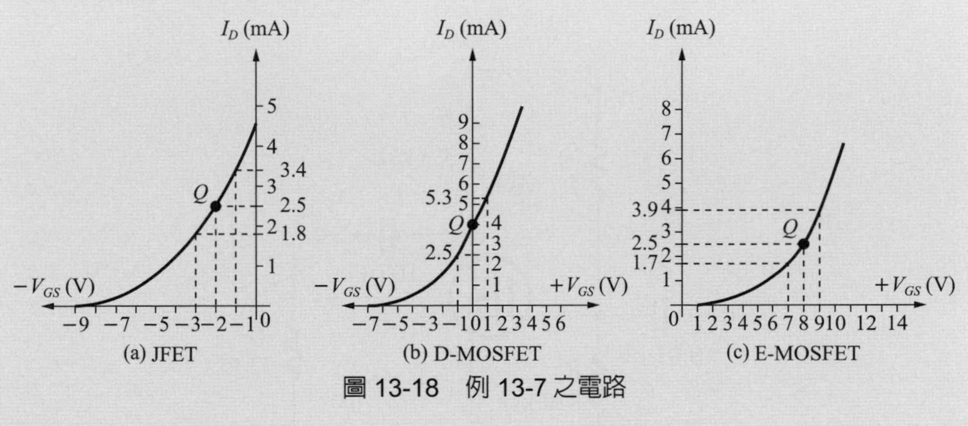

圖 13-18　例 13-7 之電路

<Sol>

(1) JFET：

Q 點位於 $V_{GSQ}=-2\text{V}$ 、 $I_{DQ}=2.5\text{mA}$ ； V_{gs} + 1V 則 $V_{GS}=-1\text{V}$ 、 $I_D=3.4\text{mA}$ ； $V_{gs}-1\text{V}$ 則 $V_{GS}=-3\text{V}$ 、 $I_D=1.8\text{mA}$ 。

所以 $I_{d(p-p)}=3.4-1.8=1.6(\text{mA})$

(2) D-MOSFET：

Q 點位於 $V_{GSQ}=0\text{V}$ 、 $I_{DQ}=I_{DSS}=4\text{mA}$ ； $V_{gs}+1\text{V}$ 則 $V_{GS}=+1\text{V}$ 、 $I_D=5.3\text{mA}$ ； $V_{gs}-1\text{V}$ 則 $V_{GS}=-1\text{V}$ 、 $I_D=2.5\text{mA}$ 。

所以 $I_{d(p-p)}=5.3-2.5=2.8(\text{mA})$

(3) E-MOSFET：

Q 點位於 $V_{GSQ}=8\text{V}$ 、 $I_{DQ}=2.5\text{mA}$ ； V_{gs} + 1V 則 $V_{GS}=+9\text{V}$ 、 $I_D=3.9\text{mA}$ ； $V_{gs}-1\text{V}$ 則 $V_{GS}=7\text{V}$ 、 $I_D=1.7\text{mA}$ 。

所以 $I_{d(p-p)}=3.9-1.7=2.2(\text{mA})$

例 13-8

求圖 13-19 中之 V_{GS}、I_D、V_{DS} 以及交流輸出電壓？其中 $V_{\text{in}}=25\text{mV}$、$g_m=23\text{mS}$、當 $V_{GS}=4\text{V}$ 時 $I_{D(\text{on})}=200\text{mA}$、$V_{GS(th)}=2\text{V}$。

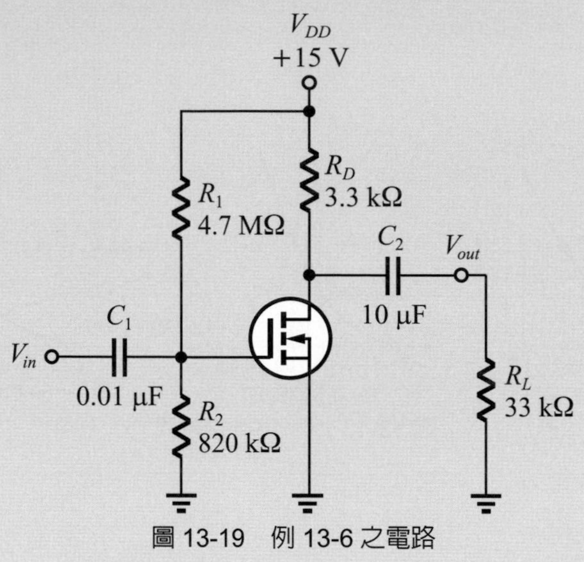

圖 13-19　例 13-6 之電路

<Sol>

(1) $V_{GS}=\left(\dfrac{R_2}{R_1+R_2}\right)\times V_{DD}=\dfrac{820\text{k}}{4.7\text{M}+820\text{k}}\times 15=2.23(\text{V})$

(2) 由(6-6)式可得：$K=\dfrac{I_{D(\text{on})}}{(V_{GS}-V_{GS(th)})^2}=\dfrac{200\text{mA}}{(4\text{V}-2\text{V})^2}=50\dfrac{\text{mA}}{\text{V}^2}$

由(6-6)式：$I_D=K(V_{GS}-V_{GS(th)})^2=50\text{m}(2.23-2)^2=2.65\text{m(A)}$

(3) $V_{DS}=V_{DD}-I_DR_D=15-2.65\text{m}\times 3.3\text{k}=6.26(\text{V})$

(4) $R_d=R_D\,//\,R_L=3.3\text{k}\,//\,33\text{k}=3.0\text{k}(\Omega)$

由(13-1)式：

$V_{\text{out}}=V_{\text{in}}\times A_v=V_{in}\times g_m\times R_d=25\text{m}\times 23\text{m}\times 3.0\text{k}=1.73(\text{V})$

13.2 共汲極放大器(Common-Drain Amplifier)

1. 共汲極(*CD*)的電路如圖 13-20 所示。

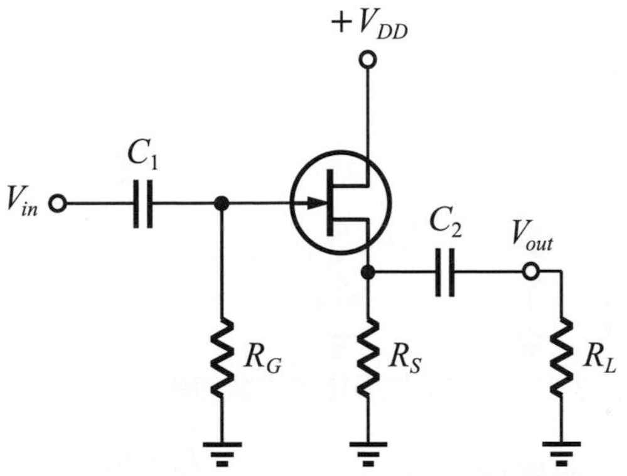

圖 13-20　JFET 共汲極放大器電路

(1) 輸入信號 V_{in} 經耦合電容 C_1 連接到閘極；輸出信號 V_{out} 由源極經耦合電容 C_2 連接到負載。

(2) 輸入信號 V_{in} 經汲極交流接地，故稱共汲極(*CD*)。

(3) 輸出端的源極電壓與輸入端的閘極電壓幾乎相等且相位相同，故該電路又稱爲「源極隨耦器(Source follower)」。

(4) 偏壓方式爲自我偏壓。

2. 電壓增益

(1) 輸出信號 $V_{\text{out}} = I_d \times R_s$，其中 $R_s = R_S // R_L$；輸入信號 $V_{\text{in}} = V_{gs} + (I_d \times R_s)$。如圖 13-21。

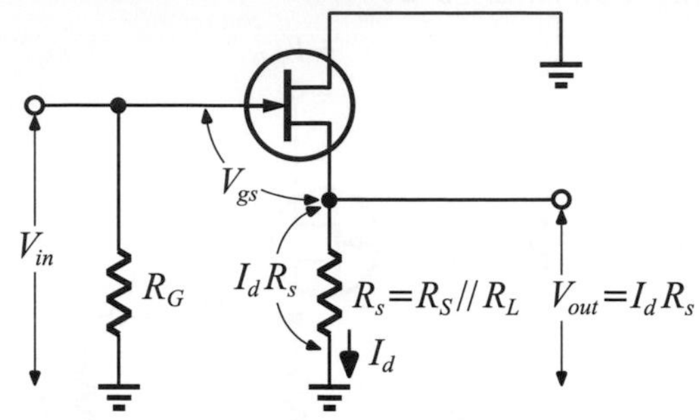

圖 13-21 JFET 共汲極放大器的輸入與輸出電壓

所以交流電壓增益 $A_v = \dfrac{V_{\text{out}}}{V_{\text{in}}} = \dfrac{I_d \times R_s}{V_{gs} + (I_d \times R_s)}$

(2) 由圖 13-1 可知 $I_d = g_m V_{gs}$，代入電壓增益

$$A_v = \frac{V_{\text{out}}}{V_{\text{in}}} = \frac{g_m V_{gs} \times R_s}{V_{gs} + (g_m V_{gs} \times R_s)} = \frac{g_m \times R_s}{1 + (g_m \times R_s)} \cong 1$$

3. 輸入阻抗

同(13-3)式，FET 共汲極放大器的輸入阻抗

$$R_{\text{in}} = R_G // R_{\text{IN(gate)}} = R_G // \left(\frac{V_{GS}}{I_{GSS}} \right)$$

4. JFET 2N5460～2N5465 的部分特性資料表，示於圖 13-22。

電氣特性 (Electrical Characteristics) (T_A = 25°C 除非另有規定)

Characteristic		Symbol	Min	Typ	Max	Unit
截止特性 (OFF Characteristics)						
Gate-Source breakdown voltage (I_G = 10 μA dc, V_{DS} = 0)	2N5460, 2N5461, 2N5462 2N5463, 2N5464, 2N5465	$V_{(BR)GSS}$	40 60	– –	– –	V dc
Gate reverse current (V_{GS} = 20 V dc, V_{DS} = 0) (V_{GS} = 30 V dc, V_{DS} = 0) (V_{GS} = 20 V dc, V_{DS} = 0, T_A = 100°C) (V_{GS} = 30 V dc, V_{DS} = 0, T_A = 100°C)	2N5460, 2N5461, 2N5462 2N5463, 2N5464, 2N5465 2N5460, 2N5461, 2N5462 2N5463, 2N5464, 2N5465	I_{GSS}	– – – –	– – – –	5.0 5.0 1.0 1.0	nA dc μA dc
Gate-Source cutoff voltage (V_{DS} = 15 V dc, I_D = 1.0 μA dc)	2N5460, 2N5463 2N5461, 2N5464 2N5462, 2N5465	$V_{GS(off)}$	0.75 1.0 1.8	– – –	6.0 7.5 9.0	V dc
Gate-Source voltage (V_{DS} = 15 V dc, I_D = 0.1 mA dc) (V_{DS} = 15 V dc, I_D = 0.2 mA dc) (V_{DS} = 15 V dc, I_D = 0.4 mA dc)	2N5460, 2N5463 2N5461, 2N5464 2N5462, 2N5465	V_{GS}	0.5 0.8 1.5	– – –	4.0 4.5 6.0	V dc
導通特性 (ON Characteristics)						
Zero-gate-voltage drain current (V_{DS} = 15 V dc, V_{GS} = 0, f = 1.0 kHz)	2N5460, 2N5463 2N5461, 2N5464 2N5462, 2N5465	I_{DSS}	– 1.0 – 2.0 – 4.0	– – –	– 5.0 – 9.0 – 16	mA dc
小訊號特性 (Small – Signal Characteristics)						
Forward transfer admittance (V_{DS} = 15 V dc, V_{GS} = 0, f = 1.0 kHz)	2N5460, 2N5463 2N5461, 2N5464 2N5462, 2N5465	$\lvert Y_{fs} \rvert$	1000 1500 2000	– – –	4000 5000 6000	μmhos or μS
Output admittance (V_{DS} = 15 V dc, V_{GS} = 0, f = 1.0 kHz)		$\lvert Y_{os} \rvert$	–	–	75	μmhos or μS
Input capacitance (V_{DS} = 15 V dc, V_{GS} = 0, f = 1.0 MHz)		C_{iss}	–	5.0	7.0	pF
Reverse transfer capacitance (V_{DS} = 15 V dc, V_{GS} = 0, f = 1.0 MHz)		C_{rss}	–	1.0	2.0	pF

圖 13-22　JFET 2N5460～2N5465 的部分特性資料

例 13-9

請使用圖 13-22 中各相關數據的最小值，求圖 13-23 放大器之：
(1)電壓增益，(2)輸入阻抗？

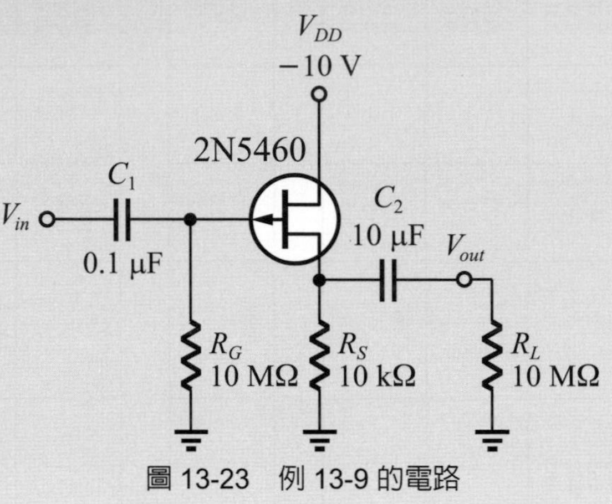

圖 13-23　例 13-9 的電路

<Sol>

(1) $\because R_L = 10\text{M}\Omega \gg R_S = 10\text{k}\Omega$，$\therefore R_s \cong R_S$；
由圖 13-22 中查得 2N5460 之 $g_m = y_{fs} = 1000\mu\text{S}$，故

$$A_v = \frac{g_m \times R_s}{1 + (g_m \times R_s)} = \frac{1000\mu \times 10\text{k}}{1 + (1000\mu \times 10\text{k})} = 0.909$$

(2) 由圖 13-22 中查得 2N5460 之 $V_{GS} = 20\text{V}$ 時，$I_{GSS} = 5\text{nA}$，故

$$R_{\text{in}} = R_G \,//\, R_{\text{IN(gate)}} = R_G \,//\left(\frac{V_{GS}}{I_{GSS}}\right) = 10\text{M} \,//\left(\frac{20}{5\text{n}}\right) \cong 10\text{M}(\Omega)$$

13.3 共閘極放大器(Common-Gate Amplifier)

1. 共閘極放大器電路如圖 13-24 所示。

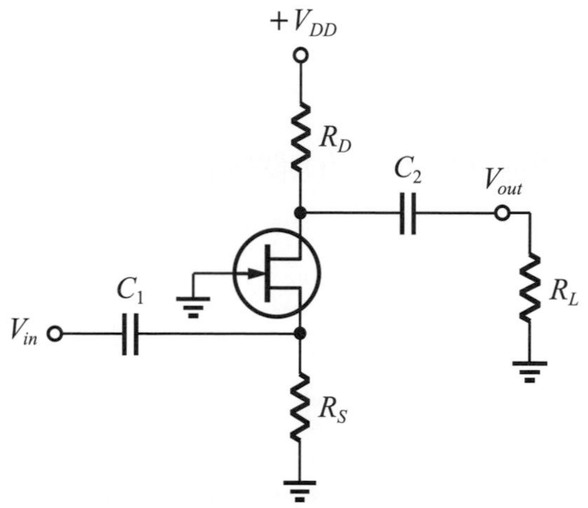

圖 13-24　JFET 共閘極放大器

2. 輸入信號 V_{in} 經耦合電容 C_1 連接到源極；輸出信號 V_{out} 由汲極經耦合電容 C_2 連接到負載。閘極接地。

3. 電壓增益

   (1) 從輸入(源極)到輸出(汲極)的電壓增益：

$$A_v = \frac{V_{\text{out}}}{V_{\text{in}}} = \frac{V_d}{V_{gs}} = \frac{I_d \times R_d}{V_{gs}} = \frac{g_m \times V_{gs} \times R_d}{V_{gs}} = g_m \times R_d \quad \text{(與式 13-1 相同)}$$

   (2) 上式中 $R_d = R_D \,//\, R_L$

4. 輸入阻抗

   (1) 前面介紹的兩種組態(CS、CD)均是以閘極爲輸入端，都有極高的輸入阻抗；但共閘組態係以源極爲輸入端，故入阻抗偏低。

(2) 共閘組態的輸入電流 $I_{\text{in}} = I_s = I_d = g_m V_{gs}$；輸入電壓 $V_{\text{in}} = V_{gs}$，所以源極端的輸入阻抗：

$$R_{\text{IN(source)}} = \frac{V_{\text{in}}}{I_{\text{in}}} = \frac{V_{gs}}{g_m \times V_{gs}} = \frac{1}{g_m} \tag{13-4}$$

例 13-10

圖 13-25 是一由 p 通道 JFET 構成的共閘極放大器，求該電路電壓增益之最小值以及信號源 V_{in} 的輸入阻抗。

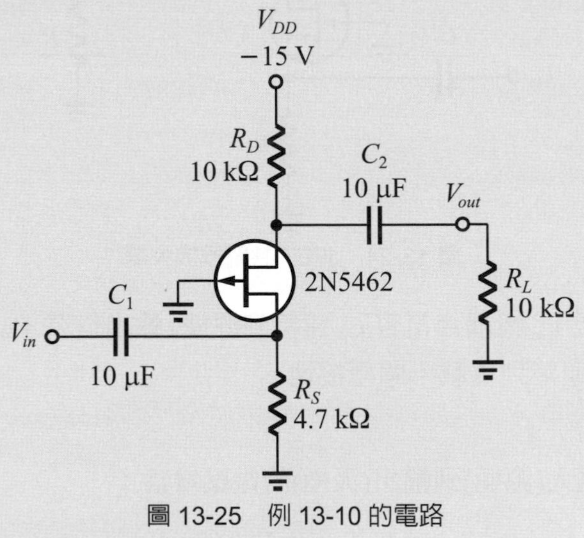

圖 13-25　例 13-10 的電路

<Sol>

(1) 由圖 13-22 查得 2N5462 g_m 的最小值是 2000μS

$$A_v = g_m \times R_d = g_m \times (R_D \,//\, R_L) = 2000\mu \times (10\text{k} \,//\, 10\text{k}) = 10$$

(2) 源極端的輸入阻抗 $R_{\text{IN(source)}} = \dfrac{1}{g_m} = \dfrac{1}{2000\mu} = 500(\Omega)$

信號源 V_{in} 的輸入阻抗

$$R_{\text{in}} = R_S \,//\, R_{\text{IN(source)}} = 500 \,//\, 4.7\text{k} = 451.92(\Omega)$$

13.4 疊接放大器(Cascode Amplifier)

1. 電路如圖 13-26，係由一共源極(*CS*)放大器串聯一共閘極(*CG*)放大器而成。(如使用 BJT 則爲共射-*CE* 串聯共基-*CB*)

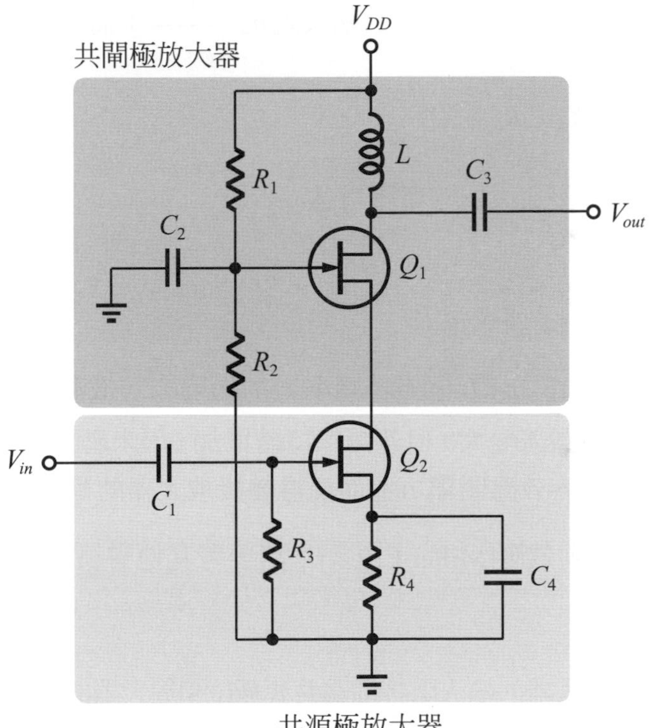

圖 13-26　JFET 疊接放大器

2. 輸入端爲共源極(*CS*)放大器，輸入信號 V_{in} 經耦合電容 C_1 連接到閘極。輸出端爲共閘極(*CG*)放大器，由汲極經耦合電容 C_3 輸出 V_{out}。
3. 可得到兩級放大器的優點：高輸入阻抗、高增益、非常好的高頻響應。常用於射頻(Radio Frequency, RF)電路中。

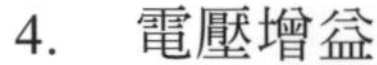

4. 電壓增益

(1) 疊接放大器的電壓增益為共源極(*CS*)與共閘極(*CG*)兩極增益的相乘積

$$A_v = A_{v(CS)} \times A_{v(CG)} = [g_{m(CS)} \times R_{d(CS)}] \times [g_{m(CG)} \times R_{d(CG)}]$$

(2) $R_{d(CS)}$即為共閘極(*CG*)的輸入阻抗 $\dfrac{1}{g_{m(CG)}}$；而

$$R_{d(CG)} = X_L \,//\, R_L \cong X_L$$

所以疊接放大器的電壓增益

$$A_v \cong \left[g_{m(CS)} \times \frac{1}{g_{m(CG)}} \right] \times [g_{m(CG)} \times X_L] = g_{m(CS)} \times X_L$$

因為 $X_L = 2\pi f L$ 會隨著頻率增加而變大，故疊接放大器的電壓增益也跟著變大。但若頻率持續增加，因米勒效應(Miller Effect)而使電容效應明顯，進而使得疊接放大器的電壓增益變小。

[Note： 何謂米勒效應(Miller Effect)？請參考其他書籍。**]**

5. 輸入阻抗

疊接放大器的輸入阻抗即為共源極(CS)放大器的輸入阻抗：

$$R_{\text{in}} = R_3 \,//\left(\frac{V_{GS}}{I_{GSS}} \right)$$

例 13-11

電路如圖 13-26，其中二 JFET 均為 2N5485，最小 $g_m = 3500\mu S$，且當 $V_{GS} = 20V$ 時，$I_{GSS} = -1nA$。若 $R_3 = 10M\Omega$、$L = 1.0mH$，求頻率為 100MHz 時的電壓增益與輸入阻抗。

<Sol>

(1) $A_v \cong g_{m(CS)} \times X_L = g_{m(CS)} \times (2\pi f L)$

$= 3500\mu \times (2\pi \times 100M \times 1m) = 2199.11$

(2) $R_{in} = R_3 // \left(\dfrac{V_{GS}}{I_{GSS}}\right) = 10M // \left(\dfrac{20}{1n}\right) = 9.995M(\Omega)$

13.5 *D* 類放大器(Class *D* Amplifier)

1. *D* 類放大器
   (1) 輸出端電晶體的動作如一開關(On-Off)，並非線性操作。
   (2) 其優點為可以得到 100%的最大理論效率(*A* 類放大器為 25%、*B*/*AB* 類放大器約為 79%、C 類放大器接近 100%，請參閱本書第 11 章功率大器)，實際應用效率可超過 90%。
   (3) 驅動揚聲器(音頻)的 *D* 類放大器組成如圖 13-27 所示，包含脈寬調變器、互補式推挽交換 MOSFET 放大器、以及低通濾波器。

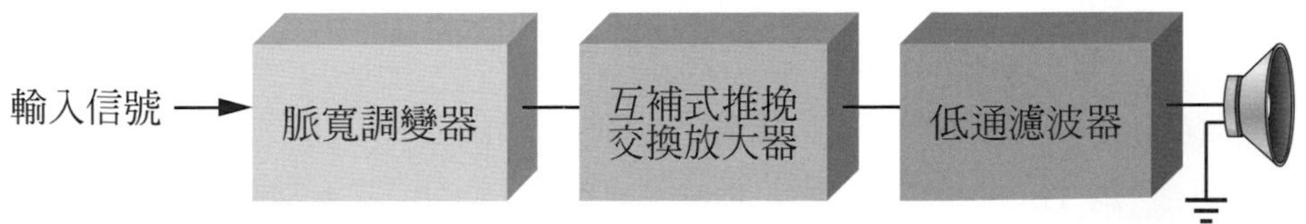

圖 13-27　*D* 類音頻放大器組成

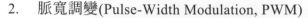

2. 脈寬調變(Pulse-Width Modulation, PWM)

(1) 是一將輸入信號轉換成脈衝輸出的過程，且此輸出脈衝的寬度係隨輸入信號的振幅而改變。

(2) 脈寬調變電路係一比較器電路，比較器(OP)之非反向輸入端爲輸入信號；調變波則由反向輸入端輸入；比較器之輸出即爲脈寬調變信號(PWM signal)。若輸入信號爲正弦，且以頻率較輸入信號爲高的三角波爲調變波，則脈寬調變電路與比較器之輸出信號如圖 13-28 所示。

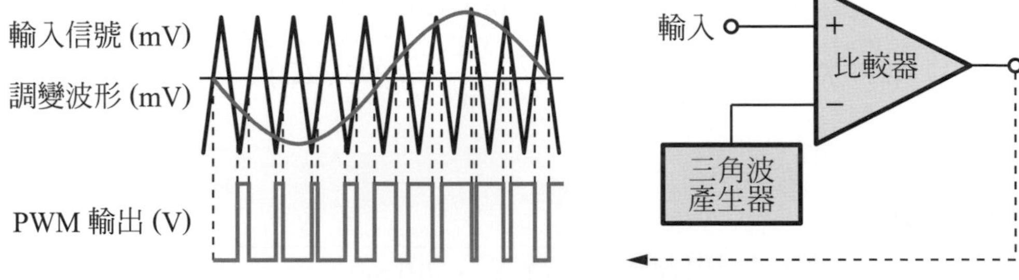

圖 13-28　執行脈寬調變的比較器電路及其輸出之脈寬調變信號

(3) 當反向輸入電壓(V_-)高於非反向輸入電壓(V_+)時，比較器爲負飽和(Negative Saturation) 輸出狀態，其輸出爲負的最大值(接近比較器之直流電源負電壓)；若非反向輸入電壓(V_+)高於反向輸入電壓(V_-)時，比較器爲正飽和(Positive Saturation) 輸出狀態，其輸出爲正的最大值(接近比較器之直流電源正電壓)。此輸出僅爲最大值與最小值兩種狀態的輸出，稱爲「軌對軌(Rail-to-Rail)輸出」。常見的比較器輸出爲±12V 或稱 $24V_{P\text{-}P}$。故該比較器亦具有信號(電壓)放大之功能。

(4) 由圖 13-28 可知，當輸入信號振幅爲正時，脈衝寬度較寬(脈衝爲 High 的時間較爲 Low 的時間長)；反之，當輸入信號振幅爲負時，脈衝寬度較窄(脈衝爲 High 的時間較爲 Low 的時間短)，一週期正弦信號的脈寬調變信號 PWM 如圖 13-29 所示。

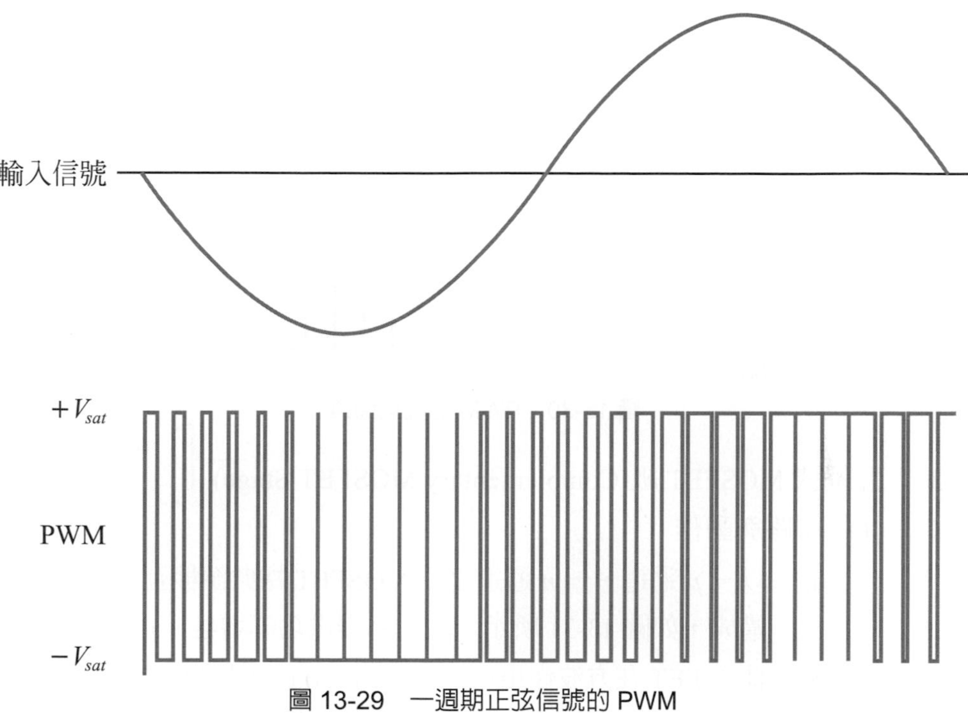

圖 13-29　一週期正弦信號的 PWM

(5) 頻譜(Frequency Spectrum)

a. 是指一個波的頻率成分。

b. 非正弦波都可由諧波組成。

c. 以三角波調變輸入之正弦波所得到的頻譜如圖 13-30 所示，其中包括正弦波的頻率 f_{input}、三角波的基頻 f_m 以及在基頻上下的諧波頻率。諧波頻率來自於 PWM 信號快速上升和下降的時間和脈衝間的平坦區域。

d. 進行 PWM 時，三角波最低的諧波頻率必須高於輸入信號頻率，所以三角波的基頻須遠高於輸入信號的頻率。

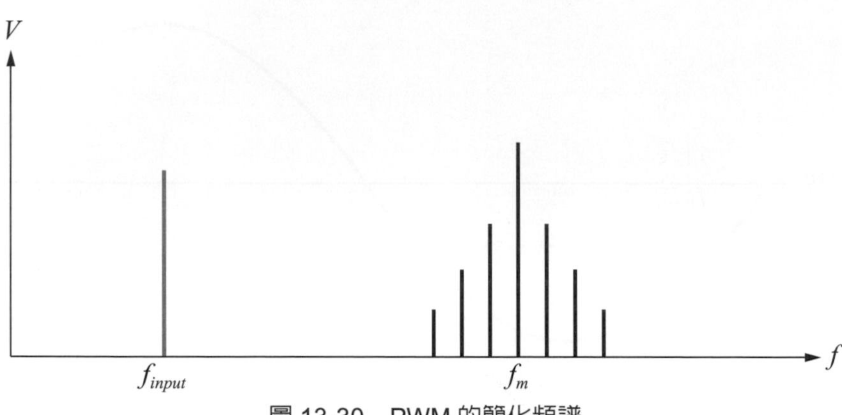

圖 13-30　PWM 的簡化頻譜

3. 互補式 MOSFET 級(Complementary MOSFET Stage)

(1) 電路與動作

a. 以一 p 通道、一 n 通道之 E-MOSFET 採共源極互補式連接所構成，如圖 13-31 所示，功用爲提供功率增益。

b. 此二 FET 在方波作用下僅在「開(on)」與「關(off)」兩種狀態間轉換。當其中之一 FET 爲 on 時，另一爲 off。

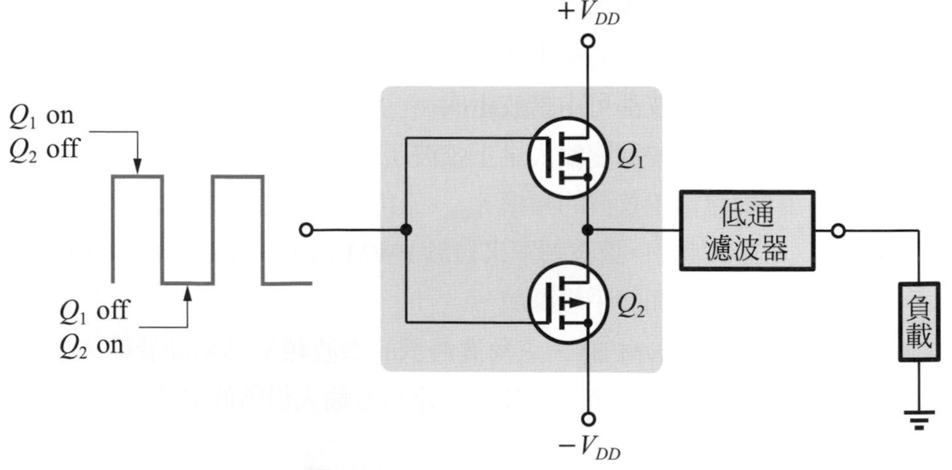

圖 13-31　互補式 MOSFET 級

c. 當 FET 爲 on 時，此 FET 兩端的電壓非常小，即便有很高的電流通過，損耗功率(P_{DQ})仍然很小。當 FET 爲 off 時，因沒有電流通過，所以損耗功率爲 0。

d. 在兩 FET 轉態的瞬間，負載的電壓幾乎等於供電電壓且有很大的電流通過，故此時有很大的功率傳送至負載。

(2) 效率(Efficiency)

a. 理想效率

如前所述，導通(on)之 FET 的損耗功率爲

$P_{DQ(\text{on})} = V_{Q(\text{on})} \times I_L = 0 \times I_L = 0(\text{W})$；

關閉(off)之 FET 的損耗功率爲

$P_{DQ(\text{off})} = V_{Q(\text{off})} \times I_L = V_{Q(\text{off})} \times 0 = 0(\text{W})$；

每半波輸出到負載的功率 $P_{\text{out}} = V_{Q(\text{on})} \times I_L$，一週期爲 $2 \times V_{Q(\text{on})} \times I_L$。

故最大理想效率爲

$$\eta_{\text{max-ideal}} = \frac{P_{\text{out}}}{P_{\text{in}}} = \frac{P_{\text{out}}}{P_{\text{out}} + P_{DQ}} = \frac{2 \times V_{Q(\text{on})} \times I_L}{[2 \times V_{Q(\text{on})} \times I_L] + 0} = 1 = 100\%$$

b. 實際效率

實際上 FET 導通時兩端電壓約爲零點幾伏特，且轉態瞬間以及比較器、三角波產生器均會有功率損耗，故實際效率會低於 100%。

例 13-12

一 D 類放大器之電源電壓為 $\pm 15\text{V}$，其中每個互補級之 MOSFET 導通時兩端電壓為 0.4V，且提供 0.5A 之電流給負載。設所有元件內部消耗之功率總共為 100mW，求輸出功率與總效率。

<Sol>

(1) $P_{\text{out}} = V_{Q(\text{on})} \times I_L = (V_{DD} - V_Q) \times I_L = (15 - 0.4) \times 0.5 = 7.3(\text{W})$

(2) 導通(on)之 FET 的損耗功率為

$P_{DQ(\text{on})} = V_{Q(\text{on})} \times I_L = 0.4 \times 0.5 = 0.2(\text{W})$

(3) $\eta = \dfrac{P_{\text{out}}}{P_{\text{in}}} = \dfrac{P_{\text{out}}}{P_{\text{out}} + P_{DQ(\text{on})} + P_{\text{loss}}} = \dfrac{7.3}{7.3 + 0.2 + 0.1} = 96.05\%$

4. 低通濾波器(Low-Pass Filter)

如前所述：進行 PWM 時，三角波最低的諧波頻率必須高於輸入信號頻率。故此處使用低通濾波器的目的在將較輸入信號頻率(f_{input})為高的三角波的基頻(f_m)以及在基頻上下的諧波頻率攔下，僅使輸入信號頻率落在低通濾波器的頻寬之內，故僅有輸入信號可通過濾波器而輸出，如圖 13-32 所示。

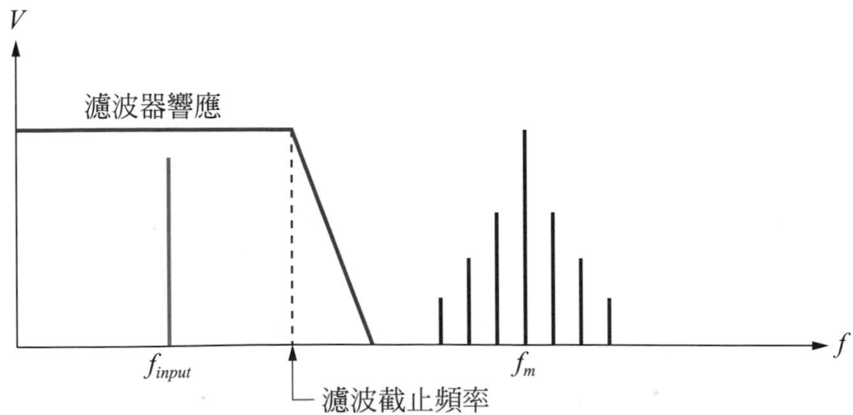

圖 13-32　三角波的基頻(f_m)以及在基頻上下的諧波頻率均在低通濾波截止頻率之上

5. 信號流(Signal Flow)

圖 13-33 描述了 D 類放大器的信號流：輸入為一小音頻信號，經 D 類放大器內各級電路作用後，輸出為一功率足以推動揚聲器的放大音頻信號。

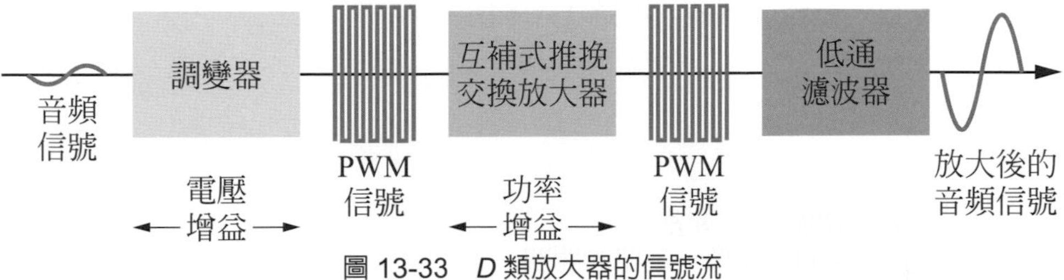

圖 13-33 D 類放大器的信號流

13.6 MOSFET 類比開關(MOSFET Analog Switching)

1. MOSEFET 的開關動作

(1) 理想的開關(Ideal Switch)

n channel MOSFET 的閘極電壓為$+V$時，MOSFET 導通，閘、源極間視為短路；反之若 MOSFET 的閘極電壓為 $0V$ 時，MOSFET 關閉，閘、源極間視為開路，如圖 13-34(a)所示。p channel MOSFET 的動作則相反，如圖 13-34(b)所示。

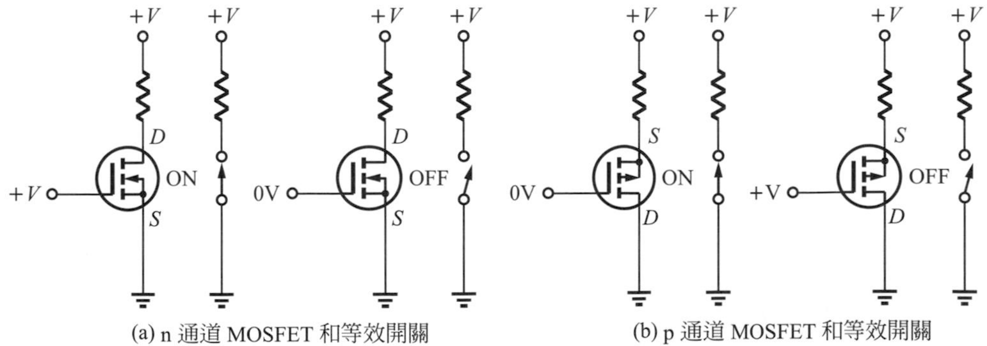

圖 13-34 MOSFET 理想的開關

(2) E-MOSFET 的臨界值特性

$V_{GS} > V_{GS(th)}$ 時，E-MOSFET 工作在負載線之歐姆區的較高末端處，此時 R_{DS} 非常小，可視為一短路之開關；反之 $V_{GS} < V_{GS(th)}$ 時，元件工作在負載線之歐姆區的較低末端處，此時 R_{DS} 非常大，可視為一開路之開關。如圖 13-35 所示。

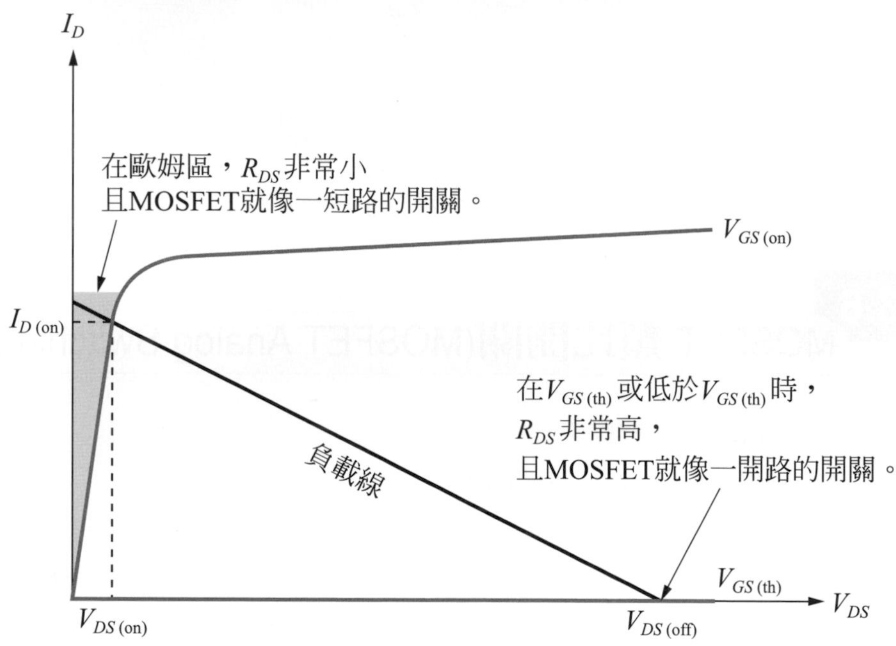

圖 13-35　負載線上的開關動作

2. 類比開關(Analog Switch)

(1) 如前所述，*n* channel MOSFET 的閘極電壓為正且 $V_{GS} > V_{GS(th)}$ 時，MOSFET 導通，汲極端的信號可以經由 MOSFET 輸出至源極，如圖 13-36 所示。

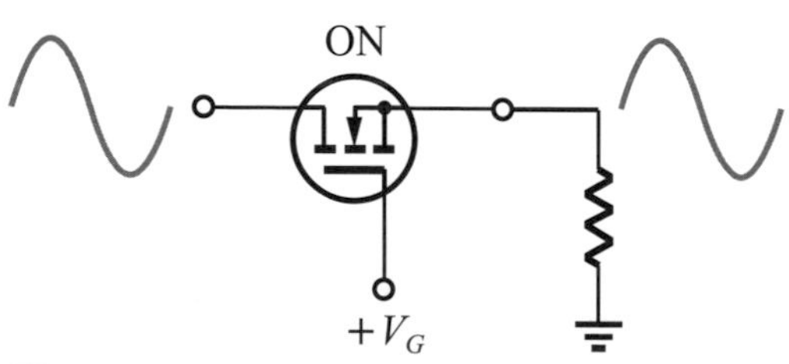

圖 13-36　*n* channel MOSFET 類比開關導通

(2) 欲使圖 13-36 之 MOSFET 保持導通，源極的信號位準不可使 V_{GS} 低於 $V_{GS(th)}$，亦即 V_G 與信號負峰值電壓之差須高於 $V_{GS(th)}$，i.e. $V_{GS}=V_G-V_{p(\text{out})}\geq V_{GS(th)}$，如圖 13-37。

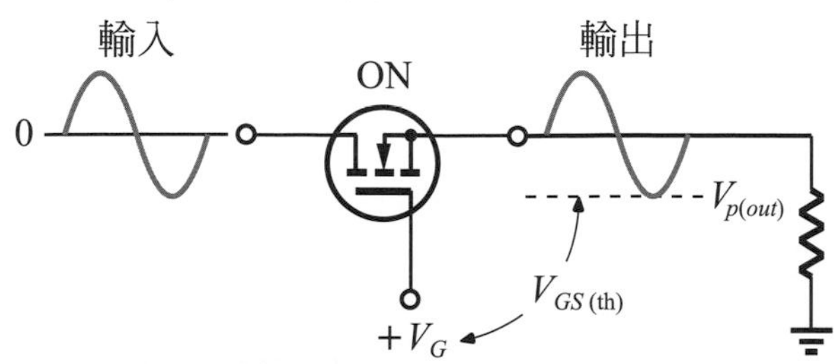

圖 13-37　V_G 與信號負峰值電壓之差

例 13-13

一類比開關如圖 13-37，該 MOSFET 之 $V_{GS(th)}=2\text{V}$ 且 $V_G=5\text{V}$。設開關兩端沒有壓降，求可使開關動作之輸入信號電壓的最大峰對峰值。

<Sol>

$$V_{p(\text{out,max})}=V_G-V_{GS(th)}=5-2=3(\text{V})$$

$$\therefore V_{p\text{-}p(\text{in})}=2\times3=6(\text{V})$$

3. 類比開關應用

(1) 取樣-保持電路(Sample-and-Hold Circuit)

在「類比-數位轉換器(A/D Converter)」中，MOSFET 的閘極電壓爲特定頻率(取樣頻率)之脈波，此 MOSFET 即構成「取樣電路(Sampling Circuit)」，輸入信號可被取樣成電壓信號暫存於「保持電路(Hold Circuit)」之電容器中，接著再被「編碼器(Encoder)」轉換成數位編碼。其動作示於圖 13-38。根據奈奎士取樣準則(Nyquist Sampling Criterion)：最低取樣頻率必須大於被取樣信號最高頻率的兩倍，i.e. $f_{\text{sampling(min)}} > 2f_{\text{signal(max)}}$，此最低取樣頻率稱爲「奈奎士頻率(Nyquist Frequency)」。

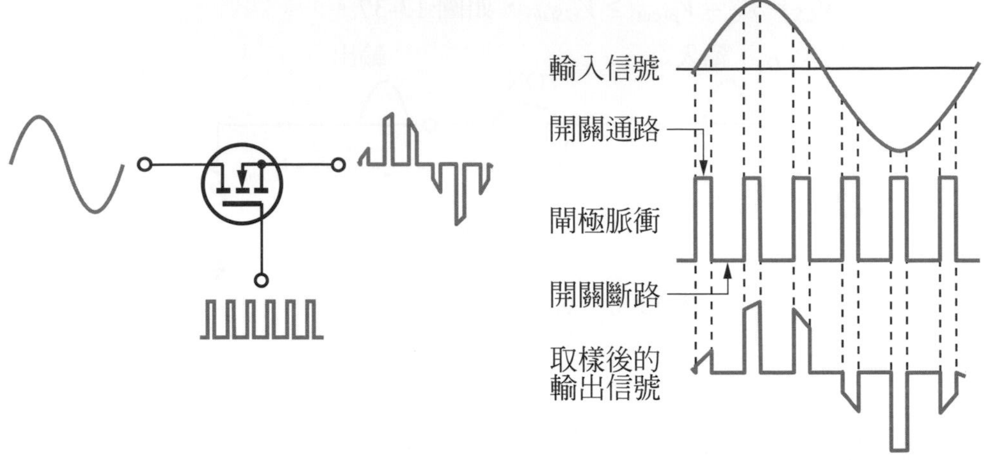

圖 13-38　類比開關於取樣-保持電路中的動作

例 13-14

一類比開關用於最高頻率爲 8kHz 之音頻信號的取樣，求 MOSFET 閘極電壓脈波的最低頻率值。

<Sol>

$$f_{\text{sampling(min)}} > 2f_{\text{signal(max)}} = 2\times 8 = 16(\text{kHz})$$

(2) 類比分時多工器(Analog Time-Division Multiplexer)

所謂分時多工(Time-Division Multiplexing，TDM)係指兩個或兩個以上之信號欲藉同一通道(Channel)傳輸，而將此多個信號分配在不同時間上傳輸的方法。如圖 13-39，A、B 兩不同信號經取樣後，經由 MOSFET 構成之類比分時多工器，由同一通道輸出。此電路爲二通道類比分時多工器，動作說明如下：取樣脈波送至開關 A 之閘極，同一脈波經反相後送至開關 B 之閘極；當開關 A 導通時，開關 B 截止，此時經取樣後之 A 信號輸出；反之則爲經取樣後之 B 信號輸出。

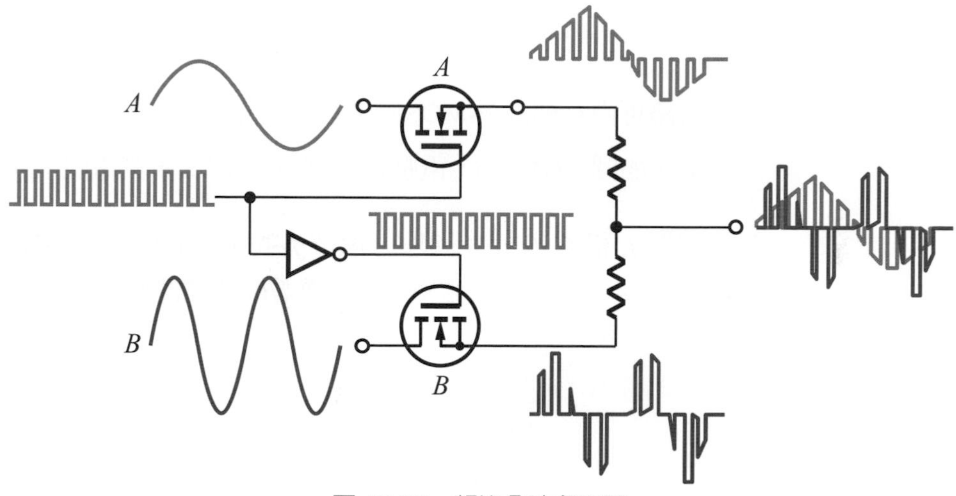

圖 13-39　類比分時多工器

(3) 開關電容電路(Switched-Capacitor Circuit)

a. 在 IC 製程中，由於下列三個原因，IC 可程式類比元件常用「開關電容」來仿效電阻：

(a) 製作電容比製作電阻容易；

(b) 電容在晶片中所佔的空間比電阻小；

(c) 電容的功率損耗遠小於電阻。

b. 仿效方法：如圖 13-40，

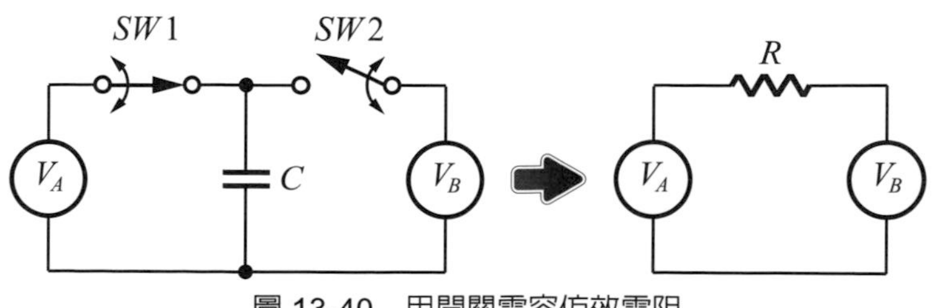

圖 13-40　用開關電容仿效電阻

(a) 當 $SW1$ 導通、$SW2$ 斷開時，V_A 對電容器 C 充電；

(b) 當 $SW1$ 斷開、$SW2$ 導通時，電容器 C 對 V_B 放電；

(c) 因 V_A、V_B 間有電位差，如同一導通電阻之兩端，故此架構可仿效電阻 R。

(d) 仿效的電阻值 $R=\dfrac{1}{fC}$，其中 f 為開關頻率；C 為電容值。

c. 實際電路可由互補式 E-MOSFET 和電容器實現。例如一反向放大器，如圖 13-41 (a)，電壓增益為 $A_v=-\dfrac{R_2}{R_1}$，其電阻 R_1 可經由選擇 f_1 和 C_1 決定；同理，選擇 f_2 和 C_2 可決定 R_2。如圖 13-41(b)所示。若要改變電壓增益，僅需改變開關頻率 f 即可。

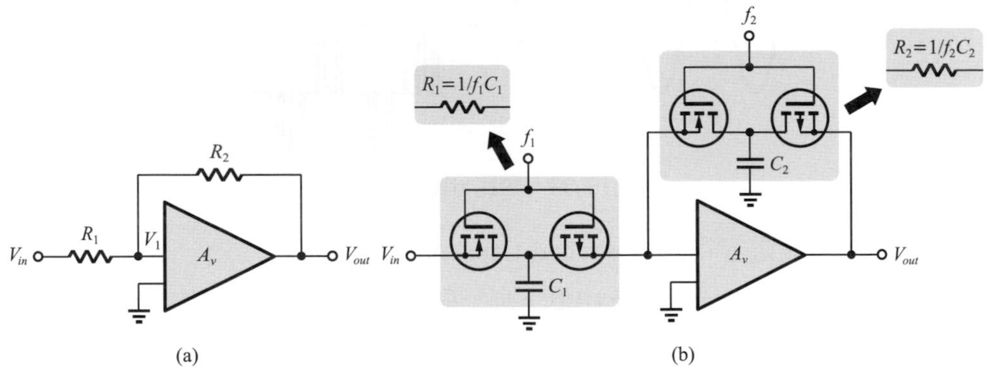

圖 13-41 用開關電容取代反向放大器中之電阻

13.7 MOSFET 數位開關(MOSFET Digital Switch)

MOSFET 可做爲類比信號的開關，同樣亦可做爲數位 IC 和功率控制電路的開關。用於數位 IC 的 MOSFET 爲低功率元件，用於功率控制者爲高功率元件。

1. 互補式 MOS(Complementary MOS, CMOS)

   (1) CMOS 之架構

   a. 係將一 p 通道 E-MOSFET(Q_1)與一 n 通道 E-MOSFET(Q_2)串聯而成，且 Q_1 的源極接 V_{DD}、Q_2 的源極接地；兩者的閘極相連於輸入信號端(V_{in})、兩者的汲極相連於輸出信號端(V_{out})，如圖 13-42 所示。

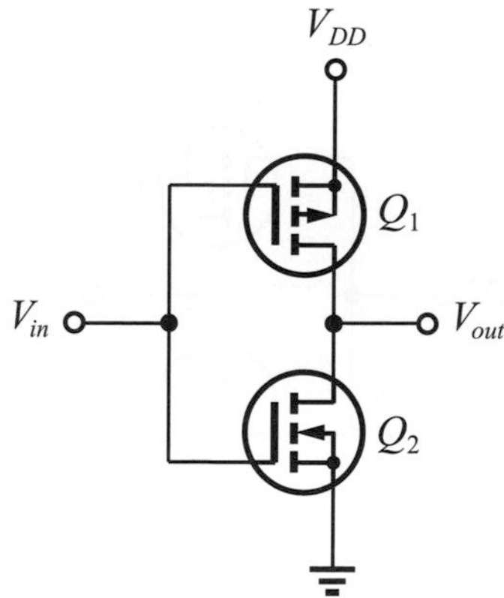

圖 13-42　用 CMOS 之架構

b. 當$V_{in}=V_{DD}$時，Q_2導通、Q_1截止，$V_{out}=0$，如圖 13-43 所示。

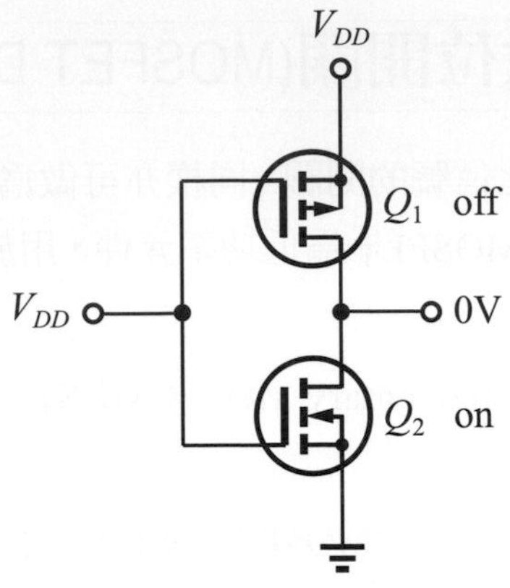

圖 13-43　當 V_{in} = V_{DD}時 CMOS 的 V_{out} = 0

c. 當$V_{in}=0$時，Q_1導通、Q_2截止，$V_{out}=V_{DD}$，如圖 13-44 所示。

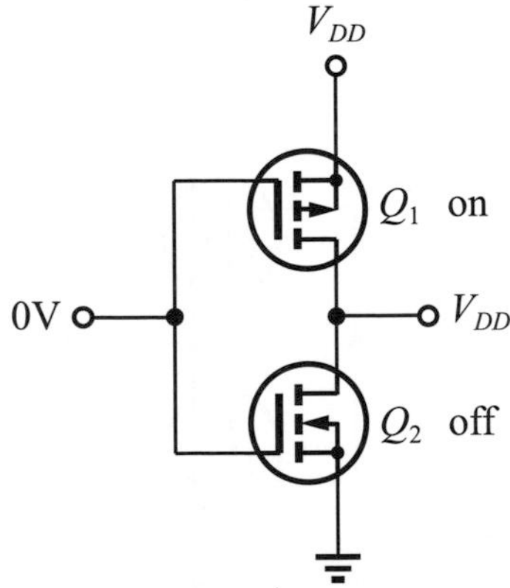

圖 13-44　當 V_{in} = 0 時 CMOS 的 V_{out} = V_{DD}

d. 因兩 MOSFET 串聯，CMOS 在穩態時，其中總有一個 MOSFET 是在截止狀態，故沒有電流由電源供應器流入 CMOS；僅在轉態的極短暫時間內，由於兩個電晶體均導通而有電流流過，故 CMOS 消耗功率極低。

(2) 反向器(Inverter)

CMOS 其實就是一個「反向器(Inverter)」，因輸入為 High 時輸出為 Low，反之輸入為 Low 時輸出為 High。

(3) Not-AND 閘(NAND Gate)

在 CMOS 中增加一 n 通道 E-MOSFET(Q_3)與 Q_2 串聯、增加一 p 通道 E-MOSFET(Q_4)與 Q_1 並聯，且將輸入增為兩個：V_A 輸入 Q_2 與 Q_4 之閘極、V_B 輸入 Q_1 與 Q_3 之閘極，則該電路變成一「非及閘(NAND Gate)」，如圖 13-45(a)所示。除 V_A、V_B 兩者皆為 High 時輸出為 Low，其餘狀況輸出皆為 High。各電晶體及 NAND 閘輸出與兩輸入間之邏輯關係如圖 13-45(b)所示。

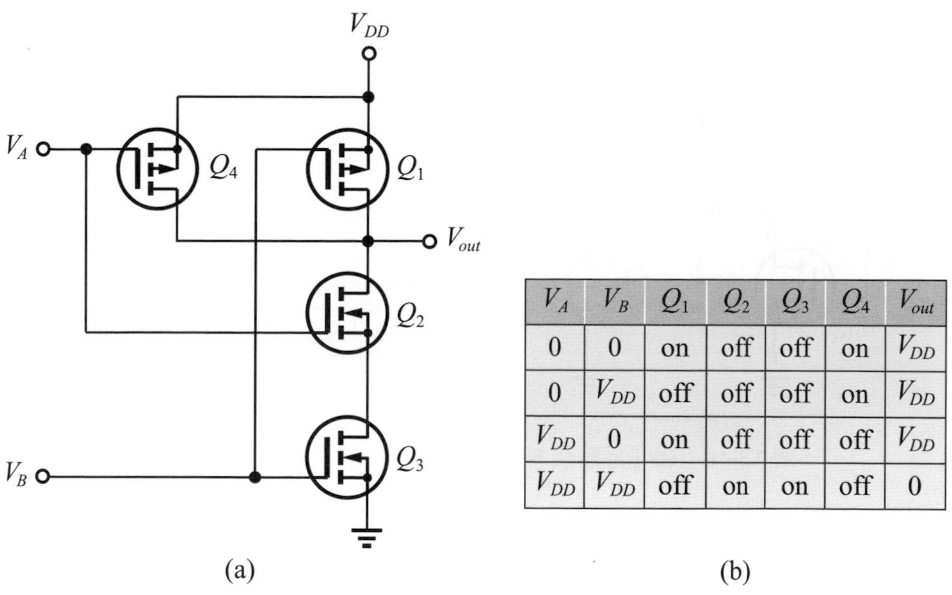

V_A	V_B	Q_1	Q_2	Q_3	Q_4	V_{out}
0	0	on	off	off	on	V_{DD}
0	V_{DD}	off	off	off	on	V_{DD}
V_{DD}	0	on	off	off	off	V_{DD}
V_{DD}	V_{DD}	off	on	on	off	0

(b)

圖 13-45　各電晶體及 NAND 閘輸出與兩輸入間之邏輯關係

(4) Not-OR 閘(NOR Gate)

在 CMOS 中增加一 p 通道 E-MOSFET(Q_3)與 Q_1 串聯、增加一 n 通道 E-MOSFET(Q_4)與 Q_2 並聯，且將輸入增爲兩個：V_A 輸入 Q_3 與 Q_4 之閘極、V_B 輸入 Q_1 與 Q_2 之閘極，則該電路變成一「非或閘(NOR Gate)」，如圖 13-46(a)所示。除 V_A、V_B 兩者皆爲 Low 時輸出爲 High，其餘狀況輸出皆爲 Low。各電晶體及 NOR 閘輸出與兩輸入間之邏輯關係如圖 13-46(b)所示。

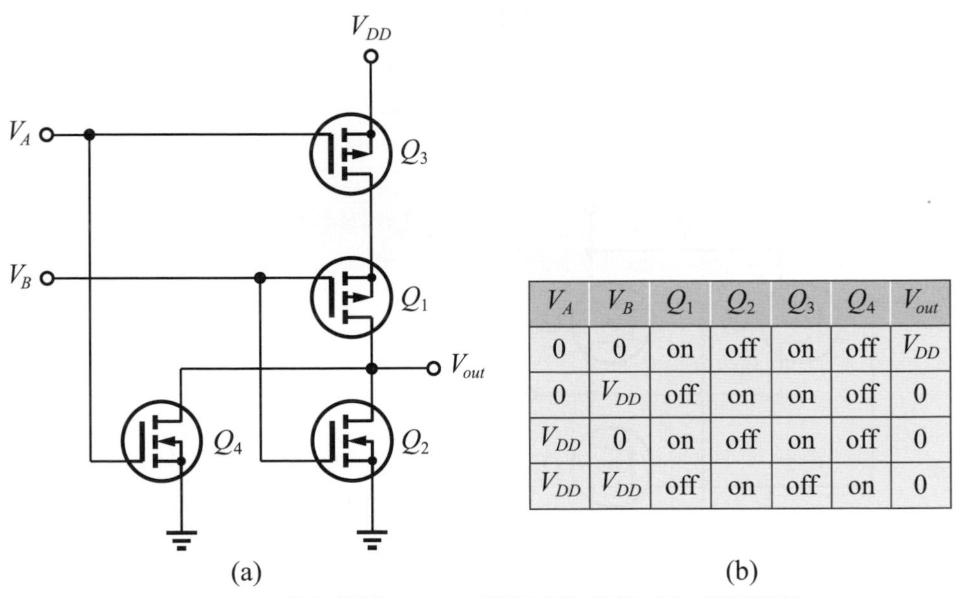

V_A	V_B	Q_1	Q_2	Q_3	Q_4	V_{out}
0	0	on	off	on	off	V_{DD}
0	V_{DD}	off	on	on	off	0
V_{DD}	0	on	off	on	off	0
V_{DD}	V_{DD}	off	on	off	on	0

圖 13-46　各電晶體及 NOR 閘輸出與兩輸入間之邏輯關係

例 13-15

一 CMOS 的輸入信號為一脈波如圖 13-47 所示。求輸出波形並說明其動作。

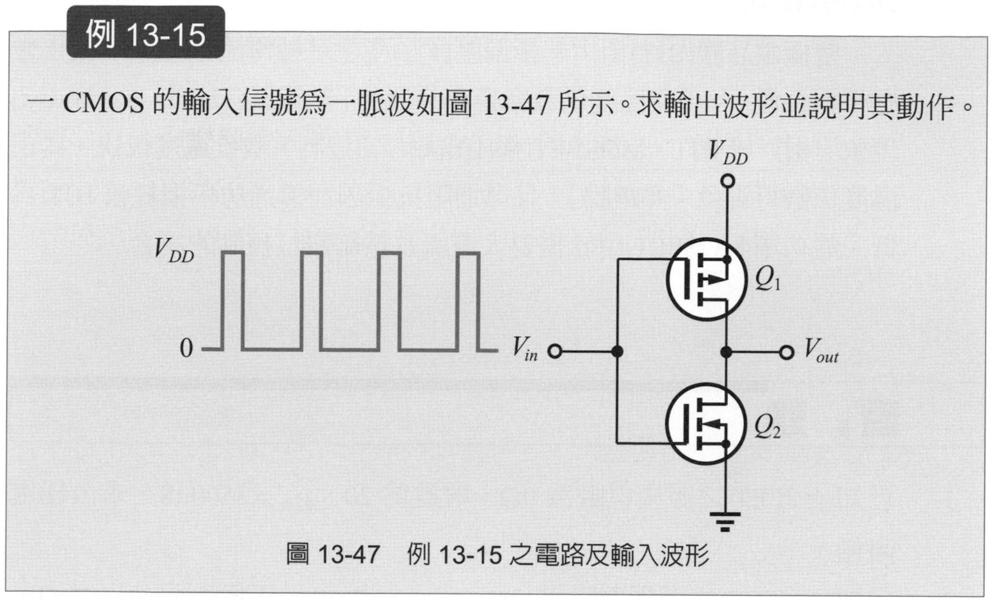

圖 13-47 例 13-15 之電路及輸入波形

<Sol>

(1) 當 $V_{\text{in}} = V_{DD}$ 時，Q_2 導通、Q_1 截止，$V_{\text{out}} = 0$；當 $V_{\text{in}} = 0$ 時，Q_1 導通、Q_2 截止，$V_{\text{out}} = V_{DD}$。

(2) 相對應於輸入波形之輸出波形如圖 13-48。

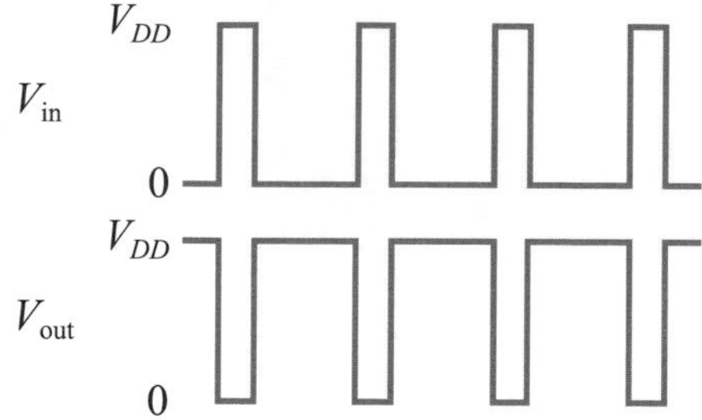

圖 13-48 例 13-15 中相對應於輸入波形之輸出波形

2. 功率開關中的 MOSFET

雙極電晶體(BJT)須由基極偏壓(V_{BB})產生基極電流來導通，截止響應相對較慢，且受負溫度係數影響容易發生「熱跑脫(Thermo-Runaway」現象。相對於 BJT，MOSFET 係由電壓(V_G)控制，截止速度較快，具正溫度係數可避免「熱跑脫」，且導通阻抗低因而導通功率損耗較 BJT 爲低。故功率 MOSFET 用於需要大電流及精確數位控制的場合。

習　題 EXERCISE

1. 已知一 JFET 之源極電阻爲 0Ω、增益爲 20、$g_m = 3500\mu S$，求汲極電阻值。
2. 已知一 JFET 之源極電阻爲 0Ω、$g_m = 4.2mS$、汲極電阻值 4.7kΩ、$r'_{ds} = 12k\Omega$，求增益。
3. 請分別求下列三電路中之 FET 每個端點對地的直流電壓。

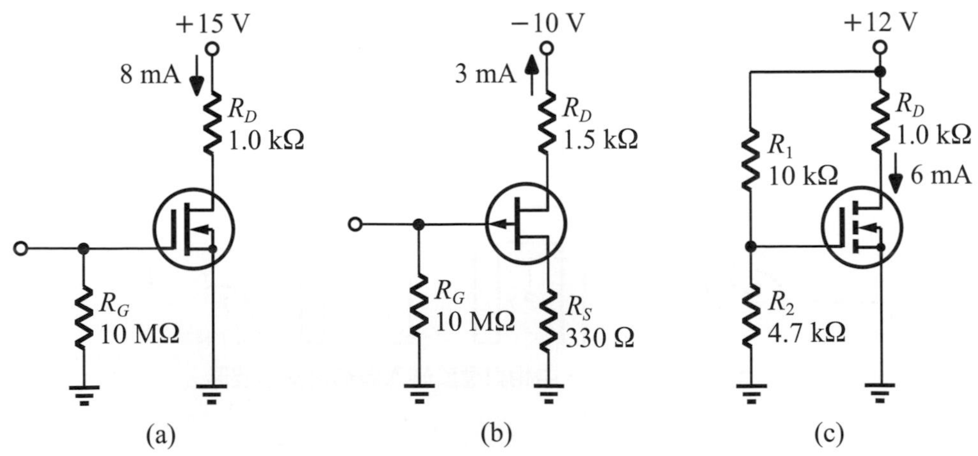

4. 請依照圖 13-18(a)之曲線求：當 V_{gs} 在 Q 點上下±1.5V 變動時，I_d 的峰對峰值。

5. 一電路如圖。

(1) 若 $I_D = 2.83\text{mA}$、$V_{GS(\text{off})} = -7\text{V}$、$I_{DSS} = 8\text{mA}$，求：$V_{GS}$ 以及 V_{DS}。

(2) 若 $g_m = 5000\mu\text{S}$ 且 $V_{\text{in}} = 50\text{mVrms}$，求 V_{out} 的峰對峰值。

(3) 若 $g_m = 5000\mu\text{S}$、$V_{\text{in}} = 50\text{mVrms}$ 且將 1500Ω的交流負載耦合到輸出端，求 V_{out} 的均方根值。

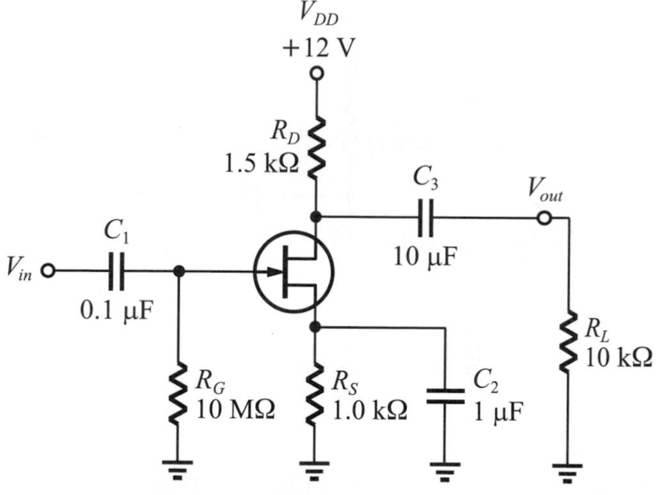

6. 請分別求下二電路的電壓增益。

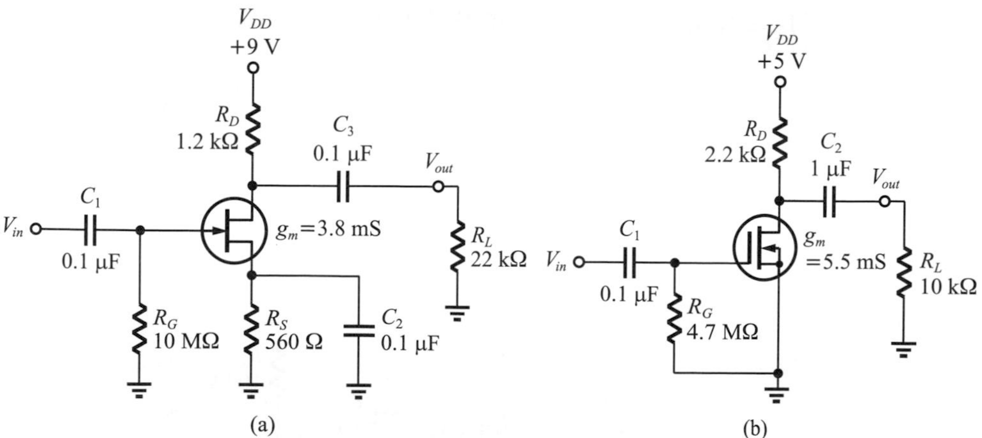

7. 一電路如圖。

(1) 若 Q 點在負載線正中央，且 $V_{GS(\text{off})}=-4\text{V}$ 、 $I_{DSS}=15\text{mA}$，求：汲極電流。

(2) 若將 C_2 移除，增益變為多少？

(3) 若將一 4.7 kΩ電阻與 R_L 並聯，增益變為多少？

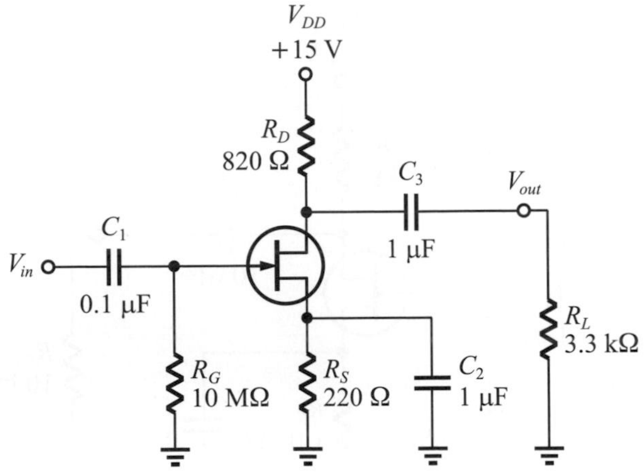

8. 一電路如圖，該電路之 Q 點在負載線正中央。

(1) 若 $V_{GS(\text{off})}=-3\text{V}$ 、 $I_{DSS}=9\text{mA}$ ，求：I_D 、 V_{GS} 以及 V_{DS} 。

(2) 若 $V_{\text{in}}=10\text{mV rms}$ ，求 V_{out} 的均方根值。

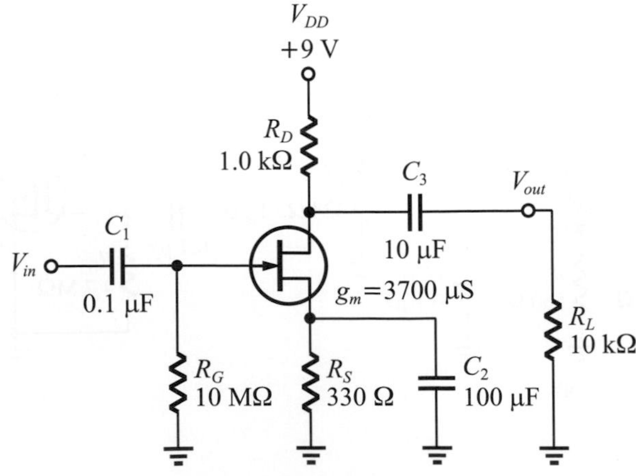

9. 一電路如圖。已知 $V_{GS} = 10\text{V}$ 時 $I_{D(\text{on})} = 18\text{mA}$ ，$V_{GS(th)} = 2.5\text{V}$ ，且 $g_m = 3000\mu\text{S}$ 。求：I_D 、V_{GS} 以及 V_{DS} 。

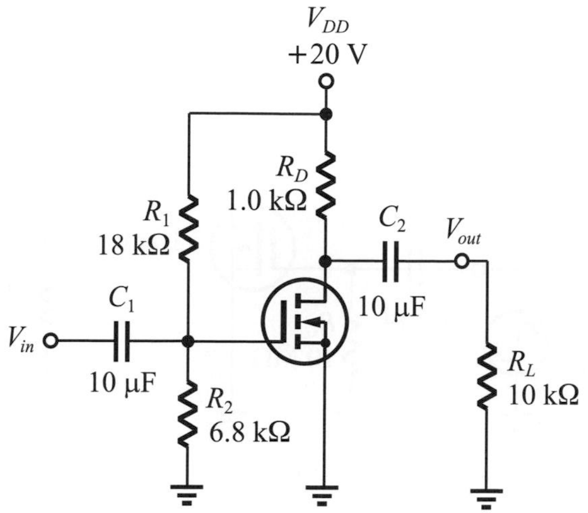

10. 一電路如圖，$V_{GS} = -15\text{V}$ 時 $I_{GSS} = 25\text{nA}$ 。求信號源 V_{in} 所看到的輸入阻抗 R_{in} 。

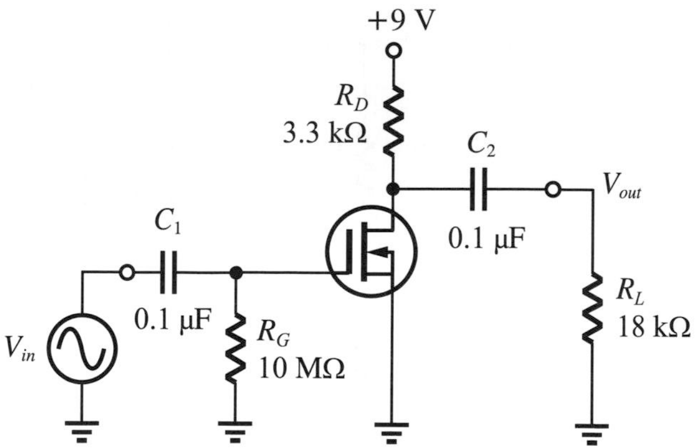

11. 一電路如圖，已知$V_{GS}=0\text{V}$、$I_{DSS}=15\text{mA}$、$g_m=4.8\text{mS}$。求：(1)汲極之交、直流電壓重疊的波形，(2) V_{out}的波形。

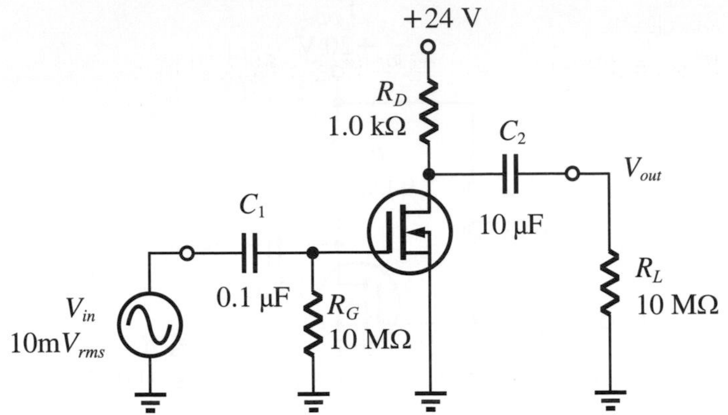

12. 一電路如圖。已知該電路無載，且$V_{GS}=12\text{V}$時$I_{D(\text{on})}=8\text{mA}$，$V_{GS(th)}=4\text{V}$，且$g_m=4500\mu\text{S}$。求：$I_D$、$V_{GS}$、$V_{DS}$以及$V_{ds}$的 rms 值。

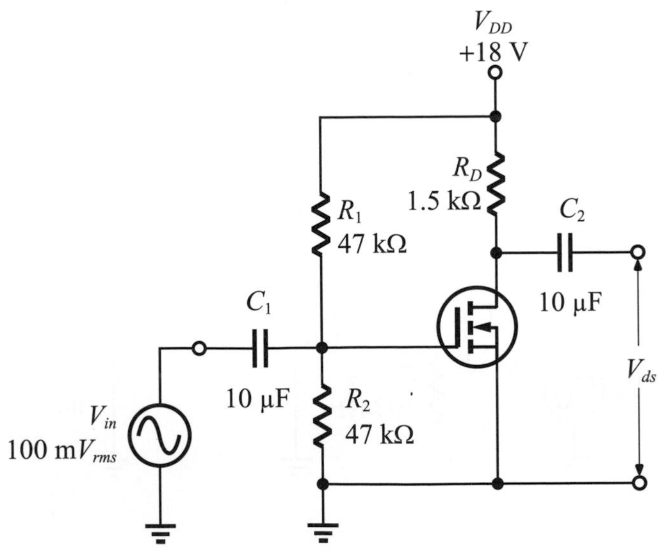

13. 一「源極隨耦器」電路如圖。

(1) 已知 $V_{GS} = -15\text{V}$ 時 $I_{DSS} = 50\text{pA}$ 且 $g_m = 5500\mu\text{S}$。求：電壓增益、輸入阻抗。

(2) 若 $g_m = 3000\mu\text{S}$，求：電壓增益、輸入阻抗。

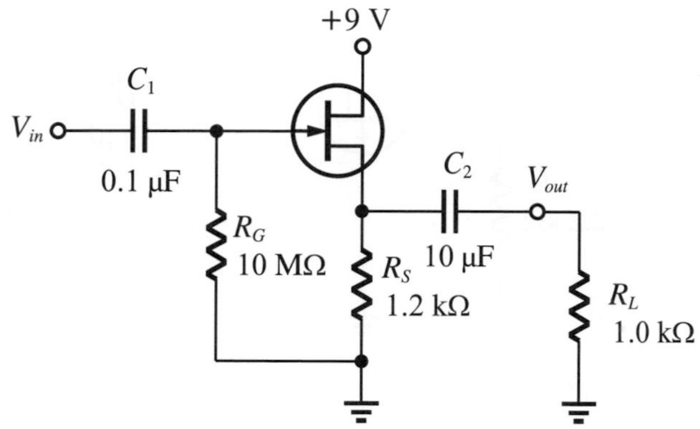

14. 請分別求下二電路之增益。

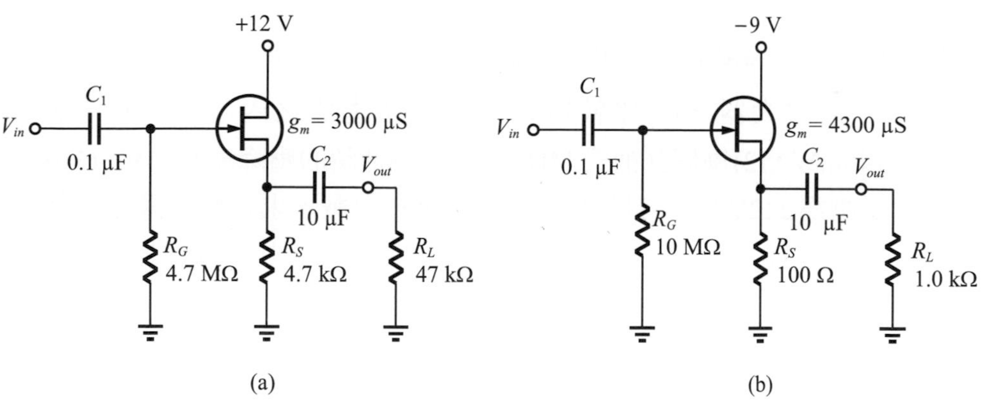

15. 一「共閘極放大器」電路如圖。求：電壓增益、輸入阻抗。

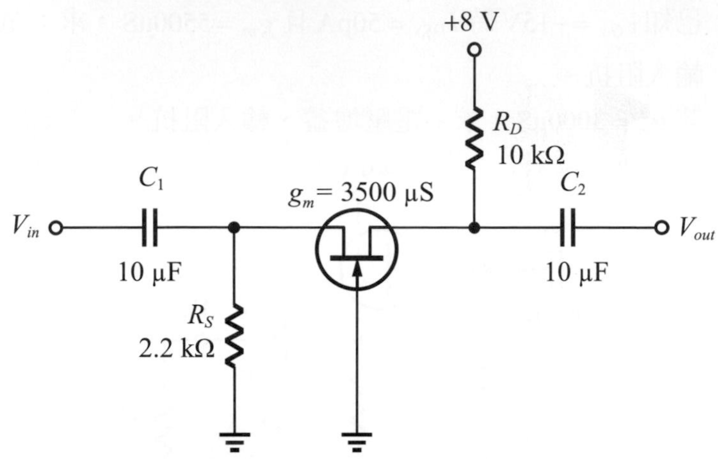

16. 如圖 13-26 之疊接放大器，$V_{GS} = 15\text{V}$ 時 $I_{GSS} = 2\text{nA}$ 、 $g_m = 2800\mu\text{S}$ ，且 $R_3 = 15\text{M}\Omega$ 、$L = 1.5\text{mH}$。求：$f = 100\text{MHz}$ 時之電壓增益、輸入阻抗。

17. D 類放大器之 $V_{\text{out}} = \pm 9\text{V}$ 且 $V_{\text{in}} = 5\text{mV}$ ，求：電壓增益。

18. D 類放大器之(1)比較器和三角波產生器之內部損耗功率共爲 140mW，(2)每個互補式 MOSFET 在導通時的壓降爲 0.25V，(3)電源電壓爲 ±12V DC、且提供 0.35A 電流給負載。求該放大器之效率。

19. 一使用 $V_{GS(th)} = 4\text{V}$ 、n channel MOSFET 的類比開關，閘極電壓爲 +8V。若忽略汲-源極間之壓降，求：可接受最大輸入信號的 peak-to-peak 值。

20. 開關電容電路中之電容爲 10pF，若要仿效 10kΩ電阻，所需信號頻率爲何？

Electronics

14

光電元件

14.1 光的特性

14.2 光電效應

14.3 光電元件

14.1 光的特性

1. 能量：

$E=h\times f$

h：蒲朗克常數：6.624×10^{-34} 焦耳-秒

f：頻率(Hz)

2. 速度：

$C=\lambda\times f$

C：光速(眞空中爲 3×10^{8}m/s)

λ：波長(單位 Å$=10^{-8}$cm)

3. 光度(Light intensity)：

$$1\text{fc}\ (\text{呎燭}) = 1\ \ell\text{m/ft}^2\ (\text{流明／英呎}^2)$$
$$= 10.764\ \ell\text{m/m}^2$$
$$= 1.609\times10^{-12}\text{W/m}^2(\text{瓦／公尺}^2)$$

4. 可見光：

波長：0.38μm(紫光)～0.76μm(紅光)(3800Å～7600Å)

頻率：789THz(紫光)～395THz(紅光)($T=10^{12}$，Terra)

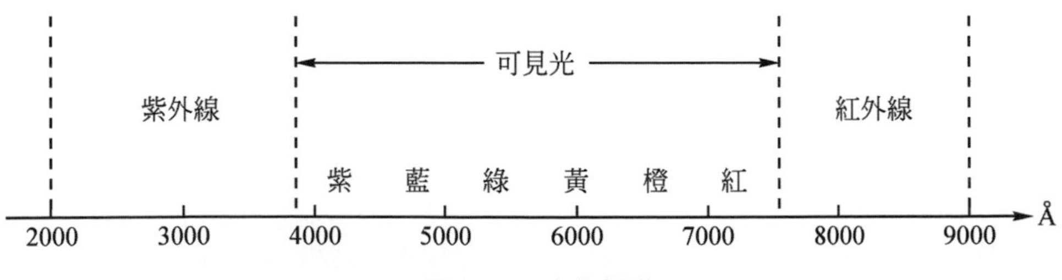

圖 14-1　光的頻譜

14.2 光電效應

1. 光伏打效應(Photovoltaic effect)
   (1) 當光線(輻射光)照射在光敏材料製成之 pn 接面(pn-Junction)上時，n 型區(Donor)之電子會被光能激發而越過接面流向 p 型區(Accepter)，形成電子-電洞對，電流於焉產生。電流大小與光線強弱成正比。此即所謂「光伏打效應」。
   (2) 光伏打電池，或稱「太陽能電池(Solar cell)」即爲一例。

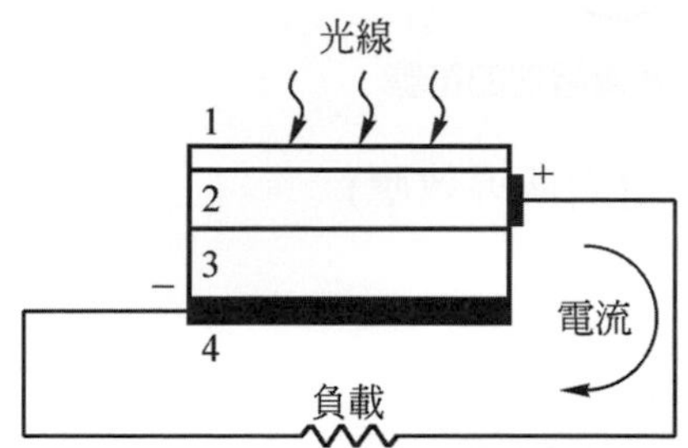

圖 14-2　光伏打效應之光伏打電池

2. 光傳導效應(Photoconductive effect)
   (1) 有某些材料(光電傳導材料，如硫化鎘)當受到光線(輻射光)照射時，其價電子因受光能激發，跳脫原子核的束縛而成爲自由電子，以致於其導電性增加，亦即電阻降低。其電阻的改變隨光線的強弱而變化。此現象即稱爲「光傳導效應」。

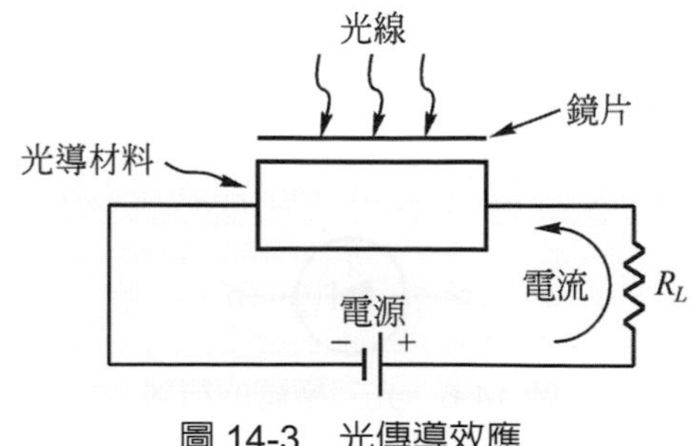

圖 14-3　光傳導效應

(2) 光敏電阻(Photoresistor)或稱光導電池(Photo-conductive cell)即爲一例。

14.3 光電元件

1. 光導電池(Photo conductive cell)

(1) 符號：

圖 14-4 光導電池的符號

(2) 特性：阻抗與光度成反比(光傳導效應)

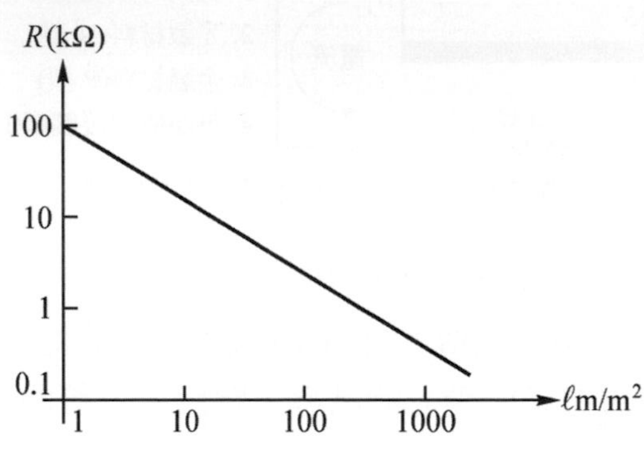

圖 14-5 光導電池的阻抗與光度間關係

(3) 又稱光電阻電池(Photo-resistive cell)或光敏電阻(Photoresistor)

2. 光二極體(Photodiode)

(1) 符號：

圖 14-6 光二極體的符號

(2) 特性：

① 逆向電流(I_λ)與 pn 接面受光度成正比，無光時之 I_λ 稱暗電流(Dark current)。

② 工作於逆偏壓區。

③ 可視作一單向導通之光敏電阻(順偏不導通，逆偏導通)。

④ 特性曲線。

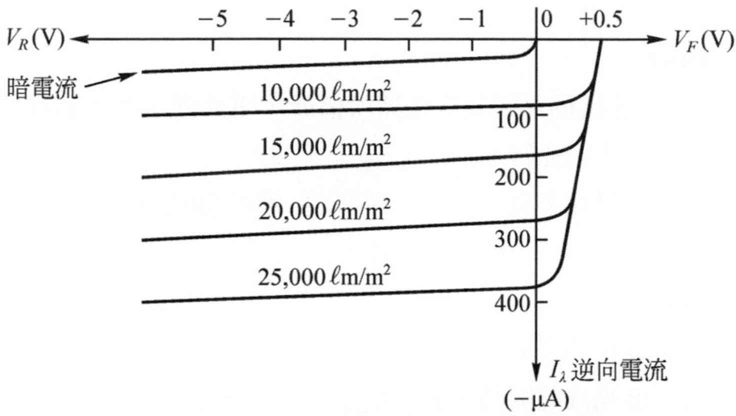

圖 14-7　光二極體的特性曲線

例 14-1

由特性曲線(圖 14-7)，求光二極體偏壓爲 3V 時之(1)暗電流，(2)無光時之等效電阻，(3)光度爲 25000 ℓm/m² 時之等效電阻。

<Sol>

① 暗電流(Dark current)＝25μA

② $r_R = \dfrac{V_R}{I_\lambda} = \dfrac{3\text{V}}{25\,\mu\text{A}} = 120\,\text{k}\Omega$

③ $I_\lambda = 375\,\mu\text{A}$ (當光度爲 25000 $\ell\text{m}/\text{m}^2$)

$\therefore r_R = \dfrac{V_R}{I_\lambda} = \dfrac{3\text{V}}{375\,\mu\text{A}} = 8\,\text{k}\Omega$

3. 光電晶體(Phototransistor)

(1) 符號：

圖 14-8　光電晶體的符號

(2) 構造：

① CB 接面為一光二極體所構成，電晶體包裝上有鏡片開口，接收入射光線。

② 有雙接腳及三接腳兩種型式，雙接腳式僅可以光線驅動，三接腳式則類似傳統之 BJT。

(3) 特性：

① 該電晶體 CB 間之 I_λ 即為 I_B 。

② 無光線照射時，$I_c = I_{CEO}$ (暗電流，約為 nA)。

③ 有光線照射時，$I_c = \beta_{dc} I_\lambda$ 。

(4) 光達靈頓(Photo-Darlington)：

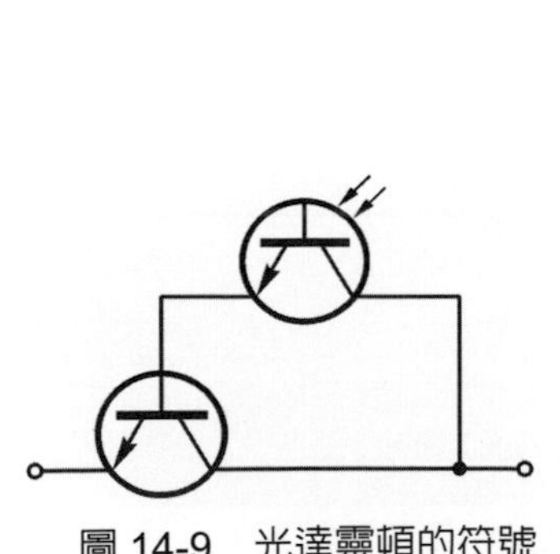

圖 14-9　光達靈頓的符號

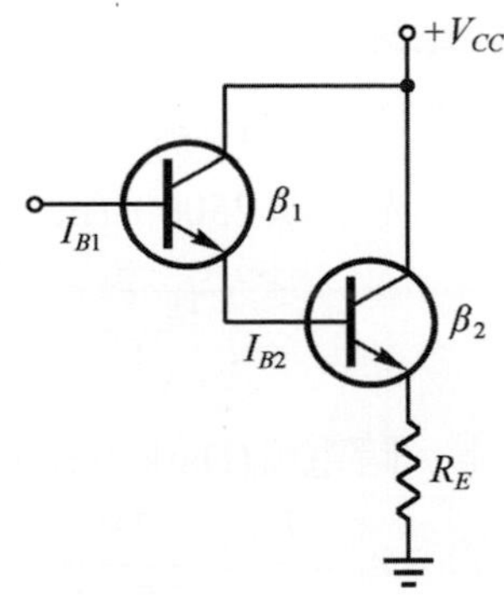

圖 14-10　達靈頓對

[**Note**： 達靈頓對(Darlington Pair)：兩電晶體(β_1、β_2)串聯，可得高電流增益($\beta_1 \times \beta_2$)。

$I_{E1} = \beta_1 \times I_{B1} = I_{B2}$

$I_{E2} = \beta_2 \times I_{B2} = \beta_2 \times (\beta_1 \times I_{B1}) = (\beta_1 \times \beta_2) \times I_{B1}$]

(5) 應用：

① 光作動(Light Activated)

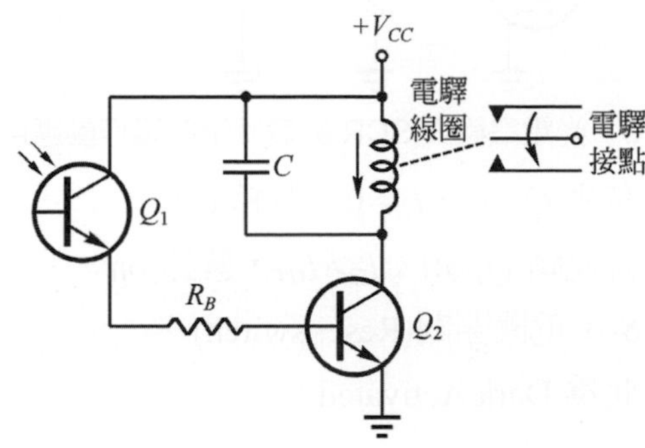

圖 14-11　光電晶體的光作動應用電路

② 暗作動(Dark Activated)

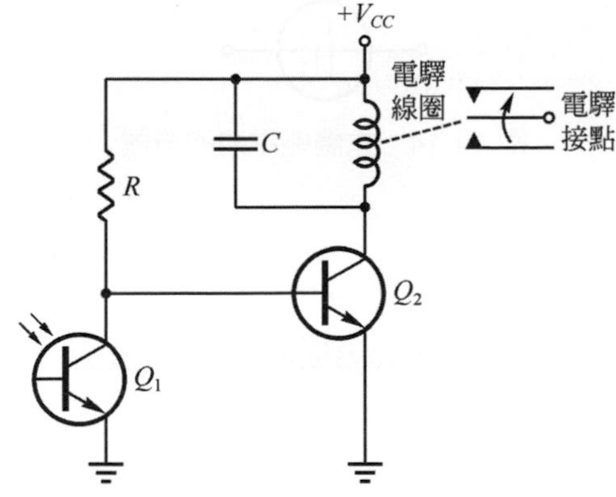

圖 14-12　光電晶體的暗作動應用電路

③ 與 SCR(見本書第十二章)配合使用

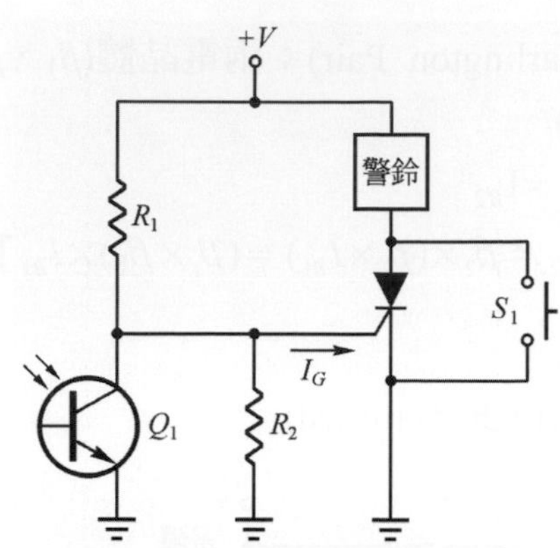

圖 14-13　光電晶體與 SCR 配合使用的暗作動應用電路

❶ 有光 Q_1 on，$I_G=0$，警鈴 off。

❷ 光遮斷 Q_1 off，$I_G>I_{GT}$，警鈴 on。

❸ S_1：重置開關(Reset switch)。

❹ 此為 Dark Activated。

4. 太陽能電池(Solar cell)

(1) 符號：

圖 14-14　太陽能電池的符號

(2) 原理：光伏打效應。

(3) 電壓約為 0.4V，電流約為 mA～μA 之間。

(4) 可由串並聯之陣列(Array)提高電壓、電流。

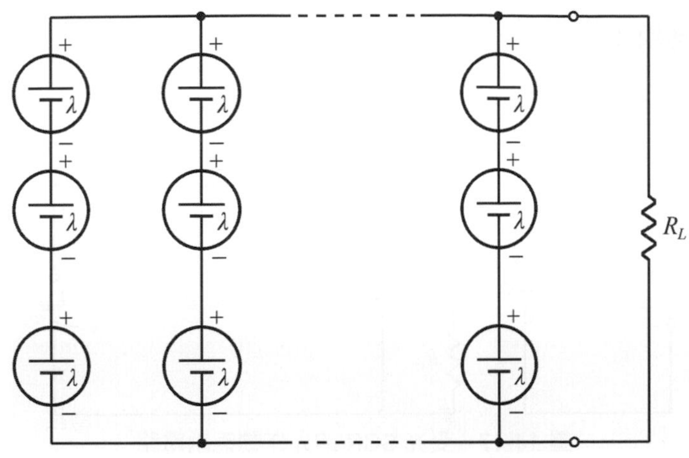

圖 14-15　太陽能電池的串並聯陣列

5. 受光 SCR(Light-Activated SCR，LASCR)

(1) 符號：

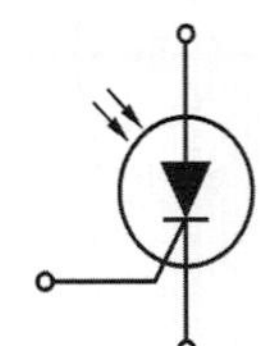

圖 14-16　受光 SCR 的符號

(2) 特性：

① 除了 $I_G>I_{GT}$ 觸發外，亦可被光觸發。

② 其光敏程度與閘極阻抗(R_G)成正比，
i.e.開路時最靈敏。

(3) 應用：

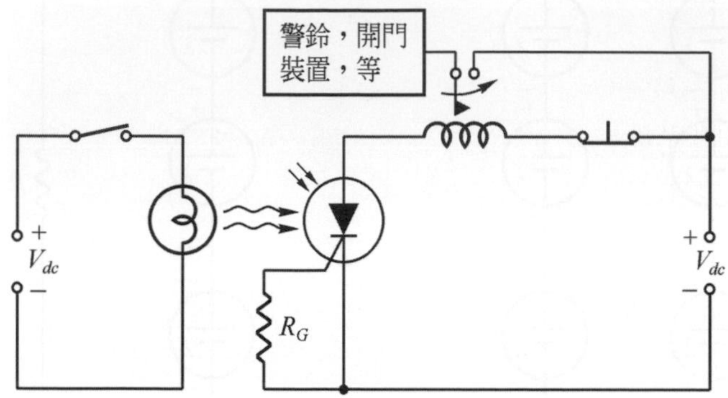

圖 14-17　受光 SCR 的光作動應用電路

6. 發光二極體(Light-Emitting Diode，LED)

(1) 符號：

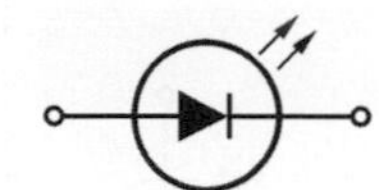

圖 14-18　發光二極體的符號

(2) 特性：

① 作用與光二極體(Photodiode)相反，流過電流可發出光線，此即稱「電發光(Electro-luminescence)」。

② 射出光線與順向電流成正比。

③ 電發光：n 區高能電子越過接面與 p 區電洞再結合時，其能量以光的形式釋放。

④ 材料：砷化鎵(GaAs)：發射紅外線(Infrared)波長 940nm。
磷砷化鎵(GaAsP)：黃綠光(550nm)。
磷化鎵(GaP)：紅光(660nm)。
(矽及鍺釋放熱)

7. 雷射二極體(Laser diode)

LASER：Light Amplification by Stimulated Emission of Radiation

(1) 頻率為單一頻率。

(2) 不易散射。

8. 光隔離器(Optical isolator)

(1) 係將光耦合器(Photocouple，即一發光元件、一受光元件)封裝在一密不透光的盒中而成。

(2) 其功用在將電路之輸入與輸出部分完全隔離(兩者間無歐姆接觸 No ohmic contact)，以避免兩者間之雜訊(Noise)、突波電壓、突波電流(Surge Current)相互作用。(通常用在以低輸入作動高電壓、大功率輸出的場合)。

(3) 類型：

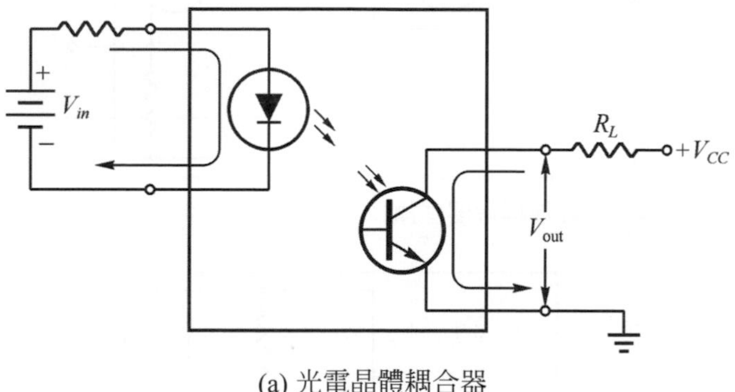

(a) 光電晶體耦合器

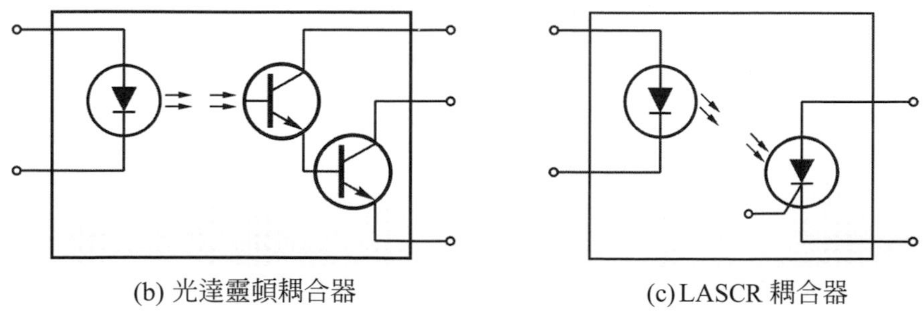

(b) 光達靈頓耦合器　　(c) LASCR 耦合器

圖 14-19　光隔離器的應用電路類型

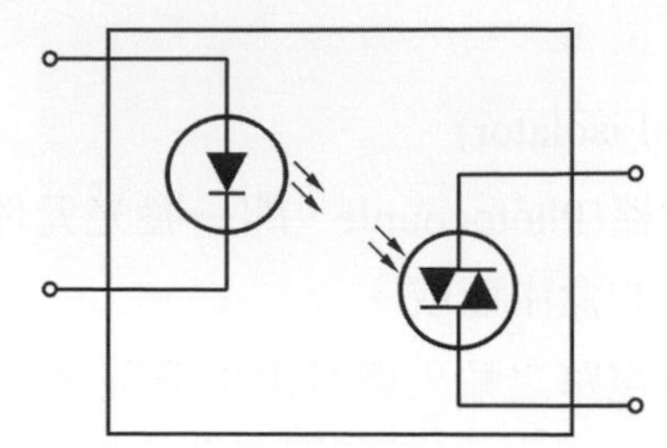

(d) 光 TRIAC(見本書第十二章)耦合器

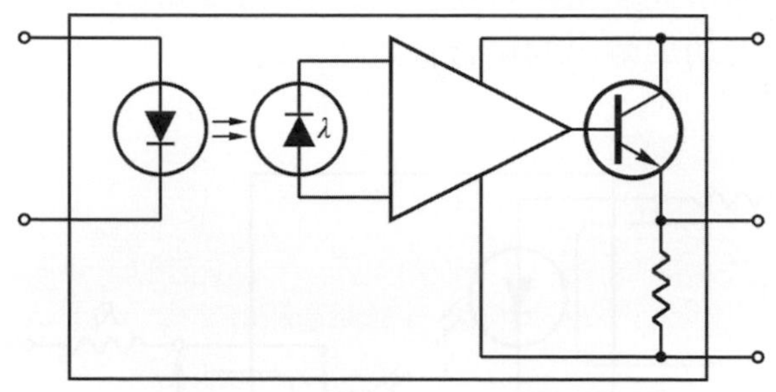

(e) 光絕緣 AC 線性耦合器(將輸入電流變化轉換成輸出電壓變化)

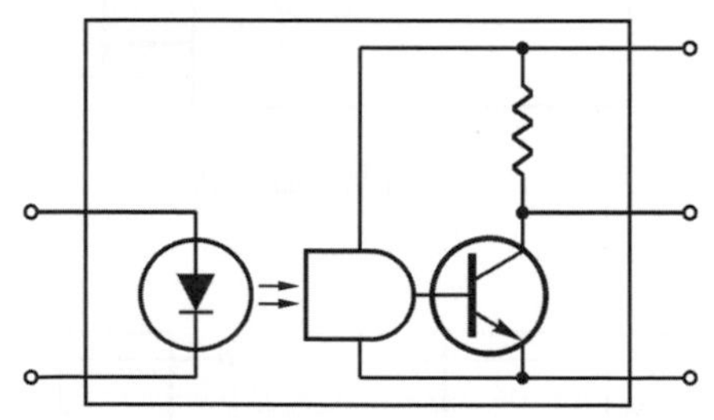

(f) 數位輸出耦合器

圖 14-19　光隔離器的應用電路類型(續)

習　題 EXERCISE

1. 請繪出下列元件之電路符號：(1)光二極體，(2)光達靈頓，(3)LED，(4)光隔離器(任何一種)。
2. 請說明何謂光伏打效應？試舉一應用該效應之例？
3. 請說明何謂光傳導效應？試舉一應用該效應之例？
4. 請說明光隔離器的用途？試舉一應用例？
5. LED 燈與鎢絲燈的發光原理有何異同？

國家圖書館出版品預行編目資料

應用電子學 / 楊善國編著. -- 三版. -- 新北市：
全華圖書股份有限公司, 2023.09
面； 公分
ISBN 978-626-328-693-1(精裝)
1.CST：電子工程 2.CST：電路
448.6 112014387

應用電子學(第三版)

作者／楊善國
發行人／陳本源
執行編輯／林昱先
出版者／全華圖書股份有限公司
郵政帳號／0100836-1 號
印刷者／宏懋打字印刷股份有限公司
圖書編號／0643872
三版一刷／2023 年 9 月
定價／新台幣 540 元
ISBN／978-626-328-693-1 (精裝)
全華圖書／www.chwa.com.tw
全華網路書店 Open Tech／www.opentech.com.tw
若您對本書有任何問題，歡迎來信指導 book@chwa.com.tw

臺北總公司(北區營業處)
地址：23671 新北市土城區忠義路 21 號
電話：(02) 2262-5666
傳真：(02) 6637-3695、6637-3696

南區營業處
地址：80769 高雄市三民區應安街 12 號
電話：(07) 381-1377
傳真：(07) 862-5562

中區營業處
地址：40256 臺中市南區樹義一巷 26 號
電話：(04) 2261-8485
傳真：(04) 3600-9806(高中職)
(04) 3601-8600(大專)

（請由此線剪下）

歡迎加入 全華會員

● 會員獨享

會員享購書折扣、紅利積點、生日禮金、不定期優惠活動…等。

● 如何加入會員

掃 QRcode 或填妥讀者回函卡直接傳真（02）2262-0900 或寄回，將由專人協助登入會員資料，待收到 E-MAIL 通知後即可成為會員。

如何購買 全華書籍

1. 網路購書

全華網路書店「http://www.opentech.com.tw」，加入會員購書更便利，並享有紅利積點回饋等各式優惠。

2. 實體門市

歡迎至全華門市（新北市土城區忠義路 21 號）或各大書局選購。

3. 來電訂購

(1) 訂購專線：(02) 2262-5666 轉 321-324
(2) 傳真專線：(02) 6637-3696
(3) 郵局劃撥（帳號：0100836-1　戶名：全華圖書股份有限公司）
※ 購書未滿 990 元者，酌收運費 80 元。

OpenTech 全華網路書店 .com.tw

全華網路書店 www.opentech.com.tw
E-mail: service@chwa.com.tw

※ 本會員制如有變更則以最新修訂制度為準，造成不便請見諒。

廣　告　回　信
板橋郵局登記證
板橋廣字第540號

行銷企劃部　收

23671 新北市土城區忠義路21號

全華圖書股份有限公司

（請由此線剪下）

讀者回函卡

掃 QRcode 線上填寫 ▶▶▶

姓名：________ 生日：西元____年____月____日 性別：□男 □女

電話：（ ）________ 手機：________

e-mail：（必填）________

註：數字零，請用 Φ 表示，數字 1 與英文 L 請另註明並書寫端正，謝謝。

通訊處：□□□□□________

學歷：□高中・職 □專科 □大學 □碩士 □博士

職業：□工程師 □教師 □學生 □軍・公 □其他

學校／公司：________ 科系／部門：________

・需求書類：

□ A. 電子 □ B. 電機 □ C. 資訊 □ D. 機械 □ E. 汽車 □ F. 工管 □ G. 土木 □ H. 化工

□ I. 設計 □ J. 商管 □ K. 日文 □ L. 美容 □ M. 休閒 □ N. 餐飲 □ O. 其他

・本次購買圖書為：________ 書號：________

・您對本書的評價：

封面設計：□非常滿意 □滿意 □尚可 □需改善，請說明________

內容表達：□非常滿意 □滿意 □尚可 □需改善，請說明________

版面編排：□非常滿意 □滿意 □尚可 □需改善，請說明________

印刷品質：□非常滿意 □滿意 □尚可 □需改善，請說明________

書籍定價：□非常滿意 □滿意 □尚可 □需改善，請說明________

整體評價：請說明________

・您在何處購買本書？

□書局 □網路書店 □書展 □團購 □其他________

・您購買本書的原因？（可複選）

□個人需要 □公司採購 □親友推薦 □老師指定用書 □其他________

・您希望全華以何種方式提供出版訊息及特惠活動？

□電子報 □ DM □廣告（媒體名稱________）

・您是否上過全華網路書店？（www.opentech.com.tw）

□是 □否 您的建議________

・您希望全華出版哪方面書籍？________

・您希望全華加強哪些服務？________

感謝您提供寶貴意見，全華將秉持服務的熱忱，出版更多好書，以饗讀者。

填寫日期： / /

2020.09 修訂

親愛的讀者：

感謝您對全華圖書的支持與愛護，雖然我們很慎重的處理每一本書，但恐仍有疏漏之處，若您發現本書有任何錯誤，請填寫於勘誤表內寄回，我們將於再版時修正，您的批評與指教是我們進步的原動力，謝謝！

全華圖書　敬上

勘誤表

書號		書名		作者	
頁數	行數	錯誤或不當之詞句		建議修改之詞句	

我有話要說：（其它之批評與建議，如封面、編排、內容、印刷品質等・・・）